W0280080

STARK

ABITUR 2013

Prüfungsaufgaben
mit Lösungen

Physik

Grund- und Leistungskurs
Gymnasium • Gesamtschule
Hessen

2009–2012

STARK

ISBN 978-3-8490-0256-5

7. ergänzte Auflage
www.stark-verlag.de

Inhalt

Fortsetzung nächste Seite

Abiturprüfung 2010

Abiturprüfung 2011

Abiturprüfung 2012

Jeweils zu Beginn des neuen Schuljahres erscheinen
die neuen Ausgaben der Abitur-Prüfungsaufgaben mit Lösungen.

Autoren

Burkhard Apell, Frank Nordheim

Vorwort

Liebe Schülerinnen und Schüler,

Sie haben Physik in Hessen als Grund- oder Leistungsfach belegt und möchten in diesem Fach Ihr Abitur ablegen.

Für die schriftliche Abiturprüfung werden im **Landesabitur in Hessen** seit 2007 landesweit einheitliche Abituraufgaben gestellt, d. h. es wird ein Zentralabitur durchgeführt.

Mit diesem Buch helfen wir Ihnen einerseits, sich effektiv auf dieses Zentralabitur vorzubereiten. Zum anderen eignet sich der Band hervorragend dazu, sich gezielt auf Klausuren oder Tests in Physik im Laufe Ihrer Oberstufenlaufbahn vorzubereiten. Dazu geben wir Ihnen zunächst ausführliche **Hinweise** zu den Rahmenbedingungen der Prüfungen, zu Inhalten, Methoden und Prüfungskriterien. Der Hauptteil des Bandes enthält die offiziellen, vom hessischen Kultusministerium gestellten schriftlichen **Abiturprüfungsaufgaben der Jahrgänge 2009 bis 2012**.

Zu allen Aufgaben finden Sie von uns ausgearbeitete **vollständige, kommentierte Lösungsvorschläge** sowie separate **Tipps zum Lösungsansatz**, die Ihnen das selbstständige Lösen der Aufgaben erleichtern.

Sollten nach Erscheinen dieses Bandes noch wichtige Änderungen in der Abiturprüfung 2013 vom hessischen Kultusministerium bekannt gegeben werden, finden Sie aktuelle Informationen dazu im Internet unter
www.stark-verlag.de/info.asp?zentrale-pruefung-aktuell.

In jedem Fall wünschen wir Ihnen schon an dieser Stelle viel Erfolg und hoffen, Sie mit diesem Buch ein Stück Ihres Weges begleiten zu dürfen.

Burkhard Apell
Frank Nordheim

Stichwortverzeichnis

Hinweise und Tipps zum Landesabitur

Allgemeine Hinweise

1 Das Landesabitur in Hessen

Seit Frühjahr 2007 legen alle hessischen Schülerinnen und Schüler der gymnasialen Oberstufe und des beruflichen Gymnasiums das Landesabitur ab. Dies bedeutet, dass die *schriftlichen* Prüfungen (d. h. Prüfungen in den beiden Leistungskursfächern und dem dritten, schriftlichen Prüfungsfach) *zentral* gestellt werden; die Aufgabenstellungen erfolgen also landesweit einheitlich. Die mündlichen Prüfungen werden weiter hin dezentral organisiert, d. h. dieses Verfahren läuft so ab wie bisher.

Mit der Einführung des zentralen schriftlichen Landesabiturs in Hessen verfolgt das Kultusministerium vor allem folgende Ziele:

- Es soll eine größtmögliche Objektivität durch Vergleichbarkeit von Leistungen und der damit einhergehenden Aufwertung des Abschlusses geschaffen werden.
- Die Unterrichtsinhalte sollen landesweit vereinheitlicht werden.
- Es soll eine Erhöhung der Transparenz der Anforderungen im schriftlichen Abitur dadurch erreicht werden, dass die bereits geschriebenen Aufgaben veröffentlicht werden.

Die Prüfungsaufgaben orientieren sich dabei an drei vom Kultusministerium herausgegebenen Vorgaben (www.kultusministerium.hessen.de):

- an den Lehrplänen des Faches Physik (Grund- und Leistungskurs). Diese Lehrpläne können Sie im Internet auf den Seiten des Hessischen Kultusministeriums nachlesen. Sie sind noch einmal in den Handreichungen zum Lehrplan Physik konkretisiert worden. Dort werden zu jedem Thema, d. h. zu jedem verbindlichen Unterrichtsinhalt, Stichworte genannt, die die Grundlage für die Aufgaben des zentralen Landesabiturs bilden. Diese Handreichungen können ebenfalls im Internet angesehen werden, Sie finden sie aber auch in diesem Buch abgedruckt.
- an den Einheitlichen Prüfungsanforderungen in den Abiturprüfungen des Landes Hessen (EPA).
- an der Oberstufen- und Abiturverordnung (OAVO).

Die EPA und die OAVO sind weniger für Sie wichtig als für Ihre Lehrerin oder Ihren Lehrer. Alle für Sie wichtigen Aspekte werden wir Ihnen in diesem Buch erläutern.

Die Bewertung der Abiturarbeiten erfolgt nach wie vor durch die Lehrkräfte der eigenen Schule. Für die Korrektur der Arbeiten erhalten die Lehrerinnen und Lehrer Lösungs- und Bewertungshinweise, anhand derer die Beurteilung vorgenommen wird.

2 Durchführung der schriftlichen Abiturprüfung

Weiterhin wird in Grund- und Leistungskurse unterschieden. Die **Bearbeitungszeit** für die Abituraufgaben ist abhängig vom gewählten Kurs: Bei Grundkursarbeiten beträgt sie 180 Minuten und bei Leistungskursarbeiten 240 Minuten.

Zu Beginn der Vorbereitungszeit (am Tag des schriftlichen Abiturs in Physik) erhalten Sie drei Aufgabensätze A, B und C, die den drei Kurshalbjahren zugeordnet sind (jeweils für den Leistungs- und den Grundkurs):

A Elektrische und magnetische Felder
B Mechanische und elektromagnetische Schwingungen und Wellen
C Quanten- und Atomphysik

Jeder Aufgabensatz enthält zwei Aufgaben, von denen Sie jeweils eine auswählen und bearbeiten. Sie dürfen also keine Halbjahre ausschließen. Für die Auswahlentscheidung wird Ihnen eine Lesezeit von 45 Minuten gewährt, die nicht auf die Bearbeitungszeit (180 Minuten Grundkurs bzw. 240 Minuten Leistungskurs) angerechnet wird.

Sie dürfen folgende **Hilfsmittel** zu Ihrer schriftlichen Abiturprüfung in Physik verwenden: Wörterbuch der deutschen Rechtschreibung; eingeführter Taschenrechner (bei grafikfähigen Rechnern und Computeralgebrasystemen ist ein Reset durchzuführen) sowie eine Formelsammlung. Die Formelsammlung soll alle üblichen Formeln, aber keine Herleitungen und weitergehenden physikalischen Erklärungen enthalten und kann komplett die drei Naturwissenschaften, Mathematik und Informatik abdecken. Bei Verwendung einer rein physikalischen Formelsammlung ist zudem eine mathematische Formelsammlung zugelassen.

3 Inhaltliche Vorgaben für die schriftliche Abiturprüfung

Grundlage der schriftlichen Abiturprüfung in Physik sind die verpflichtend zu behandelnden Inhalte des Lehrplans. Zur Orientierung der Lehrkraft wurden durch das Kultusministerium „Handreichungen zum Lehrplan Physik“ veröffentlicht. In der dort vorgenommenen Präzisierung werden Inhalte (Gesetze, Verfahren, Versuche) und Kenntnisse beschrieben, über die Sie für die Aufgabenstellung im schriftlichen Abitur verfügen können müssen. Diese Handreichungen sind auf den folgenden Seiten aufgelistet.

Grundkurs Q1: Elektrische und magnetische Felder

Thema: Elektrisches Feld

Verbindliche Unterrichtsinhalte	Konkretisierungen
Homogenes und inhomogenes Feld, Influenz	Feldlinienbilder; speziell: radialsymmetrisches Feld einer Punktladung und homogenes Feld eines Plattenkondensators; Influenz bei Leitern und Polarisation bei Nichtleitern; elektrische Ladung und ihre Einheit als abgeleitete Größe der konstanten Stromstärke $I = \frac{\Delta Q}{\Delta t}$; Ladung als Erhaltungsgröße
Quantisierung der Ladung	Millikan-Versuch im Schwebefall
Coulombkraft	Coulomb'sches Gesetz, Superpositionsprinzip (nur parallele Kräfte)
Feldstärke	$E = \frac{F}{q}$, Feldstärke in homogenen Feldern und im radialsymmetrischen Feld
Spannung, Stromstärke	Energieumwandlung im homogenen elektrischen Feld, $U = \frac{W}{q}$; $E = \frac{U}{d}$ im homogenen Feld des Plattenkondensators; Gesetze des Gleichstromkreises (Widerstandsdefinition $R = \frac{U}{I}$; 1. und 2. Kirchhoff'sches Gesetz).
Kapazität, Feldenergie	$C = \frac{Q}{U} = \text{konst.}$, $C = \frac{\varepsilon_r \varepsilon_0 A}{d}$ für den Plattenkondensator, ε_r als experimentell gewonnene Materialkonstante; Kondensator als Energiespeicher $W_{el} = \frac{1}{2} C U^2$

Thema: Magnetisches Feld

Verbindliche Unterrichtsinhalte	Konkretisierungen
Feldstärke (B), Feldenergie	Feldlinienbilder magnetischer Felder von stromdurchflossenen geraden Leitern und Spulen $B = \frac{F}{I \cdot \ell} = \text{konst.}$ Bewegung von Ladungen als Ursache von Magnetfeldern, Richtungszusammenhang von Strom-, Feld- und Kraftrichtung (senkrechte Fälle). Magnetfeld im Innern einer langen Spule, $B = \frac{\mu_0 \mu_r N I}{\ell}$
Lorentzkraft	Bewegungen geladener Teilchen im Fall $\vec{v}_0$ parallel und senkrecht zum magnetischen Feld

Thema: Ladungsträger in elektrischen und magnetischen Feldern

Verbindliche Unterrichtsinhalte	Konkretisierungen
Bewegung von Ladungsträgern in den Feldern	nichtrelativistische quantitative Betrachtung der Bewegung geladener Teilchen in elektrischen Feldern; Aufbau, Wirkungsweise und Anwendung der Braun'schen Röhre; Einheit Elektronenvolt; Bewegung geladener Teilchen parallel und senkrecht zum magnetischen Feld, quantitative Betrachtungen; Überlagerung homogener elektrischer und magnetischer Felder in einfachen Fällen, Geschwindigkeitsfilter
Induktion	Induktionsspannung aufgrund einer zeitlichen Änderung des magnetischen Flusses, Induktionsgesetz in Formulierung $U_i(t) = -n \cdot \frac{\Delta\Phi}{\Delta t}$, quantitativ nur für stückweise lineare Veränderung von A und B und nur im Fall $\vec{B}$ senkrecht zu A Lenz'sche Regel und Energieerhaltung; Selbstinduktion und Induktivität L einer langen Spule; Energie des Magnetfeldes der Spule (Analogie zum elektrischen Feld des Kondensators), $W_{mag} = \frac{1}{2} LI^2$

Grundkurs Q2: Mechanische und elektromagnetische Schwingungen und Wellen

Thema: Mechanische und elektromagnetische Schwingungen

Verbindliche Unterrichtsinhalte	Konkretisierungen
Harmonische Schwingungen	Grundlage: lineare Rückstellkraft bei mechanischen Schwingungen; Fadenpendel, Federpendel, elektromagnetischer Schwingkreis
charakteristische Größen (Schwingungsdauer, Frequenz, Kreisfrequenz)	Schwingungsgleichung $A(t) = A_0 \sin(\omega t)$, Formeln für Schwingungsdauer, Energieerhaltung
Resonanzphänomene (Probleme und Anwendung)	Erzwungene mechanische und elektromagnetische Schwingungen, nur qualitative Behandlung von Eigenfrequenz und Dämpfung

Thema: Mechanische und elektromagnetische Wellen

Verbindliche Unterrichtsinhalte	Konkretisierungen
Eigenschaften, charakteristische Größen (Ausbreitungsgeschwindigkeit, Wellenlänge, Frequenz)	Wellenwanne, Seilwellen, Schallwellen, elektromagnetische Wellen (elektromagnetisches Spektrum); $c = f\lambda$, Welle als räumlich und zeitlich periodischer Vorgang; t-A- und x-A-Diagramme; Transversal- und Longitudinalwellen, Polarisation

Thema: Überlagerung von Wellen

Verbindliche Unterrichtsinhalte	Konkretisierungen
Stehende Wellen	Stehende Welle durch Reflexion; Wellenlängenbestimmung (z. B. Kundt'sches Rohr) (ohne Behandlung von Phasensprüngen).
Beugung und Interferenz (Doppelspalt, Gitter)	Interferenzbedingungen herleiten können (keine Zeigerdiagramme); Interferenzen von weißem und monochromatischem Licht am Gitter (im Vakuum); Maxima- und Minimabedingungen am Doppelspalt, Maxima am Gitter.
Reflexion, Brechung	Reflexions- und Brechungsgesetz $\frac{\sin\alpha}{\sin\beta} = \frac{c_1}{c_2} = \frac{n_2}{n_1}$

Grundkurs Q3: Quanten- und Atomphysik

Thema: Vorstellungen vom Licht

Verbindliche Unterrichtsinhalte	Konkretisierungen
Linienspektren	Quantenhafte Absorption und Emission; empirische Balmer-Formel; Resonanzabsorption, Franck-Hertz-Versuch
Fotoeffekt/Einstein'sche Deutung	Einstein'sche Deutung und Widersprüche zur Wellentheorie; Messung der kinetischen Energie der Fotoelektronen mit der Gegenfeldmethode; Grenzfrequenz, Austrittsenergie; Planck'sches Wirkungsquantum; Energie eines Photons; Energie-Masse-Äquivalenz: $E = mc^2$

Thema: Quantenobjekte

Verbindliche Unterrichtsinhalte	Konkretisierungen
Quanteneffekte	Photonen als Quantenobjekte, Impuls eines Photons Elektronenbeugung
stochastische Deutung	Welleneigenschaften von Elektronen; de-Broglie-Wellen, de-Broglie-Gleichung; Photonen-Elektronenverteilung hinter dem Doppelspalt

Thema: Überblick über die klassischen Atommodelle

Verbindliche Unterrichtsinhalte	Konkretisierungen
	Berechung der Energiezustände im Bohr'schen Atommodell, Termschema
Grenzen dieser Modelle	

Leistungskurs Q1: Elektrische und magnetische Felder

Thema: Elektrisches Feld

Verbindliche Unterrichtsinhalte	Konkretisierungen
Homogenes und inhomogenes Feld, Influenz	Feldlinienbilder, speziell: radialsymmetrisches Feld einer Punktladung und homogenes Feld eines Plattenkondensators; Influenz bei Leitern und Polarisation bei Nichtleitern; Elektrische Ladung und ihre Einheit als abgeleitete Größe der Stromstärke $I = \dot{Q} = \frac{dQ}{dt}$ bzw. $Q = \int I dt$; Ladung als Erhaltungsgröße
Quantisierung der Ladung	Millikan-Versuch im Schwebefall
Coulombkraft	Coulomb'sches Gesetz $F = \frac{1}{4\pi\varepsilon_0} \cdot \frac{Q_1 Q_2}{r^2}$; Superpositionsprinzip
Feldstärke	$\vec{E} = \frac{\vec{F}}{q}$; Feldstärke in homogenen Feldern und im radialsymmetrischen Feld

Potenzial, Spannung, Stromstärke	Entwicklung des Potenzialbegriffes: $V_{01} = \frac{W_{01}}{q}$; potenzielle Energie im elektrischen Feld, Äquipotenziallinien, $U = \Delta V$; $U = \vec{E} \cdot \vec{s}$ bzw. $E = \frac{U}{d}$ im homogenen Feld des Plattenkondensators; Potenzial im Radialfeld; Gesetze des Gleichstromkreises (Widerstandsdefinition $R = \frac{U}{I}$; 1. und 2. Kirchhoff'sches Gesetz).
Kapazität, Feldenergie	$C = \frac{Q}{U} = \text{konst.}$, Herleitung von $C = \frac{\varepsilon_0 A}{d}$ für den Plattenkondensator; die Naturkonstante ε_0 als Proportionalitätskonstante von $\frac{Q}{A}$ und E oder C_P und $\frac{A}{d}$; Parallel- und Reihenschaltung von Kondensatoren; Materie im elektrischen Feld, Dielektrikum, Dielektrizitätszahl $\varepsilon_r = \frac{C_r}{C_0}$; Kondensator als Energiespeicher, $W_{el} = \frac{1}{2}CU^2$; Betrachtung des Auf- und Entladevorgangs beim Kondensator, Entladung auch mit Differenzialgleichungen, Lösung mithilfe eines Lösungsansatzes

Thema: Magnetisches Feld

Verbindliche Unterrichtsinhalte	Konkretisierungen
Feldstärke	Feldlinienbilder magnetischer Felder von stromdurchflossenen geraden Leitern und Spulen, $B = \frac{F}{I \cdot \ell} = \text{konst.}$ Bewegung von Ladungen als Ursache von Magnetfeldern; Richtungszusammenhang von Strom-, Feld- und Kraftrichtung (alle Fälle); Materie im magnetischen Feld, Permeabilitätszahl $\mu_r - \frac{B_r}{B_0}$, Magnetfeld im Innern einer langen Spule $B = \frac{\mu_0 \mu_r N I}{\ell}$;
Lorentzkraft	Quantitative Betrachtung der Bewegung geladener Teilchen in allen Richtungen zum magnetischen Feld

Thema: Ladungsträger in elektrischen und magnetischen Feldern

Verbindliche Unterrichtsinhalte	Konkretisierungen
Bewegung von Ladungsträgern in den Feldern (Hall-Effekt, $\frac{e}{m_e}$-Bestimmung)	Aufbau, Wirkungsweise und Anwendung der Braun'schen Röhre; Einheit Elektronenvolt; nichtrelativistische ($v < 0{,}1c$) quantitative Betrachtung der Bewegung geladener Teilchen in elektrischen Feldern; c als Grenzgeschwindigkeit, relativistische Massenzunahme als Phänomen; Hall-Effekt, $U_H = b \cdot v_D \cdot B$ (B Streifenbreite, v_D Driftgeschwindigkeit) und in der atomistischen Darstellung $U_H = \frac{1}{ne} \cdot \frac{IB}{d}$ (n: Ladungsträgerkonzentration, d: Streifendicke); Bestimmung von $\frac{e}{m_e}$ mit dem Fadenstrahlrohr; Überlagerung homogener elektrischer und magnetischer Felder in einfachen Fällen, Geschwindigkeitsfilter
Induktion, Selbstinduktion, Feldenergie	Induktionsspannung aufgrund einer zeitlichen Änderung des magnetischen Flusses, Induktionsgesetz in der Formulierung $U_i = -n \cdot \dot{\Phi}$, quantitative Betrachtung von $\dot{A} \neq 0$ und $\dot{B} = 0$ bzw. $\dot{A} = 0$ und $\dot{B} \neq 0$, auch in nichtlinearen Fällen; Lenz'sche Regel und Energieerhaltung; elektrische Wirbelfelder und Ringströme; Selbstinduktion und Induktivität L einer langen Spule; Betrachtung des Ein- bzw. Ausschaltvorganges in einem Stromkreis mit Spule, Ausschaltvorgang auch mit Differenzialgleichung, Lösung mithilfe eines Lösungsansatzes; Energie des Magnetfeldes der Spule (Analogie zum elektrischen Feld des Kondensators), $W_{mag} = \frac{1}{2} LI^2$

Leistungskurs Q2: Mechanische und elektromagnetische Schwingungen und Wellen

Thema: Mechanische und elektromagnetische Schwingungen

Verbindliche Unterrichtsinhalte	Konkretisierungen
Harmonische Schwingungen	Grundlage: lineare Rückstellkraft bei mechanischen Schwingungen; Fadenpendel, Federpendel, Beispiele wie U-Rohr
Charakteristische Größen (Schwingungsdauer, Frequenz, Kreisfrequenz)	Schwingungsgleichung $A(t) = A_0 \sin(\omega t + \varphi)$, Formeln für Schwingungsdauer; Energieerhaltung
Elektromagnetischer Schwingkreis	Analogien zwischen mechanischen und elektromagnetischen Schwingungen; Phasendifferenz zwischen U und I
Eindimensionale Schwingungsgleichung	Differenzialgleichungen für ungedämpfte mechanische und elektromagnetische Schwingungen; Lösen der zugeordneten Differenzialgleichungen mittels Lösungsansatzes; Dämpfungsverhalten der Form $e^{-kt}\sin(\omega t)$, (ohne Herleitung; $\omega \approx \omega_0$)
Erzwungene Schwingungen und Resonanzphänomene (Probleme und Anwendungen)	Erzwungene Schwingungen: mechanisch und im L-C-Parallelkreis; qualitative Beschreibung von Resonanzkurven und Phasenverschiebungen für verschiedene Dämpfungen.

Thema: Mechanische und elektromagnetische Wellen

Verbindliche Unterrichtsinhalte	Konkretisierungen
Erzeugung, harmonische Transversalwellen, eindimensionale Wellengleichung	Wellenwanne, Seilwellen, Schallwellen, elektromagnetische Wellen, $c = f\lambda$; Welle als räumlich und zeitlich periodischer Vorgang, t-A- und x-A-Diagramme; eindimensionale Wellengleichung $A(x, t) = A_0 \sin\left(2\pi(\frac{t}{T} - \frac{x}{\lambda})\right)$ zur Beschreibung der Wellenausbreitung
Polarisation	Transversal-, Longitudinalwellen

Thema: Überlagerung von Wellen

Verbindliche Unterrichtsinhalte	Konkretisierungen
Stehende Wellen	Stehende Welle durch Reflexion, Wellenlängenbestimmung (z. B. Kundt'sches Rohr), festes und loses Ende; Phasensprünge (phänomenologisch); Hertzdipol (Zusammenhang von λ und Dipollänge)
Huygens'sches Prinzip, Reflexion, Brechung	Reflexions- und Brechungsgesetz als Anwendungen des Huygens'schen Prinzips $\frac{\sin\alpha}{\sin\beta} = \frac{c_1}{c_2} = \frac{n_2}{n_1}$; akustischer Dopplereffekt
Beugung und Interferenz (Einfachspalt, Doppelspalt, Gitter), Spektren, Kohärenz	Kohärenz als Interferenzbedingung Interferenzbedingungen an Spalt, Doppelspalt und Gitter (auch Reflexionsgitter) herleiten; Interferenzen von weißem und monochromatischem Licht; Maxima- und Minimabedingungen am Doppelspalt, Minima a. Spalt, Maxima a. Gitter (auch in Materie); Interferenz durch Reflexion von Röntgenstrahlung an Kristallstrukturen (Bragg-Reflexion); Vergleich von Gitter- und Prismenspektren; elektromagnetisches Spektrum

Leistungskurs Q1: Quanten- und Atomphysik

Thema: Quanteneffekte

Verbindliche Unterrichtsinhalte	Konkretisierungen
Anregung von Atomen (Linienspektren, Resonanzabsorption)	Quantenhafte Absorption und Emission, empirische Balmer-Formel Franck-Hertz-Versuch
Fotoeffekt (Einstein'sche Deutung)	Einstein'sche Deutung und Widersprüche zur Wellentheorie; Messung der kinetischen Energie der Fotoelektronen mit der Gegenfeldmethode, Grenzfrequenz, Austrittsenergie; Planck'sches Wirkungsquantum; Energie, Masse und Impuls eines Photons; Erzeugung von Röntgenstrahlung charakteristische u. kontinuierliche Röntgenspektren; kurzwellige Grenze des kontinuierlichen Röntgenspektrums; Bragg-Reflexion

Comptoneffekt	Comptonwellenlänge (Formel ohne Herleitung)
De-Broglie-Beziehung, Beugung von Elektronen	De-Broglie-Wellenlänge, Elektronenbeugung an Kristallen

Thema: Stochastische Deutung von Quantenobjekten

Verbindliche Unterrichtsinhalte	Konkretisierungen
Doppelspaltversuch mit Elektronen und Photonen	Verteilung der Photonen und Elektronen hinter dem Doppelspalt, insbesondere bei geringer Intensität; Amplitudenquadrat der ψ-Funktion als Maß für die Aufenthaltswahrscheinlichkeit
Unschärferelation	Orts-Impuls-Unschärfe; Energie-Zeit-Unschärfe; Verbreiterung von Spektrallinien.
Erarbeitung einer quantenmechanischen Atomvorstellung	Das Atommodell der Quantenphysik am Beispiel des linearen Potenzialtopfs mit unendlich hohen Wänden; Termschema eines einfachen Lasers, metastabile Niveaus, Inversion, stimulierte Emission

Thema: Überblick über die klassischen Atommodelle

Verbindliche Unterrichtsinhalte	Konkretisierungen
	Berechnung der Energiezustände mit dem Bohr'schen Atommodell, Termschema Moseley-Formel
Grenzen dieser Modelle	Bohr'sches Modell und Heisenberg'sches Unschärfeprinzip

Thema: Philosophische Fragestellungen (nicht weiter spezifiziert)

4 Struktur und Anforderungen der Prüfungsaufgaben

Vorgesehen ist, dass alle landesweit gestellten Prüfungsaufgaben in Physik im Abitur ohne Experiment auskommen. Dennoch kann es vorkommen, dass in den Aufgaben ein Experiment verbal beschrieben und eventuell mit Skizze oder Foto veranschaulicht wird. Eine Auswertung und Deutung eines Experiments ist also durchaus vorstellbar; was wegfällt, ist eine reine Beschreibung des Versuchsaufbaus und dessen Durchführung.

Die Aufgaben der Abiturprüfung sollen Qualifikationen in möglichst großer Breite überprüfen, vor allem die im Unterricht entwickelten Kompetenzen wie Sach-, Orientierungs-, Methoden- oder Darstellungskompetenz. Da die Aufgaben in drei Aufgabensätzen A, B und C unterteilt sind, die den Kurshalbjahren entsprechen, sind halbjahresverbindende Aufgaben vom Kultusministerium als nicht sinnvoll eingeschätzt worden. Dennoch könnte es im Transferbereich zu solchen Fragestellungen kommen.

Die folgende Tabelle verbindet die Anforderungsbereiche (AFB) mit den konkreten Kenntnissen und Fähigkeiten, die Sie beherrschen sollten. Zusätzlich wird jeder AFB mit einem Beispiel verdeutlicht. Zudem dient diese Tabelle dazu, die in Abschnitt 7 dargestellten Operatoren besser und sinnvoller einschätzen zu können.

AFB	Lernzielstufe	Kenntnisse und Fähigkeiten	Beispiel
I	Reproduktion	Wiedergabe einzelner Sachverhalte in einer im Unterricht behandelnden Weise	Nennen Sie mindestens zwei experimentelle Ergebnisse …
II	Reorganisation	Zusammenhängende Darstellung bekannter Sachverhalte unter Anwendung eingeübter Methoden	Untersuchen Sie die Abhängigkeit der Schwingungsdauer von …
III	Transfer und problemorientiertes Denken	Übertragung eines gelernten physikalischen Sachverhaltes auf einen ähnlichen Sachverhalt. Anwendung bekannter Begriffe und Methoden auf ein neuartiges Problem.	Beurteilen Sie das experimentelle Ergebnis im Hinblick auf …

Der wesentliche Teil der schriftlichen Abituraufgaben in Physik in Hessen lässt sich in den AFBen I und II einordnen. Nur ein geringer Teil (10 bis 20 %) der Aufgaben ist Transfer oder problemlösendes Denken. Wenn Sie in der Abiturprüfung nur Aufgaben des Typs AFB I lösen, so werden sie kein ausreichendes Ergebnis erzielen können.

5 Bewertung der Abiturarbeiten

Das bisherige Korrektur- und Bewertungsverfahren wird nicht verändert. Jede Abiturarbeit wird zunächst von Ihrer Fachlehrerin bzw. Ihrem Fachlehrer (Erstkorrektor) und anschließend von einer weiteren Fachlehrerin oder einem weiteren Fachlehrer korrigiert und bewertet (Zweitkorrektor). Dieser Zweitkorrektor stammt in der Regel von der gleichen Schule. Für die Korrektur der Arbeiten erhalten die Lehrerinnen und Lehrer Lösungs- und Bewertungshinweise, anhand derer die Beurteilung vorgenommen wird. Die Berechnung des Gesamtergebnisses aus den im Leistungskurs, Grundkurs und Abiturbereich erreichten Punkten wird mit der Einführung des Landesabiturs nicht verändert.

Insgesamt können Sie in der Abiturprüfung Physik in Hessen maximal 90/120 Verrechnungspunkte erreichen; 30/40 Punkte pro Aufgabe (GK/LK). Die Umrechnung in Notenpunkte erfolgt nach der bekannten und schon während der Qualifikationsphase verwendeten Tabelle:

Prozent	< 20	ab 20	ab 27	ab 34	ab 41	ab 46	ab 51
Notenpunkte	0	1	2	3	4	5	6
Notenstufe	ungenügend	mangelhaft			ausreichend		

Prozent	ab 56	ab 61	ab 66	ab 71	ab 76	ab 81	ab 86	ab 91	ab 96
Notenpunkte	7	8	9	10	11	12	13	14	15
Notenstufe	befriedigend			gut			sehr gut		

Methodische Hinweise

6 Ablauf der schriftlichen Abiturprüfung

Am Morgen Ihrer Abiturprüfung haben Sie 45 Minuten Zeit, um sich von den 6 Prüfungsaufgaben der Themensätze A, B und C jeweils für eine aus A, eine aus B und eine aus C zu entscheiden. Insgesamt haben Sie also drei Aufgaben auszuwählen. Gehen Sie dabei überlegt vor:

- Üben Sie schon während Ihrer Prüfungsvorbereitung, in etwa 10 Minuten das Wesentliche einer Aufgabe – also Aufbau, thematische Inhalte, empfundener Schwierigkeitsgrad usw. – zu erfassen.
- Betrachten Sie am besten die Themensätze getrennt voneinander und entscheiden Sie jeweils nur zwischen den beiden Aufgaben eines Themensatzes. Verfahren Sie mit den beiden anderen Themensätzen analog.
- Wählen Sie nach Ihren persönlichen Stärken (inhaltlich und methodisch) aus, z. B.: Sollte die Aufgabe eher beschreibenden und interpretatorischen Charakter haben oder liegt Ihnen eher ein beschriebener Versuchsaufbau und deren Auswertung?
- Überprüfen Sie alle Teilaufgaben und eventuell ausgegebenes Material genau. Sind eventuell solche Fragestellungen schon einmal im Unterricht behandelt worden?
- Treffen Sie erst nach gründlicher Durchsicht und Überlegungen Ihre Entscheidung!

7 Operatoren

In der nachfolgend angeführten Liste finden Sie eine Zusammenstellung derjenigen charakteristischen Verben, die für die Formulierung der Prüfungsaufgaben in Physik verwendet werden. Diese so genannten Operatoren geben an, was genau in der jeweiligen Teilaufgabe von Ihnen verlangt wird. Ihre Bedeutung ist bundesweit einheitlich festgelegt (siehe zweite Tabellenspalte).

Mit den meisten der aufgeführten Operatoren und den zugehörigen Definitionen werden Sie sicher vertraut sein. Zur Veranschaulichung finden Sie in der dritten Tabellenspalte jeweils eine konkrete Beispielformulierung. Zudem ist in der vierten Spalte angegeben, welchem Anforderungsbereich (AFB) die Aufgabe, die den entsprechenden Operator verwendet, zugeordnet ist (vgl. hierzu die Erläuterungen in Abschnitt 4).

Operator	Definition	Beispiel(e)	AFB
angeben/ nennen/ beschriften	Sachverhalte, Begriffe oder Daten ohne nähere Erläuterungen und Begründungen, ohne Lösungsweg aufzählen	Nennen Sie mindestens zwei experimentelle Ergebnisse …	I
berechnen	Ergebnisse von einem Ansatz ausgehend durch Rechenoperationen gewinnen	Berechnen Sie den Bahnradius.	I – II
beschreiben	Strukturen, Sachverhalte, Zusammenhänge oder Verfahren in Textform unter Verwendung der Fachsprache in vollständigen Sätzen in eigenen Worten wiedergeben (hier sind auch Einschränkungen möglich: „Beschreiben Sie in Stichworten …“)	Beschreiben Sie zwei Möglichkeiten, wie sich eine Induktionsspannung erzeugen lässt. Beschreiben Sie den Ablauf des Experimentes.	I – II
skizzieren	die wesentlichen Eigenschaften eines Objektes, eines Sachverhaltes oder einer Struktur grafisch darstellen (auch Freihandskizze möglich)	1. Skizzieren Sie den zeitlichen Verlauf der Induktionsspannung. 2. Skizzieren Sie den Versuchsaufbau.	I – II
zeichnen/grafisch darstellen	eine hinreichend exakte grafische Darstellung anfertigen	Zeichnen Sie die Momentaufnahme der Welle zum Zeitpunkt t = …	I – II
abschätzen	durch begründete Überlegungen Größenordnungen physikalischer Größen angeben	Schätzen Sie die auftretenden Messfehler ab.	II – III
anwenden/ übertragen	einen bekannten Sachverhalt, eine bekannte Methode auf eine neue Problemstellung beziehen	Übertragen Sie die Versuchsergebnisse auf die Anwendungen in …	II – III
auswerten	Daten, Einzelergebnisse oder sonstige Sachverhalte zu einer abschließenden Gesamtaussage zusammenführen	Werten Sie die vorgegebene Messreihe aus.	II – III
begründen	einen angegebenen Sachverhalt auf Gesetzmäßigkeiten bzw. kausale Zusammenhänge zurückführen, hierbei sind Regeln und mathematische Beziehungen zu nutzen	Begründen Sie die Form der Bahnkurve der Elektronen im Magnetfeld.	II – III

Operatoren	Definition	Beispiel(e)	AFB
bestimmen/ ermitteln	einen Zusammenhang oder einen möglichen Lösungsweg aufzeigen und das Ergebnis formulieren (die Wahl der Mittel kann unter Umständen eingeschränkt sein)	Bestimmen Sie die Richtung des Magnetfeldes.	II – III
darstellen	Sachverhalte, Zusammenhänge, Methoden, Bezüge oder Modellvorstellungen strukturiert und fachsprachlich einwandfrei wiedergeben	Stellen Sie Ihren Lösungsweg dar.	II – III
erklären	Methode, Verfahren, Vorgehensweise oder Zusammenhang in Textform unter Verwendung der Fachsprache auf fachliche Grundprinzipien zurückführen oder begründen	Erklären Sie das Zustandekommen des Beugungsbildes auf dem Schirm.	II – III
erläutern	einen Sachverhalt auf der Grundlage von Vorkommnissen so darlegen und veranschaulichen, dass er verständlich wird	Erläutern Sie den Einfluss der Gitterkonstante auf das Spektrum.	II
herleiten	die Entstehung oder Ableitung eines gegebenen oder beschriebenen Sachverhalts oder einer Gleichung aus anderen oder aus allgemeineren Sachverhalten darstellen	Leiten Sie die Formel für die Schwingungsdauer in Abhängigkeit von … her.	II – III
interpretieren/ deuten	Phänomene, Strukturen, Sachverhalte oder Ergebnisse auf Erklärungsmöglichkeiten untersuchen und diese gegeneinander abwägen und auf das ursprüngliche Problem beziehen	Interpretieren Sie die Versuchsbeobachtung.	II – III
überprüfen/ bestätigen/ widerlegen	die Gültigkeit einer Aussage, z. B. einer Hypothese oder einer Modellvorstellung verifizieren, falsifizieren	Bestätigen Sie die Vermutung durch eine Rechnung.	II – III
untersuchen	Sachverhalte nach bestimmten, fachlich üblichen bzw. sinnvollen Kriterien darstellen	Untersuchen Sie die Abhängigkeit der Schwingungsdauer von …	II

Operatoren	Definition	Beispiel(e)	AFB
vergleichen/ gegenüberstellen	nach vorgegebenen oder selbst gewählten Gesichtspunkten Gemeinsamkeiten, Ähnlichkeiten und Unterschiede ermitteln und darstellen	Vergleichen Sie die Bahnkurven geladener Teilchen im elektrischen und magnetischen Feld.	II – III
zeigen/ nachweisen	eine Aussage, einen Sachverhalt nach gültigen Schlussregeln, Berechnungen, Herleitungen oder logischen Begründungen bestätigen	Zeigen Sie, dass die folgende Abhängigkeit gilt: …	II – III
beurteilen/ bewerten	zu einem Sachverhalt ein eigenständiges Urteil unter Verwendung von Fachwissen und Fachmethoden formulieren und begründen	Beurteilen Sie das experimentelle Ergebnis im Hinblick auf …	III

8 Das Arbeiten mit Formelsammlung und Taschenrechner

Ein Kenner im Umgang mit der Formelsammlung in dem Sinne, dass Ihnen eine Formel gegeben wird und Sie sofort die Seitenzahl nennen, auf der sie steht, müssen Sie nicht werden. Dennoch sollten Sie den sicheren Umgang mit der Formelsammlung bereits während der Vorbereitung auf die Abiturprüfung ausgiebig trainieren, um sie in der Prüfung gezielt und effektiv einsetzen zu können.
Natürlich dürfen keine eigenen Anmerkungen in der Formelsammlung auftauchen. Aber Sie sollten sich überlegen, wie Sie schnell zu einer bestimmten Formel gelangen: Gibt es ein Stichwortverzeichnis? Hilft das Inhaltsverzeichnis?

Der für die Abiturarbeit erlaubte Taschenrechner kann eine große Hilfe sein, wenn er gut bedient und eingesetzt wird. Sie sollten „Ihren" Taschenrechner also spätestens in der Zeit der Vorbereitung kennen lernen. Einige Hinweise und Tipps hierzu:

- Taschenrechner benutzen neben der reinen Dezimaldarstellung von Zahlen im Display die so genannte Fließkommadarstellung, um sehr große oder sehr kleine Zahlen anzeigen zu können. Da in der Physik die Spannweite der Werte, die physikalische Größen annehmen können, sehr groß ist, tritt diese Zahldarstellung sehr häufig auf (z. B. wird die Masse eines Elektrons als „9.1 E –31" angezeigt; gemeint ist die wissenschaftliche Schreibweise „$9{,}1 \cdot 10^{-31}$").
- Bei der Auswertung einer vorgegebenen Messwerttabelle kann es günstig sein, wenn Sie in die letzte Eingabezeile des Taschenrechners gelangen können, um einzelne Zahlen zu ändern. Das geht relativ schnell und in der Regel fehlerlos, da die Gefahr von Tippfehlern kleiner ist als bei der Eingabe der gesamten Zeile.
- Im Bereich der Aufgaben B (Schwingungen und Wellen) werden häufig die trigonometrischen Funktionen (z. B. Sinus und Tangens) benutzt. Beachten Sie, dass dann in aller Regel der Modus des Rechners auf „RAD" (Bogenmaß) eingestellt werden muss.

- Lassen Sie sich nicht dazu verleiten, Rechenergebnisse mit übermäßig vielen Nachkommastellen anzugeben, nur weil diese vom Taschenrechner so ausgegeben werden. Die physikalisch sinnvolle Genauigkeit – die so genannte „Anzahl der gültigen Ziffern" – eines Ergebnisses hängt allein von der Genauigkeit der Eingangsgrößen ab, und zwar von derjenigen mit der geringsten Genauigkeit. Sind etwa von zwei Größen, die in die Rechnung eingehen, die eine auf zwei Nachkommastellen, die andere auf eine Nachkommastelle genau bekannt, dann darf auch das Ergebnis nur auf eine Nachkommastelle genau angegeben werden.

9 Das Lösen einer physikalischen Aufgabe

Das Lösen einer physikalischen Aufgabe lässt sich in der Regel in drei Phasen unterteilen.

1. Lesen Sie zuerst die gesamte Aufgabe konzentriert durch:
   - Haben Sie Text und Aufgabenstellung verstanden?
   - Ist Ihnen der Zusammenhang zwischen dem Text und dem eventuell gegebenem Material (Skizzen, Abbildungen, Fotos, Tabellen, etc.) klar geworden?
   - Was ist gegeben? Was ist gesucht?

2. Finden und Durchführen einer Lösungsstrategie

   Wir wollen an dieser Stelle auf vier häufig geforderte Typen von Aufgabenstellungen eingehen und Tipps für die entsprechende Lösungsstrategie und deren Umsetzung geben.

   Typ: Auswertung
   - Übernehmen Sie vorgegebene Tabellen in Ihre Aufzeichnungen.
   - Erläutern Sie an einem Beispiel oder allgemein Ihr Vorgehen und geben Sie für die restlichen Werte nur noch das Ergebnis an.
   - Lässt sich eine eventuell vorgegebene Tabelle sinnvoll durch Spalten oder Zeilen erweitern, sodass Ihre Rechenergebnisse dort übersichtlich Platz finden?
   - Wenn von Fehlerabschätzung die Rede ist, so ist immer der relative Fehler von Bedeutung. Zum Beispiel: Sie haben einen Wert aus einem Diagramm von 1,9 eV ermittelt. Der Literaturwert (Formelsammlung) beträgt 1,95 eV. Die relative Abweichung berechnet sich dann zu

     $$\frac{1{,}95-1{,}9}{1{,}95} \approx 0{,}026 = 2{,}6\ \%.$$

     Die Angabe der absoluten Abweichung (hier: 0,05 eV) ist fast immer wenig sinnvoll.

   Typ: Herleitung

   Immer wieder tauchen in den Abituraufgaben Formulierungen auf wie „Leiten Sie folgende Gleichung für … her …".

   Keine Angst! In aller Regel müssen Sie nichts Ihnen bis dahin völlig Unbekanntes herausfinden und herleiten. Viele der geforderten Herleitungen umkreisen physikalische Themen, die Sie im Unterricht gut behandelt haben.

Daher es ist es zur Vorbereitung hilfreich, wenn Sie in Ihren Aufzeichnungen aus den zurückliegenden drei Halbjahren nachschlagen und Sie eventuell auch Ihre Fachlehrerin bzw. Ihren Fachlehrer befragen:

- Welche Herleitungen waren wichtig für den Gang im Unterrichtsgeschehen?
- Welche Herleitungen sind ausführlich besprochen worden?
- Welche Herleitungen sind in den Klausuren abgefragt worden?

Eine Reihe von Formeln sollte in jedem Fall zu Ihrem „Repertoire" gehören. Versuchen Sie diese, Ihnen wichtig erscheinenden Gleichungen herzuleiten.

Wichtige Beispiele sind

- die Formeln für die Interferenz von Licht am Gitter (GK, LK),
- Formeln zur Bestimmung der relativen Elektronenmasse $\frac{e}{m}$ oder der Elektronenmasse m (GK, LK),
- Differenzialgleichungen für die harmonische Schwingung (LK).

Häufig führt der Ansatz einer Herleitung über den Vergleich von Kräften, z. B.

- $F_{elektrisch} = F_G$ beim Schwebefall des Millikan-Versuchs,
- $F_{Lorentz} = F_{zentral}$ bei der Kreisbahn von Elektronen im homogenen Magnetfeld,

oder über den Vergleich der beteiligten Energieformen, z. B.

- $E_{elektrisch} = E_{kinetisch}$ bei der Beschleunigung von Elektronen im elektrischen Feld einer Elektronenkanone.

Denken Sie auch daran, dass in aller Regel eine Skizze oft „mehr sagt als 1000 Worte".

Typ: Einsetzaufgabe
Suchen Sie die passenden Formeln. Stellen Sie die Formeln wenn nötig um. Geben Sie auf jeden Fall zuerst die allgemeine Formel an und setzen Sie danach die einzelnen Werte ein.
Beachten Sie, dass eine physikalische Rechenaufgabe immer Zahlenwerte mit den entsprechenden Einheiten benutzt. Kontrollieren Sie die Korrektheit von umfangreicheren Umformungen anhand der Einheiten; eine „unsinnige" Einheit beim Ergebnis (etwa $\frac{m}{s^2}$ für eine Geschwindigkeit) zeigt Ihnen sofort, dass ein Fehler in Ihrer Rechnung vorliegt.

Typ: Begründung und Interpretieren
Versuchen Sie, ausgehend von dem in der Aufgabenstellung dargestellten Sachverhalt, auf allgemeine Zusammenhänge oder gar Gesetzmäßigkeiten zu schließen. Beziehen Sie in Ihre Argumentationskette möglichst physikalische Zusammenhänge (z. B. Formeln) oder mathematische Regeln mit ein. Verwenden Sie eine fachgerechte Sprache.
Manchmal lassen sich die betrachteten Strukturen eher qualitativ und manchmal auch quantitativ beschreiben, z. B.: „Beim Vergrößern des Plattenabstands sinkt die elektrische Feldstärke im Kondensator" (qualitativ) oder „Vergrößert man den Plattenabstand um das Dreifache, so sinkt die Feldstärke im Kondensator auf ein Drittel" (quantitativ). Achten Sie hierbei genau darauf, was in der konkreten Fragestellung verlangt ist.

3. Kontrolle und Rückschau

   Überprüfen Sie, ob Ihre Lösung mit der Forderung in der Aufgabenstellung übereinstimmen kann. Sollte Ihnen auffallen, dass Ihr Ergebnis mit Sicherheit falsch ist, Sie aber den Fehler nicht finden, so kommentieren Sie das. Ein Beispiel:
   Es war die Geschwindigkeit von Elektronen zu bestimmen. Ihr Ergebnis ist $4{,}7 \cdot 10^8 \frac{\text{m}}{\text{s}}$. Sie finden keinen Fehler in der Rechnung, erkennen aber, dass der Wert größer als die Lichtgeschwindigkeit ist.
   Notieren Sie dies auf Ihrem Lösungsblatt, es zeigt Ihr physikalisches Verständnis!

Zum Umgang mit diesem Buch

Dieses Buch enthält die vollständigen **schriftlichen Abituraufgaben** für Grund- und Leistungskurs ab 2009.

Unmittelbar auf die Aufgabenstellung folgen separate **Tipps und Hinweise** zu jeder Teilaufgabe sowie im Anschluss daran komplett ausgearbeitete **Musterlösungen** mit Kommentar zum Lösungsweg und konkreten Hinweisen zur Lösungsstrategie (die Hinweise sind durch eine Raute ⧫ am linken Textrand gekennzeichnet).

Für die eigene Übung ist es wichtig, zunächst zu versuchen, allein mit der Aufgabenstellung zu Recht zu kommen. Nutzen Sie daher immer **zuerst** die Tipps, wenn Sie bei der Lösung einer Teilaufgabe ins Stocken geraten – sie erhalten dann einen Denkanstoß, der Ihnen weiterhilft. Gehen Sie dabei schrittweise vor, d. h., lesen Sie den zweiten Tipp, wenn Sie mit dem ersten allein nicht weiterkommen usw.

Die Musterlösung dient zum einen zur **Kontrolle**, ob Sie die Aufgabe richtig und vollständig gelöst haben, zum anderen gibt Sie Ihnen eine **ausführliche Hilfestellung**, wenn Sie trotz der Tipps Schwierigkeiten bei der Bearbeitung haben.

Statt der einzelnen Aufgaben können Sie auch einen Set bestehend aus jeweils einer Aufgabe Typ A, B, C auswählen. Auf diese Weise können Sie – unter Beachtung der zeitlichen Rahmenbedingungen – eine Abiturprüfung simulieren.

Landesabitur Physik 2009 (Hessen) – Grundkurs
Aufgabe A1: Elektromagnetische Induktion

Auf einen gemeinsamen Spulenkörper aus Pappe mit einer Querschnittsfläche von $A = 0{,}03\ m^2$ sind auf einer Länge von $\ell = 60$ cm parallel zueinander zwei gegeneinander isolierte Drähte gleichsinnig mit je 900 Windungen gewickelt. Die Enden des einen Drahtes sind mit a1 und a2 und die des anderen mit b1 und b2 bezeichnet (Material 1).
In der rechten Abbildung von Material 1 ist die Schaltskizze eines Experiments mit den beschriebenen Spulen dargestellt. Die Erregerspule a1-a2 ist an eine veränderbare Stromquelle angeschlossen. Die Induktionsspule b1-b2 ist mit einem hochohmigen Spannungsmesser mit Nullpunkt in der Mitte verbunden.

1. Beschreiben Sie, was der Spannungsmesser anzeigt, wenn die Stromstärke in der Erregerspule zunimmt.
   Erklären Sie, welche Richtung der Strom hat, der durch den Spannungsmesser fließt. (8 BE)

Der Strom steigt in 0,4 s von 0 mA auf 200 mA gleichmäßig an, bleibt dann 0,1 s konstant, fällt dann in 0,2 s gleichmäßig auf 0 mA ab und bleibt dann 0,1 s auf 0 mA. Anschließend wiederholt sich der Vorgang.

2. Zeichnen Sie in zwei untereinander angeordneten Diagrammen die Stromstärke I(t) in der Erregerspule a1-a2 und die Spannung U(t) an den Enden der Induktionsspule b1-b2 im Zeitintervall 0 s bis 1,6 s.
   Berechnen Sie vorab die benötigten Werte von U. (12 BE)

3. Berechnen Sie den maximalen magnetischen Fluss Φ und geben Sie an, wann er auftritt. (4 BE)

4. Der Erregerstrom wird so verändert, dass er einen magnetischen Fluss Φ erzeugt, dessen zeitlicher Verlauf im Diagramm des Materials 2 dargestellt ist.
   Ermitteln Sie aus dem Diagramm den ungefähren Maximalwert der Spannung U(t) an den Enden der Spule b1-b2.
   Begründen Sie Ihre Vorgehensweise und skizzieren Sie den Verlauf der Spannung. (6 BE)

Material 1

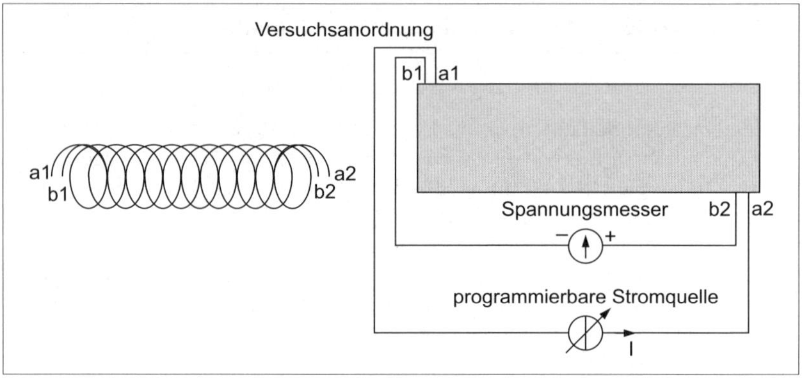

Material 2

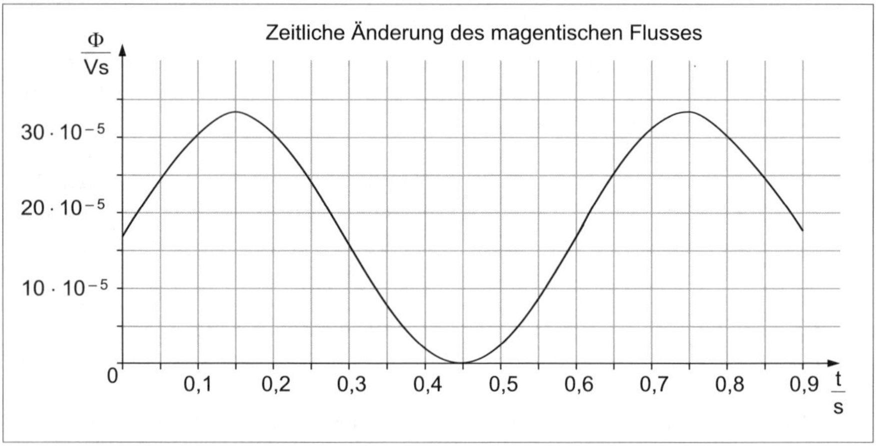

Bildnachweis: Fachkommission Physik (2008)

Tipps und Hinweise zur Lösung von Aufgabe A1

Tipps zu Teilaufgabe 1

- Erklären Sie, warum der Zeiger des Spannungsmessers ausschlägt.
- Verwenden Sie dazu das Induktionsgesetz und die Lenz'sche Regel.

Tipps zu Teilaufgabe 2

- Zur Berechnung benötigen Sie zwei Formeln: zum einen die Formel für die Induktionsspannung $U_{ind}(t) = -N_{ind} \cdot \Delta\Phi \cdot (\Delta t)^{-1}$ und zum anderen die Formel für den magnetischen Fluss $\Phi = A \cdot B = A \cdot \mu_0 \cdot N_{err} \cdot I \cdot \ell^{-1}$.
- Setzen Sie Φ in die erste Formel ein. Setzen Sie anschließend alle Größen gemäß der Aufgabenstellung ein und berechnen Sie die gesuchten Induktionsspannungen in den jeweiligen Intervallen.

Tipps zu Teilaufgabe 3

- Benötigt wird die Formel für den magnetischen Fluss bei maximaler Stromstärke (vgl. Tipps zu Teilaufgabe 2).
- Da $\Phi \sim I$ ist, wird der magnetische Fluss maximal, wenn I maximal wird (A, μ_0, N_{err} und ℓ sind konstant). Das Einsetzen der Werte liefert den gesuchten maximalen magnetischen Fluss.

Tipps zu Teilaufgabe 4

- Die Induktionsspannung ist proportional zur Änderungsrate des magnetischen Flusses. Das heißt, dass die Induktionsspannung dort am höchsten ist, wo sich der magnetische Fluss am stärksten ändert, also an den Wendepunkten. Zu bestimmen ist also die Steigung der Tangenten in den Wendepunkten des t-Φ-Graphen. Dies geschieht durch Ablesen an einem Steigungsdreieck.
- Um den t-$U_{ind}(t)$-Graphen zeichnen zu können, sind noch dessen Nullstellen interessant. Das sind diejenigen Stellen, an denen sich der magnetische Fluss nicht ändert.

Lösungen zu Aufgabe A1

1. **Beschreibung:** Der Spannungsmesser schlägt aus, da in der Spule b1-b2 eine Spannung induziert wird. Wenn der Strom in der Erregerspule ansteigt, nimmt der magnetische Fluss zu. Die Existenz einer Induktionsspannung folgt dann aus dem Induktionsgesetz nach Faraday.

   Erklärung: Wenn ein Anstieg des Stroms vorliegt, so ist der in der Spule b1-b2 induzierte Strom, bei gleichem Wickelsinn, dem in der Spule a1-a2 entgegengerichtet. Dies folgt aus der Lenz'schen Regel: Der Induktionsstrom ist stets so gerichtet, dass er seiner Ursache entgegenwirkt. Er fließt also aus dem Ende von b2 zum Pluspol des Spannungsmessers.

2. Die Berechnung der benötigten Werte der Induktionsspannung erfolgt nach der Induktionsformel:

$$U_{ind}(t) = -N_{ind} \cdot \frac{\Delta\Phi}{\Delta t} \quad \text{mit } \Phi = A \cdot B = A \cdot \mu_0 \cdot \frac{N_{err} \cdot I}{\ell}$$

Dabei sind N_{ind} und N_{err} die Windungszahlen der Induktions- und der Erregerspule. Setzt man Φ in die Formel für $U_{ind}(t)$ ein, so ergibt sich, da alle Größen bis auf die Stromstärke konstant sind:

$$U_{ind}(t) = -N_{ind} \cdot A \cdot \mu_0 \cdot \frac{N_{err}}{\ell} \cdot \frac{\Delta I}{\Delta t}$$

Für das **erste Zeitintervall $0 \le t \le 0{,}4$ s** ergibt sich:

$$U_{ind,1}(t) = -900 \cdot 0{,}03\ \text{m}^2 \cdot 4\pi \cdot 10^{-7}\ \frac{\text{Vs}}{\text{Am}} \cdot \frac{900}{0{,}60\ \text{m}} \cdot \frac{0{,}200\ \text{A}}{0{,}4\ \text{s}}$$
$$\approx -0{,}0254\ \text{V} = \underline{\underline{-25{,}4\ \text{mV}}}$$

Im **zweiten ($0{,}4$ s $\le t < 0{,}5$ s)** und **vierten Intervall ($0{,}7$ s $\le t < 0{,}8$ s)** ist $\Delta I = 0$ V, daher ist die Induktionsspannung auch null:

$$U_{ind,2}(t) = U_{ind,4}(t) = \underline{\underline{0\ \text{V}}}$$

Im **dritten Intervall ($0{,}5$ s $\le t < 0{,}7$ s)** ergibt sich analog zum ersten:

$$U_{ind,3}(t) = -900 \cdot 0{,}03\ \text{m}^3 \cdot 4\pi \cdot 10^{-7}\ \frac{\text{Vs}}{\text{Am}} \cdot \frac{900}{0{,}60\ \text{m}} \cdot \frac{-0{,}200\ \text{A}}{0{,}2\ \text{s}}$$
$$\approx +0{,}0509\ \text{V} = \underline{\underline{50{,}9\ \text{mV}}}$$

Abbildung 1 zeigt die resultierenden Graphen (oben das t-I(t)- und unten das t-U_{ind}(t)-Diagramm).

Beachtet man die an der Schaltung vorgenommene Polung, so muss der U_{ind}(t)-Graph an der t-Achse gespiegelt werden (in Abbildung 1 gestrichelt), vgl. Erklärung in Teilaufgabe 1. Beide Lösungen werden als richtig anerkannt.

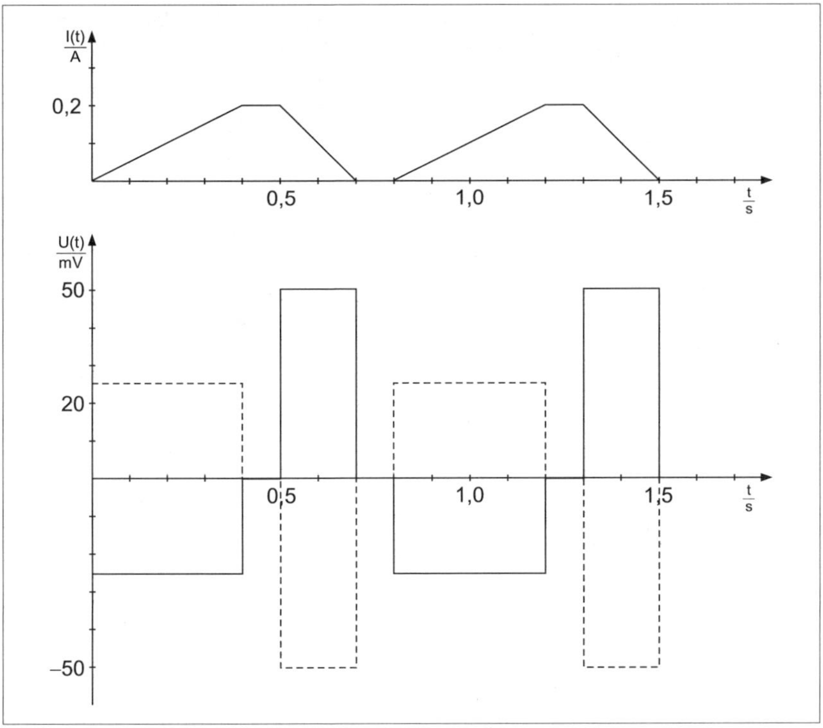

Abb. 1

3. Der magnetische Fluss berechnet sich nach der Formel

$$\Phi_{max} = A \cdot \mu_0 \cdot \frac{N_{err}}{\ell} \cdot I_{max}.$$

Der magnetische Fluss ist am größten, wenn die Stromstärke maximal ist. Dies ist in den beiden Intervallen zwischen 0,4 s und 0,5 s und zwischen 1,2 s und 1,3 s der Fall. Das Einsetzen der Werte ergibt:

$$\Phi_{max} = 0{,}03\ \text{m}^2 \cdot 4\pi \cdot 10^{-7} \cdot \frac{\text{Vs}}{\text{Am}} \cdot \frac{900}{0{,}60\ \text{m}} \cdot 0{,}200\ \text{A} \approx \underline{\underline{1{,}13 \cdot 10^{-5}\ \text{Vs}}}$$

4. Der Maximalwert der Induktionsspannung $U_{ind}(t)$ ergibt sich dort, wo sich der magnetische Fluss am stärksten ändert. Dies ist in den Wendepunkten des t-Φ-Graphen der Fall. Genau dort treten die maximalen bzw. die minimalen Spannungswerte auf. Bei den Extrempunkten (Maxima und Minima) des t-Φ-Graphen erfolgt keine Veränderung des magnetischen Flusses. Demzufolge liegen dort die Nullstellen der Funktion $U_{ind}(t)$.

Den Maximalwert der Induktionsspannung kann man aus dem t-Φ-Graphen als Tangentensteigung bei 0,3 s oder 0,6 s der Funktion in den Wendepunkten ablesen. Es ergibt sich ungefähr

$$U_{max} = U_{ind}(0{,}3\,s) = -N_{ind} \cdot \frac{\Delta\Phi}{\Delta t} = -900 \cdot \frac{-15 \cdot 10^{-5}\ Vs}{0{,}1\,s} \approx 1{,}35\ V.$$

Vorgehen: Nach dem Einzeichnen der Tangente an der Stelle 0,3s liest man ihre Steigung ab. Dies geschieht am Besten durch Einzeichnen eines Steigungsdreiecks und Ablesen der Werte für $\Delta y = \Delta\Phi$ und für $\Delta x = \Delta t$. Die Steigung berechnet sich dann nach der Formel $m = \frac{\Delta y}{\Delta x} = \frac{\Delta\Phi}{\Delta t}$ (Vorzeichen beachten!).
In Abbildung 2 ist der Verlauf der induzierten Spannung skizziert.

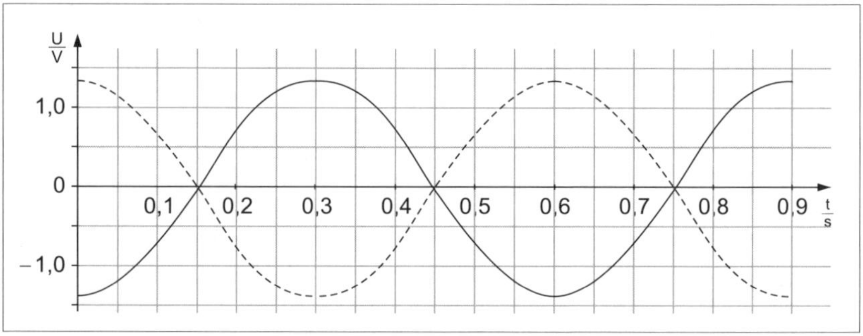

Abb. 2

Die durchgezogene Linie im Diagramm berücksichtigt die berechneten Werte, die gestrichelte, zur t-Achse spiegelbildliche Linie die in der Schaltung vorgenommene Polung. Beide Darstellungen werden akzeptiert.

Landesabitur Physik 2009 (Hessen) – Grundkurs
Aufgabe A2: Elektrostatik

Die beiden Platten eines Plattenkondensators haben einen Abstand von $d = 2{,}0$ mm und sind parallel zur Erdoberfläche angeordnet. Zwischen die Platten wird ein negativ geladenes Tröpfchen der Masse $m = 1{,}37 \cdot 10^{-14}$ kg gebracht.

1. Wird an die Platten eine Spannung von $U_1 = 240$ V angelegt, so schwebt das Teilchen.

1.1 Skizzieren Sie diese Situation mit allen auf das Tröpfchen wirkenden Kräften. Geben Sie an, um welchen grundlegenden physikalischen Versuch es sich hierbei handelt, und nennen Sie das wesentliche Versuchsergebnis sowie seine historische Bedeutung. (6 BE)

1.2 Berechnen Sie, welche Ladung das Teilchen trägt.
Geben Sie diese Ladung auch als Vielfaches der Elementarladung an. (6 BE)

1.3 Die Platten des Kondensators haben eine Fläche von je 100 cm^2.
Berechnen Sie, wie viele Elektronen sich beim Abstand $d = 2{,}0$ mm zusätzlich auf der negativ geladenen Platte des Kondensators befinden müssen, um die genannte Spannung U hervorzurufen. (6 BE)

2. In dem oben beschriebenen Versuchsaufbau werden die Platten des Kondensators bei angeschlossener Spannungsquelle auseinandergezogen.

2.1 Erklären Sie, wie sich die Ladung auf den Platten ändert und welche Auswirkung diese Veränderung auf das Teilchen hat. (5 BE)

2.2 Berechnen Sie, welche Spannung U_2 man an den Kondensator anlegen muss, um das Teilchen bei einem Plattenabstand $d_2 = 5{,}0$ mm in der Schwebe zu halten. (5 BE)

3. Beurteilen Sie, ob ein zusätzliches Magnetfeld, dessen Richtung auf der des elektrischen Feldes senkrecht steht, auf das schwebende Teilchen einen Einfluss hat. (2 BE)

Tipps und Hinweise zur Lösung von Aufgabe A2

Tipps zu Teilaufgabe 1.1

- Bei dem beschriebenen Experiment handelt es sich um den Millikan-Versuch.
- Überlegen Sie, welche beiden Kräfte auf das Teilchen wirken und welche Bedingung erfüllt sein muss, damit sich das Teilchen im Schwebezustand befindet.
- Versuchen Sie, das Ergebnis dieses Versuchs sowie seine historische Bedeutung anhand der Grafik rechts zu erschließen.

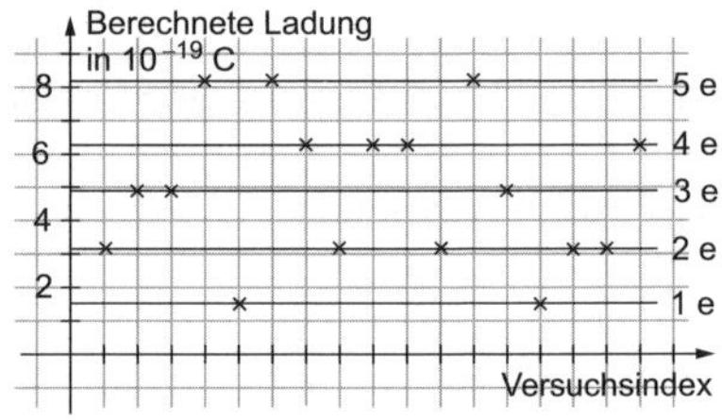

Tipps zu Teilaufgabe 1.2

- Aus dem Kräftegleichgewicht zwischen elektrischer Kraft und Gewichtskraft lässt sich die Ladungsmenge q bestimmen. Benötigt wird zusätzlich noch die Formel für die elektrische Feldstärke im Plattenkondensator, $E = \frac{U}{d}$.
- Die Gesamtladung q setzt sich aus einzelnen Elementarladungen zusammen.

Tipp zu Teilaufgabe 1.3

- Berechnen Sie, ausgehend von den beiden Formeln $Q = C \cdot U$ und $C = \varepsilon_0 \cdot A \cdot d^{-1}$, die Anzahl der Elektronen. Dabei ersetzen Sie die Gesamtladung Q durch $n \cdot e$.
- Beachten Sie, dass mit der „genannten Spannung U" $U_1 = 240$ V gemeint ist.

Tipps zu Teilaufgabe 2.1

- Argumentieren Sie in folgender Weise (Schritte jeweils begründen): Die Kapazität wird bei größer werdendem Plattenabstand kleiner; die Spannung bleibt konstant; die Ladung wird kleiner; d die Feldstärke sowie die auf das Teilchen wirkende elektrische Kraft wird kleiner.
- Schließen Sie daraus auf den Bewegungszustand des geladenen Teilchens.

Tipp zu Teilaufgabe 2.2

- Ansatz: Damit das Teilchen weiterhin schwebt, müssen die elektrische Kraft und die elektrische Feldstärke gleich bleiben. Was folgt daraus für das Verhältnis zwischen Spannung und Abstand?
- Alternativer Lösungsweg: Verwenden Sie den Ansatz aus Teilaufgabe 1.2.

Tipp zu Teilaufgabe 3

- Überlegen Sie, ob und wie die Lorentzkraft auf das Teilchen wirkt.

Lösungen zu Aufgabe A2

1.1 Auf das Tröpfchen wirken zwei Kräfte, nämlich die nach unten gerichtete Gewichtskraft F_G und die nach oben weisende elektrische Kraft F_{el}. Weil das Teilchen negativ geladen ist und es schweben soll, muss die obere Platte positiv und die untere Platte negativ geladen sein (Abbildung 1).

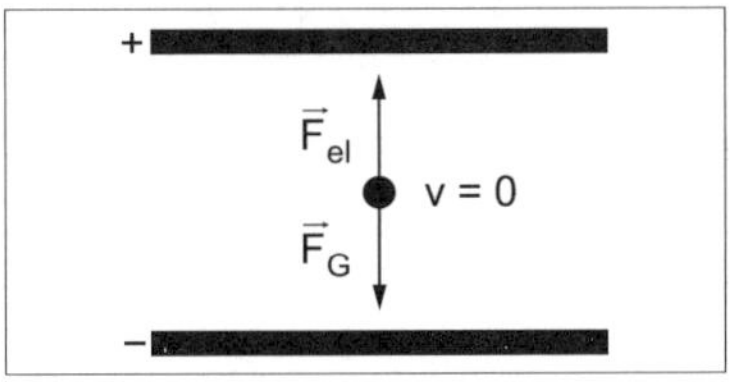

Abb. 1

Es handelt sich hierbei um den **Millikanversuch**. Robert Millikan (1868–1953) untersuchte die Ladungsverteilung geladener Öltröpfchen. Dabei stellte er fest, dass Ionen bzw. geladene Teilchen nur als ganzzahliges Vielfaches der Elementarladung $e = 1{,}602 \cdot 10^{-19}\,C$ auftreten können. Die historische Bedeutung dieses Experiments besteht darin, dass zum ersten Mal der **Nachweis der Quantelung einer physikalischen Größe** erbracht werden konnte.

1.2 Wie bereits unter 1.1. beschrieben, wirken auf das geladene Teilchen zwei Kräfte. Diese beiden Kräfte sind im Gleichgewicht, ihre Beträge sind also gleich groß. Daher gilt folgender Ansatz:

$$F_{el} = F_G \quad \Leftrightarrow \quad q \cdot E = m \cdot g \quad \Leftrightarrow \quad \frac{q \cdot U}{d} = m \cdot g$$

Dabei ist E die elektrische Feldstärke des Kondensators, die gegeben ist durch $E = \frac{U}{d}$. Umformen und Einsetzen der Werte liefert die gesuchte Ladungsmenge:

$$q = \frac{m \cdot g \cdot d}{U_1} = \frac{1{,}37 \cdot 10^{-14}\ kg \cdot 9{,}81\frac{m}{s^2} \cdot 2{,}0 \cdot 10^{-3}\ m}{240\ V} = 1{,}119\ldots \cdot 10^{-18}\,C$$

$$\approx \underline{\underline{1{,}1 \cdot 10^{-18}\,C}}$$

Diese berechnete Ladungsmenge ist ein Vielfaches der Elementarladung $e = 1{,}602 \cdot 10^{-19}\,C$. Es gilt also $q = n \cdot e$, woraus für n folgt:

$$n = \frac{q}{e} = \frac{1{,}119\ldots \cdot 10^{-18}\,C}{1{,}602 \cdot 10^{-19}\,C} \approx \underline{\underline{7}}$$

Die berechnete Ladungsmenge q besteht aus 7 Elementarladungen der Ladungsmenge e.

1.3 Im neutralen Zustand befinden sich auf den beiden Platten des Kondensators etwa gleich viele Elektronen. Bei einer Spannung von 240 V besitzt der Kondensator auf der negativ geladenen Platte einen Elektronenüberschuss. Die Ladungsmenge, die sich auf dem Kondensator befindet ist der Spannung zwischen den Kondensatorplatten proportional. Die Proportionalitätskonstant ist die Kapazität:

$$Q = C \cdot U \qquad (1)$$

Setzt man für die Ladungsmenge Q die Anzahl der Elektronen multipliziert mit der Elementarladung ein und ersetzt die Kapazität durch die Formel

$$C = \varepsilon_0 \cdot \frac{A}{d}, \qquad (2)$$

so erhält man:

$$n \cdot e = \varepsilon_0 \cdot \frac{A}{d} \cdot U \quad \Leftrightarrow$$

$$n = \varepsilon_0 \cdot \frac{A}{e \cdot d} \cdot U$$

$$= 8{,}85 \cdot 10^{-12}\,\frac{C}{Vm} \cdot \frac{100 \cdot 10^{-4}\,m^2}{1{,}602 \cdot 10^{-19}\,C \cdot 2{,}0 \cdot 10^{-3}\,m} \cdot 240\,V \approx \underline{\underline{6{,}6 \cdot 10^{10}}}$$

Um eine Spannung von 240 V zu erzeugen, sind bei diesem Kondensator etwa $6{,}6 \cdot 10^{10}$ Elektronen nötig.

2.1 Setzt man die Formel (2) aus Teilaufgabe 1.3 in die Formel (1) ein, so ergibt sich wegen U = konst. die folgende Proportionalität:

$$Q = \varepsilon_0 \cdot \frac{A}{d} \cdot U \quad \Rightarrow \quad Q \sim \frac{1}{d}$$

Je größter der Plattenabstand d wird, umso kleiner wird die Ladungsmenge Q, die sich auf den Platten des Kondensators befindet. Wenn die Ladungsmenge kleiner wird, dann sinkt auch das elektrische Feld zwischen den Platten und somit wird die elektrische Kraft auf das geladene Teilchen kleiner. Es beginnt zu sinken.

2.2 Wenn das Teilchen weiterhin schweben soll, so muss die elektrische Kraft auf das Teilchen gleich bleiben. Die elektrische Kraft ist gegeben durch die Formel $F_{el} = q \cdot E$. Also muss auch die elektrische Feldstärke $E = \frac{U}{d}$ gleich bleiben. Daher ergibt sich folgender Ansatz:

$$E = \frac{U_1}{d_1} = \frac{U_2}{d_2} \quad \Rightarrow \quad U_2 = U_1 \cdot \frac{d_2}{d_1} = 240\,V \cdot \frac{5\,mm}{2\,mm} = 600\,V$$

Es müssen also 600 V angelegt werden, damit das Teilchen wieder schwebt.

Alternativ kann man auch den Ansatz aus Teilaufgabe 1.2 verwenden:

$$F_{el} = F_G \quad \Leftrightarrow \quad q \cdot E = m \cdot g \quad \Leftrightarrow \quad \frac{q \cdot U}{d} = m \cdot g$$

$$\Rightarrow \quad U_2 = \frac{m \cdot g \cdot d_2}{q} = \frac{1{,}37 \cdot 10^{-14}\,kg \cdot 9{,}81\,\frac{m}{s^2} \cdot 5 \cdot 10^{-3}\,m}{1{,}119\ldots \cdot 10^{-18}\,C} \approx \underline{\underline{600\,V}}$$

3. Ein magnetisches Feld hat **keinen Einfluss** auf ein schwebendes Teilchen: Da das Teilchen keine Geschwindigkeit hat, besitzt die Lorentzkraft $F_L = q \cdot v \cdot B$ den Wert null.

Landesabitur Physik 2009 (Hessen) – Grundkurs
Aufgabe B1: Elektromagnetische Schwingungen und Wellen

Um ungedämpfte elektrische Schwingungen zu erzeugen, kann man einen Oszillator mit Verstärker benutzen, wie er in Material 1 gezeigt wird. Der Schwingkreis besteht aus der Spule $L_1 = 200\ \mu H$ und dem Kondensator C_1. Letzterer ist ein Kondensator mit veränderbarer Kapazität von 20 pF bis 600 pF.

1.1 Beschreiben Sie die Schwingungsphasen und die zugehörigen Energieumwandlungen in einem LC-Kreis in zeitlichen Intervallen von jeweils einem Viertel der Schwingungsdauer. (7 BE)

1.2 Erklären Sie, wodurch in einem LC-Kreis Energieverluste auftreten und durch welche Maßnahmen dennoch eine ungedämpfte Schwingung herbeigeführt werden kann. (4 BE)

2.1 Berechnen Sie den Frequenzbereich (f_{min}, f_{max}) der Schwingungen, der von dem Oszillator erzeugt werden kann. (4 BE)

2.2 Ermitteln Sie den Faktor, um welchen sich die Frequenz des Schwingkreises ändert, wenn man die Induktivität der Spule L_1 vervierfacht. (3 BE)

3. Die Ausgangsspannung des Oszillators kann über geeignete schaltungstechnische Maßnahmen einer Antenne zugeführt werden. Von dieser werden dann elektromagnetische Wellen abgestrahlt.
Berechnen Sie die kleinste Wellenlänge, die mit diesem Oszillator erzeugt werden kann. (3 BE)

4. Zwei Sender gleicher Frequenz und Amplitude stehen ca. 10 km voneinander entfernt. Ein passender Empfänger wird auf der geraden Verbindungslinie zwischen diesen beiden Sendern bewegt.
Erklären Sie, wie sich die Empfangsintensität bei der Bewegung des Empfängers entlang dieser Linie verändert. (5 BE)

5. Mit dem oben beschriebenen Oszillator wird nun eine Schwingung der Frequenz $f = 500$ kHz erzeugt und mithilfe eines Oszilloskops sichtbar gemacht. Material 2 zeigt das zugehörige Schirmbild. Dieses Schirmbild soll so verändert werden, dass nur eine Periode des Signals abgebildet wird. Üblicherweise wird am Zeitablenkschalter eines Oszilloskops die Ablenkdauer als Zeit für ein Kästchen des Bildschirmrasters (Time / DIV) angegeben. Material 3 zeigt die Einstellung des Zeitablenkschalters für das in Material 2 angegebene Schirmbild.
Ermitteln Sie aus dem vorgelegten Material, welche Ablenkzeit pro Kästchen eingestellt werden müsste, damit eine Periode des Signals den Bildschirm ausfüllt. (4 BE)

Material 1

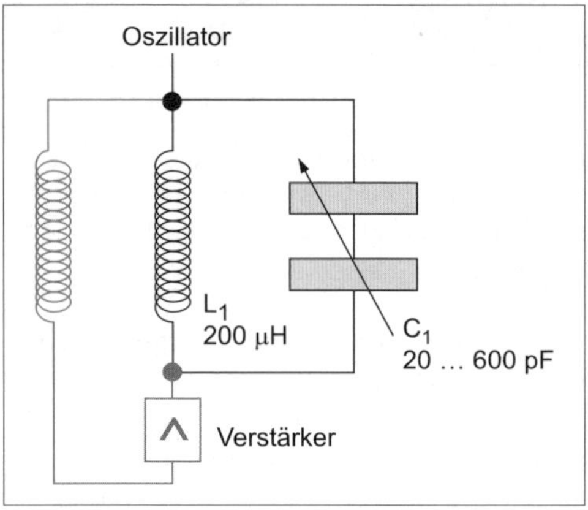

Material 2

Schirmbild

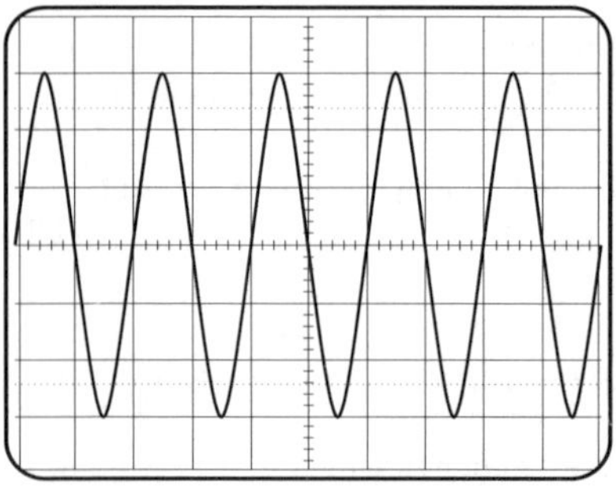

Material 3

Ablenkzeit-Einstellknopf

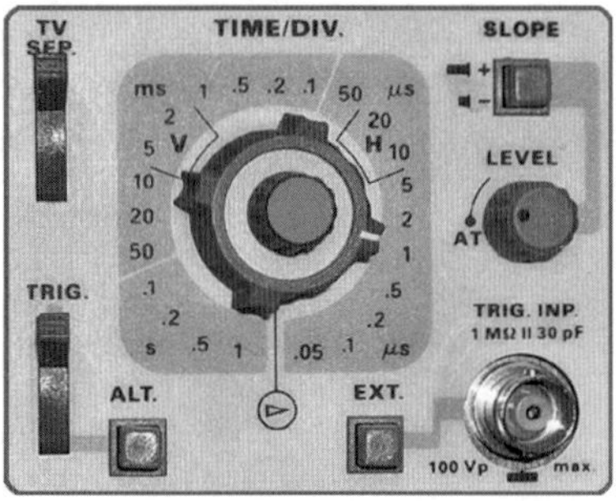

Bildnachweis: Fachkommission Physik (2008)

Tipps und Hinweise zur Lösung von Aufgabe B1

Tipps zu Teilaufgabe 1.1

- Fertigen Sie zunächst eine Skizze des Schwingkreises an und verdeutlichen Sie sich die Elektronenbewegung.
- Zu Beginn ist der Kondensator komplett aufgeladen. Dieser entlädt sich dann über die Spule vollständig und wird anschließend entgegengesetzt aufgeladen. Begründen Sie die jeweiligen Energieumwandlungen $E_{el} \leftrightarrow E_{mag}$ an.
- Wesentliche Stichworte: Selbstinduktion und Lenz'sche Regel.

Tipps zu Teilaufgabe 1.2

- Ursache für den Energieverlust: Reibungswiderstand
- Möglich Abhilfen: Vermeiden der Ursache (soweit wie möglich) oder Kompensation durch Energiezufuhr. Wie lassen sich beide Maßnahmen realisieren?

Tipp zu Teilaufgabe 2.1

- Verwenden Sie die bekannte Formel für die Schwingungsdauer nach Thomson sowie den Zusammenhang zwischen Schwingungsdauer und -frequenz.

Tipps zu Teilaufgabe 2.2

- Möglichkeit 1: Sie rechnen die Frequenz erneut unter der Berücksichtigung vierfacher Induktivität aus.
- Möglichkeit 2: Sie überlegen sich Konsequenzen aus dem in Teilaufgabe 2.1 berechneten Zusammenhang zwischen der Frequenz und der Induktivität.

Tipp zu Teilaufgabe 3

- Verwenden Sie den bekannten Zusammenhang zwischen Wellenlänge und Frequenz und setzen Sie die geeignete der beiden in Teilaufgabe 2.1 errechneten Werte ein.

Tipps zu Teilaufgabe 4

- Vergleichen Sie die Situation mit einem eingespannten Seil, auf dem sich stehende Wellen ausbreiten. Man unterscheidet zwei Bereiche: Welche? Wie entstehen Sie?
- Wie wirken sich diese Bereiche auf die Signalstärke aus?

Tipp zu Teilaufgabe 5

- Mit der beschriebenen Einstellung sind auf dem Schirm genau 5 Perioden sichtbar. Um weniger Perioden abzubilden, muss diese Einstellung verkleinert werden.

Lösungen zu Aufgabe B1

1.1 Zur Beschreibung der Schwingungsphasen teilt man das Intervall wie in der Aufgabenstellung gefordert auf. Zum Zeitpunkt t = 0 s ist der Kondensator voll aufgeladen. Die Spannung an den Kondensatorplatten ist maximal. Die gesamte Energie des Schwingkreises steckt in der elektrischen Energie des Kondensators.

Die Grafik der Abbildung 1muss nicht Bestandteil der Lösung sein, sie verdeutlicht aber recht gut das unten beschriebene Verhalten des Schwingkreises in den betreffenden Intervallen.

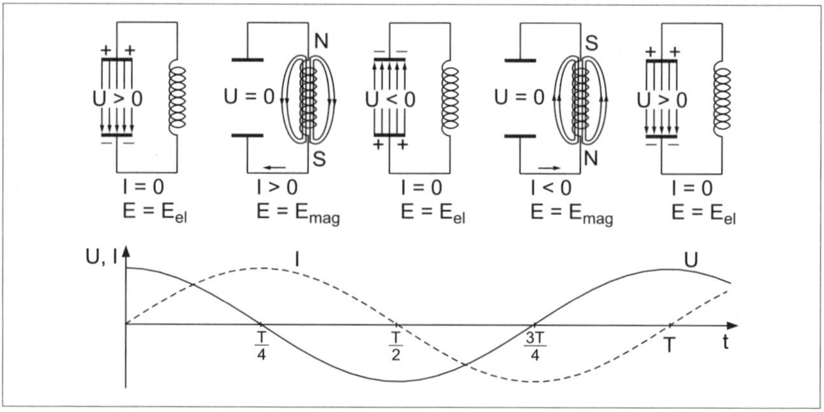

Abb. 1

Intervall $0 < t < \frac{T}{4}$: Es fließt ein Strom. Die Elektronen bewegen sich von der negativ geladenen Kondensatorplatte durch die Spule bis zur positiv geladenen Platte. Dabei entlädt sich der Kondensator. Die elektrische Energie des E-Feldes wird in magnetische Energie der Spule (B-Feld) umgewandelt.

Zeitpunkt $t = \frac{T}{4}$: Der Kondensator ist vollständig entladen. Der Stromfluss ist maximal. Die gesamte Energie des Schwingkreises steckt im magnetischen Feld der Spule.

Intervall $\frac{T}{4} < t < \frac{T}{2}$: Der Strom fließt aufgrund der Selbstinduktivität der Spule weiter. Durch die Abnahme des Stromflusses wird in der Spule, zusätzlich zum ursprünglichen Magnetfeld, ein weiteres Magnetfeld induziert. Dieses Magnetfeld wirkt, nach der Lenz'schen Regel, seiner Ursache entgegen. Es versucht also, die Elektronen an ihrem Abbremsen zu hindern. Die Elektronen bewegen sich weiter und laden den Kondensator entgegengesetzt auf. Die Energie wird wieder in elektrische Energie umgewandelt.

Zeitpunkt $t = \frac{T}{2}$: Der Kondensator ist entgegengesetzt voll aufgeladen. Die gesamte Energie ist wieder im elektrischen Feld.

Von **$t = \frac{T}{2}$ bis $t = T$** wiederholt sich der Vorgang in umgekehrter Richtung.

1.2 Energieverluste treten durch Reibungsverluste der Leitungselektronen im Draht und in der Spule auf. Dies nennt man den **ohmschen Widerstand** dieser Leiter. Die Energie wandelt sich in Wärme um.
Um zu erreichen, dass die Schwingung ungedämpft ist, kann man entweder versuchen, den ohmschen Widerstand auf null zu bringen (durch Abkühlung des Schwingkreises) oder man führt periodisch (unter Beachtung der Phase) Energie zu, sodass die Verluste ausgeglichen werden. Eine Möglichkeit der Energiezuführung besteht darin, die Spannungsamplitude am Kondensator zu vergrößern.

2.1 Ausgangspunkt der Berechnung ist die Schwingungsformel nach Thomson. Die Schwingungsdauer T wird darin durch die Frequenz f ersetzt und anschließend die Gleichung nach f aufgelöst:

$$T = \frac{1}{f} = 2\pi \cdot \sqrt{L \cdot C} \quad \Leftrightarrow \quad f = \frac{1}{2\pi \cdot \sqrt{L \cdot C}}$$

Zur Berechnung der kleinsten Frequenz f_{min} setzt man in die Formel die größte Kapazität ein, entsprechend bei f_{max} die kleinste Kapazität. Damit erhält man:

$$f_{min} = \frac{1}{2\pi \cdot \sqrt{L \cdot C_{max}}} = \frac{1}{2\pi \cdot \sqrt{200 \cdot 10^{-6}\,\text{H} \cdot 600 \cdot 10^{-12}\,\text{F}}}$$
$$= 4{,}5944\ldots \cdot 10^3\,\text{Hz} \approx \underline{\underline{4{,}59\,\text{kHz}}}$$

$$f_{max} = \frac{1}{2\pi \cdot \sqrt{L \cdot C_{min}}} = \frac{1}{2\pi \cdot \sqrt{200 \cdot 10^{-6}\,\text{H} \cdot 20 \cdot 10^{-12}\,\text{F}}}$$
$$= 2{,}516\ldots \cdot 10^6\,\text{Hz} \approx \underline{\underline{2{,}5\,\text{MHz}}}$$

2.2 Aus dem Ansatz von Aufgabenteil 2.1 ergibt sich folgende Proportionalität:

$$f = \frac{1}{2\pi \cdot \sqrt{L \cdot C}} \quad \Rightarrow \quad f \sim \frac{1}{\sqrt{L}}$$

Das bedeutet: Wenn man die Induktivität vervierfacht, so halbiert sich die Frequenz, da zunächst die Wurzel gezogen und anschließend der Kehrwert gebildet wird.

3. Die Wellenlänge λ ist umgekehrt proportional zur Frequenz. Die kleinste Wellenlänge entspricht also der größten Frequenz f_{max}, die in Teilaufgabe 2.1 ausgerechnet wurde. Einsetzen von f_{max} in die Formel $c = \lambda \cdot f$ ergibt:

$$\lambda_{min} = \frac{c}{f_{max}} = \frac{3{,}0 \cdot 10^8\,\frac{\text{m}}{\text{s}}}{2{,}516\ldots \cdot 10^6\,\text{Hz}} \approx \underline{\underline{119\,\text{m}}}$$

Die kleinste Wellenlänge, die erzeugt werden kann, beträgt also etwa 119 m.

4. Ähnlich wie bei einem eingespannten Seil entsteht im Bereich zwischen den beiden Sendern eine **stehende Welle**. Es bilden sich ortsfeste **Knoten** (Bereiche ohne Schwingung) und **Bäuche** (Bereiche mit Schwingung) aus.
In den Bäuchen kann man im Abstand $\frac{\lambda}{2}$ Intensitätsmaxima feststellen. Diese entstehen dadurch, dass sich an dieser Stelle die beiden entgegenlaufenden Wellenzüge **phasengleich** überlagern (Berg trifft auf Berg, Tal trifft auf Tal).
Genau in der Mitte zwischen den Bäuchen liegen die Knoten. Dort lässt sich kein Signal feststellen, da sich dort die entgegenlaufenden Wellenzüge **gegenphasig** überlagern (Berg trifft auf Tal, Tal trifft auf Berg).

5. Am Ablenkzeit-Einstellknopf ist $1\,\frac{\mu s}{DIV}$ eingestellt. Mit dieser Einstellung sind auf dem Schirm genau 5 Perioden sichtbar. Damit weniger Schwingungsperioden abgebildet werden, muss diese Einstellung verkleinert werden. Um von 5 Perioden auf eine Periode zu kommen, dividiert man durch 5, die neue Einstellung lautet also $0,2\,\frac{\mu s}{DIV}$.

Landesabitur Physik 2009 (Hessen) – Grundkurs
Aufgabe B2: Interferenz von Wellen

1. Licht eines Lasers der Wellenlänge λ fällt senkrecht auf einen Doppelspalt. Die Entfernung der beiden Spaltmitten beträgt $\ell = 0{,}2$ mm. In einer Entfernung von $a = 3{,}4$ m vom Doppelspalt steht parallel zu ihm ein Schirm.

1.1 Erklären Sie, warum man auf dem Schirm helle und dunkle Streifen beobachten kann. (4 BE)

1.2 In gewissen Abständen d_n zur ursprünglichen Ausbreitungsrichtung des Lichtes erscheinen helle Streifen auf dem Schirm.
Leiten Sie die Gleichung

$$d_n = a \cdot \frac{n \cdot \lambda}{\ell}$$

her und geben Sie die verwendeten Näherungen an. (8 BE)

2. Als Lichtquelle wird nun eine Quecksilberdampflampe benutzt.

2.1 Skizzieren Sie diesen Versuchsaufbau und beschreiben Sie die Funktion der einzelnen Teile. (5 BE)

2.2 Eine markante Linie des entstehenden Spektrums hat die Wellenlänge $\lambda = 579$ nm.
Berechnen Sie für diese Wellenlänge die Lage der Maxima erster und zweiter Ordnung. (3 BE)

2.3 Beurteilen Sie die folgende Aussage: Im Prinzip lassen sich unendlich viele Maxima für diese Wellenlänge beobachten. (2 BE)

3. Mit einem Lautsprecher strahlt man Schallwellen einer bestimmten Frequenz auf eine Wand. Der Lautsprecher ist so positioniert, dass ein Mikrofon, das zwischen Wand und Lautsprecher verschoben wird, abwechselnd Intensitätsmaxima und -minima registriert.

3.1 Erklären Sie dieses Phänomen. (3 BE)

3.2 Bestimmen Sie die Frequenz der Schallquelle, wenn der Abstand zweier benachbarter Intensitätsmaxima 28 cm beträgt. (2 BE)

3.3 Beurteilen Sie, ob man diesen Versuch prinzipiell auch mit Licht durchführen könnte, und beschreiben Sie ein Problem, das bei der praktischen Durchführung auftritt. (3 BE)

Tipps und Hinweise zur Lösung von Aufgabe B2

Tipps zu Teilaufgabe 1.1

- Am Doppelspalt wird das Licht gebeugt. Auf dem Schirm interferieren die unterschiedlichen Wellenzüge miteinander.
- Zur Erklärung können sie auch das Huygens'sche Prinzip verwenden.
- Unbedingt verwendet werden sollten die Begriffe konstruktive und destruktive Interferenz.

Tipps zu Teilaufgabe 1.2

- Veranschaulichen Sie sich die Situation zeichnerisch in zweierlei Hinsicht: Skizzieren Sie zum einen den Doppelspalt in geeigneter Vergrößerung sowie die beiden in erster Näherung parallel verlaufenden Lichtstrahlen, die zum Maximum erster Ordnung führen. Zeichnen Sie außerdem die gesamte Anordnung aus Doppelspalt und Schirm, auf dem die Interferenz zu erkennen ist.
- Verwenden Sie zur Herleitung trigonometrische Funktionen. Suchen Sie dazu in Ihrer Zeichnung nach geeigneten Dreiecken.
- Für kleine Winkel gilt die Näherung $\sin\alpha \approx \tan\alpha$.

Tipps zu Teilaufgabe 2.1

- Benötigt werden die folgenden Bauteile (allerdings nicht unbedingt in der genannten Reihenfolge): Doppelspalt, Hg-Lampe, Schirm, Abbildungslinse, Spalt, evtl. Kondensorlinse.
- Bringen Sie diese Bauteile in die richtige Reihenfolge. Verdeutlichen Sie sich auch den Strahlengang des Lichts.

Tipps zu Teilaufgabe 2.2

- Verwenden Sie die in Teilaufgabe 1.2 hergeleitete Formel zur Bestimmung der Lage der Maxima.
- Setzen Sie die entsprechenden Werte ein und berechnen Sie d_1 und d_2.

Tipps zu Teilaufgabe 2.3

- Verwenden Sie die Formel $\sin\alpha_n = \frac{n \cdot \lambda}{\ell}$.
- Überlegen Sie, wie groß die Beugungswinkel zur Darstellung auf einem planen Schirm höchstens sein dürfen.

Tipps zu Teilaufgabe 3.1

- Vergleichen Sie die Situation mit einem eingespannten Seil, auf dem sich stehende Wellen ausbreiten. Man unterscheidet zwei Bereiche: Welche? Wie entstehen Sie?
- Wie wirken sich diese Bereiche auf die Signalstärke aus?

Tipps zu Teilaufgabe 3.2

- Verwenden Sie die folgende Aussage: Bei einer stehenden Welle beträgt der Abstand zweier benachbarter Intensitätsmaxima $\frac{\lambda}{2}$.
- Zur Berechnung der Frequenz benötigen Sie die Schallgeschwindigkeit: $v_{Schall} \approx 340\frac{m}{s}$

Tipps zu Teilaufgabe 3.3

- Bedenken Sie, dass Licht auch Welleneigenschaften besitzt. Als Reflexionsfläche könnte ein Spiegel dienen.
- Um ein in der praktischen Durchführung erkennen zu können, berechnen Sie den Abstand zweier Intensitätsmaxima für rotes Licht der Wellenlänge $\lambda_{rot} = 640$ nm.

Lösungen zu Aufgabe B2

1.1 Hier zeigt das Licht deutliche Wellenphänomene. Trifft das Licht auf den Doppelspalt, so ist nach Huygens jeder Spalt Ausgangpunkt einer neuen kugelförmigen Elementarwelle. Das Licht wird gebeugt, tritt also in den geometrischen Schattenraum des Doppelspaltes ein. Von den beiden Spalten bis zu einem Punkt auf dem Schirm durchlaufen die Elementarwellen unterschiedlich lange Wege. Durch die Überlagerung kommt es dort je nach Gangunterschied (Unterschied der Weglängen) zur Verstärkung, zur Abschwächung oder zur Auslöschung des Lichts. Verstärkt sich das Licht maximal, spricht man von **konstruktiver Interferenz**, löscht es sich aus, spricht man von **destruktiver Interferenz**.

1.2 Weil der Schirmabstand a sehr groß ist gegenüber der Spaltbreite ℓ,

$$\frac{a}{\ell}=\frac{3{,}4\ \text{m}}{2\cdot 10^{-4}\ \text{m}}=1{,}7\cdot 10^{4},$$

kann man annehmen, dass die beiden Teilwellen, die von den beiden Spalten ausgehen und zum Maximum n-ter Ordnung gehen, parallel verlaufen. Der Gangunterschied der beiden Teilwellen beträgt dann $\Delta s=n\cdot\lambda$ mit $n=0, 1, 2, 3, \ldots$ (Bedingung für konstruktive Interferenz).

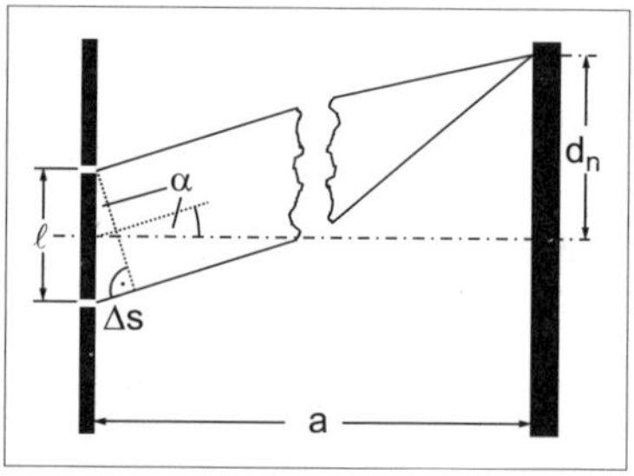

Abb. 1

Für den Beugungswinkel α gilt (linke Seite von Abbildung 1, kleines Dreieck):

$$\sin\alpha=\frac{\Delta s}{\ell}$$

Maxima entstehen also, wenn die folgende Beziehung erfüllt ist:

$$\sin\alpha_n=\frac{n\cdot\lambda}{\ell}\qquad (*)$$

Außerdem gilt gemäß Abbildung 1 (großes Dreieck) die folgende Winkelbeziehung:

$$\tan\alpha_n=\frac{d_n}{a}$$

Für kleine Winkel, also für Winkel bis maximal 5°, kann man den Sinus eines Winkels durch den Tangens annähern, es gilt also $\sin\alpha\approx\tan\alpha$. Daraus folgt:

$$\frac{n\cdot\lambda}{\ell}\approx\frac{d_n}{a}\quad\Leftrightarrow\quad \underline{\underline{d_n\approx a\cdot\frac{n\cdot\lambda}{\ell}\ \text{(für kleine Beugungswinkel)}}}$$

2.1 Als Lichtquelle wird eine Hg-Lampe verwendet. Das Licht der Lampe wird durch einen Kondensor auf die Abbildungslinse gebündelt. Der Kohärenzspalt, der sich zwischen Kondensor und Abbildungslinse befindet, wird durch die Abbildungslinse auf den Schirm scharf abgebildet. Er dient der Erzeugung kohärenten Lichts. Der Doppelspalt wird vor oder hinter die Abbildungslinse gebracht. Er dient dazu, zwei kohärente Lichtwellenzüge zu erzeugen. Nach dem Doppelspalt findet Beugung statt. Am Schirm kann man die Interferenzerscheinungen beobachten.

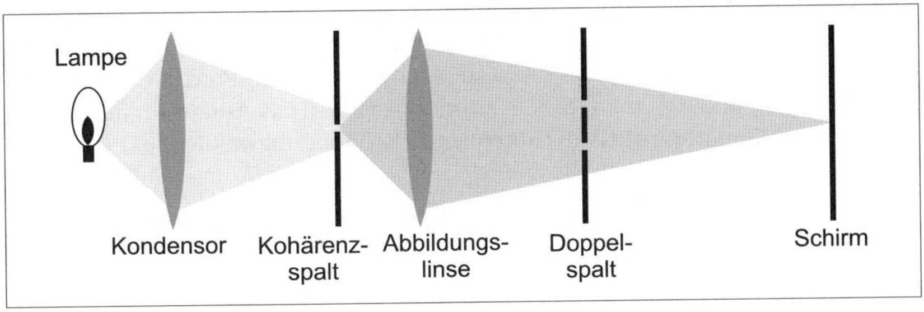

Abb. 2

Auch eine Skizze ohne Kondensor wird akzeptiert.

2.2 Zur Berechnung der Lage der Maxima der angegebenen Wellenlänge verwendet man die in Teilaufgabe 1.2. hergeleitete Formel:

$$d_n \approx a \cdot \frac{n \cdot \lambda}{\ell}$$

Diese Näherungsformel darf verwendet werden, da der Winkel bis zum Maximum zweiter Ordnung kleiner als 1° beträgt.

Das Einsetzen der Werte liefert:

$$d_1 = 3{,}4\text{ m} \cdot \frac{1 \cdot 579 \cdot 10^{-9}\text{ m}}{0{,}2 \cdot 10^{-3}\text{ m}} \approx 9{,}84 \cdot 10^{-3}\text{ m} = \underline{\underline{9{,}84\text{ mm}}}$$

$$d_2 = 3{,}4\text{ m} \cdot \frac{2 \cdot 579 \cdot 10^{-9}\text{ m}}{0{,}2 \cdot 10^{-3}\text{ m}} \approx 1{,}97 \cdot 10^{-2}\text{ m} = \underline{\underline{19{,}7\text{ mm}}}$$

2.3 Zur Beantwortung dieser Frage muss die exakte Formel (∗) aus Teilaufgabe 1.2 verwendet werden, da auch Winkel größer 5° in Frage kommen. Der Winkel, unter dem auf einem unendlich ausgedehnten planen Schirm noch Maxima beobachtet werden können, beträgt maximal 90°. Daher muss der Wert des Sinus kleiner oder gleich 1 sein:

$$\sin\alpha_n = \frac{n \cdot \lambda}{\ell} \le 1$$

Daraus folgt durch Auflösen nach n:

$$n \le \frac{\ell}{\lambda} = \frac{0{,}2 \cdot 10^{-3}\text{ m}}{579 \cdot 10^{-9}\text{ m}} = 345{,}423\ldots \;\Rightarrow\; \underline{\underline{n_{max} = 345}}$$

Es gibt also endlich viele Maxima, das größte auf dem Schirm sichtbare Maximum hat die Ordnungszahl 345.

3.1 Der Lautsprecher strahlt Schallwellen einer bestimmten Frequenz ab. Diese werden von der Wand reflektiert. Die hinlaufende und die reflektierte Welle überlagern sich. Der Lautsprecher ist genau so positioniert, dass sich eine **stehende Welle** ausbilden kann. Das bedeutet, dass es im Bereich zwischen Lautsprecher und Wand zu Stellen kommt, an denen sich die Wellenzüge konstruktiv bzw. destruktiv überlagern. An den ortsfesten Punkten **konstruktiver Interferenz** (Schwingungsbäuche) stellt man ein Intensitätsmaximum fest. An den Punkten **destruktiver Interferenz** (Schwingungsknoten) ein Intensitätsminimum.

3.2 Bei einer stehenden Welle ist der Abstand zweier Intensitätsmaxima oder -minima $\frac{\lambda}{2}$. Daher gilt:

$$\frac{\lambda}{2} = 0{,}28\ \text{m} \quad \Leftrightarrow \quad \lambda = 2 \cdot 0{,}28\ \text{m} = 0{,}56\ \text{m}$$

Die Frequenz berechnet sich wie folgt:

$$v_{\text{Schall}} = \lambda \cdot f \quad \Leftrightarrow \quad f = \frac{v_{\text{Schall}}}{\lambda} = \frac{340\ \frac{\text{m}}{\text{s}}}{0{,}56\ \text{m}} \approx \underline{\underline{607\ \text{Hz}}}$$

3.3 Genau wie Schall zeigt auch Licht Welleneigenschaften. Demzufolge muss das Experiment auch mit Licht funktionieren. Die Lichtwellen der hinlaufenden und zurücklaufenden Welle überlagern sich, z. B. nach einer Reflexion an einem Spiegel, und bilden eine stehende Welle aus.

Ein Problem ist es, ein geeignetes Messinstrument zur Lokalisation der Intensitätsmaxima und -minima zu finden. Licht besitzt eine extrem kurze Wellenlänge.

Beispiel: Der Abstand der Intensitätsmaxima bei rotem Licht der Wellenlänge 640 nm beträgt

$$\frac{\lambda}{2} = 320\ \text{nm} = 320 \cdot 10^{-9}\ \text{m}.$$

Man benötigt also ein Instrument, das so kleine Ortsunterschiede auflösen kann.

Landesabitur Physik 2009 (Hessen) – Grundkurs
Aufgabe C1: Elektronen als Quantenobjekte

Elektronen werden durch eine Spannung U_B beschleunigt und treffen mit einheitlicher Geschwindigkeit senkrecht auf einen Doppelspalt. Der Mittenabstand der Spaltöffnungen beträgt $b = 2\ \mu m$. Hinter dem Doppelspalt werden die Elektronen auf einer Fotoplatte nachgewiesen.

1. Mit einer geeigneten Apparatur wurde die Anzahl N der pro Sekunde ankommenden Elektronen in Abhängigkeit des Ablenkwinkels α zur ursprünglichen Elektronenstrahlrichtung gemessen und grafisch dargestellt (Material 1).

1.1 Erklären Sie das Zustandekommen des Kurvenverlaufs $N(\alpha)$. (3 BE)

1.2 Für das Interferenzmaximum 1. Ordnung ermittelt man einen Winkel $\alpha_1 = 0{,}0018°$.
Berechnen Sie daraus die Wellenlänge λ, die den Elektronen in diesem Versuch zugeordnet werden kann. (4 BE)

1.3 Aus den Beziehungen

$$p = \sqrt{2e \cdot U_B \cdot m} \quad (1) \quad \text{und} \quad p = \frac{h}{\lambda} \quad (2)$$

kann die de-Broglie-Wellenlänge λ für die Elektronen gewonnen werden.
Erläutern Sie, woher der Ansatz für die Impulsbeziehung (1) abgeleitet wird.
Berechnen Sie λ für die Elektronen, welche die Spannung $U_B = 385\ V$ durchlaufen haben. Vergleichen Sie den ermittelten Wert mit dem Ergebnis aus Aufgabenteil 1.2. (7 BE)

2. Bei der Durchführung des Doppelspaltversuchs ergaben sich in einer Messreihe Werte, welche in der Tabelle (Material 2) abgebildet sind.
Weisen Sie nach, dass die Messreihe die in 1.3 angegebene Beziehung $p = \frac{h}{\lambda}$ bestätigt. Berechnen Sie hierzu aus den Spannungswerten jeweils den Impuls der Elektronen und vervollständigen Sie die Tabelle in Material 2.
Zur Bestätigung der Beziehung ist es zweckmäßig ein $\frac{1}{\lambda}$-p-Diagramm zu zeichnen. Erstellen Sie ein solches Diagramm unter Verwendung folgenden Maßstabs:
$\frac{1}{\lambda}$-Achse: $1\ cm \triangleq 5 \cdot 10^9\ \frac{1}{m}$; p-Achse: $1\ cm \triangleq 4 \cdot 10^{-24}\ \frac{kg \cdot m}{s}$
Ermitteln Sie aus dem Diagramm das Planck'sche Wirkungsquantum h.
(11 BE)

3. Erklären Sie die Bedeutung der Voraussetzung einer einheitlichen Elektronengeschwindigkeit in diesem Versuch.
Beschreiben Sie, wie sich der Graph in Aufgabenteil 1 ändern würde, wenn die Elektronen in ihrer Geschwindigkeit leicht differieren würden. (5 BE)

Material 1

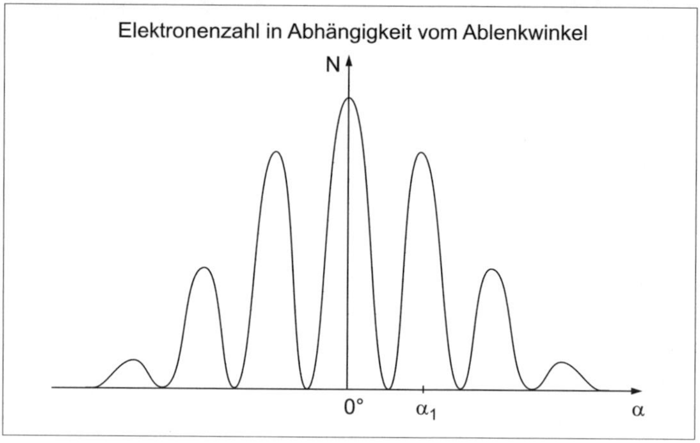

Material 2

Messergebnisse beim Doppelspaltversuch

Messung	1	2	3	4
U_B in V	50	137	309	1230
λ in 10^{-12} m	175	105	70	35
p in $10^{-24}\ \frac{kg \cdot m}{s}$				
$\frac{1}{\lambda}$ in $10^{9}\ \frac{1}{m}$				

Bildnachweis: Fachkommission Physik (2008)

Tipps und Hinweise zur Lösung von Aufgabe C1

Tipps zu Teilaufgabe 1.1

- Den Elektronen kann nach de Broglie eine Wellenlänge λ zugeschrieben werden. Elektronen besitzen also Welleneigenschaften.
- Versuchen Sie, diesen Versuch analog zum Doppelspaltexperiment mit Licht (Photonen) zu erklären.
- Verwenden Sie dabei die Begriffe Beugung, konstruktive und destruktive Interferenz.

Tipps zu Teilaufgabe 1.2

- Verwenden Sie zur Berechnung der Wellenlänge die bekannte Formel $\sin \alpha_n = \frac{n \cdot \lambda}{b}$.
- Lösen Sie diese Formel nach λ auf und setzen Sie alle benötigten Werte ein.

Tipps zu Teilaufgabe 1.3

- Überlegen Sie, wie die Elektronen beschleunigt werden. Denken Sie dabei an eine Elektronenkanone, bei der die elektrische Energie des Feldes umgewandelt wird in Bewegungsenergie der beschleunigten Elektronen.
- Schreiben Sie diesen Energieansatz auf und ersetzen Sie dort die Geschwindigkeit v durch den Impuls $p = m \cdot v$.
- Zur Berechnung setzen Sie die Formel (1) in die Formel (2) ein und lösen nach λ auf.

Tipps zu Teilaufgabe 2

- Berechnen Sie die in der Tabelle fehlenden Werte mithilfe der Formel (1) und der Berechnung des Kehrwertes der Wellenlänge.
- Zeichnen Sie den Graphen und versuchen Sie die Messwerte mit einer Geraden zu verbinden. Man erkennt eine Proportionalität.
- Die Proportionalitätskonstante können Sie aus der Steigung der Ausgleichsgeraden bestimmen. Diese Steigung sollte dem Wert des Planck'schen Wirkungsquantums entsprechen.

Tipps zu Teilaufgabe 3

- Überlegen Sie sich, welche Auswirkungen unterschiedliche Elektronengeschwindigkeiten auf die Beugung bzw. auf die Interferenzfigur haben.
- Die Wellenlänge der Elektronen hängt von der Geschwindigkeit ab.

Lösungen zu Aufgabe C1

1.1 Den Elektronen kann nach de Broglie eine Wellenlänge λ zugeschrieben werden. Elektronen besitzen also Welleneigenschaften, mithilfe derer man den Kurvenverlauf erklären kann:
Treffen die Elektronen auf den Doppelspalt, so werden sie gebeugt. Von den beiden Spalten bis zu einem Punkt auf dem Schirm durchlaufen die Elektronenwellen unterschiedlich lange Wege. Durch die Überlagerung kommt es dort je nach Gangunterschied (Unterschied der Weglängen) zur Verstärkung, zur Abschwächung oder zur Auslöschung der Intensität. Verstärkt sich die Intensität maximal, spricht man von konstruktiver Interferenz (Peaks in der Zeichnung), löscht sie sich aus, spricht man von destruktiver Interferenz. Elektronen verhalten sich in diesem Experiment also wie Photonen gleicher Wellenlänge.

1.2 Die Formel zur Berechnung am Doppelspalt folgt aus der Bedingung für konstruktive Interferenz (Δs: Gangunterschied benachbarter Wellenzüge):

$$\Delta s = n \cdot \lambda \;\Leftrightarrow\; b \cdot \sin\alpha_n = n \cdot \lambda \;\Leftrightarrow\; \sin\alpha_n = \frac{n \cdot \lambda}{b} \quad (n = 1, 2, 3, \ldots)$$

Umformen und Einsetzen der Werte liefert die gesuchte Wellenlänge:

$$\lambda = \frac{b}{n} \cdot \sin\alpha_n = \frac{2 \cdot 10^{-6}\text{ m}}{1} \cdot \sin 0{,}0018° \approx 62{,}8 \cdot 10^{-12}\text{ m} = \underline{\underline{62{,}8\text{ pm}}}$$

1.3 Die Impulsbeziehung kann aus einem Energieansatz gefolgert werden. Werden Elektronen z. B. in einer Elektronenkanone beschleunigt, so wird die Energie im elektrischen Feld in kinetische Energie der Elektronen umgewandelt. Es gilt daher der Ansatz:

$$E_{el} = E_{kin} \;\Leftrightarrow\; e \cdot U_B = \frac{1}{2} m \cdot v^2$$

U_B ist in diesem Fall die Beschleunigungsspannung. Ersetzt man die Geschwindigkeit v durch den Impuls $p = m \cdot v$ des Elektrons, so erhält man durch Umstellung nach p die Impulsbeziehung:

$$e \cdot U_B = \frac{1}{2} m \cdot \left(\frac{p}{m}\right)^2 = \frac{p^2}{2m} \;\Leftrightarrow\; p = \sqrt{2e \cdot U_B \cdot m}$$

Setzte man diese Impulsbeziehung in die Formel für die de-Broglie-Wellenlänge ein, so ergibt sich nach dem Einsetzen der entsprechenden Werte die gesuchte Wellenlänge der Elektronen:

$$p = \frac{h}{\lambda} \;\Leftrightarrow\; \lambda = \frac{h}{p} = \frac{h}{\sqrt{2e \cdot U_B \cdot m}}$$

$$= \frac{6{,}626 \cdot 10^{-34}\text{ Js}}{\sqrt{2 \cdot 1{,}602 \cdot 10^{-19}\text{ C} \cdot 385\text{ V} \cdot 9{,}11 \cdot 10^{-31}\text{ kg}}}$$

$$\approx 62{,}5 \cdot 10^{-12}\text{ m} = \underline{\underline{62{,}5\text{ pm}}}$$

Dieser berechnete Wert stimmt sehr gut mit dem Wert aus Teilaufgabe 1.2 überein. Die prozentuale Abweichung liegt unter einem Prozent. Man kann also davon ausgehen, dass auch im Versuch in Teilaufgabe 1.2 die Spannung von 385 V verwendet wurde.

2. Mit der in Teilaufgabe 1.3 hergeleiteten und im Aufgabentext genannten Impulsbeziehung (1) werden die in der Tabelle fehlenden Impulse berechnet. In der letzten Zeile der Tabelle werden die Kehrwerte der de-Broglie-Wellenlängen (Zeile 2) berechnet.

Messung	1	2	3	4
U_B in V	50	137	309	1230
λ in 10^{-12} m	175	105	70	35
p in $10^{-24}\ \frac{\text{kg}\cdot\text{m}}{\text{s}}$	3,82	6,32	9,50	18,95
$\frac{1}{\lambda}$ in $10^9\ \frac{1}{\text{m}}$	5,71	9,52	14,29	28,57

Der Graph (Abbildung 1) ist eine Ursprungsgerade, d. h., p und $\frac{1}{\lambda}$ sind zueinander proportional:

$$p \sim \frac{1}{\lambda}$$

$$\Leftrightarrow \quad p = \frac{c}{\lambda} \quad (c = \text{konst.})$$

Die Proportionalitätskonstante c ist die Steigung der Geraden, sie gibt gemäß der Formel (2) das Planck'sche Wirkungsquantum an.

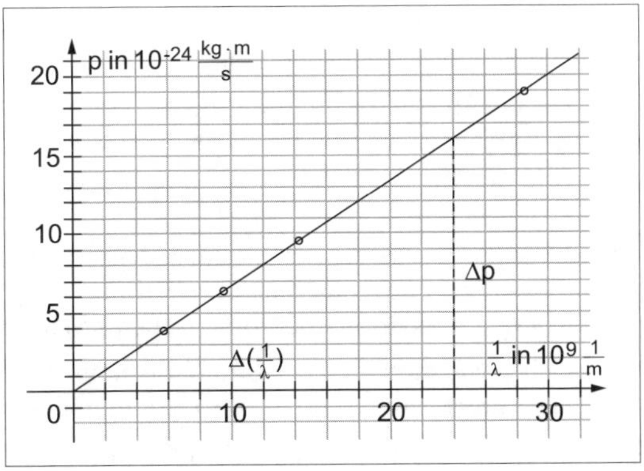

Abb. 1

Zur Bestimmung von c zeichnet man ein Steigungsdreieck ein und erhält (unter Berücksichtigung der unterschiedlichen Achsenskalierung):

$$c = h = \frac{\Delta p}{\Delta\left(\frac{1}{\lambda}\right)} = \frac{16{,}0\cdot 10^{-24}\ \text{kg}\cdot\text{m}\cdot\text{s}^{-1}}{24{,}0\cdot 10^{9}\ \text{m}^{-1}} = \underline{\underline{6{,}67\cdot 10^{-34}\ \text{Js}}}$$

Dieser Wert weicht um etwa 0,7 % vom Literaturwert ab.

3. Gleiche Geschwindigkeit ergibt eine eindeutige Wellenlänge und ein scharfes Interferenzbild.
Wenn die Elektronen unterschiedliche Geschwindigkeiten besitzen, sind auch ihre Wellenlängen unterschiedlich groß. Dies würde dazu führen, dass sie unterschiedlich stark gebeugt werden. Das Interferenzbild wäre also deutlich unschärfer und verschwommen. Die Maxima und Minima würden sich insgesamt verbreitern. Das bedeutet, dass zwischen den Maxima keine vollständige Auslöschung erfolgen würde.

Landesabitur Physik 2009 (Hessen) – Grundkurs
Aufgabe C2: Franck-Hertz-Versuch

Eine vereinfachte Schaltskizze zum Franck-Hertz-Versuch zeigt Material 1.

1. Bei der Versuchsdurchführung mit einer Quecksilberdampffüllung der Franck-Hertz-Röhre ergibt sich die in Material 2 dargestellte Kennlinie des Anodenstroms I_A in Abhängigkeit der Beschleunigungsspannung U_B.
($U_H = 6$ V; $U_G = 1{,}7$ V)

1.1 Geben Sie die Bedeutung der Spannung U_H an.
Beschreiben Sie den Verlauf der Kennlinie und erklären Sie die Vorgänge, die sich in der Franck-Hertz-Röhre abspielen, sodass diese Messkurve entsteht. (10 BE)

1.2 Berechnen Sie anhand der in Material 2 dargestellten Messkurve die Anregungsenergie von Quecksilberatomen. (4 BE)

1.3 Bei der Versuchsdurchführung mit der Franck-Hertz-Röhre beobachtet man bei geeigneter Spannung U_B ultraviolettes Licht der Wellenlänge 254 nm.
Erklären Sie die Entstehung dieses Lichtes qualitativ. (3 BE)

2. Verwendet man bei der Versuchsdurchführung eine mit Kaliumdampf gefüllte Röhre, so beobachtet man bei bestimmten Spannungen U_B ein Leuchten in der Röhre mit einer monochromatischen Strahlung der Wellenlänge 760,6 nm.

2.1 Geben Sie die Farbe der Strahlung an und berechnen Sie aus der Wellenlänge die Anregungsenergie E_K für Kaliumatome in Joule und eV.
Hinweis: Zur Kontrolle: $E_K = 1{,}63$ eV. (5 BE)

2.2 Erklären Sie die Bedeutung der Spannung U_G.
Sie muss bei der mit Kalium gefüllten Röhre auf einen geringeren Wert eingestellt werden als bei der mit Quecksilber (also unter 1,7 V). Begründen Sie dies. (4 BE)

2.3 Zeichnen Sie qualitativ die Franck-Hertz-Kurve, welche bei der Versuchsdurchführung mit Kaliumdampf im Bereich $0\text{ V} \leq U_B \leq 9\text{ V}$ zu erwarten wäre. (4 BE)

Material 1

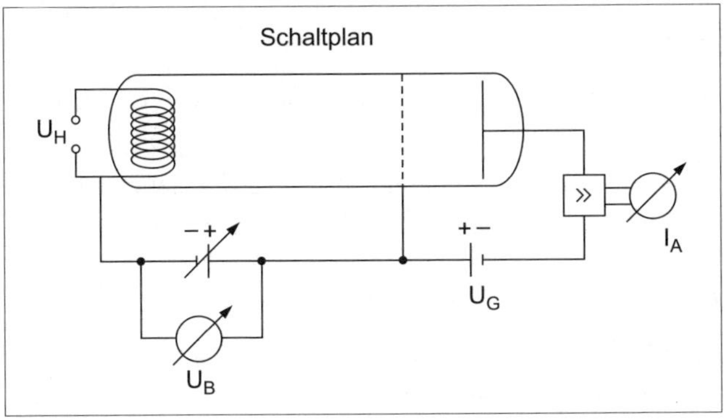

Material 2

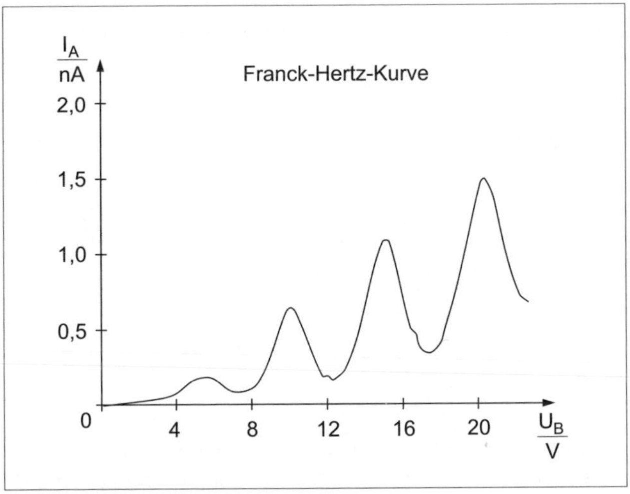

Bildnachweis: Fachkommission Physik (2008)

Tipps und Hinweise zur Lösung von Aufgabe C2

Tipps zu Teilaufgabe 1.1

- Denken Sie bei der Beschreibung der Bedeutung der Spannung U_H an eine Elektronenkanone, insbesondere an die Glühkathode.
- Beschreiben Sie zunächst das Ansteigen der Kennlinie, danach das plötzliche Abfallen und das erneute Ansteigen. Erhöht man die Beschleunigungsspannung U_B, werden die Elektronen immer schneller, ihre kinetische Energie steigt an.
- Die Elektronen treffen auf ihrem Weg zum Gitter auf Gasatome.
- Die Elektronen regen bei genügend hoher kinetischer Energie die Gasatome an (inelastische Stöße). Dabei verlieren die Elektronen ihre Energie.

Tipps zu Teilaufgabe 1.2

- Im Bereich vom ersten bis zum vierten Maximum liegen 3 Anregungszonen.
- Bestimmen Sie diesen Bereich in V. Achten Sie auf die Skalierung der U_B-Achse.

Tipp zu Teilaufgabe 1.3

- Das Gasatom behält den Anregungszustand nur kurze Zeit bei. Was passiert dann?

Tipps zu Teilaufgabe 2.1

- In jeder guten Formelsammlung gibt es eine Farbtabelle, in der jeder Wellenlänge des sichtbaren Lichts eine Farbe zugeordnet ist. Schauen Sie dort nach.
- Die Energie des abgestrahlten Photons berechnet sich nach der Formel $E = h \cdot f$. Ersetzen Sie f durch die Wellenlänge und berechnen Sie die Energie.

Tipps zu Teilaufgabe 2.2

- Die Gegenspannung hat Einfluss auf die Elektronen, die das Gitter passieren. Elektronen geringer Energie gelangen aufgrund der Gegenspannung nicht zur Anode. Überlegen Sie, welchem Zweck dies dienen könnte.
- Warum muss diese Gegenspannung vom Betrag her kleiner sein als die Anregungsenergie von Kaliumatomen von 1,63 eV?

Tipp zu Teilaufgabe 2.3

- Schauen Sie sich das Material 2 genau an. Welche geringfügigen Veränderungen ergeben sich bei der Zeichnung der Franck-Hertz-Kurve von Kalium im Vergleich zu Quecksilber?

Lösungen zu Aufgabe C2

1.1 U_H ist die **Heizspannung** der Kathode. Sie dient dazu, freie Elektronen zu erzeugen. Bei genügend hoher Spannung U_H treten die Elektronen aufgrund des glühelektrischen Effekts aus den Wendeln der Kathode aus.

Der Graph besteht aus **periodisch auftretenden Strommaxima und -minima**.

In der evakuierten Glasröhre des Franck-Hertz-Versuchs befindet sich eine geringe Menge Gas. Wird eine Spannung U_B zwischen Kathode und Gitter gelegt, werden die aus der Kathode austretenden Elektronen zum Gitter hin beschleunigt. Liegt zusätzlich zwischen Gitter und Anode eine Gegenspannung U_G an, können nur diejenigen Elektronen zur Anode gelangen, deren kinetische Energie größer ist als $e \cdot U_G$. Zur Durchführung des Franck-Hertz-Versuchs wird U_B von 0 V an gesteigert und U_G konstant gehalten.

Folgende Phasen lassen sich in Abhängigkeit von der angelegten Beschleunigungsspannung unterscheiden (U_1: Spannung beim 1. Maximum):

- $\mathbf{U_B < U_1}$**:** Auf dem Weg zwischen Gitter und Anode stoßen die Elektronen **elastisch** mit den Füllgasatomen ($m_e \ll m_{Atom}$), behalten also ihre kinetische Energie. Je größer U_B, desto mehr Elektronen erreichen die Anode, der Anodenstrom steigt.
- $\mathbf{U_B \approx U_1}$**:** Die Elektronen stoßen teilweise **inelastisch** mit den Gasatomen, d. h., ein solches Elektron gibt seine kinetische Energie $e \cdot U_B$ an ein Gasatom ab, das dadurch (kurzzeitig) vom Grundzustand in einen angeregten Zustand übergeht (diskrete Energiezustände der Hüllenelektronen). Wegen des Verlusts an kinetischer Energie können diese inelastisch stoßenden Elektronen das Gegenfeld zwischen Gitter und Anode nicht mehr überwinden, wodurch der Anodenstrom stark zurückgeht. Da nicht alle Elektronen inelastisch stoßen, sinkt der Strom aber nicht auf null ab.
- $\mathbf{U_1 < U_B < 2 \cdot U_1}$**:** Die Elektronen können nach ihrem inelastischen Stoß wieder soviel Energie aufnehmen, dass ihre kinetische Energie ausreicht, die Anode zu erreichen; der Anodenstrom steigt wieder an.
- $\mathbf{U_B \approx 2 \cdot U_1}$**:** Die Elektronen können zweimal inelastisch stoßen (einmal auf halbem Weg zwischen Kathode und Gitter, das zweite Mal unmittelbar beim Gitter); der Anodenstrom geht erneut zurück.
- $\mathbf{U_B > 2 \cdot U_1}$**:** Die Vorgänge wiederholen sich periodisch, es treten im Abstand von U_1 Strommaxima auf. Dabei steigen die Stromwerte aufeinanderfolgender Minima an, weil immer mehr Elektronen unabhängig von den Stößen genügend Energie besitzen, um die Anode zu erreichen.

1.2 Der Abstand vom ersten zum vierten Maximum beträgt in der Messkurve etwa 3,7 cm. Von null bis 20 V sind es 5 cm. Also entspricht 1 cm einer Spannung von etwa 4 V. Demzufolge sind 3,7 cm etwa 14,8 V. In diesem Intervall findet dreimal eine Anregung statt, die Anregungsenergie beträgt also:

$$\Delta U = U_1 = 14{,}8\ \text{V} : 3 \approx \underline{\underline{4{,}9\ \text{V}}}$$

1.3 Das durch den inelastischen Elektronenstoß angeregte Gasatom behält den Anregungszustand nur eine gewisse Zeit bei und kehrt dann durch Übergang eines Hüllenelektrons wieder in den Grundzustand zurück. Die hierbei freiwerdende Energie wird in Form eines Photons (Lichtquants) emittiert.

2.1 Einer Wellenlänge von etwa 760 nm ist die Farbe **dunkelrot** zugeordnet (vgl. Formelsammlung).

Beobachtet man ein Leuchten in der Röhre, so besitzen die Elektronen gerade so viel Energie, um die Kaliumatome anzuregen. Die kinetische Energie der Elektronen geht dabei in Anregungsenergie über. Diese Anregungsenergie wird dann wieder frei in Form von Lichtenergie (Energie der Photonen). Daher gilt:

$$E = h \cdot f = \frac{h \cdot c}{\lambda} = \frac{6{,}626 \cdot 10^{-34}\,\text{Js} \cdot 3{,}00 \cdot 10^{8}\,\frac{\text{m}}{\text{s}}}{760{,}6 \cdot 10^{-9}\,\text{m}} \approx \underline{\underline{2{,}61 \cdot 10^{-19}\,\text{J} = 1{,}63\,\text{eV}}}$$

2.2 Die Gegenspannung U_G bewirkt, dass nur Elektronen, die das Gitter mit einer kinetischen Energie größer als $e \cdot U_G$ passiert haben, die Anode erreichen können. Dadurch gibt es ausgeprägte Minima im U_B-I_A-Graphen.
Die Gegenspannung muss aber deutlich unter dem entsprechenden Wert für die Anregungsenergie (hier 1,63 V) liegen, sonst reicht die Beschleunigungsenergie auch im Bereich der Maxima für viele Elektronen nicht aus, die Anode gegen U_G zu erreichen.

2.3 Die Anregungsenergie für Kalium beträgt 1,63 V (siehe Teilaufgabe 2.1). Daher ergeben sich bis zu einer Beschleunigungsspannung von 9 V 5 Maxima:

$$\frac{9\,\text{V}}{1{,}63\,\text{V}} \approx 5{,}5$$

Die Zeichnung (Abbildung 1) sieht also ganz analog zur Zeichnung Material 2 aus, sie besitzt allerdings 5 Maxima. Die Maxima weisen konstante Abstände von ungefähr 1,6 V auf der U_B-Achse auf.

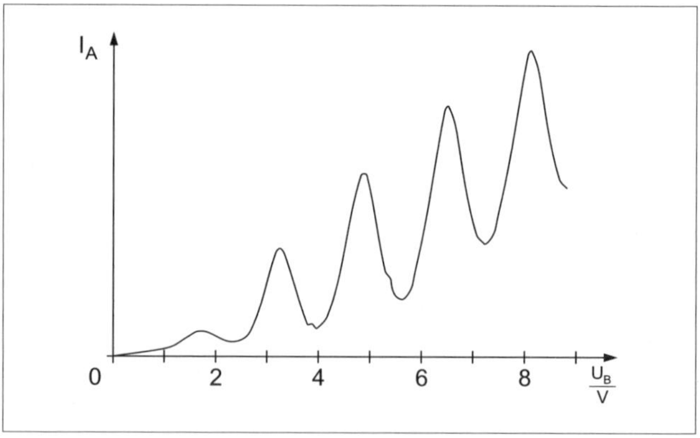

Abb. 2

Landesabitur Physik 2009 (Hessen) – Leistungskurs
Aufgabe A1: Elektrisches u. magnetisches Feld, elektromagnetische Induktion

1. Ein elektrischer Leiter der Länge ℓ wird mit konstanter Geschwindigkeit v senkrecht zu den Feldlinien eines homogenen Magnetfeldes mit der Flussdichte[1] B bewegt.
   Bestätigen Sie an diesem Sachverhalt das Induktionsgesetz in der Form $U_i = \dot{\Phi}$ (manchmal auch als $U_i = \Phi'(t)$ geschrieben). Beschriften Sie dazu zunächst die Skizze im Material 1 durch geeignete Angaben.
   Hinweis: Die Lorentzkraft wird dabei als bekannt vorausgesetzt. Das im Induktionsgesetz häufig auftretende negative Vorzeichen kann hier unbeachtet bleiben. (8 BE)

2. Im Pumpspeicherwerk Waldeck II am Edersee erzeugen die Generatoren bei einer Drehzahl von 375 min^{-1} eine Wechselspannung der Frequenz 50 Hz. Dabei wird die Spannung in der äußeren feststehenden Spule (Statorspule S1 in Material 2) induziert. Die inneren, sich drehenden Spulen (Rotorspulen in Material 2) erzeugen das Magnetfeld. Der Strom wird ihnen über die Schleifringe zugeführt. Der in Material 2 dargestellte Generator wird als Innenpolmaschine bezeichnet. Er verfügt über zwei Polpaare.
   Erklären Sie, über wie viele Polpaare die Waldeckgeneratoren verfügen müssen. (6 BE)

3. In Kraftwerken wie dem Pumpspeicherkraftwerk Waldeck II fließen zum Teil hohe sinusförmige Ströme durch Kupferleitungen. Eine solche Leitung ist 1 m oberhalb der Oberkante eines 1 m breiten und 2 m hohen Stahlrahmen-Fensters horizontal und parallel zum oberen Teil des Rahmens verlegt. Die Rückleitung befindet sich an anderer Stelle und soll hier nicht betrachtet werden.

3.1 Der Fensterrahmen ist an einer Stelle durch einen wenige Millimeter breiten Schnitt durchtrennt, die beiden Enden sind durch ein Kunststoff-Zwischenstück verbunden.
Erklären Sie den physikalischen Grund dafür. (5 BE)

3.2 Wenn an der durchtrennten Stelle ein Messgerät angeschlossen wird, kann eine Wechselspannung gemessen werden.
Beschreiben Sie, wie diese Spannung entsteht. (5 BE)

3.3 Berechnen Sie, welcher Spitzenwert des Stromes ohne Durchtrennung des Rahmens im Rahmen fließen würde, wenn der Spitzenwert der in 3.2 genannten Wechselspannung $U_i = 0{,}98$ V beträgt ($\rho_{Stahl} = 0{,}10 \frac{\Omega \cdot mm^2}{m}$).
Das Profil des Fensterrahmens hat die Querschnittsfläche 200 mm^2. (5 BE)

1 Die magnetische Flussdichte wird in manchen Lehrbüchern auch als magnetische Feldstärke bezeichnet.

4. Eine Leiterschleife (Breite $b = 5{,}0$ cm, Länge $\ell = 10$ cm) rotiert in einem homogenen Magnetfeld der Stärke $B = 2{,}5$ T. Ihre Drehzahl wird von $n = 0$ auf $n = 300\ \text{min}^{-1}$ gleichmäßig erhöht. Die Rotationsachse steht senkrecht zu den Feldlinien.

4.1 Stellen Sie in einem Diagramm den Spitzenwert der induzierten Spannung in Abhängigkeit von der Frequenz dar. (6 BE)

4.2 Erklären Sie, wie sich die induzierte Spannung in Abhängigkeit von der Zeit qualitativ ändert. (5 BE)

Material 1

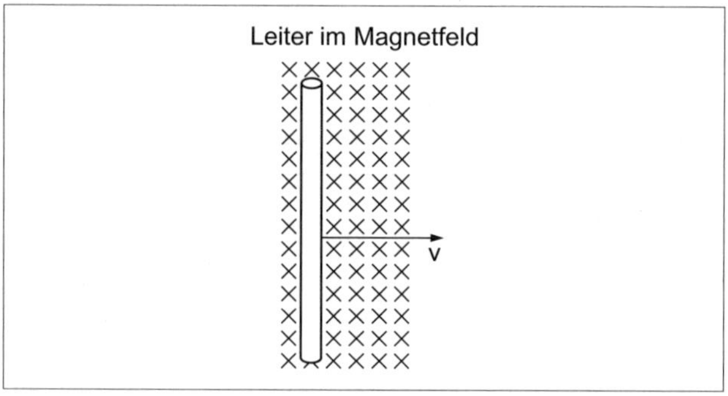

Material 2

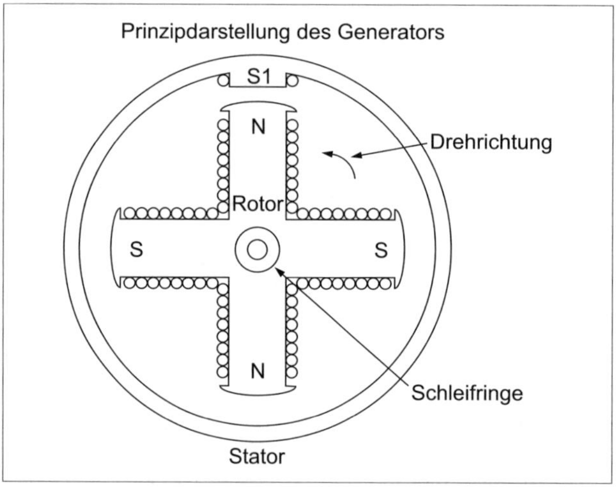

Bildnachweis: Fachkommission Physik (2008)

Tipps und Hinweise zur Lösung von Aufgabe A1

Tipps zu Teilaufgabe 1

- Erweitern Sie die Skizze durch ein repräsentatives Elektron, die entstehende Polung des Leiters, die elektrische Kraft F_{el} und die Lorentzkraft F_L.
- Wählen Sie einen Kraftansatz zur Bestätigung des Induktionsgesetzes.
- Betrachten Sie v als Differenzial.

Tipps zu Teilaufgabe 2

- Rechnen Sie die Drehzahl in Hertz um.
- Gehen Sie in Gedanken durch, was passiert, wenn ein, zwei, drei, … Polpaare vorhanden sind.

Tipps zu Teilaufgabe 3.1

- Interpretieren Sie den Stahlrahmen des Fensters als Induktionsschleife.
- Was bewirkt die Unterbrechung, wenn eine Induktionsspannung entsteht?

Tipp zu Teilaufgabe 3.2

- Da der Strom durch das Kupferkabel sinusförmig ist, ändert sich auch der magnetische Fluss durch die Leiterschleife mit der Zeit.

Tipp zu Teilaufgabe 3.3

- Für die Berechnung der Stromstärke fehlt noch der Widerstand R des Rahmens.

Tipps zu Teilaufgabe 4.1

- In der Aufgabenstellung ist keine Herleitung der benutzten Formeln gefordert. Nutzen Sie also geschickt Ihre Formelsammlung!
- Beispielsweise gilt für den zeitlichen Verlauf des magnetischen Flusses
  $\Phi(t) = B \cdot A \cdot \cos(\omega \cdot t)$.
  Daraus folgt mithilfe des Induktionsgesetzes sofort eine Gleichung für $U_i(t)$.
- Tragen Sie die Frequenz auf der x-Achse auf.

Tipps zu Teilaufgabe 4.2

- Beachten Sie, dass durch die Induktion eine Wechselspannung entsteht.
- Interpretieren Sie deren Abhängigkeit der Amplitude und der Schwingungsdauer von der steigenden Rotationsfrequenz f.

Lösungen von Aufgabe A1

1. Abbildung 1 zeigt die ergänzte Skizze zu Material 1.

Bestätigung des Induktionsgesetzes

Man wählt im vorliegenden Fall einen Kraftansatz. Die in dem Leiterstück mit der Geschwindigkeit v nach rechts bewegten Elektronen erfahren eine Lorentzkraft $F_L = q \cdot v \cdot B$, die nach der Drei-Finger-Regel der linken Hand in der Skizze nach unten weist. Dadurch ergibt sich im unteren Teil ein Elektronenüberschuss und oben ein Elektronenmangel und somit die Induktionsspannung U_i. Es entsteht ein elektrisches Feld

$$E = \frac{U_i}{\ell}$$

in dem Leiterstück und eine elektrische Feldkraft F_{el}, die sich mit der Lorentzkraft das Gleichgewicht hält:

$$F_L = F_{el} \quad \Leftrightarrow \quad q \cdot v \cdot B = q \cdot E$$

$$\Leftrightarrow \quad q \cdot v \cdot B = q \cdot \frac{U_i}{\ell} \quad \Leftrightarrow \quad U_i = B \cdot \ell \cdot v$$

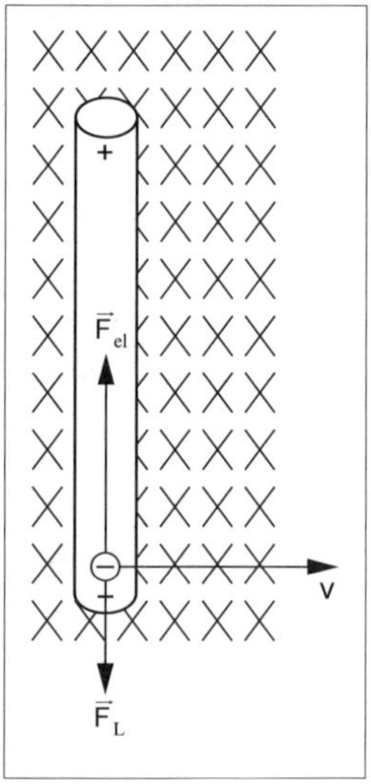

Abb. 1

Nun betrachtet man v als Differenzial:

$$U_i = B \cdot \ell \cdot v = B \cdot \ell \cdot \frac{ds}{dt} = B \cdot \frac{dA}{dt}$$

Darin ist $dA = \ell \cdot ds$ die in der Zeit dt senkrecht vom Magnetfeld durchsetzte Fläche des bewegten Leiterstücks. Mit der Kraftflussdichte $\Phi = B \cdot A$ und $B = \text{konst.}$ ergibt sich die geforderte Form des Induktionsgesetzes:

$$U_i = B \cdot \frac{dA}{dt} = \frac{d\Phi}{dt} \quad \Leftrightarrow \quad \underline{\underline{U_i = \dot{\Phi}}}$$

Beachten Sie den Hinweis in der Aufgabenstellung, dass das Vorzeichen im Induktionsgesetz unbeachtet bleiben kann.

2. Die Drehzahl oder Drehfrequenz sollte zuerst in Hertz umgerechnet werden:

$$375 \text{ min}^{-1} = 375 \frac{1}{\text{min}} = 375 \cdot \frac{1}{60 \text{ s}} = 6{,}25 \frac{1}{\text{s}} = 6{,}25 \text{ Hz}$$

Lösungsweg 1: Jedes Polpaar erzeugt bei *einer* Drehung *eine* Periode der Spannung. Die induzierte Spannung hat also bei einem Polpaar die Frequenz 6,25 Hz. Damit sie die verlangte Frequenz von 50 Hz hat, sind

$$\frac{50}{6{,}25} = \underline{\underline{8}}$$

Polpaare nötig.

Lösungsweg 2: In Material 2 sind zwei Polpaare dargestellt. Da jeder Pol, der z. B. an S1 vorbeidreht, eine positive oder negative Halbwelle der Spannung induziert, werden bei einer Umdrehung vier Halbwellen, also 2 volle Perioden erzeugt. Bei zwei Polpaaren ergibt sich also eine Frequenz von 12,5 Hz. Um die vierfache Frequenz zu erreichen, ist die vierfache Polpaarzahl nötig, also **acht Polpaare**.

3.1 Die hohen sinusförmigen Ströme in den Kupferleitungen erzeugen ein magnetisches Wechselfeld, das die Leitung kreisförmig umgibt. Dieses Wechselfeld durchsetzt den Stahlrahmen des Fensters, der dadurch die Rolle einer Induktionsschleife übernimmt, und induziert in ihm eine **Induktionsspannung**.
Die Unterbrechung bewirkt, dass diese Induktionsspannung keinen Induktionsstrom fließen lassen kann. Der im Rahmen fließende Strom würde eventuell zu einer Aufheizung und möglichen Zerstörung des Stahlrahmens führen.

3.2 Wie in Teilaufgabe 3.1 schon dargelegt, stellt der Rahmen einer Leiterschleife dar. Die Feldlinien durchsetzen die Leiterschleife der Fläche A. Da der Strom durch das Kupferkabel sinusförmig ist, ändert sich auch der magnetische Fluss $\Phi(t) = B(t) \cdot A$ durch die Leiterschleife mit der Zeit. Somit wird nach dem Induktionsgesetz $U_i = \dot{\Phi}$ in der Leiterschleife eine Spannung induziert, die an der durchtrennten Stelle abgegriffen werden kann.

3.3 Für die Berechnung der Stromstärke $I = \frac{U_i}{R}$ fehlt noch der Widerstand R des

$$\ell = (1 + 1 + 2 + 2)\ \text{m}$$

langen Rahmens. Dieser lässt sich mithilfe des angegebenen spezifischen Widerstandes ρ berechnen:

$$R = \rho \cdot \frac{\ell}{A} = 0{,}10\,\frac{\Omega \cdot \text{mm}^2}{\text{m}} \cdot \frac{6\ \text{m}}{200\ \text{mm}^2} = 0{,}003\ \Omega$$

Damit ergibt sich eine Stromstärke von

$$I = \frac{U_i}{R} = \frac{0{,}98\ \text{V}}{0{,}003\ \Omega} = \underline{\underline{327\ \text{A}.}}$$

4.1 In der Aufgabenstellung ist keine Herleitung der benutzten Formeln gefordert, ergänzend sei hier eine kurze Herleitung der notwendigen Formeln angegeben:
Dreht sich eine Leiterschleife der Fläche A in einem Magnetfeld der Stärke $B = \text{konst.}$, so gilt für den zeitlichen Verlauf des magnetischen Flusses (unter geeigneten Startbedingungen)

$$\Phi(t) = B \cdot A \cdot \cos(\omega \cdot t).$$

Daraus lässt sich mit dem Induktionsgesetz die Induktionsspannung berechnen:

$$U_i(t) = \dot{\Phi}(t) = -B \cdot A \cdot \omega \cdot \sin(\omega \cdot t) = -\hat{U} \cdot \sin(\omega \cdot t).$$

Für die Induktionsspannung gilt z. B.:

$$U_i(t) = -\hat{U} \cdot \sin(\omega \cdot t) = -B \cdot A \cdot \omega \cdot \sin(\omega \cdot t)$$

In der Aufgabenstellung ist die Fläche A gegeben durch Breite b und Länge ℓ der Leiterschleife, sodass sich für den Spitzenwert $\hat{U}$ der Spannung ergibt:

$$\hat{U} = B \cdot A \cdot \omega = B \cdot b \cdot \ell \cdot \omega = B \cdot b \cdot \ell \cdot 2\pi \cdot f$$

Für den Zusammenhang von $\hat{U}$ und f lässt sich damit eine Wertetabelle für Frequenzen zwischen f = 0 Hz und f = 300 min^{-1} = 5,00 Hz anlegen:

f in Hz	0	1	2	3	4	5
$\hat{U}$ in V	0	0,079	0,157	0,236	0,314	0,393

Beispielrechnung für f = 5 Hz:

$$\hat{U} = B \cdot b \cdot \ell \cdot 2 \cdot \pi \cdot f = 2{,}5\,\text{T} \cdot 0{,}050\,\text{m} \cdot 0{,}10\,\text{m} \cdot 2 \cdot \pi \cdot 5{,}00\,\frac{1}{\text{s}} = 0{,}393\,\text{V}$$

Sie können auch argumentieren, dass $\hat{U}(f)$ eine Ursprungsgerade darstellt, und nur einen weiteren Funktionswert berechnen, um die Gerade zeichnen zu können.

Abbildung 2 zeigt das geforderte Diagramm.

Die Aussage der Aufgabenstellung „… Spitzenwert der induzierten Spannung in Abhängigkeit von der Frequenz …“ bedeutet, dass die Frequenz auf der x-Achse aufgetragen wird.

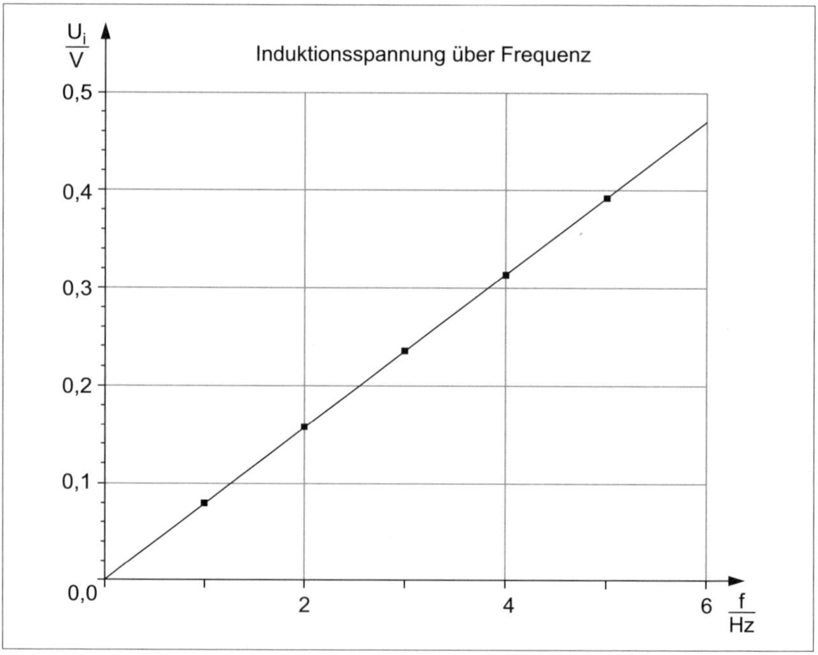

Abb. 2

4.2 Für die induzierte Spannung gilt nach 4.1:

$$U_i(t) = -B \cdot A \cdot \omega \cdot \sin(\omega \cdot t) = -B \cdot A \cdot 2\pi \cdot f \cdot \sin(2\pi \cdot f \cdot t)$$

Die induzierte Spannung ist eine Wechselspannung. Es ist also der Einfluss auf die **Amplitude** und die **Schwingungsdauer** der Wechselspannung zu untersuchen.

Laut Aufgabenstellung wächst die Rotationsfrequenz f gleichmäßig mit der Zeit:

$$f \sim t \quad (*)$$

Das bedeutet:

- Die Amplitude bzw. der Spitzenwert der Spannung

  $$\hat{U} = B \cdot b \cdot \ell \cdot 2\pi \cdot f$$

  steigt linear mit f und damit wegen (∗) linear mit der Zeit.
- Die Kreisfrequenz $\omega = 2\pi \cdot f$ der Wechselspannung nimmt ebenfalls linear mit f und somit wegen (∗) linear mit der Zeit zu. Die Schwingungsdauer der Wechselspannung nimmt also ab.

Es ist keine grafische Darstellung des Verlaufs der induzierten Spannung verlangt. Abbildung 3 dient nur der Visualisierung der obigen Argumente.

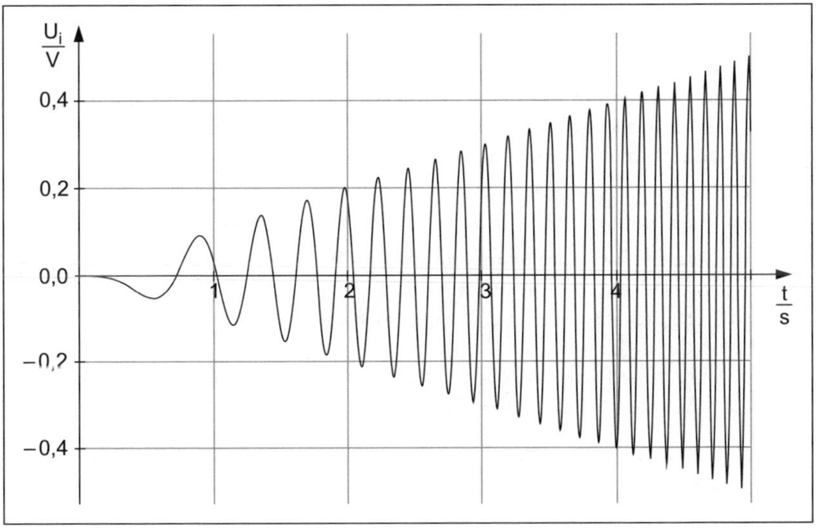

Abb. 3

Landesabitur Physik 2009 (Hessen) – Leistungskurs
Aufgabe A2: Bewegung von Ladungen in Feldern

Das Material zeigt die wesentlichen Teile einer Anordnung zur Massenbestimmung von positiv geladenen Ionen. Sie besteht aus dem Kondensatorraum und dem Magnetfeldraum. Die Ionen sollen mit unterschiedlichen Anfangsgeschwindigkeiten v_0 durch den ersten Spalt Sp1 in den Kondensatorraum (Länge 8 cm, Plattenabstand 4 cm) eintreten, den Kondensatorraum durch den Spalt Sp2 wieder verlassen und in den Magnetfeldraum eintreten.

1. An die Kondensatorplatten wird eine Gleichspannung von 400 V angelegt. Man betrachtet zunächst nur einfach positiv geladene Ionen mit der Anfangsgeschwindigkeit $v_0 = 1{,}49 \cdot 10^5 \, \frac{m}{s}$ und der Masse $m = 1{,}16 \cdot 10^{-26}$ kg.

1.1 Geben Sie die Form der Bahn an, die die Ionen im Kondensator beschreiben, und erläutern Sie, ob sich die kinetische Energie der Ionen im Plattenkondensator ändert. (4 BE)

1.2 Berechnen Sie den Betrag der Geschwindigkeit der Ionen beim Auftreffen auf die rechte Begrenzung des Kondensatorraumes. (5 BE)

2. Erzeugt man nun im Raum zwischen den Platten zusätzlich ein homogenes Magnetfeld mit der magnetischen Flussdichte[1] B_1, so kann man erreichen, dass sich die Ionen geradlinig von Sp1 zu Sp2 bewegen. Man bezeichnet diese Anordnung dann als Wienfilter.

2.1 Beschreiben Sie, wie der Flussdichtevektor $\vec{B}_1$ relativ zu $\vec{E}$ und $\vec{v}_0$ gerichtet sein muss, damit die Ionen sich geradlinig von Sp1 zu Sp2 bewegen. (2 BE)

2.2 Erläutern Sie, warum nur Ionen mit einer bestimmten Geschwindigkeit v_0 die Felder geradlinig durchfliegen.
Erläutern Sie, welchen Einfluss die Masse und die Ladung der Ionen auf den Betrag dieser Geschwindigkeit v_0 haben.
Berechnen Sie B_1 so, dass die Ionen mit $v_0 = 1{,}49 \cdot 10^5 \, \frac{m}{s}$ durch den Spalt Sp2 in den Magnetfeldraum fliegen. (8 BE)

3. Im Magnetfeldraum besteht ein homogenes Magnetfeld der Flussdichte $B_2 = 67$ mT.

3.1 Geben Sie an, welche Richtung $\vec{B}_2$ relativ zur Zeichenebene haben muss, damit die positiven Ionen die eingezeichnete Kreisbahn durchfliegen. (2 BE)

3.2 Begründen Sie, dass die Bewegung eine gleichförmige Kreisbewegung ist. (3 BE)

3.3 Berechnen Sie den Radius der Kreisbahn. (4 BE)

1 Die magnetische Flussdichte wird in manchen Lehrbüchern auch als magnetische Feldstärke bezeichnet.

4. In Abwandlung des abgebildeten Experimentes mit einer ebenen Teilchenbahn sollen nun die Ionen aus Teilaufgabe 1 mit dem Geschwindigkeitsbetrag $v_0 = 1{,}49 \cdot 10^5 \frac{m}{s}$ schräg in das Magnetfeld der Stärke $B_2 = 67$ mT eingeschossen werden.
Die Vektoren $\vec{v}_0$ und $\vec{B}_2$ sollen dabei den Winkel $\alpha = 70°$ einschließen.

4.1 Beschreiben Sie die Bahn der Ionen im Magnetfeld. (2 BE)

4.2 Leiten Sie eine Formel für den Bahnradius und die Ganghöhe dieser Bahn her und berechnen Sie beide Werte. (7 BE)

4.3 Erklären Sie qualitativ, wie sich Bahnradius und Ganghöhe ändern, wenn bei gleichen Bedingungen am Wienfilter und gleichbleibendem Einschusswinkel von 70° einfach positiv geladene Ionen anderer Masse verwendet werden. (3 BE)

Material

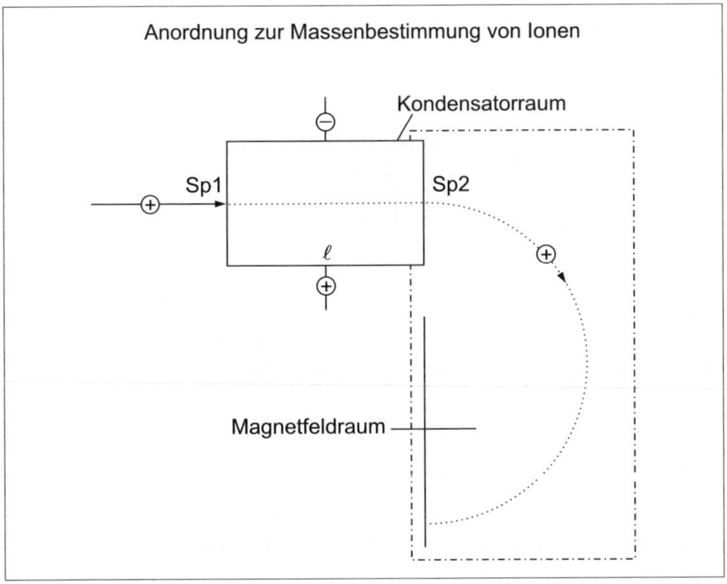

Bildnachweis: Fachkommission Physik (2008)

Tipps und Hinweise zur Lösung von Aufgabe A2

Tipps zu Teilaufgabe 1.1

- Denken Sie an die Bahnform des waagerechten Wurfs im Schwerefeld der Erde.
- Die horizontale Geschwindigkeit bleibt konstant, die vertikale Geschwindigkeit nimmt wegen der Beschleunigung der Ionen im elektrischen Feld zu. Schließen Sie jetzt auf die Energie.

Tipps zu Teilaufgabe 1.2

- Erinnern Sie sich an die Bahnkurve des waagerechten Wurfs.
- Für den Betrag der Geschwindigkeit sind die beiden Komponenten $v_0 = v_x$ und v_y der Ionen verantwortlich.
- Für v_y benötigt, man die Beschleunigung a_y $(F = m \cdot a)$ und die Flugzeit durch den Kondensator, die durch $v_0 = v_x$ bestimmt wird.
- Die Gesamtgeschwindigkeit v_{ges} setzt sich vektoriell aus v_0 und v_y zusammen!

Tipps zu Teilaufgabe 2.1

- In welche Richtung wirkt die elektrische Feldkraft im Kondensator? Wie muss also die durch das magnetische Feld $\vec{B}_1$ verursachte Lorentzkraft gerichtet sein?
- Benutzen Sie die Drei-Finger-Regel der rechten Hand.

Tipps zu Teilaufgabe 2.2

- Argumentieren Sie mit der elektrischen Feldkraft $F_{el} = e \cdot E = \frac{e \cdot U}{d}$ und der Lorentzkraft $F_L = e \cdot v \cdot B$. Was passiert, wenn sich die Geschwindigkeit v ändert?
- Leiten Sie aus dem Kraftansatz $F_L = F_{el}$ eine Formel für v_0 her und interpretieren Sie diese.

Tipp zu Teilaufgabe 3.1

- Wenden Sie die Drei-Finger-Regel der rechten Hand an. Die Ionengeschwindigkeit steht stets tangential an die Bahn, die Lortentzkraft weist zum Mittelpunkt der Kreisbahn.

Tipp zu Teilaufgabe 3.2

- Bei einer gleichförmigen Kreisbewegung bleiben Radius und Bahngeschwindigkeit konstant.

Tipp zu Teilaufgabe 3.3

- Der Radius kann aus einem Kraftansatz gewonnen werden. Die Lorentzkraft wirkt als Zentralkraft.

Tipps zu Teilaufgabe 4.1

- Überlegen Sie, welche Geschwindigkeitskomponenten bzgl. $\vec{B}_2$ die Ionen infolge des zur Zeichenebene schrägen Einschusses besitzen.
- Die Bahn der Gesamtbewegung entsteht durch Überlagerung der zugehörigen Teilbewegungen.

Tipps zu Teilaufgabe 4.2

- Für die Berechnung des Bahnradius muss Vektor $\vec{v}_0$ in zwei Komonenten zerlegt werden: $\vec{v}_p$ parallel und $\vec{v}_s$ senkrecht zu $\vec{v}_0$.
- Für die Kreisbahn ist $\vec{v}_s$ verantwortlich.
- Unter der Ganghöhe versteht man die Strecke h, die sich das Ion, während es eine Kreisbahn vollendet, parallel zum Magnetfeld weiter bewegt.

Tipp zu Teilaufgabe 4.3

- Interpretieren Sie die in Teilaufgabe 4.2 hergeleiteten Formeln bezüglich einer Veränderung von m.

Lösungen von Aufgabe A2

1.1 Die Ionen beschreiben im elektrischen Feld des Kondensators eine **Parabelbahn**. Die kinetische Energie der Ionen auf ihrem Weg im Kondensator nimmt zu.

Erläuterung: Die horizontale Geschwindigkeit $v_0 = v_x$ bleibt konstant, die vertikale Geschwindigkeit v_y – also in Richtung der negativen Kondensatorplatte – nimmt wegen der Beschleunigung der Ionen im elektrischen Feld zu. Folglich nimmt ihre Gesamtgeschwindigkeit v_{ges} und damit auch die kinetische Energie $E_{kin} = \frac{1}{2} m \cdot v_{ges}^2$ zu.

1.2 Für den Betrag der Geschwindigkeit sind die beiden Komponenten $v_0 = v_x$ und v_y der Ionen verantwortlich.

v_0 ist aus der Aufgabenstellung bekannt.

Für $v_y = a_y \cdot t$ benötigt man die Beschleunigung a_y, die mit dem Newton'schen Kraftgesetz $F = m \cdot a$ berechnet werden kann, und die Flugzeit t durch den Kondensator der Länge ℓ, die durch $v_0 = v_x$ bestimmt wird:

$$\left.\begin{aligned} a_y &= \frac{F_{el}}{m} = \frac{e \cdot E}{m} = \frac{e \cdot U}{m \cdot d} \\ t &= \frac{\ell}{v_0} \end{aligned}\right\} \Rightarrow \quad v_y = a_y \cdot t = \frac{e \cdot U}{m \cdot d} \cdot \frac{\ell}{v_0}$$

$$= \frac{1{,}602 \cdot 10^{-19}\,\text{C} \cdot 400\,\text{V} \cdot 0{,}08\,\text{m}}{1{,}16 \cdot 10^{-26}\,\text{kg} \cdot 0{,}04\,\text{m} \cdot 1{,}49 \cdot 10^5\,\frac{\text{m}}{\text{s}}}$$

$$\approx 7{,}41 \cdot 10^4\,\frac{\text{m}}{\text{s}}$$

Die Gesamtgeschwindigkeit v_{ges} setzt sich vektoriell aus v_0 und v_y zusammen. Für den Betrag von v_{ges} gilt also:

$$v_{ges} = \sqrt{v_0^2 + v_y^2} = \sqrt{\left(1{,}49 \cdot 10^5\,\frac{\text{m}}{\text{s}}\right)^2 + \left(7{,}41 \cdot 10^4\,\frac{\text{m}}{\text{s}}\right)^2} = \underline{\underline{1{,}66 \cdot 10^5\,\frac{\text{m}}{\text{s}}}}$$

2.1 Die positiv geladenen Ionen werden durch das elektrische Feld im Kondensator nach oben abgelenkt. Also muss die durch das magnetische Feld $\vec{B}_1$ verursachte Lorentzkraft nach unten wirken. Die Richtung der Ionengeschwindigkeit zeigt auf dem Material nach rechts. Gemäß der Rechten-Hand-Regel muss also $\vec{B}_1$ **senkrecht zu $\vec{E}$ und senkrecht zu $\vec{v}_0$ aus der Zeichenebene heraus** zeigen.

2.2 **Erläuterung zur Geschwindigkeit v_0**
Die Ionen unterliegen jetzt zwei Kräften, der elektrischen Feldkraft

$$F_{el} = e \cdot E = \frac{e \cdot U}{d}$$

und der Lorentzkraft

$$F_L = e \cdot v \cdot B.$$

F_{el} ist unabhängig von der Geschwindigkeit der Ionen, F_L wächst dagegen mit der Geschwindigkeit. Demnach gleichen sich diese beiden Kräfte nur bei einer ganz bestimmten Geschwindigkeit v_0 aus, und bei dieser Geschwindigkeit passieren die Ionen die beiden Felder geradlinig.

Einfluss der Masse und der Ladung der Ionen auf v_0

Aus dem Kraftansatz leitet man eine Formel für v_0 her:

$$F_L = F_{el} \quad \Leftrightarrow \quad e \cdot v_0 \cdot B_1 = \frac{e \cdot U}{d} \quad \Leftrightarrow \quad v_0 = \frac{U}{B_1 \cdot d} \qquad (*)$$

Man erkennt, dass v_0 weder von der Masse noch von der Ladung der Ionen abhängt – einzig die Größen der beteiligten Felder bestimmen v_0.

Berechnung von B_1

Durch Umstellen der Formel (*) erhält man:

$$B_1 = \frac{U}{v_0 \cdot d} = \frac{400\text{ V}}{1{,}49 \cdot 10^5\ \frac{\text{m}}{\text{s}} \cdot 0{,}04\text{ m}} = 0{,}0671\text{ T} = \underline{\underline{67{,}1\text{ mT}}}$$

3.1 $\vec{B}_2$ muss wie in Teilaufgabe 2.1 **senkrecht aus der Zeichenebene heraus** zeigen.

3.2 Bei einer gleichförmigen Kreisbewegung bleiben Radius und Bahngeschwindigkeit konstant. Da die Lorentzkraft immer senkrecht auf die Richtung der Momentangeschwindigkeit steht, wirkt sie als Zentralkraft und kann deren Betrag nicht verändern, sondern nur deren Richtung. Mit konstanter Bahngeschwindigkeit bleibt aber auch der Betrag der Lorentzkraft $F_L = e \cdot v \cdot B$ konstant. Somit ändert sich auch nicht der Bahnradius.

3.3 Die Lorentzkraft wirkt als Zentralkraft:

$$F_L = F_Z$$

$$\Leftrightarrow \quad e \cdot v_0 \cdot B_2 = \frac{m \cdot v_0^2}{r}$$

$$r = \frac{m \cdot v_0}{e \cdot B_2} = \frac{1{,}16 \cdot 10^{-26}\text{ kg} \cdot 1{,}49 \cdot 10^5\ \frac{\text{m}}{\text{s}}}{1{,}602 \cdot 10^{-19}\text{ C} \cdot 67 \cdot 10^{-3}\text{ T}} = \underline{\underline{0{,}161\text{ m}}}$$

4.1 Da die Ionen durch den zur Zeichenebene schrägen Einschuss auch eine zum Vektor $\vec{B}_2$ parallele Geschwindigkeitskomponente haben, legen Sie während eines Kreisumlaufs auch noch eine Strecke parallel zu $\vec{B}_2$ zurück. Es ergibt sich eine **schraubenförmige Bahn** mit konstantem Radius und konstanter Ganghöhe.

Die Bahn ist vergleichbar mit einer gedehnten Schraubenfeder.

4.2 Für die Berechnung des Bahnradius muss der Vektor $\vec{v}_0$ in zwei Komponenten zerlegt werden: $\vec{v}_p$ parallel und $\vec{v}_s$ senkrecht zu $\vec{B}_2$.
Der Skizze in Abbildung 1 entnimmt man die beiden Winkelbeziehungen

$$\cos\alpha = \frac{v_p}{v_0}, \quad \sin\alpha = \frac{v_s}{v_0}.$$

Damit ergibt sich für die Beträge der Komponenten:

$$v_s = v_0 \cdot \sin\alpha, \quad v_p = v_0 \cdot \cos\alpha$$

Für die der Schraubenbahn zugrunde liegende Kreisbahn ist $\vec{v}_s$ verantwortlich. Mit der in Teilaufgabe 3.3 hergeleiteten Formel ergibt sich für deren **Radius**:

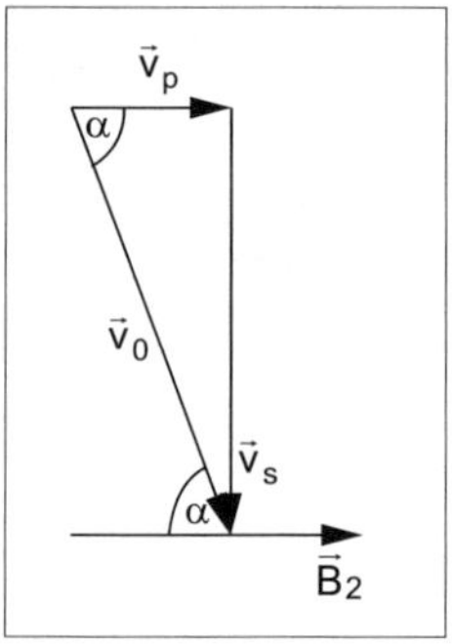

Abb. 1

$$r_2 = \frac{m \cdot v_s}{e \cdot B_2} = \frac{m \cdot v_0 \cdot \sin\alpha}{e \cdot B_2} = r \cdot \sin\alpha = 0{,}161\,\text{m} \cdot \sin 70° = \underline{\underline{0{,}151\,\text{m}}} \qquad (**)$$

Achten Sie darauf, Ihren Taschenrechner bei dieser Rechnung auf den DEG-Modus zu stellen.

Zur Bestimmung der **Ganghöhe** berechnet man zunächst die Umlaufzeit, die das Ion für eine vollständige Kreisbahn benötigt:

$$T = \frac{2\pi \cdot r_2}{v_s} = \frac{2\pi \cdot r_2}{v_0 \cdot \sin\alpha}$$

Die Ganghöhe ist die Strecke, die das Ion in dieser Zeit parallel zum Magnetfeld zurücklegt:

$$h = v_p \cdot T = v_0 \cdot \cos\alpha \cdot \frac{2\pi \cdot r_2}{v_0 \cdot \sin\alpha} = \frac{2\pi \cdot r_2}{\tan\alpha} = \frac{2\pi \cdot 0{,}151\,\text{m}}{\tan 70°} \approx \underline{\underline{0{,}35\,\text{m}}} \qquad (***)$$

Eine alternative, aber gleichwertige Lösungsformel für h erhält man, wenn man in die Formel für die Schwingungsdauer die Beziehung (**) für den Radius einsetzt:

$$T = \frac{2\pi \cdot r_2}{v_s} = \frac{2\pi \cdot m}{e \cdot B_2}$$

$$\Rightarrow \quad h = v_p \cdot T = v_0 \cdot \cos\alpha \cdot \frac{2\pi \cdot m}{e \cdot B_2}$$

$$= 1{,}49 \cdot 10^5\,\frac{\text{m}}{\text{s}} \cdot \cos 70° \cdot \frac{2\pi \cdot 1{,}16 \cdot 10^{-26}\,\text{kg}}{1{,}602 \cdot 10^{-19}\,\text{C} \cdot 67 \cdot 10^{-3}\,\text{T}} \approx \underline{\underline{0{,}35\,\text{m}}}$$

4.3 Bleiben die Bedingungen am Wienfilter gleich, so verändern sich $\vec{E}$, $\vec{B}_1$ und damit v_0 nicht. Mit gleich bleibendem Einschusswinkel verändern sich auch die Komponenten v_p und v_s nicht. Bleibt auch B_2 konstant, **nimmt der Bahnradius** nach der Formel (**) für r_2 **mit steigender Masse zu**.
Wegen (***) wächst damit auch die Ganghöhe.

Landesabitur Physik 2009 (Hessen) – Leistungskurs
Aufgabe B1: Beugung von Licht

Eine Compact-Disk (CD, Material 1) besteht aus einer durchsichtigen Kunststoffscheibe aus Polycarbonat von 1,2 mm Dicke. Bei der Prägung der CD wird die Information digital in Form von sogenannten Pits in den Kunststoff eingepresst. Diese strukturierte Oberfläche wird mit einer dünnen Metallschicht aus Aluminium, Silber oder Gold und anschließend mit einer Schutzschicht überzogen. Darauf kommt dann das Etikett.
Die Abtastung der Pits im CD-Player erfolgt mit einem Laser von unten durch die Kunststoffschicht hindurch.
Der Spurenabstand entspricht dem Abstand der Pits in Material 1. Dieser kann mit der Anordnung in Material 2 experimentell ermittelt werden:
Im Schirm befindet sich eine Öffnung, sodass der Laserstrahl auf die CD oberhalb des Mittelpunktes M treffen kann. Auf dem Schirm sieht man dann helle Punkte, die auf einer vertikalen Linie liegen.

1.1 Beschreiben Sie unter Zuhilfenahme einer aussagekräftigen Skizze das Zustandekommen dieser Punkte.
Geben Sie dabei auch eine Gleichung zur Berechnung der Winkel an, unter denen konstruktive Interferenz zustande kommt.

Hinweis: Betrachten Sie nur die Reflexion an den Pits, nicht an deren Zwischenräumen. (8 BE)

1.2 Zur Bestimmung des Spurenabstands einer CD wird diese in einem Versuch (vgl. Material 2) mit einem Laserstrahl der Wellenlänge $\lambda = 650$ nm (in Luft) beleuchtet, der mehrere Spuren trifft. Dabei werden folgende Werte für das erste Maximum gemessen: $a = 17{,}8$ cm und $e = 40$ cm.
Berechnen Sie den Spurenabstand.

Hinweise: Arbeiten Sie ohne Berücksichtigung der Polycarbonatschicht.
Zur Kontrolle: $b \approx 1{,}60 \cdot 10^{-6}$ m (6 BE)

2.1 Der quadratische Schirm hat eine Seitenlänge von 120 cm, das Maximum nullter Ordnung liegt in der Mitte des Schirmes.
Berechnen Sie, wie viele helle Punkte man auf dem Schirm beobachten kann. (8 BE)

2.2 Nun wird die CD mit einem Strahl weißen Lichts beleuchtet.
Berechnen Sie, ob das sichtbare Spektrum zweiter Ordnung vollständig auf dem Schirm abgebildet wird, wenn der Schirm so angeordnet wird, dass das Hauptmaximum gerade auf den Rand des Schirmes trifft.

Hinweis: Sichtbares Licht umfasst ungefähr den Bereich 390 nm bis 780 nm. (6 BE)

3.1 Der Brechungsindex der Polycarbonatschicht beträgt n = 1,55. Dies könnte Einfluss auf das Ergebnis des Experiments haben.
Untersuchen Sie den Einfluss der Schicht, wenn das Laserlicht senkrecht in diese Schicht eintritt und schräg aus ihr austritt.
Begründen Sie, weshalb sich diese Einflüsse aufheben. (6 BE)

3.2 Zum Auslesen der Daten wird die CD von unten mit einem Laser beleuchtet. Dessen Strahl ist so schmal, dass er nur eine Spur trifft.
Der Laserstrahl verläuft durch einen halbdurchlässigen Spiegel, geht durch die Polycarbonatschicht (Brechungsindex n = 1,55), wird von der Metallschicht in sich selbst reflektiert und vom halbdurchlässigen Spiegel zu einem Sensor reflektiert. Der Sensor misst die Intensität des auftreffenden Strahls (Material 3).
In der Regel wird der Laserstrahl entweder von einer Erhebung oder von einer Vertiefung reflektiert. In den Momenten, in denen er an ein Pit gelangt oder dieses wieder verlässt, wird er jedoch teilweise von der Erhebung und teilweise von der Vertiefung reflektiert.
Erklären Sie, weshalb Helligkeitsschwankungen des reflektierten Strahls auftreten, die zum Abtasten der CD nötig sind.
Bestimmen Sie die größte Wellenlänge, bei der kurzzeitig völlige Auslöschung des Strahls eintreten kann, wenn die Tiefe der Pits 125 nm beträgt. (6 BE)

Material 1

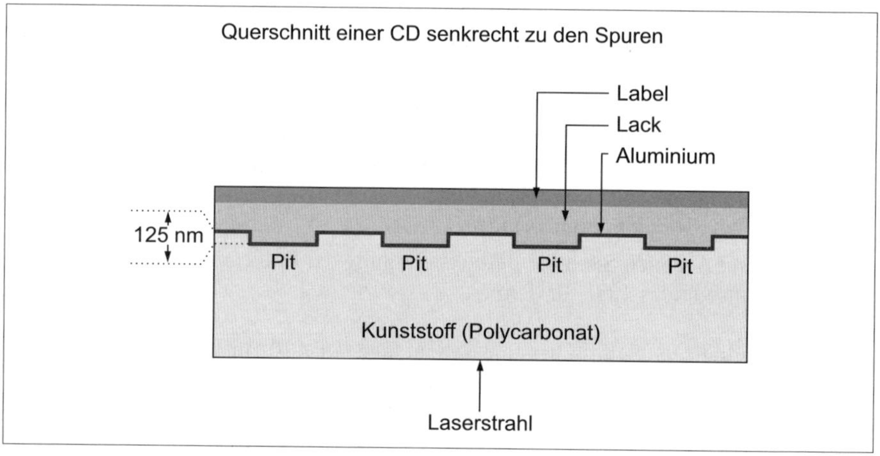

Material 2

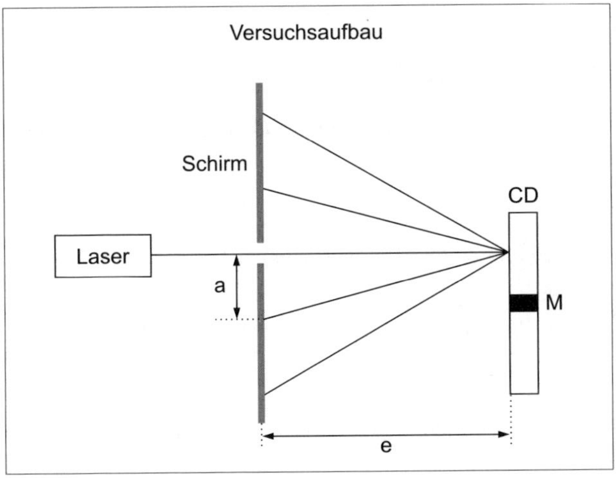

Material 3

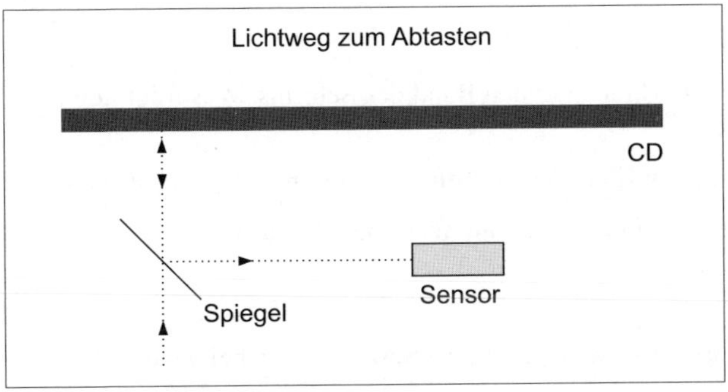

Bildnachweis: Fachkommission Physik (2008)

Tipps und Hinweise zur Lösung von Aufgabe B1

Tipps zu Teilaufgabe 1.1

- Die CD kann als ein Reflexionsgitter bezeichnet werden.
- Elementarwellen überlagern sich und es ergibt sich je nach Gangmuster Δs konstruktive und destruktive Interferenz.

Tipps zu Teilaufgabe 1.2

- Zur Rechnung können Sie die gewohnten Gleichungen von der Beugung am Gitter heranziehen.
- Der Wert für den Beugungswinkel ist zu groß für eine Kleinwinkelnäherung.

Tipps zu Teilaufgabe 2.1

- Der Schirm ist quadratisch und das Maximum nullter Ordnung liegt in der Mitte. Was bedeutet das für die möglichen Werte von a?
- Bestimmen Sie den maximalen Beugungswinkel.
- Werten Sie die Gleichung $\sin\alpha_{max} = \frac{k \cdot \lambda}{b}$ bezüglich k aus.

Tipps zu Teilaufgabe 2.2

- Jetzt fällt das nullte Maximum gerade auf den Rand des Schirms. Was folgt nun für die möglichen Werte von a?
- Es reicht aus, sich mit dem roten Ende des Sektrums bei 780 nm zu beschäftigen.
- Bestimmen Sie z. B. a_{rot} für das zweite Maximum auf dem Schirm.

Tipps zu Teilaufgabe 3.1

- Diese Fragestellung ist ziemlich komplex und eine Skizze hilft dabei, einen Überblick zu schaffen.
- Die Schicht hat zwei Einflüsse auf den einfallenden Laserstrahl: Erstens verändert sich beim Eindringen in die Schicht die Wellenlänge und zweitens wird der Strahl beim Austritt gebrochen.

Tipps zu Teilaufgabe 3.2

- Zerlegen Sie den Laserstrahl in zwei Teilstrahlen. Der Teilstrahl, der an der Vertiefung reflektiert wird, legt einen längeren Weg zurück.
- Beachten Sie die um den Faktor n veränderte Wellenlänge in der Polycarbonatschicht.

Lösungen von Aufgabe B1

1.1 Zustandekommen der Punkte

Im Gegensatz zum abtastenden Laser des CD-Players werden von dem Laser in diesem Experiment sehr viele Pits auf der CD auf einmal beleuchtet.

Der Laserstrahl wird an den (metallbeschichteten) Pits der CD reflektiert. Jede dieser reflektierenden Stellen ist nach Huygens ein Zentrum einer Elementarwelle – vergleichbar mit den Gitteröffnungen eines „normalen" Gitters. Man kann die CD also als ein **Reflexionsgitter** bezeichnen. Die Elementarwellen überlagern sich und es ergibt sich je nach Gangunterschied Δs konstruktive und destruktive Interferenz. Die in der Aufgabe beschriebenen Punkte sind **Orte konstruktiver Interferenz**.

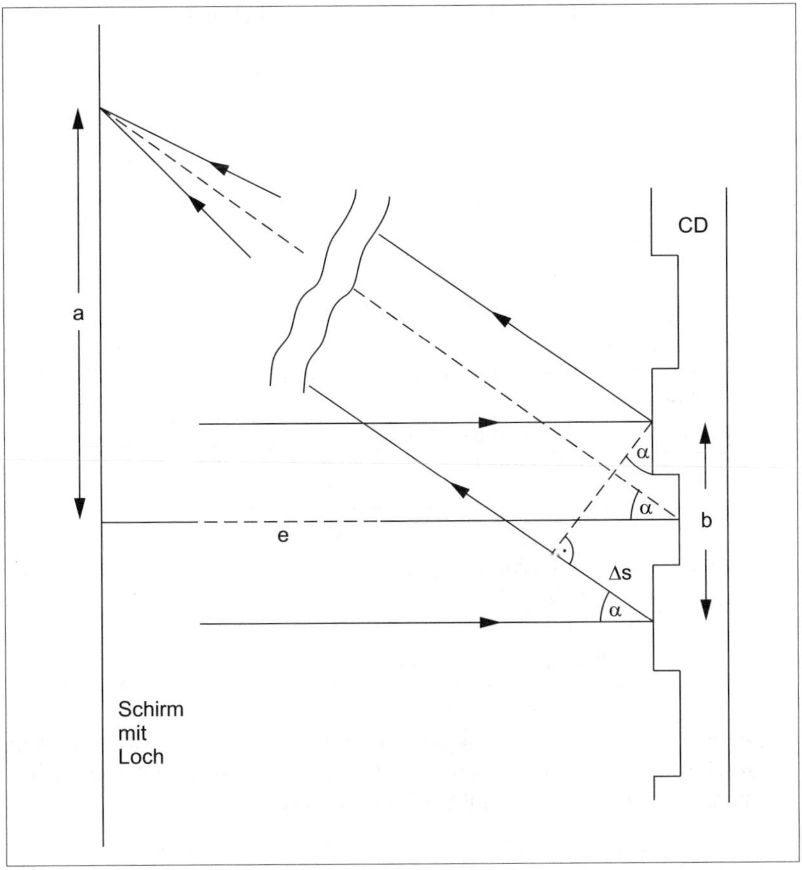

Abb. 1

Aus Abbildung 1 ergeben sich zwei Gleichungen für den Winkel α:

$$\sin\alpha = \frac{\Delta s}{b} \quad \text{und} \quad \tan\alpha = \frac{a}{e}$$

Für **konstruktive Interferenz** muss der Gangunterschied Δs ein ganzzahliges Vielfaches der Wellenlänge sein:

$$\Delta s = k \cdot \lambda \quad \Rightarrow \quad \underline{\underline{\sin\alpha_k = \frac{k \cdot \lambda}{b}, \quad \text{mit } k = 1, 2, 3, \ldots}} \qquad (*)$$

1.2 Den Spurabstand b erhält durch Umstellen der Formel (∗) aus Teilaufgabe 1.1. Mit $k = 1$ gilt:

$$b = \frac{\lambda}{\sin\alpha_1}$$

Der Beugungswinkel α_1 zum ersten Maximum lässt sich geometrisch aus der Skizze im Material 2 bestimmen. Dort gilt:

$$\tan\alpha = \frac{a}{e} \quad \Rightarrow \quad \alpha = \arctan\frac{a}{e} = \arctan\frac{17{,}8\,\text{cm}}{40{,}0\,\text{cm}} = 24{,}0°$$

Der Wert für den Beugungswinkel ist zu groß für eine Kleinwinkelnäherung.

Damit ergibt sich für den Spurabstand:

$$b = \frac{650 \cdot 10^{-9}\,\text{m}}{\sin 24{,}0°} = \underline{\underline{1{,}60 \cdot 10^{-6}\,\text{m}}}$$

2.1 Der Schirm ist quadratisch und das Maximum nullter Ordnung liegt in der Mitte. Das bedeutet, die Werte für a auf dem Schirm dürfen $\frac{1}{2} \cdot 120\,\text{cm} = 60\,\text{cm}$ nicht überschreiten.
Mit den Formeln aus Teilaufgabe 1 folgt

- als Bedingung für den maximalen Beugungswinkel α_{max}:

$$\tan\alpha_{max} = \frac{60\,\text{cm}}{40\,\text{cm}} \quad \Rightarrow \quad \alpha = \arctan\frac{60\,\text{cm}}{40\,\text{cm}} = 56{,}3°$$

- für die maximale Ordnung k_{max}:

$$\sin\alpha_{max} > \frac{k \cdot \lambda}{b}$$

$$\Rightarrow \quad k < \frac{b \cdot \sin\alpha_{max}}{\lambda} = \frac{1{,}60 \cdot 10^{-6}\,\text{m} \cdot \sin(56{,}3°)}{650 \cdot 10^{-9}\,\text{m}} = 2{,}048\ldots \Rightarrow k_{max} = 2$$

Dieser Wert bedeutet, dass auf dem Schirm Maxima bis zur zweiten Ordnung zu sehen sind. Zwei Maxima rechts, zwei Maxima links und das nullte Maximum ergeben dann insgesamt **fünf helle Punkte**.

Sie können auch argumentieren, dass vier helle Punkte zu sehen sind, da das nullte Maximum bei senkrechter Justierung genau auf die Öffnung im Schirm fällt.

2.2 Jetzt fällt das nullte Maximum gerade auf den Rand des Schirms. Das bedeutet, die Werte für a auf dem Schirm dürfen 120 cm nicht überschreiten.
Anhand von Abbildung 1 bzw. der Beugungsformel (*) erkennt man, dass eine große Wellenlänge auch einen großen Beugungswinkel besitzt. Für die folgende Argumentation reicht es daher aus, sich mit dem roten Ende des Spektrums bei 780 nm zu beschäftigen.
Für das Maximum zweiter Ordnung des roten Endes des Spektrums ergibt sich:

$$\sin\alpha_{rot,\,2} = \frac{2 \cdot 780 \cdot 10^{-9}\ \text{m}}{1{,}60 \cdot 10^{-6}\ \text{m}} = 0{,}975 \quad \Rightarrow \quad \alpha_{rot} = 77{,}2°$$

Daraus folgt für a:

$$a_{rot,\,2} = e \cdot \tan\alpha_{rot,\,2} = 0{,}40\ \text{m} \cdot \tan 77{,}2° = 1{,}76\ \text{m}$$

Da der Wert von 1,76 größer als der maximal mögliche von 1,20 m ist, fällt das sichtbare Spektrum zweiter Ordnung **nicht vollständig** auf den Schirm.

Für diesen Nachweis sind auch andere Rechenwege möglich. So kann man zum Beispiel auch die Wellenlänge berechnen, deren zweite Ordnung gerade noch auf den Schirm fällt, oder nachweisen, dass der maximale Beugungswinkel zum Schirm kleiner als $\alpha_{rot,\,2}$ ist.

3.1 Zur Veranschaulichung ist in Abbildung 2 der Strahlenverlauf skizziert.
Beim senkrechten Eintritt tritt keine Brechung auf, aber die Wellenlänge wird um den Faktor n – dem Brechungsindex der Polycarbonatschicht – kleiner:

$$\lambda' = \frac{\lambda}{n}$$

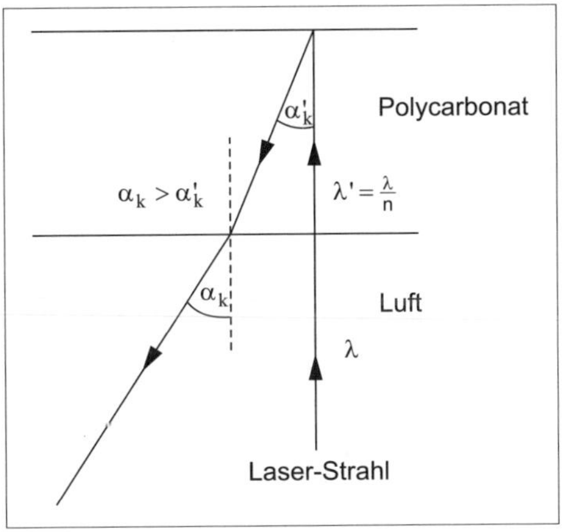

Abb. 2

In der Schicht ergibt sich mit der neuen Wellenlänge auch ein neuer Beugungswinkel α'_k. Für diesen neuen Winkel gilt das Brechungsgesetz beim Austritt aus der Schicht:

$$n = \frac{\sin\alpha_k}{\sin\alpha'_k}$$

Die beiden genannten Einflüsse heben sich auf, wenn man die beiden Gleichungen in die Beugungsbedingung (*) einsetzt:

$$b \cdot \sin\alpha'_k = k \cdot \lambda' \quad \Rightarrow \quad b \cdot \frac{\sin\alpha_k}{n} = k \cdot \frac{\lambda}{n} \quad \Rightarrow \quad b \cdot \sin\alpha_k = k \cdot \lambda$$

Hier sind durchaus auch andere Argumentationsketten möglich. Z. B. könnte der Weg für die Wellenlänge von 650 nm (siehe Teilaufgabe 1.2) verfolgt werden und wieder der Beugungswinkel von 24° ermittelt werden.

3.2 Für den Moment, in dem der Laserstrahl teilweise von einer Erhebung und teilweise von einer Vertiefung reflektiert wird, zerlegt man den Strahl in **zwei Teilstrahlen**. Der Teilstrahl, der an der Vertiefung reflektiert wird, legt einen längeren Weg zurück – es ergibt sich ein **Gangunterschied** zu dem anderen Teilstrahl. Beide Teilstrahlen überlagern sich und können je nach Gangunterschied konstruktiv oder destruktiv interferieren. Das erzeugt die Helligkeitsschwankungen.

Dieser Gangunterschied beträgt die doppelte Tiefe der Pits. Beachtet man noch die durch den Brechungsindex n veränderte Wellenlänge in der Polycarbonatschicht, so ergeben sich allgemein die möglichen Auslöschungen, wenn der Gangunterschied ein ungeradzahliges Vielfaches der halben Wellenlänge ist:

$$\Delta s = (2k+1) \cdot \frac{\lambda'}{2} = (2k+1) \cdot \frac{\lambda}{2n}, \quad k = 0, 1, 2, \ldots$$

Da hier nach der größten Wellenlänge gefragt ist, interessiert nur der Fall $k = 0$:

$$\Delta s = \frac{1}{2} \cdot \frac{\lambda}{n} \quad \Rightarrow \quad \lambda = 2n \cdot \Delta s = 2 \cdot 1{,}55 \cdot 2 \cdot 125 \text{ nm} = \underline{\underline{775 \text{ nm}}}$$

Phasensprünge können bei dieser Rechnung außer Acht gelassen werden, da sowohl bei der Reflexion an einer Erhebung als auch an einer Vertiefung Phasensprünge auftreten.

Landesabitur Physik 2009 (Hessen) – Leistungskurs
Aufgabe B2: Mechanische und elektrische Schwingungen

1. An einer Schraubenfeder hängt ein Stabmagnet mit der Masse m = 120 g (Material 1).
Er dehnt die Feder um 2 cm. Lenkt man den Magneten weiter nach unten aus und lässt ihn los, so schwingt er auf und ab.
Geben Sie an, warum es sich um harmonische Schwingungen handelt, und berechnen Sie die Periodendauer der Schwingung.
Hinweis: Die Masse der Feder darf vernachlässigt werden. (8 BE)

2. Unter dem Magneten wird eine Spule platziert, sodass das untere Ende des Magneten etwa 2 cm in die Spule hineinragt (Material 2). An die Spule wird eine Wechselspannung angelegt, deren Frequenz einstellbar ist. Sie wird von 0 Hz bis 10 Hz allmählich vergrößert.
Beschreiben Sie die zu erwartenden Beobachtungen und skizzieren Sie einen Graphen, der für die mechanische Schwingung die Abhängigkeit der Amplitude von der Frequenz darstellt.
Tragen Sie in den Graphen markante Frequenzwerte ein.
Beschreiben Sie die Phasenbeziehungen zwischen dem Magnetfeld der Spule und der mechanischen Schwingung bei unterschiedlichen Frequenzen. (12 BE)

3. Die Anordnung (Material 2) wird nun in einen mit Öl gefüllten Zylinder getaucht. Anschließend wird die Frequenz so eingestellt, dass die Amplitude maximal wird. Dann wird die Wechselspannung abgeschaltet. Die sich danach ergebende Schwingung wird aufgezeichnet (Material 3).
Berechnen Sie die Dämpfungskonstante mithilfe einer Funktionsgleichung, die die in Material 3 dargestellte Schwingung beschreibt.
Bestimmen Sie die Halbwertszeit, d. h. die Zeit, in der die Amplitude auf die Hälfte ihrer Ausgangsgröße abgefallen ist. (8 BE)

4. In einem Versuchsaufbau (Material 4) sind an einen Schwingkreis ein Oszilloskop und über einen Verstärker ein Lautsprecher angeschlossen. Eine Spule wird induktiv an den Schwingkreis angekoppelt. Sie ist an eine Wechselspannung angeschlossen, deren Frequenz verändert werden kann.
Die luftgefüllte Schwingkreisspule ist 8 cm lang, hat eine Querschnittsfläche von 2,54 cm^2 und 1 000 Windungen. Der Kondensator hat eine Kapazität von 12,5 μF. Die Frequenz der Erregerspule wird allmählich gesteigert.
Beschreiben Sie die vom Beobachter zu registrierenden akustischen und optischen Wahrnehmungen.
Beurteilen Sie, ob diese Wahrnehmungen bei einer Frequenzänderung im Bereich von 200 Hz bis 1 200 Hz zu beobachten sind. (12 BE)

Material 1

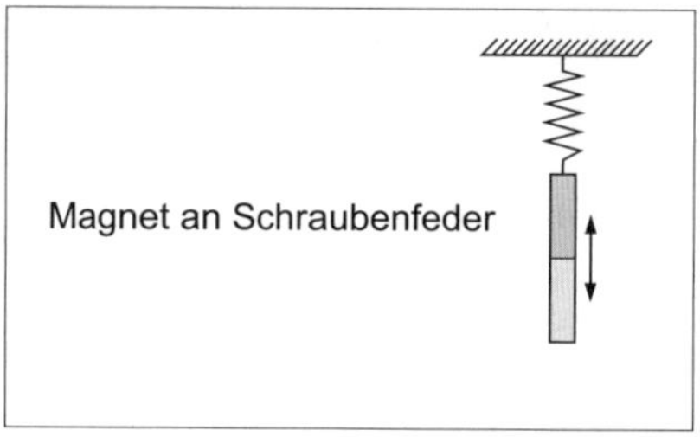

Material 2

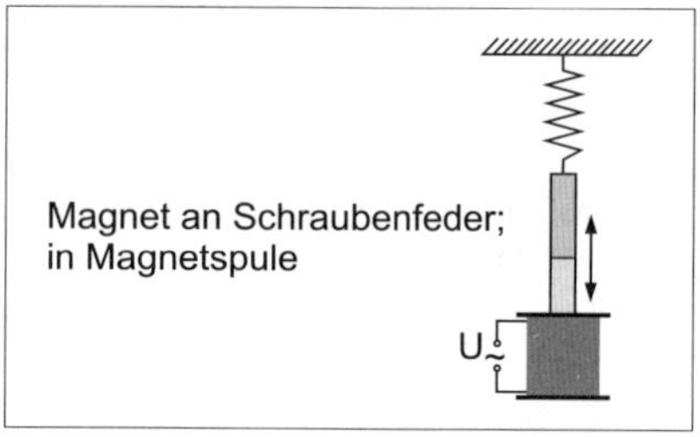

Material 3

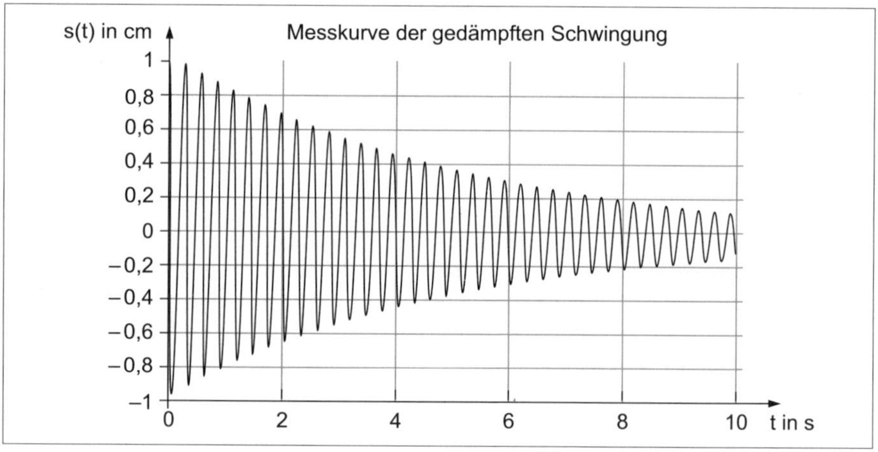

Material 4

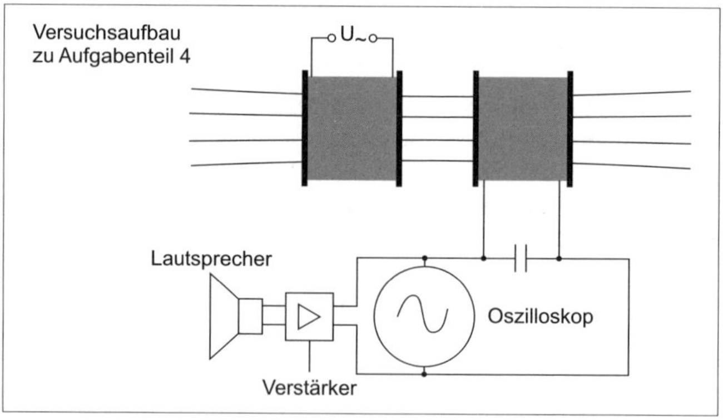

Bildnachweis:
Fachkommission
Physik (2008)

Tipps und Hinweise zur Lösung von Aufgabe B2

Tipps zu Teilaufgabe 1

- Welcher Zusammenhang ist für eine harmonische Schwingung Voraussetzung?
- In der Aufgabenstellung heißt es „Geben Sie an …“, das bedeutet eine Herleitung des linearen Kraftgesetzes durch Aufstellen und Lösen der Differenzialgleichung der harmonischen Schwingung ist *nicht* gefordert.
- Für die Berechnung der Periodendauer benötigen Sie die Federkonstante D.

Tipps zu Teilaufgabe 2

- Machen Sie sich klar, wer hier Erreger und wer Resonator ist.
- Teilen Sie Ihre geschilderten Beobachtungen in drei Bereiche ein: kleine Erregerfrequenzen, Erregerfrequenzen im Bereich der Resonanzfrequenz und große Frequenzen.
- Vergessen Sie nicht, die Eigenfrequenz zu berechnen und im Diagramm zu markieren.

Tipps zu Teilaufgabe 3

- Aus der Formelsammlung können Sie die Gleichung einer gedämften Schwingung entnehmen und dem gegebenen Material anpassen.
- Der Anteil $s_M(t) = s_0 \cdot e^{-k \cdot t}$ beschreibt die zeitlich veränderliche Amplitude.
- Um die Dämpfungskonstante zu bestimmen, entnimmt man dem Graphen s_0 und ein Wertepaar $(t;\ s_M(t))$ und setzt diese Werte ein.
- Die gesuchte Halbwertszeit t_H kann auf zwei Wegen bestimmt werden: Durch Rechnung und durch Entnahme aus der Messkurve.

Tipps zu Teilaufgabe 4

- Die im Schwingkreis angeregte Schwingung wird akustisch als Ton durch den Lautsprecher und optisch als Schwingung auf dem Oszilloskop wiedergegeben.
- Teilen Sie Ihre geschilderten Beobachtungen in drei Bereiche ein: kleine Erregerfrequenzen, Erregerfrequenzen im Bereich der Resonanzfrequenz und große Frequenzen.
- Was fehlt, um die Eigenfrequenz des Schwingkreises zu bestimmen?
- Ordnen Sie Ihren Wert für die Eigenfrequenz in das gegebene Intervall ein.

Lösungen von Aufgabe B2

1. Aufgrund des Hooke'schen Gesetzes gilt bei der Schwingung einer Schraubenfeder ein **lineares Kraftgesetz** zwischen der Auslenkung und der Rückstellkraft. Das ist die Voraussetzung für eine harmonische oder sinusförmige Schwingung.

   Für die **Berechnung der Periodendauer** (Formelsammlung)

   $$T = 2\pi \cdot \sqrt{\frac{m}{D}}$$

   muss zuerst die Federkonstante D aus den Angaben berechnet werden:

   $$D = \frac{F}{s} = \frac{m \cdot g}{s} = \frac{0{,}120\ \text{kg} \cdot 9{,}81\ \frac{\text{m}}{\text{s}^2}}{0{,}02\ \text{m}} = 58{,}9\ \frac{\text{N}}{\text{m}}$$

   Damit ergibt sich:

   $$T = 2\pi \cdot \sqrt{\frac{0{,}120\ \text{kg}}{58{,}9\ \frac{\text{N}}{\text{m}}}} = \underline{\underline{0{,}284\ \text{s}}}$$

2. **Beschreibung der Beobachtung**

   Dieses Experiment ist ein Resonanz-Experiment. Die Spule mit angelegter Wechselspannung ist der Erreger, der Stabmagnet an der Feder der Resonator und das aufgebaute magnetische Feld die Kopplung zwischen beiden.

   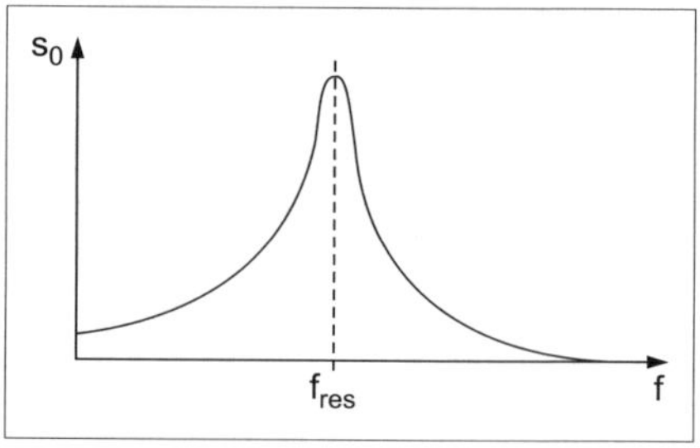

   Abb. 1

   - Bei Frequenzen der anliegenden Spannung, die deutlich kleiner als die Resonanzfrequenz (Eigenfrequenz des Pendels) sind, steigt die Amplitude mit der Größe der Wechselspannung, ist aber insgesamt klein.
   - Bei Erhöhung der Frequenz der anliegenden Spannung nimmt die Amplitude der Schwingung des Magneten zu.
   - Ist die Erregerfrequenz gleich der Resonanzfrequenz, so erreicht die Amplitude ihr Maximum. Diesen Zustand bezeichnet man als **Resonanz**.
   - Bei einer weiteren Erhöhung der Frequenz nimmt die Amplitude ab und strebt gegen null.

   Abbildung 1 gibt die geschilderten Zusammenhänge qualitativ wieder.

Der Wert für die Resonanzfrequenz f_{res} lässt sich (bei Vernachlässigung der Dämpfung) aus der Eigenfrequenz des Pendels bestimmen (vgl. Teilaufgabe 1):

$$f_{res} = \frac{1}{T_{res}} = \frac{1}{0{,}284\ \text{s}} = \underline{\underline{3{,}52\ \text{Hz}}}$$

Beschreibung der Phasenbeziehung

- Bei Frequenzen der anliegenden Spannung, die deutlich kleiner als die Resonanzfrequenz sind, schwingt der Magnet in Phase mit der angelegten Wechselspannung.
- Bei Erhöhung der Frequenz der anliegenden Spannung nimmt diese Phasenverschiebung zu und erreicht bei der Resonanzfrequenz den Wert $\frac{\pi}{2}$ ($\triangleq \frac{T}{4}$).
- Bei einer weiteren Erhöhung der Frequenz nähert sich die Phasenverschiebung dem Wert π ($\triangleq \frac{T}{2}$).

3. Aus der Formelsammlung können Sie die Gleichung einer gedämpften Schwingung entnehmen:

$$y(t) = y_0 \cdot e^{-k \cdot t} \cdot \sin(\omega \cdot t + \varphi_0)$$

Diese Gleichung muss an die aufgezeichnete Schwingung angepasst werden, denn auf der y-Achse ist der Ausschlag s aufgezeichnet und die Kurve beginnt bei $t = 0$ s mit einem maximalen Wert:

$$s(t) = s_M(t) \cdot \cos(\omega \cdot t) = s_0 \cdot e^{-k \cdot t} \cdot \cos(\omega \cdot t)$$

Dabei beschreibt der Anteil $s_0 \cdot e^{-k \cdot t}$ die zeitliche Abnahme der Amplitude s_M und $\cos(\omega \cdot t)$ den Schwingungsanteil.
Die gesuchte **Dämpfungskonstante k** steckt in dem Faktor $e^{-k \cdot t}$. Um ihn zu bestimmen, entnimmt man Graphen den Wert s_0 und (mindestens) ein Wertepaar $(t;\ s_M(t))$ und setzt diese Werte in $s_M(t) = s_0\, e^{-k \cdot t}$ ein.
Mit $s_0 = 1$ cm, $t = 7{,}9$ s, $s_M(7{,}9\ \text{s}) = 0{,}20$ cm ergibt sich:

$$s_M(t) = s_0 \cdot e^{-k \cdot t} \quad \Rightarrow \quad k = \frac{-\ln \frac{s_M(t)}{s_0}}{t} = \frac{-\ln \frac{0{,}20}{1}}{7{,}9\ \text{s}} \approx \underline{\underline{0{,}20\ \frac{1}{\text{s}}}}$$

Je nach Genauigkeit Ihrer abgelesenen Werte ergeben sich für k leicht veränderte Werte. Das kann sich auch bei der Halbwertszeit niederschlagen.

Die **Halbwertszeit t_H** kann auf zwei Wegen bestimmt werden, nämlich

- durch Rechnung:

$$\left.\begin{aligned} s_M(t_H) &= \frac{1}{2} s_0 \\ s_M(t_H) &= s_0 \cdot e^{-k \cdot t_H} \end{aligned}\right\} \Rightarrow \frac{1}{2} = e^{-k \cdot t_H} \Rightarrow t_H = \frac{\ln \frac{1}{2}}{-k} = \frac{\ln 2}{0{,}20\ \frac{1}{\text{s}}} \approx \underline{\underline{3{,}5\ \text{s}}}$$

- durch Entnahme aus der Messkurve, z. B.:

$$s(t_H) = 0{,}5\ \text{cm} \quad \Rightarrow \quad t_H \approx \underline{\underline{3{,}6\ \text{s}}}$$

4. Auch dieses Experiment ist ein Resonanz-Experiment. Die Spule mit angelegter Wechselspannung ist der Erreger, die Spule mit Kondensator (Schwingkreis) der Resonator und das aufgebaute magnetische Feld die Kopplung zwischen beiden.

Beschreibung der Beobachtungen

Der **Ton**, den der Beobachter hört, hat die Frequenz der Erregerspannung. Dieser Ton ist am Anfang sehr leise, wird aber dann immer lauter. Das Maximum der Lautstärke wird erreicht, wenn die Erregerfrequenz mit der Eigenfrequenz des Schwingkreises (Resonanzfrequenz) übereinstimmt. Nimmt die Frequenz weiter zu, so wird der Ton wieder leiser.

Auf dem **Oszilloskop** sind anfangs kleine Amplituden und wenig aufgezeichnete Schwingungen zu sehen. Bis zur Resonanzfrequenz nehmen Amplitude und Zahl der aufgezeichneten Schwingungen (entspricht der Frequenz) zu. Danach nimmt die Amplitude ab, die Frequenz der aufgezeichneten Schwingung jedoch nimmt weiter zu.

Beurteilung des gegebenen Frequenzbereichs

Für die Beobachtungen ist die **Eigenfrequenz** des Schwingkreises

$$f_{eigen} = \frac{1}{2\pi \cdot \sqrt{L \cdot C}}$$

wichtig. Die Kapazität C des Kondensators ist bekannt. Die Induktivität L muss noch berechnet werden (Formelsammlung, Werte aus der Aufgabenstellung):

$$L = \mu_0 \cdot \mu_r \cdot n^2 \cdot \frac{A}{\ell} = 1{,}26 \cdot 10^{-6}\,\frac{Vs}{Am} \cdot 1 \cdot 1000^2 \cdot \frac{2{,}54 \cdot 10^{-4}\,m^2}{0{,}08\,m}$$

$$= 3{,}99 \cdot 10^{-3}\,H = 3{,}99\,mH$$

Damit ergibt sich für die Eigenfrequenz:

$$f_{eigen} = \frac{1}{2\pi \cdot \sqrt{3{,}99 \cdot 10^{-3}\,H \cdot 12{,}5 \cdot 10^{-6}\,F}} \approx \underline{\underline{713\,Hz}}$$

Das Frequenzintervall von 200 Hz bis 1 200 ist geeignet, die oben beschriebenen Wahrnehmungen zu beobachten. Die Resonanzfrequenz liegt ungefähr in der Mitte des Intervalls – es gibt also zu beiden Seiten noch einen hinreichend großen Bereich für die Beobachtungen.

Landesabitur Physik 2009 (Hessen) – Leistungskurs
Aufgabe C1: Fotoeffekt

Vor dem Eintrittsfenster einer beweglichen Fotozelle befindet sich ein Spalt, das Kathodenmaterial ist Natrium. Diese Anordnung kann so vor dem Gitterspektrum einer Quecksilberdampflampe verschoben werden, dass jeweils genau die Strahlung **einer** Spektrallinie durch den Spalt auf die lichtempfindliche Schicht fällt.

Hinweis: Die Tabelle der Quecksilberlinien ist in Material 1 abgebildet.

1. Beschreiben und erläutern Sie, warum nur einige Spektrallinien der Quecksilberdampflampe einen Fotostrom hervorrufen.
   Berechnen Sie, für welche Spektrallinien dies der Fall ist.
   Hinweis: Austrittsarbeit für Natrium: 2,28 eV (8 BE)

2. Material 2 zeigt den prinzipiellen Aufbau des Versuchs zum Fotoeffekt nach der Gegenfeldmethode mit Caesium (Austrittsarbeit 1,94 eV) als Kathodenmaterial, bei dem monochromatisches Licht der Wellenlänge 366 nm verwendet wird.
   Erläutern Sie, wie man die Graphen in Material 3 experimentell erhalten könnte.
   Beschreiben Sie ausführlich, wie sich aus dem Verlauf der Fotostromstärke eine Information über die maximale Energie der austretenden Elektronen gewinnen lässt.
   Berechnen Sie die Gegenspannung $U_{G,\,max}$, ab der kein Fotostrom mehr gemessen wird, und bestätigen bzw. widerlegen Sie Ihre Rechnung anhand des Materials 3. (13 BE)

3. Der Graph der großen Beleuchtungsstärke in Material 3 wurde aufgenommen, indem UV-Licht der Wellenlänge 366 nm und der Intensität 10 mW/m^2 auf die Fotozelle fiel und die Kathode auf einer Fläche von 0,5 cm^2 gleichmäßig beleuchtete.
   Berechnen Sie die Anzahl der auftreffenden Photonen und weisen Sie rechnerisch nach, dass die Wahrscheinlichkeit für das Auslösen eines Elektrons durch ein auftreffendes Photon bei weniger als 1 % liegt. (10 BE)

4. Schiebt man die Natrium-Fotozelle von Aufgabe 1 sehr langsam durch das Linienspektrum der Quecksilberlampe, so beobachtet man räumlich zwischen der grünen und der blauen Spektrallinie ebenfalls einen schwachen Fotostrom.
   Begründen Sie, worauf dieser zurückzuführen ist. (5 BE)

5. Jede Fotozelle wandelt Lichtenergie in elektrische Energie um.
   Beurteilen Sie ihre Eignung als Energiewandler.
   Hinweis: Berücksichtigen Sie mindestens zwei unterschiedliche Aspekte. (4 BE)

Material 1

Tabelle der Quecksilberlinien

Farbe	gelb	grün	blau	violett	UV1	UV2
Wellenlänge	578	546	436	405	366	256

Material 2

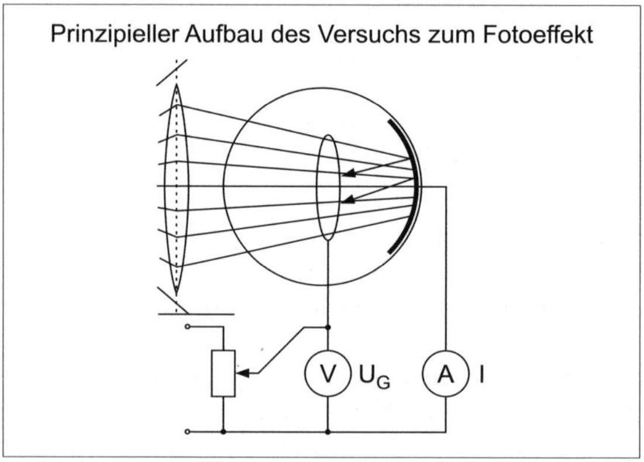

Material 3

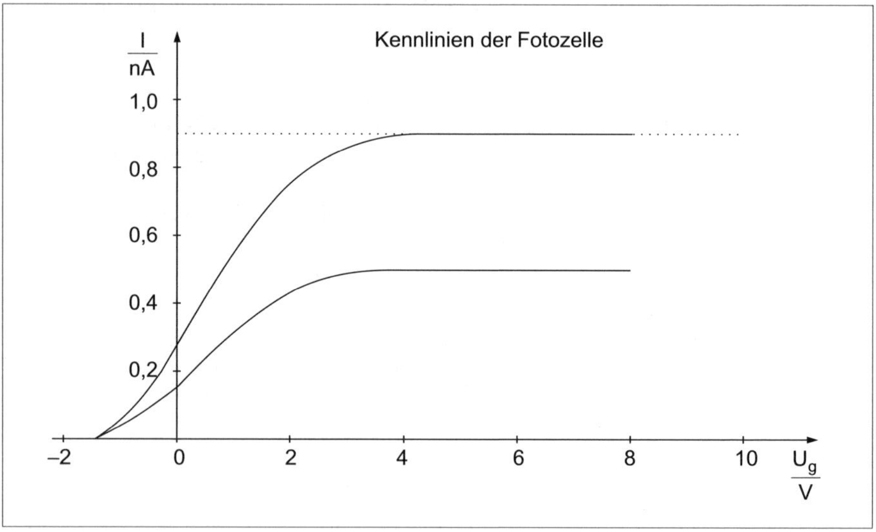

Bildnachweis: Fachkommission Physik (2008)

Tipps und Hinweise zur Lösung von Aufgabe C1

Tipp zu Teilaufgabe 1

- Das Auslösen der Fotoelektronen gelingt, wenn die Photonenenergie $E_{Ph} = h \cdot f$ größer oder mindestens gleich der vom Elektron zu verrichtenden Austrittsarbeit W_A ist.

Tipps zu Teilaufgabe 2

- Beachten Sie, dass Ihre Versuchserläuterung das Entstehen von Messkurven für positive und negative Werte der Spannung beinhaltet.
- Bedenken Sie, dass es zwei Kurven sind.
- Bei der Gegenfeldmethode ergibt sich die maximale kinetische Energie der austretenden Elektronen aus der Tatsache, dass bei $U_G = -| U_{G, max} |$ auch die energiereichsten Fotoelektronen das Gegenfeld nicht überwinden können.
- Für den Zusammenhang der kinetischen Energie und der maximalen Gegenspannung gilt $E_{kin, max} = | U_{G, max} | \cdot e$.

Tipps zu Teilaufgabe 3

- Sie benötigen die Zahl der pro Sekunde herausgelösten Elektronen und die Zahl der pro Sekunde auftreffenden Photonen.
- Die Zahl der Elektronen lässt sich aus der Sättigungsstromstärke berechnen und die Zahl der beteiligten Photonen ergibt sich, indem aus der angegebenen Intensität die Leistung und Energie berechnet wird.

Tipps zu Teilaufgabe 4

- Im Spektrum erster Ordnung liegt keine weitere sichtbare Spektrallinie zwischen der grünen und der blauen Linie.
- Denken Sie an das Spektrum zweiter Ordnung.

Tipp zu Teilaufgabe 5

- Bedenken Sie Ihre bisherigen Ergebnisse (z. B. aus Teilaufgabe 3).

Lösungen von Aufgabe C1

1. Das beschriebene Experiment beruht auf dem Fotoeffekt. Beim Fotoeffekt fällt Licht auf eine Metalloberfläche. Die Photonen des Lichts mit hinreichend großer Energie $E_{Ph} = h \cdot f$ können Elektronen aus der Metalloberfläche herauslösen. Dazu wird die gesamte Energie des Photons auf ein Elektron übertragen (Wechselwirkung).
Das Auslösen gelingt, wenn die Photonenenergie größer oder mindestens gleich der vom Elektron zu verrichtenden Austrittsarbeit W_A ist:
$$E_{Ph} = h \cdot f = h \cdot \frac{c}{\lambda} \geq W_A$$
Mit der Angabe für die Austrittsarbeit für Natrium lässt sich die größte Wellenlänge λ_{max} bestimmen, für die der Fotoeffekt noch stattfindet, und mit der im Material 1 gegebenen Tabelle der Quecksilberlinien vergleichen:
$$\lambda_{max} = \frac{h \cdot c}{W_A} = \frac{4{,}136 \cdot 10^{-15}\,\text{eVs} \cdot 3{,}00 \cdot 10^8\,\frac{\text{m}}{\text{s}}}{2{,}28\,\text{eV}} = 5{,}44 \cdot 10^{-7}\,\text{m} = 544\,\text{nm}$$
Daher rufen nur die **blaue**, **violette** und **die beiden UV-Linien** mit ihren kürzeren Wellenlängen einen Fotostrom hervor.

Beachten Sie in dieser und in den folgenden Rechnungen, ob Sie in Joule (J) oder Elektronenvolt (eV) rechnen. Im ersten Fall müssen Sie
$$h = 6{,}626 \cdot 10^{-34}\,\text{Js},$$
im zweiten Fall
$$h = 4{,}136 \cdot 10^{-15}\,\text{eVs}$$
für die Planck'sche Konstante verwenden.
Für die Umrechnung gilt:
$$h = 4{,}136 \cdot 10^{-15}\,\text{eVs} = 4{,}136 \cdot 10^{-15} \cdot 1{,}602 \cdot 10^{-19}\,\text{AsVs} = 6{,}626 \cdot 10^{-34}\,\text{Js}$$

2. **Erläuterung des Versuchsablaufs**
Die beiden Messkurven kann man erhalten, indem jeweils U_G einmal als „Saugspannung“ von 0 V bis 8 V und einmal als „Gegenspannung“ von 0 V bis ca. –2 V erhöht wird und die entsprechenden Wertepaare für Spannung und Fotostrom in ein Diagramm übertragen werden. Bei der Aufnahme der zweiten Messkurve mit der erhöhten Sättigungsstromstärke wird eine höhere Lichtintensität verwendet.

Maximale kinetische Elektronenenergie
Nach der Einstein'schen Interpretation, die den Fotoeffekt beschreibt, übernehmen die Elektronen den Restbetrag der Photonenenergie als kinetische Energie. Diese kinetische Energie kann aus statistischen Gründen etwas variieren, und für die Elektronen mit maximaler kinetischer Energie gilt die Energiebilanz
$$E_{Ph} = h \cdot f = E_{kin,\,max} + W_A. \quad (*)$$

Bei der beschriebenen Gegenfeldmethode ergibt sich die maximale kinetische Energie der austretenden Elektronen aus der Tatsache, dass bei

$$U_G = -|U_{G,\,max}|$$

auch die energiereichsten Fotoelektronen das Gegenfeld nicht überwinden können und der Fotostrom versiegt. In dieser Situation gilt:

$$E_{kin,\,max} = |U_{G,\,max}| \cdot e$$

$U_{G,\,max}$ hängt nicht von der Lichtintensität ab; beide Graphen enden bei derselben Gegenspannung.

Maximale Gegenspannung

Mithilfe der Energiebilanz (*) lässt sich $U_{G,\,max}$ berechnen:

$$h \cdot f = |U_{G,\,max}| \cdot e + W_A$$

$$\Rightarrow \quad |U_{G,\,max}| = \frac{h \cdot \frac{c}{\lambda} - W_A}{e}$$

$$= \frac{6{,}626 \cdot 10^{-34}\,\text{Js} \cdot \frac{3{,}00 \cdot 10^8\,\frac{m}{s}}{366 \cdot 10^{-9}\,m} - 1{,}94 \cdot 1{,}602 \cdot 10^{-19}\,J}{1.602 \cdot 10^{-19}\,C} = \underline{\underline{1{,}45\,V}}$$

Dieser Wert entspricht recht genau dem Wert von $U_{G,\,max} \approx -1{,}5$ V, der in Material 3 abgelesen werden kann.

Die Umformung und das anschließende Einsetzen lassen sich auch schrittweise durchführen:

1. Berechnung der Photonenenergie: $5{,}43 \cdot 10^{-19}\,J = 3{,}39\,eV$
2. Bleibt als kinetische Energie: $3{,}39\,eV - 1{,}94\,eV = 1{,}45\,eV$
3. Diese Energie entspricht dem Betrag der Gegenspannung von 1,45 V.

3. Die gesuchte Wahrscheinlichkeit wird durch den Quotienten aus der Zahl n_{El} der pro Sekunde herausgelösten Elektronen und der Zahl n_{Ph} der pro Sekunde auftreffenden Photonen bestimmt.

Die **Zahl der Elektronen pro Sekunde** lässt sich aus der Sättigungsstromstärke $I = 0{,}9 \cdot 10^{-9}$ A berechnen, die dem Material 3 zu entnehmen ist:

$$I = \frac{Q}{t} = n_{El} \cdot e \quad \Rightarrow \quad n_{El} = \frac{I}{e} = \frac{0{,}9 \cdot 10^{-9}\,A}{1{,}602 \cdot 10^{-19}\,As} = 5{,}62 \cdot 10^9\,\frac{1}{s}$$

Die **Zahl der beteiligten Photonen pro Sekunde** ergibt sich, indem aus der angegebenen Intensität die Leistung P berechnet wird. Die pro Sekunde eintreffende Energie wird von den n_{Ph} Photonen der Energie E_{Ph} geliefert:

$$P = 10\,\frac{mW}{m^2} \cdot 0{,}5\,cm^2 = 10 \cdot 10^{-3}\,\frac{W}{m^2} \cdot 0{,}5 \cdot 10^{-4}\,m^2 = 5{,}0 \cdot 10^{-7}\,W$$

$$P = \frac{E}{t} = n_{Ph} \cdot E_{Ph} = n_{Ph} \cdot \frac{h \cdot c}{\lambda}$$

$$\Rightarrow \quad n_{Ph} = \frac{P \cdot \lambda}{h \cdot c} = \frac{5{,}0 \cdot 10^{-7}\,\text{W} \cdot 366 \cdot 10^{-9}\,\text{m}}{6{,}626 \cdot 10^{-34}\,\text{Js} \cdot 3{,}00 \cdot 10^{8}\,\frac{\text{m}}{\text{s}}} = 9{,}21 \cdot 10^{11}\,\frac{1}{\text{s}}$$

Das Verhältnis beider Anzahlen pro Sekunde beträgt:

$$\frac{5{,}62 \cdot 10^{9}\,\frac{1}{\text{s}}}{9{,}21 \cdot 10^{11}\,\frac{1}{\text{s}}} = 0{,}0061 = \underline{\underline{0{,}61\,\% < 1\,\%}}$$

Damit ist die Behauptung bestätigt.

4. Im Spektrum erster Ordnung liegt keine weitere sichtbare Spektrallinie zwischen der grünen und der blauen Linie. Damit kann der schwache Fotostrom nur durch eine Spektrallinie aus dem Spektrum zweiter Ordnung hervorgerufen werden.

   Für die Beugungswinkel zu den Maxima k-ter Ordnung am Gitter gilt (g: Gitterkonstante):

$$\sin \alpha_k = \frac{k \cdot \lambda}{g} \quad \Rightarrow \quad \alpha_k = \arcsin \frac{k \cdot \lambda}{g}$$

   Die Beugungswinkel ändern sich also gleichsinnig mit dem Produkt $k \cdot \lambda$. Für die Wellenlängen aus der Tabelle stellt man fest:

$$\lambda_{blau} = 436\text{ nm} < 2 \cdot \lambda_{UV2} = 512\text{ nm} < \lambda_{grün} = 546\text{ nm}.$$

   Weil die entsprechenden Beugungswinkel der gleichen Relation gehorchen, liegt die UV2-Linie der zweiten Ordnung zwischen der grünen und blauen Linie erster Ordnung und hat den schwachen Fotostrom ausgelöst.

5. Die Eignung als Energiewandler ist nicht gut, weil
   - nur weniger als 1 % der Photonen-Energie dazu genutzt wird, Elektronen frei zu setzen (siehe Teilaufgabe 3) und
   - ein Teil der Energie der Photonen als Austrittsarbeit verwendet wird und nicht den Elektronen weiterhin zur Verfügung steht.

   Darüber hinaus lassen sich durchaus noch weitere nicht so eng am Energiebegriff angebundene Argumente finden.
   Die von der Fotozelle gewandelte Energie ist umsonst, wenn sie von der Sonne geliefert wird.
   Bezieht man den „inneren Fotoeffekt" mit ein, so kann man auf Solarzellen verweisen.

Landesabitur Physik 2009 (Hessen) – Leistungskurs
Aufgabe C2: Franck-Hertz-Versuch

Eine vereinfachte Schaltskizze zum Franck-Hertz-Versuch zeigt Material 1. Kernstück des Versuchsaufbaus ist eine Niederdruckröhre mit einer Gasfüllung von etwa 10 hPa.

1. Bei der Versuchsdurchführung mit einer Quecksilberdampffüllung ergibt sich die in Material 2 dargestellte Kennlinie des Anodenstroms I_A in Abhängigkeit der Beschleunigungsspannung U_B ($U_H = 6$ V; $U_G = 1{,}5$ V).

1.1 Beschreiben Sie die Bedeutung der drei Spannungen U_H, U_B und U_G.
Erklären Sie die beim Versuch auftretende Kennlinie.
Geben Sie insbesondere an, welche Wechselwirkungen zwischen den Quecksilberatomen und den freien Elektronen auftreten, wenn U_B auf 4 V (kurz vor erstem Maximum), 6 V (kurz nach Maximum), 10 V (2. Maximum) und 12 V (nach zweitem Maximum) eingestellt wird. (14 BE)

1.2 Berechnen Sie anhand der in Material 2 dargestellten Messkurve die Anregungsenergie von Quecksilberatomen. (6 BE)

1.3 Bei der Versuchsdurchführung mit der Franck-Hertz-Röhre beobachtet man bei geeigneter Spannung U_B ultraviolettes Licht der Wellenlänge 254 nm.
Erklären Sie die Entstehung dieses Lichtes. Berechnen Sie die Energie der Lichtquanten und vergleichen Sie Ihr Ergebnis mit dem aus Aufgabenteil 1.2. (6 BE)

2. Das von der Franck-Hertz-Röhre emittierte Licht ($\lambda = 254$ nm) falle auf eine hinreichend empfindliche Fotozelle mit einer Aluminium-Kathode ($W_A = 4{,}2$ eV), wobei die Beschleunigungsspannung der Röhre auf Werte zwischen 0 V und 12 V eingestellt wird.

2.1 Vergleichen Sie qualitativ den zu erwartenden Anodenstrom der Fotozelle, wenn man an der Röhre die Spannung $U_{B,1} = 9$ V und danach $U_{B,2} = 12$ V einstellt. (3 BE)

2.2 Berechnen Sie die maximale Geschwindigkeit der Fotoelektronen unmittelbar nach ihrer Auslösung und die benötigte Gegenspannung in der Fotozelle, um keinen Fotostrom mehr messen zu können. (7 BE)

2.3 Erklären Sie, wie sich die Ergebnisse bei den verwendeten Beschleunigungsspannungen verändern würden, wenn man statt der Franck-Hertz-Röhre mit Quecksilberdampf eine mit Neongas mit einer Anregungsenergie von etwa $2{,}9 \cdot 10^{-18}$ J verwenden würde. (4 BE)

Material 1

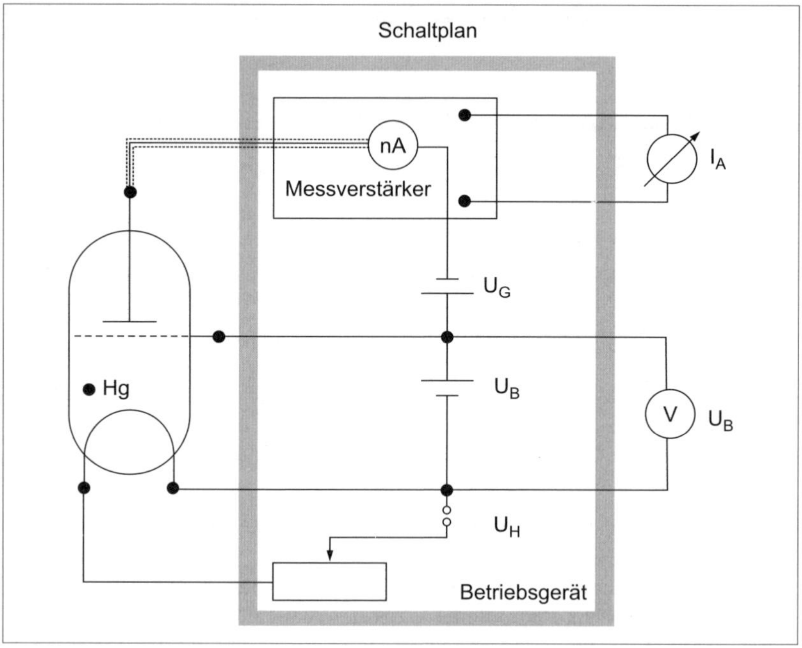

Material 2

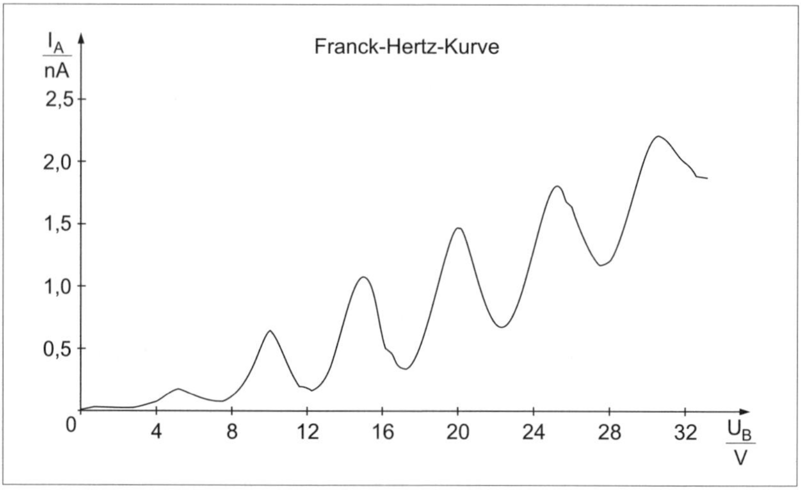

Bildnachweis: Fachkommission Physik (2008)

Tipps und Hinweise zur Lösung von Aufgabe C2

Tipps zu Teilaufgabe 1.1

- U_H ist die Heizspannung der Kathode, U_B ist die Beschleunigungsspannung und U_G ist die Gegenspannung.
- Gehen Sie auf elastische und unelastische Stöße zwischen den beschleunigten Elektronen und den Quecksilberatomen ein.

Tipp zu Teilaufgabe 1.2

- Die Anregungsenergie der Quecksilberatome lässt sich aus der Lage der Maxima der Kennlinien gewinnen. Werten Sie möglichst die ganze Kurve aus.

Tipps zu Teilaufgabe 1.3

- Fällt ein angeregtes Atom wieder in seinen Grundzustand zurück, so gibt es Energie in Form eines Lichtquants (Photon) ab.
- $E_{Ph} = h \cdot f = h \cdot \frac{c}{\lambda}$

Tipps zu Teilaufgabe 2.1

- Vergleichen Sie die Zahl der unelastischen Stöße, die bei der jeweiligen Beschleunigungsspannung zu erwarten sind. Was bedeutet das für die Zahl der erzeugten Photonen?

Tipps zu Teilaufgabe 2.2

- Für die Fotoelektronen mit der maximalen kinetischen Energie schreibt sich die Energiebilanz des Fotoeffekts:

  $$E_{Ph} = h \cdot f = E_{kin,\,max} + W_A = \frac{1}{2} m_e \cdot v_{max}^2 + W_A$$

- Die maximale kinetische Energie der Fotoelektronen wird durch die Spannung U bestimmt, in deren Feld die Elektronen ihre gesamte Energie abgeben.

Tipp zu Teilaufgabe 2.3

- Vergleichen Sie die Anregungsenergie von Neon mit der Energie der beschleunigten Elektronen in der Franck-Hertz-Röhre.

Lösungen von Aufgabe C2

1.1 **Beschreibung der drei Spannungen**

- U_H ist die **Heizspannung** der Kathode. Sie bringt die Kathode zum Glühen und sorgt so mithilfe des glühelektrischen Effekts für freie Elektronen.
- U_B ist die **Beschleunigungsspannung**. Sie beschleunigt die freigesetzten Elektronen zum Gitter hin, die dabei kinetische Energie aufnehmen.
- U_G ist eine **Gegenspannung** und hat gewissermaßen eine Filterfunktion. Sie sorgt dafür, dass Elektronen, die nach dem Zurücklegen der Beschleunigungsstrecke bis zum Gitter eine geringe kinetische Energie besitzen (weniger als $e \cdot U_G$), daran gehindert werden, die Anode zu erreichen.

Erklärung der Kennlinie

Die Kennlinie hat eine ansteigende Tendenz, wird aber periodisch von Minima und Maxima geprägt. Die durch den glühelektrischen Effekt freigesetzten Elektronen werden von U_B beschleunigt. Für $U_B < U_G$ können sie die Anode nicht erreichen, I_A ist null. In dem Raum zwischen Kathode und Gitter stoßen die Elektronen mit den Atomen des Quecksilber-Dampfes zusammen. Solange die kinetische Energie der beschleunigten Elektronen gering ist, sind diese Stoßprozesse elastisch, d. h. die Elektronen geben keine Energie an die Atome ab. In diesem Bereich von U_B steigt die Kennlinie. Ist die kinetische Energie hingegen groß genug, durch einen Stoßprozess ein Gasatom in einen angeregten Zustand zu bringen, ist dieser Stoß unelastisch. Das Elektron gibt an ein Gasatom Energie ab. Durch die Filterfunktion von U_G können diese Elektronen nicht mehr die Anode erreichen und I_A bricht ein.

Für die **vier geforderten Spannungen** wird die Situation separat diskutiert.

$U_B = 4$ V: Es gibt nur elastische Stöße und die Kennlinie steigt an.

$U_B = 6$ V: Viele Elektronen haben durch einen unelastischen Stoß kinetische Energie abgegeben und sind danach nicht mehr genügend beschleunigt worden, um das Gegenfeld zwischen Gitter und Anode zu überwinden. I_A beginnt einzubrechen. Die Stoßfront liegt örtlich nah vor dem Gitter.

$U_B = 10$ V: Trotz eines unelastischen Stoßes mit Quecksilberatomen gelangen viele Elektronen zur Anode, da sie nach dem Stoß wieder genügend beschleunigt wurden, um U_G zu überwinden. Die Stoßfront liegt nun örtlich weiter vor dem Gitter.

$U_B = 12$ V: Viele Elektronen haben auf ihrem Weg durch zwei unelastische Stöße kinetische Energie abgegeben und können aufgrund der Gegenspannung die Anode nicht erreichen.

Die Kennlinie geht nicht ganz auf $I_A = 0$ zurück, da auch immer einige Elektronen ohne unelastische Stöße die Anordnung passieren.

1.2 Die Anregungsenergie von Quecksilberatomen lässt sich z. B. aus der Lage der Maxima der Kennlinie gewinnen. Ihr Abstand ΔU entspricht gerade der kinetischen Energie $e \cdot \Delta U$, die die Elektronen für einen erneuten unelastischen Stoß benötigen.
Zwischen dem ersten Maximum bei $U_{G,1} \approx 5{,}2$ V und dem sechsten Maximum bei $U_{G,6} \approx 30{,}5$ V liegen fünf Stoßvorgänge, also:

$$\Delta U = \frac{30{,}5\text{ V} - 5{,}2\text{ V}}{5} = 5{,}06\text{ V}$$

Damit ergibt sich eine Anregungsenergie von

$$\underline{\underline{5{,}06\text{ eV}}} = 5{,}06\text{ V} \cdot 1{,}602 \cdot 10^{-19}\text{ C} = \underline{\underline{8{,}11 \cdot 10^{-19}\text{ J}}}.$$

1.3 Durch unelastische Stöße mit den beschleunigten Elektronen nehmen Quecksilberatome Energie auf und werden in einen angeregten Zustand versetzt. Fällt solch ein angeregtes Atom wieder in seinen Grundzustand zurück, gibt es genau diesen Energiebetrag wieder in Form eines Lichtquants (Photon) $E_{Ph} = h \cdot f$ ab. Dieses Licht kann in der Franck-Hertz-Röhre nachgewiesen werden.

Die Photonenenergie des Lichts lässt sich mithilfe der Wellenlänge berechnen:

$$E_{Ph} = h \cdot f = h \cdot \frac{c}{\lambda} = 6{,}63 \cdot 10^{-34}\text{ Js} \cdot \frac{3{,}00 \cdot 10^{8}\,\frac{\text{m}}{\text{s}}}{254 \cdot 10^{-9}\text{ m}} = \underline{\underline{7{,}83 \cdot 10^{-19}\text{ J} = 4{,}89\text{ eV}}}$$

Beachten Sie in den Rechnungen, ob Sie in Joule (J) oder in Elektronenvolt (eV) rechnen. Für die Umrechnung gilt:
$1\text{ eV} = 1{,}602 \cdot 10^{-19}\text{ J}$

Die Energie von 4,89 eV ist im Rahmen der Messgenauigkeit gleich der in Teilaufgabe 1.2 ermittelten Anregungsenergie der Quecksilberatome von 5,06 eV.

2.1 Wie in Teilaufgabe 1.3 berechnet liefert die Franck-Hertz-Röhre Licht einer Photonenenergie von 4,89 eV. Diese Energie ist größer als die Austrittsarbeit von Aluminium von 4,2 eV. Somit sind diese Photonen prinzipiell in der Lage, in der beschriebenen Fotozelle Fotoeffekt auszulösen.
In Teilaufgabe 1.1 wurde beschrieben, dass bei $U_{B,1} = 9$ V die Möglichkeit für einen unelastischen Stoß und bei $U_{B,2} = 12$ V für zwei unelastische Stöße zwischen den Elektronen und den Quecksilberatomen besteht. Somit sollten im zweiten Fall mehr Photonen ausgesandt werden und einen größeren Fotostrom in der Fotozelle erzeugen.

2.2 Der Fotoeffekt wird durch folgende Energiebilanz bestimmt: Das Photon gibt seine gesamte Energie $E_{Ph} = h \cdot f$ an ein Elektron im Metall ab. Unter Abgabe der Austrittsarbeit W_A verlässt das Elektron die Metalloberfläche. Den Rest der Energie behält es in Form kinetischer Energie

$$E_{kin} = \frac{1}{2} m_e \cdot v^2.$$

Maximale Geschwindigkeit der Fotoelektronen
Für die Fotoelektronen mit der maximalen kinetischen Energie schreibt sich die Energiebilanz

$$E_{Ph} = h \cdot f = E_{kin,\,max} + W_A = \frac{1}{2} m_e \cdot v_{max}^2 + W_A.$$

Diese Gleichung kann nach v_{max} umgestellt und durch Einsetzen der bekannten Größen $E_{Ph} = 4{,}89\ \text{eV} = 7{,}83 \cdot 10^{-19}\ \text{J}$ und $W_A = 4{,}2\ \text{eV} = 6{,}73 \cdot 10^{-19}\ \text{J}$ gelöst werden:

$$E_{Ph} = \frac{1}{2} m_e \cdot v_{max}^2 + W_A$$

$$\Rightarrow \quad v_{max} = \sqrt{\frac{2 \cdot (E_{Ph} - W_A)}{m_e}}$$

$$= \sqrt{\frac{2 \cdot (7{,}83 \cdot 10^{-19}\ \text{J} - 6{,}73 \cdot 10^{-19}\ \text{J})}{9{,}11 \cdot 10^{-31}\ \text{kg}}} \approx \underline{\underline{4{,}9 \cdot 10^5\ \frac{\text{m}}{\text{s}}}}$$

Gegenspannung
Bei der Gegenspannungsmethode misst man die maximale kinetische Energie der Fotoelektronen dadurch, dass die Spannung U bestimmt wird, in deren Feld die Elektronen ihre gesamte Energie abgeben. Es gilt dann:

$$\left.\begin{aligned} E_{kin,\,max} &= h \cdot f - W_A \\ E_{kin,\,max} &= e \cdot U \end{aligned}\right\} \quad \Rightarrow \quad e \cdot U = h \cdot f - W_A$$

$$\Rightarrow \quad U = \frac{h \cdot f - W_A}{e}$$

$$= \frac{4{,}89\ \text{eV} - 4{,}2\ \text{eV}}{e} = \underline{\underline{0{,}69\ \text{V}}}$$

2.3 Durch den Austausch des Quecksilberdampfs durch Neongas verändert sich die Anregungsenergie des Füllgases. Die Anregungsenergie von Neon beträgt laut Aufgabenstellung $E = 2{,}9 \cdot 10^{-18}\ \text{J} = 18{,}1\ \text{eV}$. Die verwendeten Beschleunigungsspannungen von 9 V bzw. 12 V liefern den Elektronen in der Franck-Hertz-Röhre aber maximal 12 eV an kinetischer Energie. Deshalb können noch keine unelastischen Stöße stattfinden. Somit werden auch keine Photonen vom Neon ausgesandt und in der Fotozelle findet kein Fotoeffekt statt. Der Fotostrom I_A ist null.

Landesabitur Physik 2010 (Hessen) – Grundkurs
Aufgabe A1: Radiales elektrisches Feld

Zwei identische Aluminium-Kugeln K_1 und K_2 des Durchmessers $d = 2$ cm tragen jeweils die Ladung +42 nC.

1. Geben Sie das Coulombgesetz an und erläutern Sie, was die Formel aussagt. Berechnen Sie die Werte der wirkenden Kräfte für die Abstände der Kugelmittelpunkte von $r = 5$ cm, 7 cm, 10 cm, 15 cm, 20 cm und 30 cm. (8 BE)

2. Im Experiment (siehe Material 1) wurde die Kraft auf K_2 mithilfe eines elektronischen Kraftmessers in Abhängigkeit vom Abstand r der beiden Kugelmittelpunkte gemessen und in einer Tabelle (siehe Material 2) aufgetragen.
   Stellen Sie die experimentell ermittelten Kräfte F in Abhängigkeit vom Abstand r in einem geeigneten Koordinatensystem dar.
   (Maßstab: 1 cm $\hat{=}$ 1 mN; 2,5 cm $\hat{=}$ 0,1 m)
   Ergänzen Sie im selben Koordinatensystem die in Aufgabe 1 ermittelten theoretischen Coulombkräfte in einer anderen Farbe.
   Beschreiben und begründen Sie Übereinstimmungen und Abweichungen der experimentell ermittelten Werte mit bzw. von den berechneten Werten aus Aufgabe 1. (8 BE)

3. Berechnen Sie aus einem der experimentell gewonnenen Messwerte den Wert für die elektrische Feldkonstante ε_0. Begründen Sie Ihre Wahl. (7 BE)

4. Die beiden Kugeln K_1 und K_2 (ohne Kraftmesser) werden nun auf
   $$Q_1 = +3{,}0 \cdot 10^{-8}\,\text{C} \quad \text{und} \quad Q_2 = -3{,}0 \cdot 10^{-8}\,\text{C}$$
   aufgeladen und entsprechend Material 3 positioniert. Dabei betragen $a = 5$ cm und $b = 10$ cm.
   Bestimmen Sie den Betrag und die Richtung (z. B. durch die Angaben „nach links“ oder „nach rechts“) der elektrischen Feldstärke im Punkt P. (7 BE)

Material 1: Schematischer Versuchsaufbau

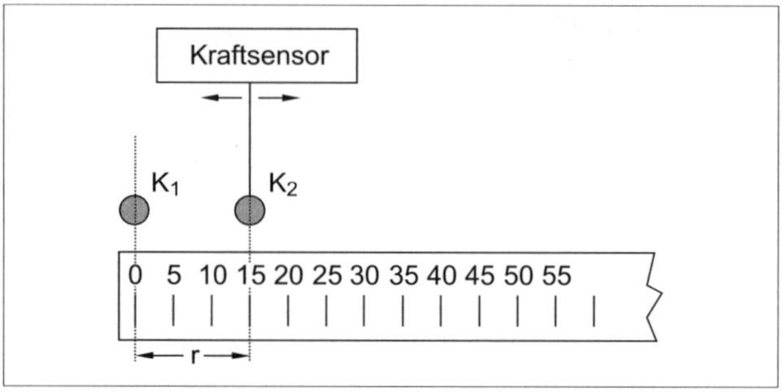

Material 2: Messreihe

$\frac{r}{cm}$	5	7	10	15	20	30
$\frac{F}{mN}$	3,71	2,55	1,53	0,67	0,38	0,17

Material 3: Verteilte Ladungen

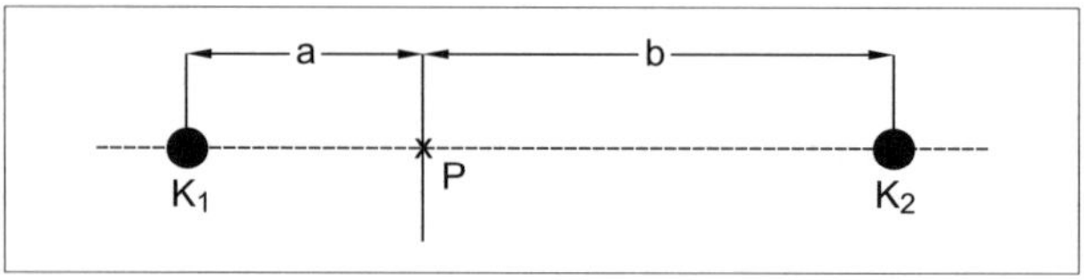

Tipps und Hinweise zur Lösung von Aufgabe A1

Tipps zu Teilaufgabe 1

- Sollten Sie das Coulombgesetz nicht auswendig kennen, so hilft ein Blick in ihre Formelsammlung. Um die Aussage der Formel zu erklären, erläutern sie zunächst alle in der Formel vorkommenden physikalischen Größen.

- Zur Berechnung der Werte der wirkenden Kräfte setzen Sie die angegebenen Werte aus der Aufgabenstellung in die Formel für die Coulombkraft ein. Beachten Sie dabei, dass alle Werte vor dem Einsetzen in SI-Einheiten (also in Grundgrößen) umzurechnen sind.

- Beschreiben Sie eine Berechnung genau und stellen Sie die weiteren Ergebnisse in einer Tabelle dar.

Tipps zu Teilaufgabe 2

- Zeichnen Sie sich zunächst ein passendes Koordinatensystem. Dabei soll auf der waagerechten Achse der Abstand r in m und auf der senkrechten Achse die Coulombkraft F in mN aufgetragen werden. Eine sinnvolle Einteilung der Achsen lautet: waagerechte Achse von 0 bis 0,4 m; senkrechte Achse von 0 bis 7 mN.

- Zur Beschreibung der Unterschiede zwischen den experimentellen und den theoretischen Werten bietet sich der Vergleich zweier Bereiche an: Im ersten Bereich unterscheiden sich die beiden Werte deutlich voneinander, im zweiten Bereich gibt es kaum Unterschiede zwischen den Werten.

- Mögliche physikalische Stichworte für eine Begründung der Unterschiede und der Gemeinsamkeiten sind: Punktladungen und Influenz.

Tipp zu Teilaufgabe 3

- Zur Berechnung der elektrischen Feldkonstante ε_0 stellen Sie die Formel für die Coulombkraft aus Teilaufgabe 1 nach ε_0 um. Zur Berechnung verwenden Sie ein Wertepaar aus der experimentellen Messreihe des Materials 2, das gut mit den theoretischen Werten übereinstimmt.

Tipps zu Teilaufgabe 4

- Um die Richtung des elektrischen Feldstärkevektors zu bestimmen, denken Sie an die Definition der Richtung des Verlaufs der elektrischen Feldlinien.

- Die Formel zur Berechnung des Betrags der elektrischen Feldstärke können Sie aus dem Coulombgesetz (Teilaufgabe 1) ableiten. Es gilt allgemein $F_{el} = q \cdot E$.

- Ersetzen Sie den Radius r durch den Abstand des Punktes P zu den Ladungen. Berechnen Sie beide elektrische Feldstärken und addieren Sie danach die Beträge der beiden Feldstärken.

Lösungen zu Aufgabe A1

1. Das **Coulomb'sche Gesetz** beschreibt die Kraft F(r) zwischen zwei kugelsymmetrisch verteilten elektrischen Ladungen Q_1 und Q_2. Es besagt, dass der Betrag dieser Kraft proportional zum Produkt der beiden Ladungsmengen Q_1 und Q_2 und umgekehrt proportional zum Quadrat des Abstandes r der Kugelmittelpunkte ist. Die Kraft wirkt je nach Vorzeichen der Ladungen anziehend oder abstoßend in Richtung der Verbindungsgeraden der Mittelpunkte.
Das Coulombgesetz lautet:

$$F(r) = \frac{1}{4\pi \cdot \varepsilon_0} \cdot \frac{Q_1 \cdot Q_2}{r^2} \qquad (*)$$

Die **Berechnung der Kräfte** erfolgt nach der Formel (*). Für einen Abstand der Kugelmittelpunkte von r = 5 cm ergibt sich:

$$F(0{,}05\ \text{m}) = \frac{1}{4\pi \cdot 8{,}8542 \cdot 10^{-12}\ \frac{\text{As}}{\text{Vm}}} \cdot \frac{(42 \cdot 10^{-9}\ \text{C})^2}{(0{,}05\ \text{m})^2} \approx \underline{\underline{6{,}3 \cdot 10^{-3}\ \text{N}}}$$

Die weiteren Berechnungen erfolgen analog, die Ergebnisse finden sich in der nachfolgenden Tabelle:

r [cm]	5	7	10	15	20	30
F(r) [mN]	6,3	3,2	1,6	0,70	0,40	0,18

2. Auf der x-Achse wird der Abstand r der beiden Ladungen in m, auf der y-Achse die Kraft F in mN abgetragen. Die Kreuze kennzeichnen die experimentell ermittelten Werte (Material 2) und die Kreise die oben berechneten Werte.

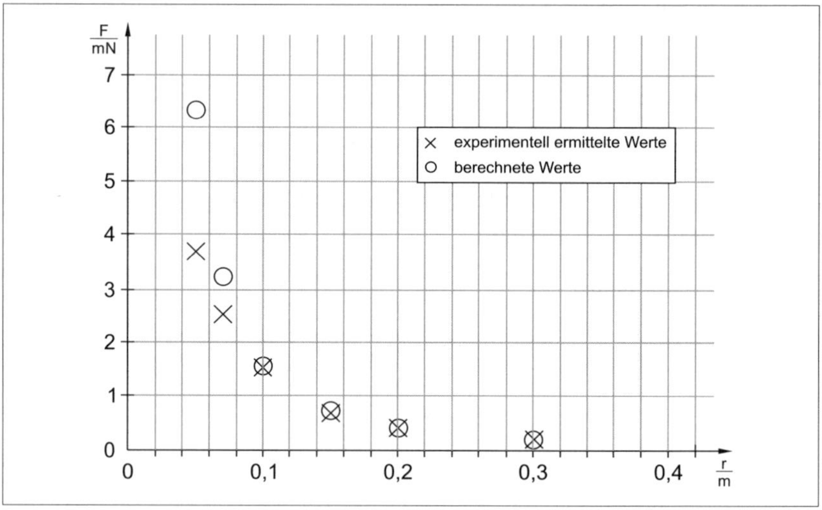

Abb. 1

Beschreibung
Es fällt auf, dass für große Abstände ($r > 10$ cm) die experimentell ermittelten Werte sehr gut mit den berechneten Werten übereinstimmen. Für kleine Abstände ($r < 10$ cm) unterscheiden sich die Werte jeweils deutlich, wobei die experimentellen Werte immer unterhalb der theoretischen Werte verlaufen.

Begründung
Eine der beiden folgenden Begründungen ist für eine vollständige Lösung dieser Aufgabe ausreichend.

Räumliche Ausdehnung der Ladungen: Sind die Abstände der beiden Punktladungen sehr klein, so kann man die Ladungen nicht mehr als ideal punktförmig auffassen. Das Coulombgesetz gilt aber nur für Punktladungen, also Ladungen, die idealerweise in einem Punkt konzentriert sind. In der Nähe einer ausgedehnten Ladungsverteilung spielt die Geometrie der Ladungsverteilung eine große Rolle. Daher stimmen die Ergebnisse zwischen Experiment und Theorie bei kleinen Abständen weniger gut überein.

Influenz: Bei kleinen Abständen spielen Influenzeffekte eine große Rolle. Die beiden Ladungsmengen beeinflussen sich gegenseitig, auch wenn sie sich nicht direkt berühren. Diese Beeinflussung hängt vom Abstand der beiden Ladungsverteilungen ab. Deshalb sind die gemessenen Kräfte kleiner als die theoretisch erwarteten.

3. **Wahl geeigneter Messwerte**
Da bei großen Abständen r die theoretischen mit den gemessenen Werten besser übereinstimmen als bei kleinen Abständen, wählt man sinnvollerweise ein Wertepaar mit einem möglichst großen Abstand r (z. B. $r = 30$ cm).
Mit dem Wertepaar der letzten Spalte des Materials 2 aus der Aufgabenstellung lässt sich die elektrische Feldkonstante ε_0 am besten bestimmen. Wie aus Abbildung 1 der vorigen Teilaufgabe abzulesen ist, bieten sich auch andere Wertepaare an. Eine Fehlerdiskussion ist in dieser Teilaufgabe nicht erforderlich.

Die **elektrische Feldkonstante ε_0** lässt sich mithilfe der Formel (*) **berechnen**:

$$F(r) = \frac{1}{4\pi \cdot \varepsilon_0} \cdot \frac{Q_1 \cdot Q_2}{r^2} \quad \Leftrightarrow \quad \varepsilon_0 = \frac{1}{4\pi \cdot F(r)} \cdot \frac{Q_1 \cdot Q_2}{r^2}$$

$$\varepsilon_0 = \frac{1}{4\pi \cdot 0{,}17 \cdot 10^{-3}\,\text{N}} \cdot \frac{(42 \cdot 10^{-9}\,\text{C})^2}{(0{,}3\,\text{m})^2} \approx \underline{\underline{9{,}2 \cdot 10^{-12}\,\frac{\text{C}^2}{\text{Nm}^2}}}$$

Der Literaturwert der elektrischen Feldkonstanten beträgt $8{,}8542 \cdot 10^{-12}\,\frac{\text{As}}{\text{Vm}}$. Damit weicht der oben berechnete Wert um ca. 4 % vom Literaturwert ab. Die unterschiedlichen Einheiten lassen sich ineinander umrechnen:

$$1\,\frac{\text{As}}{\text{Vm}} = 1\,\frac{\text{C}}{\text{Vm}} = 1\,\frac{\text{C}}{\frac{\text{J}}{\text{C}} \cdot \text{m}} = 1\,\frac{\text{C}^2}{\text{Jm}} = 1\,\frac{\text{C}^2}{\text{Nm}^2}$$

4. **Richtung der Feldstärke im Punkt P**
Die elektrischen Feldlinien verlaufen von der positiven zur negativen Ladung. Da sich die positive Ladung links befindet, zeigt der Vektor der elektrischen Feldstärke in P nach **rechts** in Richtung der negativen Ladung.

Betrag der Feldstärke im Punkt P
Um die elektrische Feldstärke in P messen zu können, berechnet man zunächst die beiden elektrischen Feldstärken bezogen auf die beiden Ladungen Q_1 und Q_2 im Abstand a bzw. b. Wegen $F_{el} = q \cdot E$ (q: Probeladung) gilt mit dem Coulombgesetz (*) aus Teilaufgabe 1 allgemein für die von Q erzeugten Feldstärke:

$$E(r) = \frac{1}{4\pi \cdot \varepsilon_0} \cdot \frac{Q}{r^2}$$

Damit folgt:

$$E_1 = \frac{1}{4\pi \cdot \varepsilon_0} \cdot \frac{Q_1}{a^2}$$

$$= \frac{1}{4\pi \cdot 8{,}85 \cdot 10^{-12} \frac{As}{Vm}} \cdot \frac{3{,}0 \cdot 10^{-8}\,C}{(0{,}05\,m)^2} \approx 1{,}08 \cdot 10^5 \frac{V}{m}$$

$$E_2 = \frac{1}{4\pi \cdot \varepsilon_0} \cdot \frac{Q_1}{b^2} =$$

$$= \frac{1}{4\pi \cdot 8{,}85 \cdot 10^{-12} \frac{As}{Vm}} \cdot \frac{-3{,}0 \cdot 10^{-8}\,C}{(0{,}1\,m)^2} \approx -0{,}27 \cdot 10^5 \frac{V}{m}$$

Da beide Teilfeldstärken nach rechts zeigen, werden ihre Beträge addiert:

$$|E_P| = |E_1| + |E_2| = 1{,}08 \cdot 10^5 \frac{V}{m} + 0{,}27 \cdot 10^5 \frac{V}{m} = \underline{\underline{1{,}35 \cdot 10^5 \frac{V}{m}}}$$

Landesabitur Physik 2010 (Hessen) – Grundkurs
Aufgabe A2: Fahrradstandlicht

In einem modernen Fahrradrücklicht ist ein Kondensator mit einer Kapazität von 1 F eingebaut, welcher während der Fahrt vom Dynamo (Generator) auf maximal 5,5 V aufgeladen wird. Beim Warten im Stand wird die LED des Rücklichts mit der gespeicherten Energie betrieben.

1. Ein Bastler möchte die Leuchtdauer der LED durch Hinzufügen eines weiteren Kondensators erhöhen. Die maximale Ladespannung soll dieselbe bleiben. Begründen Sie, ob die beiden Kondensatoren dann parallel oder in Reihe geschaltet werden müssen. (4 BE)

2. Der Wert der Kapazität von $C = 1\,F$ ist sehr hoch. Ermöglicht wird dies durch die Verwendung besonders dünner Metallfolie mit rauer Oberfläche für die Platten und ein hauchdünnes Dielektrikum von nur 110 nm Stärke.
Berechnen Sie die effektive Fläche der Kondensatorplatten, wenn die relative Dielektrizitätskonstante des Dielelektrikums 80 beträgt.
Bewerten Sie dieses Ergebnis in Relation zur Größe eines derartigen elektronischen Bauteils (siehe dazu Material 1). (4 BE)

3. Das dünne Dielektrikum bedingt, dass der Kondensator bei Überschreitung einer bestimmten Ladespannung zerstört wird. Erläutern Sie diesen Vorgang. (3 BE)

4. An der LED muss mindestens noch eine Spannung von 2 V anliegen, damit sie leuchtet. Dabei wird durch eine geeignete Schaltung die Betriebsstromstärke der LED zeitlich konstant auf 30 mA eingestellt.
Berechnen Sie aus den bereits angegebenen Daten, wie viel Energie bei einmaliger Entladung des Kondensators genutzt werden kann und wie lange die LED im Stand leuchtet. (10 BE)

5. Stellen Sie unter der Voraussetzung, dass die Stromstärke wirklich zeitlich konstant 30 mA beträgt, die Spannung am Kondensator in Abhängigkeit von der Zeit grafisch dar. (6 BE)

6. Wenn man einen geladenen Kondensator über einen ohmschen Widerstand entlädt, so verändert sich seine Spannung nach der Formel:

$$U(t) = U_0 \cdot e^{-\frac{1}{R \cdot C} \cdot t}$$

Beurteilen Sie qualitativ, welche Gebrauchseigenschaften dieser Fahrradstandbeleuchtung sich ändern würden, wenn eine Glühlampe (Betriebsspannung 6V) anstelle einer LED zum Einsatz käme. (3 BE)

Material 1

Gold-Cap Elektronik-Kondensator

Gold-Cap Elektronik-Kondensatoren im Größenvergleich

Tipps und Hinweise zur Lösung von Aufgabe A2

Tipps zu Teilaufgabe 1

- Um die Leuchtdauer zu erhöhen, ist eine größere Ladungsmenge nötig. Diese wird bei einem Kondensator z. B. durch Erhöhung der Plattenfläche erreicht.
- Die Formel zur Berechnung der Kapazität eines Plattenkondensators finden Sie in Ihrer Formelsammlung. Stellen Sie diese nach der Plattenfläche A um.
- Überlegen Sie: In welcher Schaltung vergrößert sich die effektive Plattenfläche der Kondensatoren, in einer Parallel- oder in einer Reihenschaltung?

Tipp zu Teilaufgabe 2

- Berechnen Sie die Plattenfläche mit der Formel aus Teilaufgabe 1 und vergleichen Sie das Ergebnis mit der Kondensatorgröße (siehe Foto mit Bleistift in Material 1).

Tipp zu Teilaufgabe 3

- Denken Sie über folgende Punkte nach: Welche physikalische Größe ist entscheidend dafür, ob es zu einem Funkenschlag zwischen den Kondensatorplatten kommen kann? Wie hängt diese Größe von der Ladespannung und vom Plattenabstand ab? Begründen Sie aufgrund dieser Überlegungen die Aussage der Aufgabenstellung.

Tipps zu Teilaufgabe 4

- Die nötigen Formeln (Energieinhalt im Plattenkondensator; Definitionsgleichung der Kapazität; Definition der Stromstärke) finden Sie in Ihrer Formelsammlung.
- Beachten Sie, dass eine gewisse Restenergie nicht verwendet werden kann, denn die LED leuchtet unterhalb einer Spannung von 2 V nicht mehr. Daher müssen Sie eine Energiedifferenz berechnen.
- Zur Berechnung der Leuchtdauer bestimmen Sie zunächst die umgesetzte Ladungsmenge. Beachten Sie auch hierbei wieder die im Kondensator verbleibende Restladung. Die Zeitspanne berechnen Sie dann mithilfe der Definition der Stromstärke.

Tipps zu Teilaufgabe 5

- Zeichnen Sie ein Koordinatensystem, bei welchem auf der waagerechten Achse die Zeit und auf der senkrechten Achse die Ladespannung abgetragen wird.
- Die Spannung zum Zeitpunkt $t = 0$ ist bekannt. Die Zeit bis zum Erlöschen der LED haben Sie in Teilaufgabe 4 berechnet. Damit sind ihnen zwei Wertepaare bekannt.
- Die Ladespannung verkleinert sich proportional zur verstrichenen Zeit t (warum?).

Tipp zu Teilaufgabe 6

- Wie hängt die Spannung mit der Stromstärke zusammen (Annahme: $R = \text{konst.}$)? Welche „Gebrauchseigenschaft“ der Beleuchtung hängt unmittelbar von $I(t)$ ab?

Lösungen zu Aufgabe A2

1. Um die Leuchtdauer zu erhöhen, muss die Kapazität des Kondensators vergrößert werden. Die Kapazität eines Plattenkondensators beträgt (Formelsammlung)

$$C = \varepsilon_0 \cdot \varepsilon_r \cdot \frac{A}{d}. \qquad (*)$$

Bei sonst konstant gehaltenen Größen gilt: Je größer die Plattenfläche ist, umso größer ist dessen Kapazität. Eine Reihenschaltung zweier gleicher Kondensatoren ändert an dessen Plattenfläche nichts, eine **Parallelschaltung** dagegen sehr wohl: Eine solche Schaltung zweier identischer Kondensatoren verdoppelt die Kondensatorfläche und damit die Gesamtkapazität.

2. Stellt man die Formel (∗) nach der gesuchten **Kondensatorfläche A** um und setzt die benötigten Größen ein, so ergibt sich:

$$A = \frac{C \cdot d}{\varepsilon_0 \cdot \varepsilon_r} = \frac{1\,\mathrm{F} \cdot 110 \cdot 10^{-9}\,\mathrm{m}}{8{,}85 \cdot 10^{-12}\,\frac{\mathrm{As}}{\mathrm{Vm}} \cdot 80} \approx \underline{\underline{155\,\mathrm{m}^2}}$$

Bewertung des Ergebnisses
Der Querschnitt des im Foto gezeigten Gold-Cap-Kondensators liegt in der Größenordnung von 10 cm^2 (Radius 1,5 bis 2 cm) und ist damit um den Faktor $1{,}55 \cdot 10^5$ kleiner als die effektiv genutzte Plattenfläche A (→ raue Oberfläche).

3. Bei Überschreitung einer bestimmten Ladespannung kann es vorkommen, dass ein elektrischer Überschlag zwischen den Kondensatorplatten stattfindet. Ein solcher Überschlag kann nur dann stattfinden, wenn die **elektrische Feldstärke** zwischen den beiden Kondensatorplatten besonders groß wird. Im homogenen Feld eines Plattenkondensators gilt für die elektrische Feldstärke E die Formel (U: angelegte Spannung; d: Abstand der beiden Kondensatorplatten):

$$E = \frac{U}{d}$$

Bei festgehaltener Ladespannung sind E und d umgekehrt proportional, d. h. je kleiner der Abstand der Kondensatorplatten ist, umso größer ist die elektrische Feldstärke im Raum zwischen den Platten. Bei diesem speziellen Kondensator ist der Plattenabstand mit nur 110 nm besonders gering, sodass die kritische Feldstärke, ab der ein Funkenschlag möglich ist, **für vergleichsweise niedrige, in der Praxis erreichbare Spannungen** überschritten wird.

4. Die Energie im elektrischen Feld eines Plattenkondensators beträgt

$$W = \frac{1}{2} C \cdot U^2.$$

Zur Unterscheidung von der Feldstärke E ist hier die Energie mit W bezeichnet.

Der vollständig geladene Kondensator aus der Aufgabenstellung besitzt also zu Beginn des Entladevorgangs die Energie

$$W_{Beginn} = \frac{1}{2} \cdot 1\,F \cdot (5{,}5\,V)^2 = 15{,}125\,J.$$

Die LED leuchtet bis zu einer Spannung von 2 V. Nachdem durch Entladung diese Spannung erreicht wurde, besitzt der Kondensator noch die Restenergie

$$W_{Ende} = \frac{1}{2} \cdot 1\,F \cdot (2\,V)^2 = 2\,J.$$

Die gesamte, durch die LED **genutzte Energie** ergibt sich als Differenz zwischen der Energie des vollständig aufgeladenen Kondensators und der Restenergie des Kondensators nach Erlöschen der LED:

$$W = W_{Beginn} - W_{Ende} = 15{,}125\,J - 2\,J = \underline{\underline{13{,}125\,J}}$$

Zur Berechnung der **Leuchtdauer** muss man zunächst die Ladungsmenge kennen, die sich im aufgeladenen Zustand auf dem Kondensator befindet. Diese Ladungsmenge berechnet sich bei einer Ladungsspannung von 5,5 V zu

$$Q_{Beginn} = C \cdot U = 1\,F \cdot 5{,}5\,V = 5{,}5\,As.$$

Die Ladungsmenge, die sich nach dem Erlöschen der LED noch auf dem Kondensator befindet (2 V Restspannung), beträgt entsprechend $Q_{Ende} = 2\,As$. Es wird also eine Ladung von

$$Q = Q_{Beginn} - Q_{Ende} = 5{,}5\,As - 2\,As = 3{,}5\,As$$

umgesetzt. Die Stromstärke ist definiert als Ladungsmenge, die in einer bestimmten Zeit durch einen Leiter fließt (Ladung pro Zeit):

$$I = \frac{Q}{t}$$

Löst man diese Gleichung nach t auf, so erhält man mit der gegebenen Betriebsstromstärke:

$$t = \frac{Q}{I} = \frac{3{,}5\,As}{0{,}03\,A} = \underline{\underline{116{,}\overline{6}\,s \approx 1{,}94\,min}}$$

Die LED leuchtet also knappe 2 Minuten im Stand.

5. Im Diagramm der Abbildung 1 befindet sich auf der waagerechten Achse die Zeit t und auf der senkrechten Achse die Ladespannung U aufgetragen. Da sich die Spannung am Kondensator in der Form $U = Q \cdot C^{-1}$ darstellen lässt und sich die Ladungsmenge $Q = I \cdot t$ ($I = \text{konst.}$) linear mit der Zeit vermindert, muss die Ladespannung ebenfalls linear mit der Zeit abnehmen, der Graph im t-U-Diagramm ist also ein **Geradenabschnitt**.

Der Schnittpunkt mit der Spannungsachse beschreibt die Ladespannung von 5,5 V, der Schnittpunkt mit der Parallelen $U = 2$ V zur t-Achse den Zeitpunkt t_1 des Erlöschens der LED. Startet die Entladung bei $t = 0$, so gilt nach dem Ergebnis aus Teilaufgabe 4 $t_1 \approx 166{,}7$ s. Durch diese beiden Wertepaare ist der Graph eindeutig bestimmt.

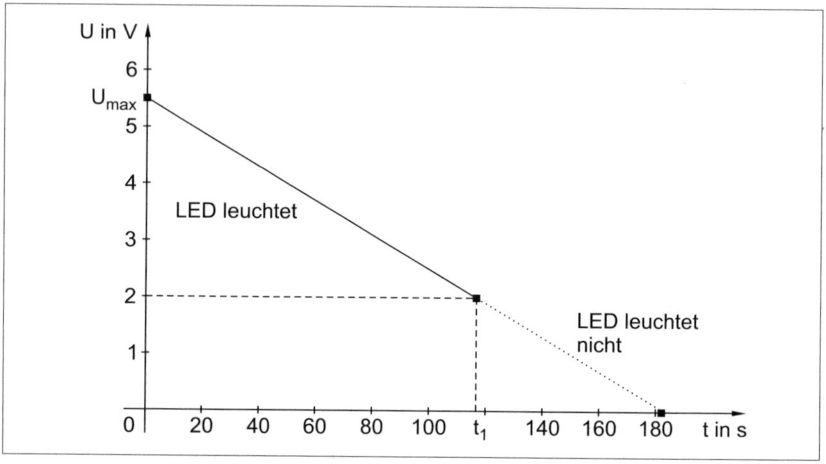

Abb. 1

6. Nach der angegebenen Formel verringert sich die Spannung exponentiell. Da wegen $U = R \cdot I$ die Spannung proportional zur Stromstärke I ist, geht auch die Stromstärke exponentiell zurück – vorausgesetzt, dass der Widerstand der Glühlampe während des Entladungsvorgangs konstant bleibt. Die Helligkeit der Glühlampe ist durch die Stärke des Stroms durch den Glühfaden bestimmt. Daher wird die Helligkeit der Lampe im Laufe der Zeit abnehmen, bis sie bei vollständiger Entladung des Kondensators erlischt.

Landesabitur Physik 2010 (Hessen) – Grundkurs
Aufgabe B1: Schwingungen und Wellen – Erdbeben

1. Material 1 zeigt das Epizentrum eines Erdbebens, das durch Verschiebung von Kontinentalplatten entstanden ist. Das Erdbeben erzeugt neben den Erdbebenwellen, die sich im Erdinneren und auf dem Erdboden ausbreiten, im Wasser auch einen Tsunami. Die Ausbreitungsgeschwindigkeit c des Tsunamis hängt von der Wassertiefe d ab. Aus der Theorie ergibt sich

$$c = \sqrt{g \cdot d},$$

wobei $g = 9{,}81\ \frac{m}{s^2}$ der Ortsfaktor ist.

1.1 Eine Messboje warnt per Funksignal den gefährdeten Ort B an der Küste. Die mittlere Wassertiefe d beträgt 3 200 m.
Berechnen Sie, wie viel Zeit dort den Menschen bleibt, um sich vor den nahenden Wellen zu schützen.

Hinweis: Die Zeit, welche die Übertragung des Funksignals benötigt, kann vernachlässigt werden. (6 BE)

1.2 Ort A ist durch den Tsunami nicht gefährdet, dort registriert man jedoch mithilfe eines Seismographen die Erdbebenwellen. Als erstes werden am Ort A die schnellen Primärwellen ($c_1 = 6\ \frac{km}{s}$) registriert. Sofort wird ein Warnsignal per Funk nach B gesendet.
Berechnen Sie, ob dieses Warnsignal gegenüber dem der Messboje einen Vorteil für die Bewohner von B bietet. (5 BE)

2. Aufgrund der Oberflächenwelle bei einem Erdbeben bewegt sich der Boden unter einem Wolkenkratzer eine Zeit lang mit der Amplitude $s_{max} = 20$ cm und der Frequenz $f = 0{,}77$ Hz horizontal hin und her.

2.1 Bestimmen Sie die Zeitpunkte, zu denen die Elongation des Bodens $s = 12$ cm beträgt. (7 BE)

2.2 Material 2 zeigt die Eigenfrequenzen eines Gebäudekomplexes aus mehreren Gebäudeteilen.
Erläutern Sie, welche Bedeutung die Maxima im Diagramm des Materials 2 haben und auf welches Verhalten des Gebäudekomplexes bei einem Erdbeben geschlossen werden kann.
Ermitteln Sie aus dem Diagramm die Frequenzen der ersten beiden Amplitudenmaxima.
Begründen Sie, warum einige Gebäudeteile bei dieser Oberflächenwelle besonders gefährdet sein können. (9 BE)

3. Um Bauwerke vor Erdbeben zu schützen, baut man sogenannte Schwingungstilger ein, z. B. in Form einer schweren an Drahtseilen aufgehängten Stahlkugel (vgl. Material 3). Diese soll näherungsweise als Fadenpendel betrachtet werden. Die Stoßdämpfer sollen verhindern, dass der Schwingungsdämpfer zur Abbruchbirne wird. Die Frequenz, mit der ein solcher Schwingungstilger schwingt, wird auf die zu eliminierende Frequenz eingestellt. Im zweithöchsten Gebäude der Welt in Taipeh mit einer Höhe von 508 m ist eine solche Kugel mit einer Masse von 660 t aufgehängt.
Bestimmen Sie die Frequenz, die von dieser Kugel gedämpft wird, wenn sie an 14 m langen Draht-seilen aufgehängt ist. (3 BE)

Material 1: Geografische Lage der Orte A und B

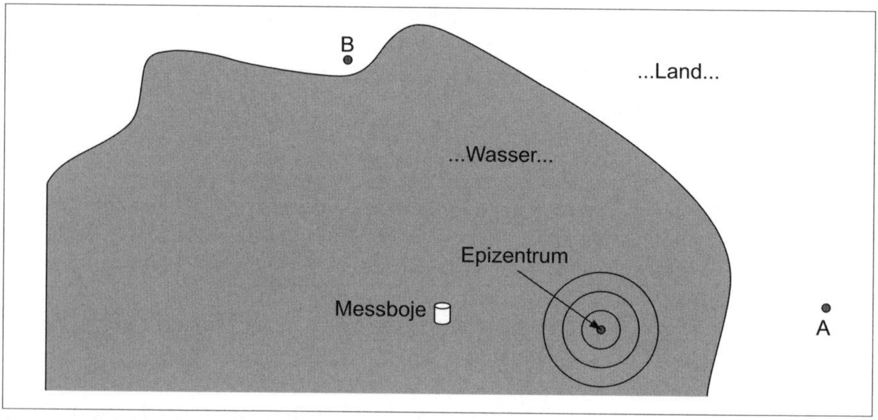

1 cm entspricht 200 km.

Material 2: Resonanzkurve eines Gebäudekomplexes

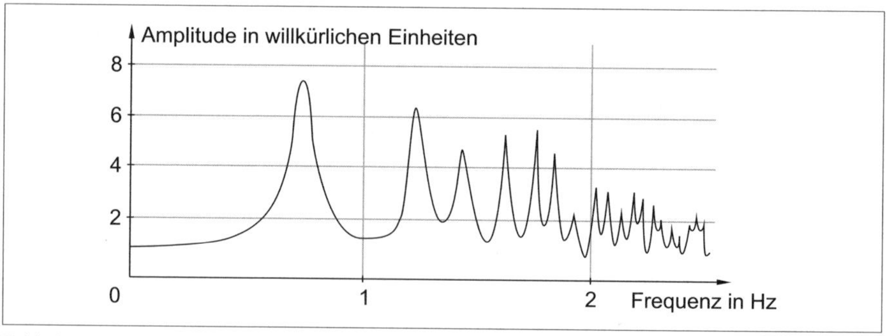

Bei höheren Frequenzen wird die Amplitude immer geringer. © WDR Köln

Material 3: Der Schwingungstilger im zweithöchsten Gebäude der Welt

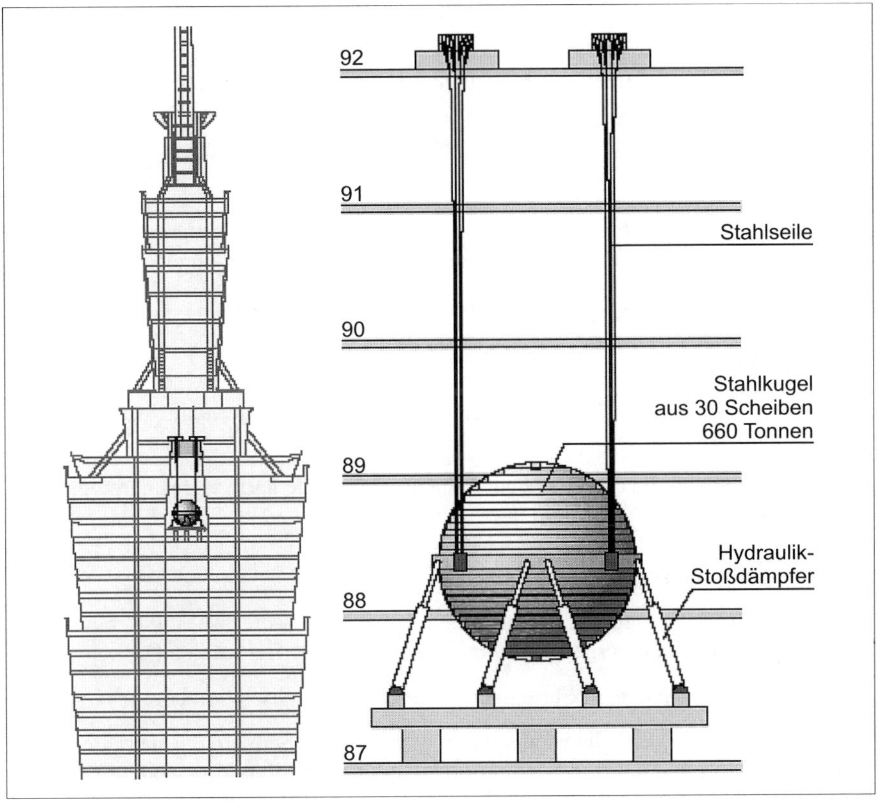

Die Zahlen geben die Stockwerke an. © F.A.Z.-Grafik Kaiser

Tipps und Hinweise zur Lösung von Aufgabe B1

Tipps zu Teilaufgabe 1.1

- Vergleichen Sie die Laufzeiten der Wellenausbreitung vom Epizentrum zur Messboje bzw. nach B.
- Die Welle breitet sich geradlinig-gleichförmig nach allen Seiten mit der angegebenen Geschwindigkeit aus.
- Messen Sie alle benötigten Entfernungen in der Zeichnung des Materials 1 und rechnen Sie mit dem angegebenen Maßstab in die realen Entfernungen um.
- Die Vorwarnzeit berechnet sich als Differenz der beiden Zeiten.

Tipps zu Teilaufgabe 1.2

- Bestimmen Sie analog zur Aufgabenstellung 1.1 die reale Entfernung vom Epizentrum zum Ort A.
- Berechnen Sie dann die entsprechende Laufzeit der Welle und vergleichen Sie diesen Wert mit dem in 1.1 berechneten.

Tipps zu Teilaufgabe 2.1

- Die allgemeine Schwingungsgleichung lautet: $s(t) = A \cdot \sin(\omega \cdot t + \varphi)$ mit $\omega = 2\pi \cdot f$. Die Startphase ist nicht vorgegeben, Sie können sie daher frei wählen (z. B. $\varphi = 0$).
- Setzen Sie die angegebenen Werte in die Formel ein und lösen Sie diese nach t auf.
- Berücksichtigen Sie, dass die Elongation innerhalb einer Schwingungsperiode zweimal erreicht wird und aufgrund der Periodizität der Winkelfunktion weitere Zeitpunkte hinzukommen.

Tipps zu Teilaufgabe 2.2

- Beachten Sie die Überschrift zu Material 2.
- Zu sehen sind mehrere Amplitudenmaxima. Beschreiben Sie die Ursache der unterschiedlichen Amplitudenmaxima und schließen Sie auf die Eigenschaften der einzelnen Gebäudeteile.
- Vergleichen Sie die beiden abgelesenen Werte der Frequenzen mit der angegebenen Frequenz des Erdbebens (Resonanzbedingung).

Tipp zu Teilaufgabe 3

- Verwenden Sie die aus dem Unterricht bekannte Formel für die Schwingungsdauer eines Fadenpendels.

Lösungen zu Aufgabe B1

1.1 Der Zeitvorteil, den die Menschen im Ort B vor der tatsächlichen Ankunft des Tsunamis haben, wenn sie vom Signal der Boje gewarnt werden, ergibt sich als **Differenz der Laufzeiten** der Welle vom Epizentrum zur Messboje bzw. zu B. Zunächst muss man dem Material 1 die Entfernung Epizentrum – Boje entnehmen. Den gemessenen Wert von ca. 2,1 cm rechnet man mit dem angegebenen Maßstab (1 cm entspricht 200 km) in die reale Entfernung um:

$$s_1 = 420 \text{ km}$$

Der Tsunami breitet sich geradlinig-gleichförmig mit der Geschwindigkeit

$$c_T = \sqrt{g \cdot d}$$

aus, sodass sich aus der Beziehung $v = \frac{s}{t}$ die **Laufzeit t_1** berechnen lässt:

$$t_1 = \frac{s_1}{c_{Tsunami}} = \frac{420 \cdot 10^3 \text{ m}}{\sqrt{9{,}81 \frac{m}{s^2} \cdot 3200 \text{ m}}} = 2\,370 \text{ s} \approx 40 \text{ min}$$

Jetzt berechnet man die **Laufzeit t_2** der Welle vom Epizentrum bis zum Ort B. Unter Berücksichtigung des Maßstabs ergibt sich (Messung: ca. 4,9 cm) eine Wegstrecke s_2 von ca. 980 km und damit nach analoger Rechnung:

$$t_2 = \frac{s_2}{c_{Tsunami}} = \frac{980 \cdot 10^3 \text{ m}}{\sqrt{9{,}81 \frac{m}{s^2} \cdot 3200 \text{ m}}} = 5\,531 \text{ s} \approx 92 \text{ min}$$

Der **Zeitvorteil** beträgt damit:

$$\Delta t = t_2 - t_1 \approx 92 \text{ min} - 40 \text{ min} = \underline{\underline{52 \text{ min}}}$$

1.2 Der gemessene Abstand zwischen dem Epizentrum und dem Ort A beträgt etwa 3 cm und damit real 600 km. Die Laufzeit beträgt somit:

$$t_3 = \frac{s_3}{c_1} = \frac{600 \text{ km}}{6 \frac{km}{s}} = 100 \text{ s} \approx \underline{\underline{1{,}7 \text{ min}}}$$

Die Warnung über A erfolgt also wesentlich schneller.

2.1 Die Schwingungsgleichung einer freien ungedämpften harmonischen Schwingung lautet $s(t) = A \cdot \sin(\omega \cdot t + \varphi)$. Dabei ist A die Amplitude, $\omega = 2\pi \cdot f$ die Winkelgeschwindigkeit bzw. Kreisfrequenz und φ die Anfangsphase zur Zeit $t = 0$.

Da in der Aufgabenstellung keine Aussage zur Startphase gemacht wird, können Sie frei darüber bestimmen und sie z. B. null setzen (wie im Folgenden) oder aber auch $\frac{\pi}{2}$ (→ Kosinusfunktion). Darüber hinaus können Sie auch mit dem *Betrag* der Auslenkung rechnen; Sie bekommen dann auch für negative Elongationen zutreffende Werte heraus. Sämtliche genannten Lösungsalternativen werden als korrekt gewertet.

Setzt man die in der Aufgabestellung gegebenen Werte in die Funktionsgleichung $s(t) = A \cdot \sin(\omega \cdot t)$ ein ($\varphi = 0$), so ergibt sich:

$$s(t) = 20\ \text{cm} \cdot \sin(2\pi \cdot 0{,}77\ \text{Hz} \cdot t)$$

Um die Zeitpunkte zu bestimmen, an denen die Elongation 12 cm beträgt, setzt man die Gleichung mit 12 cm gleich, d. h. $s(t) = 12$ cm:

$$20\ \text{cm} \cdot \sin(2\pi \cdot 0{,}77\ \text{Hz} \cdot t) = 12\ \text{cm} \quad \Rightarrow \quad t_1 \approx \underline{\underline{0{,}133\ \text{s}}}$$

Innerhalb einer Schwingungsperiode ergibt sich ein zweiter Wert, wenn man das Argument des Sinus von π abzieht, d. h. wenn gilt:

$$20\ \text{cm} \cdot \sin(\pi - 2\pi \cdot 0{,}77\ \text{Hz} \cdot t) = 12\ \text{cm} \quad \Rightarrow \quad t_2 \approx \underline{\underline{0{,}516\ \text{s}}}$$

Weil der Sinus periodisch mit der Schwingungsdauer T ist, nimmt die Funktion – bezogen auf t_1 und t_2 – jeweils nach weiteren

$$T = \frac{1}{f} = \frac{1}{0{,}77\ \text{Hz}} \approx 1{,}3\ \text{s}$$

den Wert 12 cm an.

Mathematisch exakt geschieht das zu den Zeiten $t_{1,k} = t_1 + k \cdot T$; $t_{2,k} = t_2 + k \cdot T$; $k = 0, 1, 2, \ldots, k_{max}$. Dabei ist k_{max} durch den Gültigkeitsbereich der Sinusfunktion (Erdbebendauer) bestimmt.

2.2 **Erläuterung der Grafik**

In der Physik bezeichnet man als **Resonanz** einen Vorgang, bei dem ein schwingungsfähiges System durch Energiezufuhr in seiner Eigenfrequenz angeregt wird. Auf der waagerechten Achse des Diagramms von Material 2 sind die Anregungsfrequenzen durch das Erdbeben und auf der senkrechten Achse die Amplituden der Schwingungen des Gebäudekomplexes angegeben. Die Amplitudenmaxima geben an, dass dort bestimmte Gebäudeteile besonders stark in Resonanz versetzt werden.
Die einzelnen Gebäudeteile besitzen also **unterschiedliche Eigenfrequenzen**. Demzufolge schwingen bei einer bestimmten Anregungsfrequenz nicht alle Gebäudeteile gleichzeitig, sondern nur diejenigen Teile, deren Eigenfrequenz mit der Anregungsfrequenz übereinstimmen.

Frequenzen der ersten beiden Amplitudenmaxima

Sie lassen sich direkt aus dem Diagramm ablesen:

$$f_1 \approx \underline{\underline{0{,}75\ \text{Hz}}} \quad \text{und} \quad f_2 \approx \underline{\underline{1{,}22\ \text{Hz}}}$$

Gefährdung

Das erste Amplitudenmaxima f_1 liegt in der Nähe der Anregungsfrequenz der Erdbebenwelle (0,77 Hz). Diejenigen Gebäudeteile mit der Eigenfrequenz f_1 sind somit besonders gefährdet, da sie durch das Erdbeben besonders zum Schwingen angeregt werden.

3. Die Formel zur Berechnung der Schwingungsdauer eines Fadenpendels ist aus dem Unterricht bekannt:

$$T = 2\pi \cdot \sqrt{\frac{L}{g}}$$

Dabei ist L die Länge des Fadenpendels und g die Erdbeschleunigung. Setzt man für T die bereits oben verwendete Formel

$$T = \frac{1}{f}$$

ein, erhält man mit den angegebenen Zahlenwerten die **Frequenz**, die von diesem Schwingungsdämpfer gedämpft wird:

$$\frac{1}{f} = 2\pi \cdot \sqrt{\frac{L}{g}} \quad \Leftrightarrow \quad f = \frac{1}{2\pi} \cdot \sqrt{\frac{g}{L}} = \frac{1}{2\pi} \cdot \sqrt{\frac{9{,}81\,\frac{m}{s^2}}{14\,m}} \approx \underline{\underline{0{,}13\,Hz}}$$

Landesabitur Physik 2010 (Hessen) – Grundkurs
Aufgabe B2: Elektromagnetische Schwingungen und Wellen

Ein Hubschrauber fliegt in einer Höhe von 455 m senkrecht über einem Sender S1, der ein Signal mit der Frequenz 10 MHz aussendet. In 300 m Entfernung vom Sender S1 befindet sich ein weiterer Sender S2, welcher ebenfalls mit dieser Frequenz sendet (siehe Material). Die beiden Sender S1 und S2 senden gleichphasig. Der Helikopter enthält einen Empfänger, über den der Pilot die Intensität der eingehenden Signale feststellen kann.

1. Berechnen Sie die Wellenlänge des gesendeten Signals.
   Geben Sie an, in welchen Bereich des elektromagnetischen Spektrums die ermittelte Wellenlänge einzuordnen ist. (4 BE)

2. Bestätigen Sie durch Rechnung, dass bei einer Wellenlänge von 30 m der Pilot des Hubschraubers in dieser Höhe ein Intensitätsmaximum registriert. (6 BE)

3. Nun steigt der Hubschrauber über dem Sender S1 aus 455 m Höhe vertikal ab und landet bei Sender S1.

3.1 Beschreiben Sie, was der Pilot bezüglich der Intensität während des Abstiegs wahrnehmen kann.
Erläutern Sie Ihre Beschreibung mit einer erklärenden Skizze. (8 BE)

3.2 Berechnen Sie den Gangunterschied nach der Landung.
Bestätigen Sie durch Rechnung, dass in knapp 32 m Höhe über dem Sender S1 das letzte Intensitätsmaximum vor der Landung registriert wird.
Bestimmen Sie die Anzahl der beim Abstieg bis zur Landung registrierten Intensitätsminima. (6 BE)

4. Ermitteln Sie, wie viele Intensitätsmaxima und Intensitätsminima der Hubschrauber überqueren würde, wenn er von Sender S1 in einer Höhe von 455 m nach Sender S2 flöge. (6 BE)

Material: Schematische Darstellung der Situation

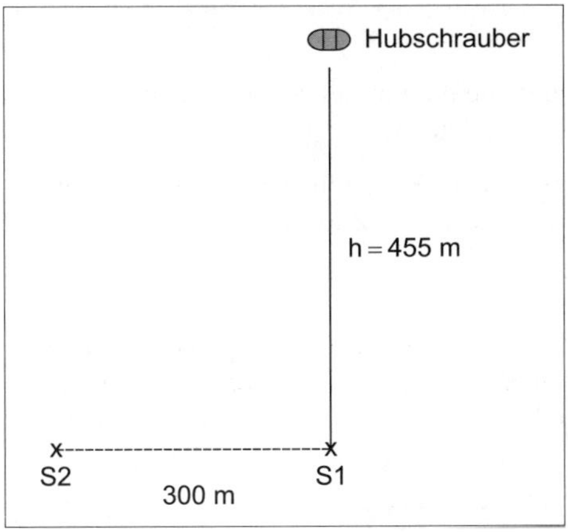

Tipps und Hinweise zur Lösung von Aufgabe B2

Tipps zu Teilaufgabe 1

- Zur Berechnung der Wellenlänge verwenden Sie die Formel der Ausbreitungsgeschwindigkeit einer Welle (hier: Lichtgeschwindigkeit).
- Zur Angabe des Bereichs der elektromagnetischen Welle schauen Sie in Ihrer Formelsammlung nach. Dort finden Sie eine entsprechende Zuordnung.

Tipps zu Teilaufgabe 2

- Um ein Intensitätsmaximum nachzuweisen, müssen Sie den Gangunterschied an der betreffenden Stelle berechnen. Der Gangunterschied ist die Differenz zwischen den beiden Wegen (S1–Hubschrauber; S2–Hubschrauber). Verwenden Sie dazu den Satz des Pythagoras.
- In der Formelsammlung finden Sie Bedingungen für Intensitätsmaxima (konstruktive Interferenz) und Intensitätsminima (destruktive Interferenz) in Abhängigkeit des Gangunterschiedes.

Tipp zu Teilaufgabe 3.1

- Auf dem Weg des Hubschraubers nach unten ändert sich in Abhängigkeit der Höhe der Gangunterschied. Fertigen Sie eine Skizze an und tragen Sie dort einige Orte auf der senkrechten Flugbahn des Hubschraubers ein, an denen sich Intensitätsmaxima und -minima befinden.

Tipps zu Teilaufgabe 3.2

- Der Gangunterschied nach der Landung berechnet sich als direkte Wegdifferenz zwischen den beiden Sendern.
- Berechnen Sie den Gangunterschied, analog zu Teilaufgabe 2, in der Höhe 32 m. Vergleichen Sie diesen Gangunterschied mit dem nach der Landung und schließen Sie daraus, dass zwischen beiden Orten keine weiteren Maxima existieren.
- In der Ausgangshöhe befindet sich das Maximum dritter Ordnung. Bestimmen Sie die Ordnung des Maximums, wenn sich der Hubschrauber am Boden befindet. Dazwischen liegen alle Maxima, die er auf dem Weg nach unten überfliegt, zwischen jeweils zwei Maxima liegt ein Minimum. Die Zahl der Minima ist gesucht!

Tipp zu Teilaufgabe 4

- Genau über den Sendern in der angegebenen Höhe befinden sich die Maxima dritter Ordnung. Bestimmen Sie den Gangunterschied bzw. die Ordnung des Maximums, wenn sich der Hubschrauber genau in der Mitte zwischen den Sendern befindet. Mithilfe dieser beiden Angaben können Sie die Anzahl der überflogenen Intensitätsmaxima und -minima bestimmen.

Lösungen zu Aufgabe B2

1. Die Wellenlänge einer elektromagentischen Welle berechnet sich nach der Formel $c = \lambda \cdot f$. Setzt man für c die Lichtgeschwindigkeit und für f die in der Aufgabenstellung gegebene Frequenz ein, so ergibt sich:

$$\lambda = \frac{c}{f} = \frac{3{,}0 \cdot 10^8 \ \frac{m}{s}}{1{,}0 \cdot 10^7 \ Hz} = \underline{\underline{30 \ m}}$$

Eine Wellenlänge von 30 m lässt sich dem **kurzwelligen Bereich** des elektromagnetischen Spektrums (etwa von 10 m bis 75 m) zuordnen.

2. Ein Intensitätsmaximum liegt vor, wenn der Gangunterschied der Signalwege von den beiden Sendern zum Empfänger (Hubschrauber) ein ganzzahliges Vielfaches der Wellenlänge beträgt **(konstruktive Interferenz)**. Dieser Gangunterschied berechnet sich nach dem Satz von Pythagoras. Hier gilt mit $s_1 = 300$ m und $h = 455$ m für die Länge s_2 der Verbindungsstrecke vom Sender S_2 zum Hubschrauber:

$$s_2^2 = s_1^2 + h^2 \quad \Leftrightarrow \quad s_2 = \sqrt{s_1^2 + h^2} = \sqrt{(300 \ m)^2 + (455 \ m)^2} = 545 \ m$$

Um den Gangunterschied Δs zu berechnen, muss man von dieser Strecke die Flughöhe des Hubschraubers abziehen:

$$\Delta s = 545 \ m - 455 \ m = 90 \ m$$

Die Wellenlänge der beiden Sender beträgt 30 m. 90 m sind ein **ganzzahliges Vielfaches** von 30 m. Daher liegt am Ort des Hubschraubers ein Intensitätsmaximum vor.

3.1 Beim Sinken des Hubschraubers ändert sich laufend der Gangunterschied der beiden am Empfänger ankommenden Wellen.
Aus der Skizze in Abbildung 1 kann man ablesen, dass der Gangunterschied beim Sinkflug in bestimmten Höhen abwechselnd ein ganzzahliges Vielfaches der Wellenlänge bzw. ein ungeradzahliges Vielfaches der halben Wellenlänge beträgt. Daher wechseln sich die Bereiche der Intensitätsmaxima und -minima ab.

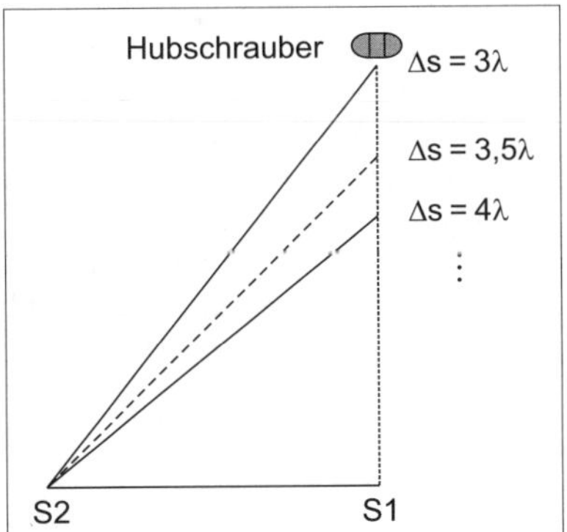

Abb. 1 Interferenz der Wellenfronten führt zur Verstärkung (durchgezogene Linie) oder Auslöschung (gestrichelte Linie).

3.2 Ist der Hubschrauber gelandet, so bestimmt sich der **Gangunterschied** als Länge der Verbindungsstrecke der beiden Sender S_1 und S_2:

$$\Delta s = \overline{S_1 S_2} = s_1 = \underline{\underline{300 \text{ m}}}$$

Der Gangunterschied von 300 m ist ein ganzzahliges Vielfaches der Wellenlänge 30 m. Daher liegt hier ein Ort konstruktiver Intensität vor (Intensitätsmaximum).

Zur **Bestimmung des Intensitätsmaximums** in der Höhe $h^* = 32$ m verwendet man die beiden in Teilaufgabe 2 verwendeten Formeln, jetzt in einer Formel zusammengefasst:

$$\Delta s = \sqrt{s_1^2 + (h^*)^2} - h^* = \sqrt{(300 \text{ m})^2 + (32 \text{ m})^2} - 32 \text{ m} \approx 270 \text{ m}$$

Die berechneten 270 m sind gerade das Neunfache der Wellenlänge 30 m und stellen somit ein Intensitätsmaximum dar. Zwischen dem Neunfachen und dem zuvor berechneten Zehnfachen der Wellenlänge befindet sich aber kein weiteres ganzzahliges Vielfaches. Daher liegt zwischen der Höhe 32 m und der Landehöhe des Hubschraubers kein weiteres Intensitätsmaximum.

Anzahl der Intensitätsminima
In der Ausgangshöhe des Hubschraubers befindet sich das Maximum dritter Ordnung ($\Delta s = 3\lambda$). Befindet sich der Hubschrauber am Boden, so beträgt der Gangunterschied das Zehnfache der Wellenlänge, dort ist also das Maximum zehnter Ordnung. Der Hubschrauber überfliegt also auf dem Weg nach unten **sieben** Intensitätsminima (diese liegen zwischen den insgesamt acht Maxima).

4. In der ursprünglichen Höhe von 455 m über dem Sender S_1 beträgt der Gangunterschied genau 3λ. Befindet sich der Hubschrauber genau über dem Sender S_2 in gleicher Höhe, so beträgt der Gangunterschied ebenfalls 3λ. Befindet sich der Hubschrauber genau in der Mitte der beiden Sender, so ist die Entfernung zu den beiden Sendern gleich lang, d. h. dort existiert kein Gangunterschied. Demnach ist dort ein Intensitätsmaximum zu finden. Genau über den beiden Sendern findet man die Maxima dritter Ordnung. Es existieren also zwischen den beiden Maxima dritter Ordnung noch fünf weitere Maxima (nullter, erster und zweiter Ordnung). Der Hubschrauber überfliegt also von der Ausgangs- zur Endposition **fünf Intensitätsmaxima** und **sechs Intensitätsminima**.

Landesabitur Physik 2010 (Hessen) – Grundkurs
Aufgabe C1: Fotoeffekt

1.1 Skizzieren Sie den prinzipiellen Aufbau einer Vakuumfotozelle und beschriften Sie diese Skizze. (4 BE)

1.2 Erläutern Sie die physikalische Erscheinung, die man als (äußeren) Fotoeffekt bezeichnet. (3 BE)

2. Wenn man eine Fotozelle mit dem weißen Licht einer Bogenlampe im Abstand d beleuchtet, misst man einen Fotostrom. Das Licht breite sich kegelförmig aus.

2.1 Halbiert man den Abstand d, beobachtet man eine Änderung des Fotostroms. Geben Sie an, wie sich der Fotostrom ändert, und erklären Sie diese Beobachtung. (3 BE)

2.2 Bringt man nun zwischen Fotozelle und Bogenlampe ein Gelbfilter für 578 nm, so geht der Fotostrom auf null zurück und bleibt auf null, auch wenn man den Abstand noch weiter verringert.
Erklären Sie das Versuchsergebnis. (4 BE)

3. Die Fotozelle wird nun nacheinander mit verschiedenfarbigem Licht bestrahlt. Unter Verwendung z. B. der Gegenfeldmethode erhält man eine Messreihe, in der die maximal mögliche Energie der ausgelösten Elektronen in Abhängigkeit von der Frequenz des einfallenden Lichts notiert ist (siehe Material 1).

3.1 Ermitteln Sie grafisch das Planck'sche Wirkungsquantum h und erläutern Sie, wie man aus der grafischen Darstellung die Grenzfrequenz und die Austrittsarbeit des Kathodenmaterials erhalten kann. Benutzen Sie für die Zeichnung die Vorlage des Materials 3. (12 BE)

3.2 Untersuchen Sie mithilfe der Angaben der Tabelle des Materials 2, um welches Kathodenmaterial es sich handeln kann. (4 BE)

Material 1: Messreihe

f in 10^{14} Hz	7,41	6,88	5,50	5,19
E in eV	1,04	0,81	0,26	0,13

Material 2: Tabelle zu Kathodenmaterialien

Kathodenmaterial	Ag	BaO	Cs	K
Grenzwellenlänge in 10^{-10} m	2 610	13 270	6 400	5 460

Material 3: Grafische Auswertung

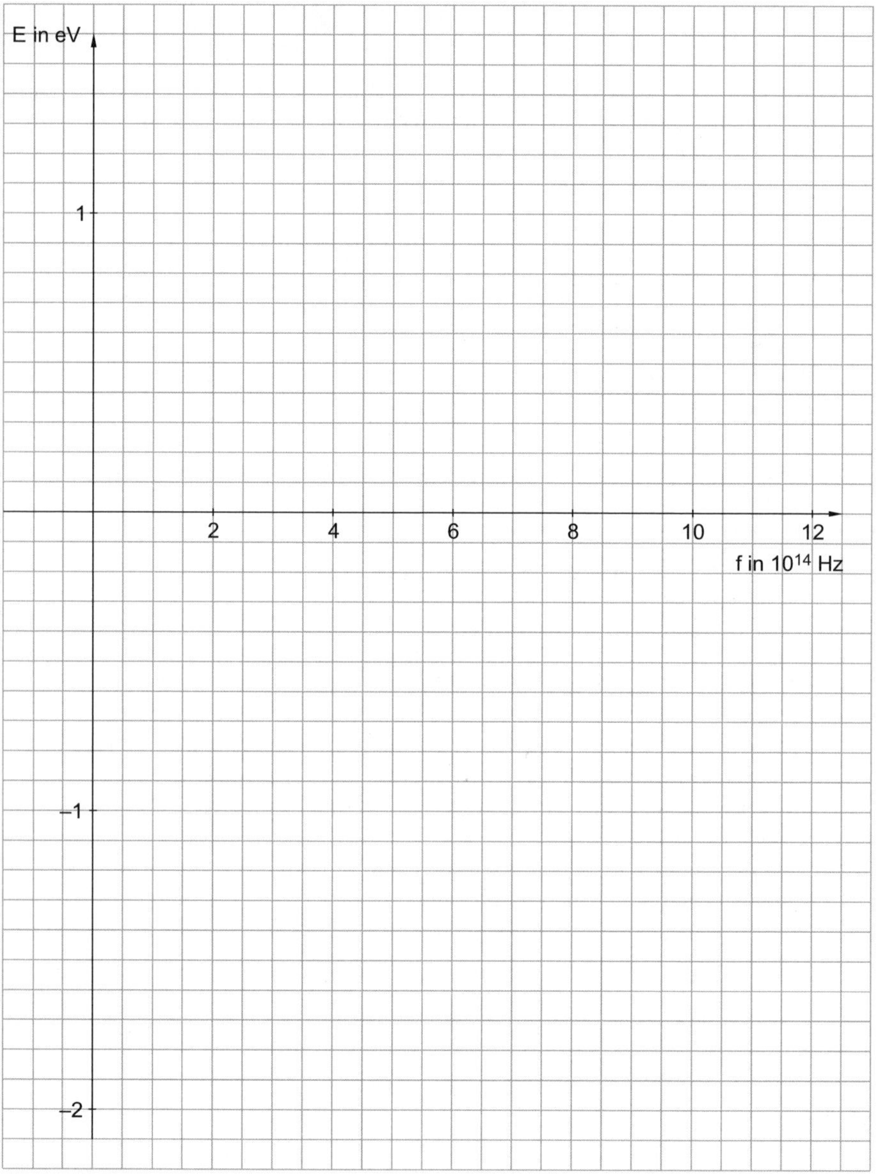

Tipps und Hinweise zur Lösung von Aufgabe C1

Tipp zu Teilaufgabe 1.1

- Zu einer vollständigen Skizze der Vakuumfotozelle gehören ein Glaskolben, indem sich ein Vakuum befindet, eine Kathode mit einer lichtempfindlichen Schicht und eine Ringanode.

Tipps zu Teilaufgabe 1.2

- Erinnern Sie sich an den im Unterricht behandelten Versuch zum Fotoeffekt: Licht unterschiedlicher Wellenlänge wird auf eine Vakuumfotozelle geschickt und ein Strom gemessen.
- Es ist nicht erforderlich, die komplette Einstein'sche Gleichung zum Fotoeffekt zu interpretieren. Erläutern Sie nur kurz, welche Erscheinung hinter dem Fotoeffekt steht.

Tipps zu Teilaufgabe 2.1

- Sie können zum einen über das Abstandsgesetz argumentieren (Intensität antiproportional zum Abstandsquadrat). Alternativ betrachten Sie das Ganze geometrisch als Verkleinerung der bestrahlten Fläche (Viertelung).
- In beiden Fällen ist es wichtig, dass Sie wissen, dass der Fotostrom proportional zur Intensität des eingestrahlten Lichts ist.

Tipps zu Teilaufgabe 2.2

- Sie können mithilfe der Einstein'schen Gleichung argumentieren: $E = h \cdot f - W_A$.
- Der Fotoeffekt tritt nur auf, wenn der Term der rechten Seite der Gleichung größer ist als null.

Tipp zu Teilaufgabe 3.1

- Zeichnen Sie die Werte aus dem Material 1 in das Koordinatensystem (Material 3) ein und legen Sie durch die Werte eine Gerade. Das Planck'sche Wirkungsquantum ergibt sich als Steigung der Geraden. Die Grenzfrequenz ist der Schnittpunkt der Geraden mit der f-Achse. Die Austrittsarbeit ist der Schnittpunkt der Geraden mit der Energieachse.

Tipps zu Teilaufgabe 3.2

- Bestimmen Sie zu allen Kathodenmaterialien die zugehörigen Grenzfrequenzen und vergleichen Sie diese mit der aus dem Diagramm abgelesenen Grenzfrequenz (Teilaufgabe 3.1).
- Verwenden Sie zur Berechnung der Grenzfrequenzen die Formel $c = \lambda \cdot f$.

Lösungen zu Aufgabe C1

1.1 Abbildung 1 zeigt den prinzipiellen Aufbau einer Vakuumfotozelle.

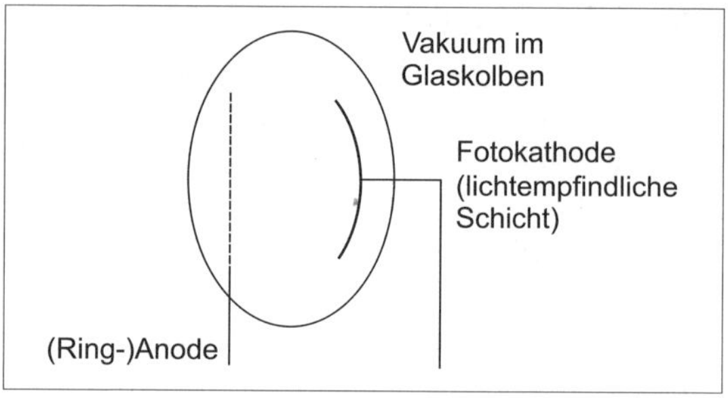

Abb. 1 Fotozelle (schematisch)

1.2 Der **äußere lichtelektrische Effekt** besagt, dass Licht genügend hoher Energie in der Lage ist, aus der Oberfläche einer lichtempfindlichen Metallschicht Elektronen herauszulösen, die sich dann außerhalb des Metalls frei bewegen können.

2.1 Die Intensität I des Lichts verringert sich mit zunehmendem Abstand d nach dem Abstandsgesetz: $I \sim d^{-2}$. Das bedeutet, dass bei einer Halbierung des Abstandes die Lichtintensität auf das Vierfache steigt. Da der Fotostrom, also die Anzahl der ausgelösten Elektronen, proportional zur Intensität des eingestrahlten Lichts ist, vervierfacht sich auch der Fotostrom.

Alternativ können Sie über die Verkleinerung der bestrahlten Fläche argumentieren: Bei einer Halbierung des Abstandes ist die bestrahlte Fläche nur noch ein Viertel so groß wie die ursprünglich bestrahlte Fläche. Das heißt, dass pro Flächenelement und Zeiteinheit die vierfache Energie einstrahlt, die Intensität ist also viermal so groß. Da der Fotostrom proportional zur Intensität ist, vervierfacht sich auch dieser.
Zum Erreichen der vollen Punktzahl ist das Erwähnen der quadratischen Antiproportionalität nicht erforderlich, d. h. es reicht, wenn Sie von „Verkleinern" (statt Viertelung) bzw. von „Vergrößern" (statt Vervierfachung) sprechen.

2.2 Zur Erklärung des beschriebenen Sachverhaltes verwendet man am besten die **Einstein'sche Gleichung** für den Fotoeffekt:

$$E_{Elektron} = h \cdot f - W_A$$

Dabei ist $E_{Elektron}$ die kinetische Energie der ausgelösten Fotoelektronen, h das Planck'sche Wirkungsquantum, f die Frequenz des eingestrahlten Lichts und W_A die Austrittsarbeit der Elektronen aus dem Metall. Durch den Gelbfilter im Strahlengang gelangt nur noch Licht der Wellenlänge 578 nm auf die Metallschicht. Dass kein Fotostrom mehr fließt, bedeutet zwangsläufig, dass keine Fotoelektronen aus dem Metall ausgelöst werden. Die Energie der Photonen reicht also nicht mehr aus, um die Austrittsarbeit W_A zu verrichten. Der Term auf der rechten Seite der Einstein'schen Gleichung ist negativ.

Eine **Veränderung des Abstandes** ändert nichts an der Energie der eingestrahlten Photonen. Diese hängt nur von der Frequenz der Lichtteilchen ab ($E = h \cdot f$).

3.1 Zunächst trägt man die Werte der Messtabelle (Material 1) in das Koordinatensystem (Material 3) ein. Die Messwerte liegen ungefähr auf einer Geraden. Diese Gerade wird ebenfalls eingezeichnet. Zur Ermittlung des **Planck'schen Wirkungsquantums** muss man die Steigung der soeben eingezeichneten Geraden bestimmen. Diese ergibt sich aus der Einstein-Gleichung für den Fotoeffekt

$$E_{Elektron} = h \cdot f - W_A.$$

Vergleicht man diese Gleichung mit der allgemeinen Geradengleichung $y = m \cdot x + b$, so entspricht h der Steigung m des Graphen der Geraden. Sie kann man mithilfe eines Steigungsdreiecks ermitteln, etwa dem in Abbildung 2 eingezeichneten:

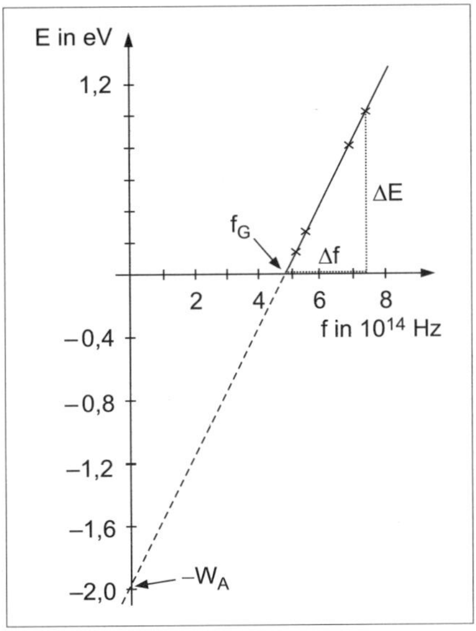

Abb. 2

$$h = \frac{\Delta E}{\Delta f} = \frac{1{,}04\ \text{eV} \cdot 1{,}6 \cdot 10^{-19}\ \frac{\text{J}}{\text{eV}}}{(7{,}41 - 4{,}8) \cdot 10^{14}\ \text{s}^{-1}} \approx \underline{\underline{6{,}5 \cdot 10^{-34}\ \text{Js}}}$$

An den Stellen, an denen die Differenz zwischen der Energie der eingestrahlten Photonen $h \cdot f$ und der Austrittsarbeit W_A positiv ist, tritt der Fotoeffekt auf. Am Schnittpunkt der Geraden mit der f-Achse ist diese Energiedifferenz gerade null. Oberhalb dieser Frequenz tritt der fotoelektrische Effekt auf. Diese Frequenz (Schnittpunkt der Geraden mit der f-Achse) nennt man **Grenzfrequenz**. Laut Zeichnung beträgt diese Frequenz etwa

$$f_G \approx \underline{\underline{4{,}8 \cdot 10^{14}\ \text{Hz}}}.$$

Setzt man in die Einstein'sche Gleichung für die Frequenz den Wert null ein, so erhält man die Gleichung

$$E = h \cdot 0 - W_A = -W_A.$$

Demzufolge entspricht der Betrag der Energie an der Stelle $f = 0$ gerade der Austrittsarbeit des Kathodenmaterials. Diese besitzt laut Zeichnung (Schnittpunkt der Geraden mit der Energieachse) ungefähr den Wert

$$W_A \approx \underline{\underline{2\ \text{eV}}}.$$

3.2 In Teilaufgabe 3.1 wurde die Grenzfrequenz zu etwa $4{,}8 \cdot 10^{14}$ Hz bestimmt. Zu denen im Material 2 angegebenen Kathodenmaterialien berechnet man die zugehörigen Grenzfrequenzen, indem man die Lichtgeschwindigkeit und die jeweiligen Grenzwellenlängen in die Formel

$$c = \lambda \cdot f \quad \Leftrightarrow \quad f = \frac{c}{\lambda}$$

einsetzt. Man erhält:

Kathodenmaterial	Ag	BaO	Cs	K
Grenzwellenlänge in 10^{-10} m	2 610	13 270	6 400	5 460
Grenzfrequenz in 10^{14} Hz	11,49	2,26	4,69	5,49

Bei dem verwendeten Kathodenmaterial handelt es sich also wahrscheinlich um **Cäsium (Cs)**.

Landesabitur Physik 2010 (Hessen) – Grundkurs
Aufgabe C2: Elektronen und Photonen als Quantenobjekte

1. Der Däne Niels Bohr ergänzte das Atommodell von Rutherford durch zwei Annahmen, die sogenannten Bohr'schen Postulate. Nach dem 1. Bohr'schen Postulat (Quantenbedingung) kann das Elektron des Wasserstoffatoms nur ganz bestimmte Energieniveaus besetzen, die durch die folgende Gleichung gegeben sind:

$$E_n = -\frac{13{,}6\,\text{eV}}{n^2} \quad (n = 1, 2, 3, \ldots)$$

Dabei ist n die Quantenzahl, die die Bahn bestimmt, auf der sich das Elektron nach Bohr strahlungsfrei bewegt.

1.1 In Material 1 ist ein Termschema teilweise vorgegeben. Zeichnen Sie vier weitere Energiestufen ein. Beschriften Sie das ergänzte Termschema vollständig. (5 BE)

1.2 Erläutern Sie das 2. Bohr'sche Postulat und geben Sie die zugehörende Formel (die sogenannte Bohr'sche Frequenzbedingung) an.
Beschreiben Sie, welche experimentellen Beobachtungen mit dem 2. Bohr'schen Postulat erklärt werden können. (5 BE)

1.3 Erklären Sie die Aussage „Das Wasserstoffatom befindet sich im Grundzustand." und bestimmen Sie die Energie (in eV), die nötig ist, um ein Wasserstoffatom zu ionisieren, das sich im Grundzustand befindet. (3 BE)

1.4 Stellen Sie an zwei Beispielen die Grenzen des Bohr'schen Atommodells dar. (4 BE)

2. Der lineare Potenzialtopf mit unendlich hohen Wänden hilft, die Quantelung der Energieniveaus eines in einem Raumbereich „eingesperrten" Teilchens ohne zu großen mathematischen Aufwand zu modellieren. In diesem Potenzialtopf lauten die Energien der Niveaus bei einer Breite a des Topfes:

$$E_n = \frac{h^2}{8m_e \cdot a^2} \cdot n^2 \quad (n = 1, 2, 3, \ldots)$$

2.1 Beschreiben Sie das Modell dieses linearen Potenzialtopfes und erklären Sie, wodurch sich bei diesem Modell eine Quantelung der Energie ergibt. (5 BE)

2.2 Auf das Molekül Pentazen (vgl. Sie dazu die Materialien 2, 3 und 4) kann das Modell angewandt werden.
Berechnen Sie für das Molekül Pentazen die Wellenlänge des Photons, das bei dem Übergang eines Elektrons vom Zustand $n_4 = 4$ in den Zustand $n_2 = 2$ emittiert wird. Gehen Sie dabei davon aus, dass die Länge des Moleküls die Abmessungen des linearen Potenzialtopfs bestimmt. (5 BE)

2.3 Auch die Breite des Pentazen-Moleküls kann als Maß für die Ausdehnung eines linearen Potenzialtopfs dienen.
Ermitteln Sie aus den Materialien 2, 3 und 4 die Breite dieses linearen Potenzialtopfs. (3 BE)

Material 1: Termschema

Material 2: Pentazen-Molekül

Hinweis der Fachkommission: Das Wort „eröffnet“ am Ende des ersten Absatzes muss ersetzt werden durch das Wort „dienen“.

Die innere Struktur eines Moleküls

Forscher von IBM Research – Zürich und der Universität Utrecht haben erstmals die chemische Struktur eines Moleküls mit einem Rasterkraftmikroskop atomar vollständig aufgelöst [1]. Diese Technik könnte auch der Erforschung neuer elektronischer Bauelemente auf atomarer und molekularer Skala eröffnet.

In den letzten Jahren wurden in der Charakterisierung von Nanostrukturen auf atomarer Skala mit Rasterkraftmikroskopen (Atomic Force Microscope, AFM) erstaunliche Fortschritte erzielt (Physik in unserer Zeit **2009**, *40* (5), 225). Der Blick auf die innere Struktur eines Moleküls mit atomarer Auflösung blieb jedoch bis jetzt verwehrt.

Dem Team um Leo Gross gelang dies nun bei dem Molekül Pentazen ($C_{22}H_{14}$), wobei die Experimente im Ultrahochvakuum bei 5 K durchgeführt wurden. Die Pentazen-Moleküle haben eine Länge von nur 1 4 nm. Die Abstände der in Sechsecken angeordneten Kohlenstoffatome sind noch rund zehnmal kleiner. Auf den AFM-Aufnahmen (Abbildung 1) sind diese hexagonalen Kohlenstoffringe klar aufgelöst und selbst die Positionen der Wasserstoffatome können eindeutig identifiziert werden. Den Wissenschaftern gelang es außerdem, eine vollständige dreidimensionale, topographische Abbildung der Kräfte über dem Molekül zu erstellen.

Ausschlaggebend für die Auflösung waren eine atomar scharfe Spitze mit einem definierten Aufbau sowie eine sehr hohe Stabilität des Gesamtsystems. Für das Experiment musste nämlich die Spitze des AFM bis auf weniger als 1 nm an das Molekül herangeführt werden. Nur in diesem Bereich treten Kräfte auf, die maßgeblich durch chemische Wechselwirkung bestimmt werden. Um die Spitze zu schärfen, haben die Physiker gezielt Atome und Moleküle an die Spitze angefügt. Die Messungen mit unterschiedlich präparierten Spitzen zeigten deutlich, dass das vorderste Atom oder Molekül der Spitze die Auflösung entscheidend beeinflusst. Ein CO-Molekül an der Spitze brachte den Durchbruch und sorgte, bei einem Abstand von etwa einem halben Nanometer zum Pentazen, für optimale Auflösung der einzelnen Atompositionen und deren chemischen Verbindungen.

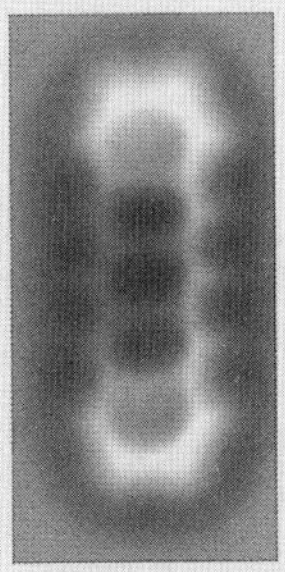

ABB. 1 ***Die innere Struktur eines nur 1,4 nm langen Pentazen-Moleküls, sichtbar gemacht mit einem Rasterkraftmikroskop.***

[1] L. Gross et al., Science **2009**, *325*, 1110.

TB

Bildnachweis: Dr. Thomas Bührke in: Physik in unserer Zeit, 6/2009, S. 277, Wiley-VCH Verlag GmbH & Co. KGaA, Weinheim

Material 3: AFM-Aufnahme

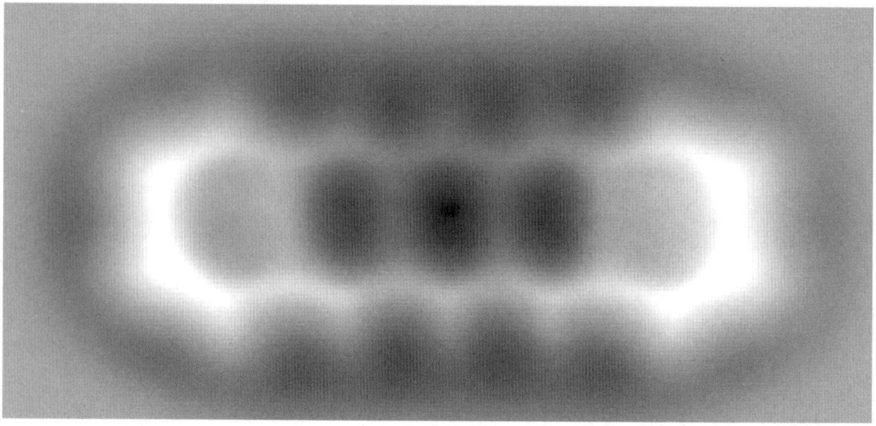

Material 4: Modell des Pentazen-Moleküls

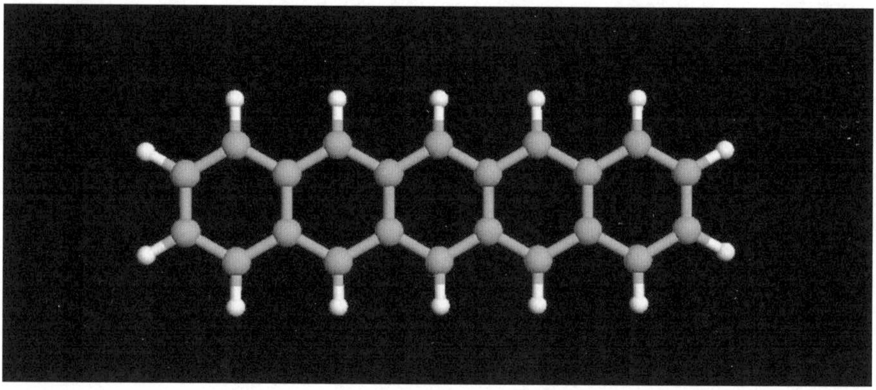

Bildnachweis Materialien 3 und 4: Leo Gross, Fabian Mohn, Nikolaj Moll, Peter Liljertoh, Gerhard Meyer, The Chemical Structure of a Molecule Resolved by Atomic Force Microscopy, The American Accociation for the Advancement of Science © 2009, AAAS

Tipps und Hinweise zur Lösung von Aufgabe C2

Tipps zu Teilaufgabe 1.1

- Setzen Sie die Quantenzahlen n = 2, 3, 4 und 5 in die Formel zur Berechnung der Energien der einzelnen Energiestufen aus der Aufgabenstellung ein und berechnen Sie die zugehörigen Energien. Tragen Sie die Werte in die Skizze (Material 1) ein.
- Zur Beschriftung des Termschemas gehören auch die Angaben der Quantenzahlen an den entsprechenden Energieniveaus.

Tipps zu Teilaufgabe 1.2

- Die Bohr'sche Frequenzbedingung finden Sie in Ihrer Formelsammlung. Versuchen Sie daraus das zweite Bohr'sche Postulat abzuleiten.
- Das Postulat macht eine Aussage über das Wechseln von erlaubten Bahnen durch die Elektronen unter Abgabe oder Aufnahme von Energieportionen.

Tipps zu Teilaufgabe 1.3

- Beschreiben Sie auf welcher Energiestufe sich das Elektron im Grundzustand befindet. Aus dem Termschema (Material 1) können Sie die zugehörige Energie ablesen.
- Um das Wasserstoffatom zu ionisieren, ist es nötig, dem Elektron genügend Energie zuzuführen, sodass es den Atomverbund verlassen kann.
- Wenden Sie das zweite Bohr'sche Postulat an.

Tipps zu Teilaufgabe 1.4

- Beschreiben Sie mindestens zwei Phänomene, die die Grenzen des Modells verdeutlichen.
- Mögliche Schlüsselbegriffe sind u. a.: strahlungsfreie Bewegung auf einer Kreisbahn; Beschreibung von Atomen mit mehr als einem Elektron; Heisenberg'sche Unbestimmtheitsrelation; natürliche Linienbreite bei Spektren.

Tipps zu Teilaufgabe 2.1

- Das Analogon zum linearen Potenzialtopf mit unendlich hohen Wänden ist die aus der Mechanik bekannte eingespannte Saite.
- Wichtige Schlüsselbegriffe sind: Materiewelle; Knoten an den Wänden; stehende Wellen; Grund- und Anregungszustände.
- Die Quantelung der Energie hängt unmittelbar mit der Ausbildung stehender Wellen zusammen.

Tipps zu Teilaufgabe 2.2

- Aus dem Text des Materials 2 gewinnen Sie die Moleküllänge.
- Zunächst berechnen Sie mithilfe der gegebenen Formel die Energie ΔE, die in Form eines Photons abgegeben wird. Daraus können Sie dann die Wellenlänge des Photons bestimmen.

Tipps zu Teilaufgabe 2.3

- Im Text finden Sie Angaben zum Abstand der Kohlenstoffatome. Überlegen Sie, welchen Einfluss die hexagonale Struktur auf die Breite des Moleküls hat.
- Alternative 1: Berechnung am hexagonalen Kohlenstoffring über die Höhe in einem gleichseitigen Dreieck
- Alternative 2: Ausmessen der Länge und Breite in den Materialien 3 und 4 mit anschließender Verhältnisrechnung

Lösungen zu Aufgabe C2

1.1 Die Energie –13,6 eV des Grundzustands n = 1 ist bereits in das Diagramm des Materials 1 eingezeichnet (vgl. Teilaufgabe 1.3). Durch Einsetzen der Quantenzahlen n = 2, 3, 4, 5 in die Gleichung aus dem ersten Bohr'schen Postulat erhält man für die Energien der ersten vier Anregungsstufen:

$$E_2 = -\frac{13{,}6\,\text{eV}}{2^2} = -3{,}40\,\text{eV}$$

$$E_3 = -1{,}51\,\text{eV}$$

$$E_4 = -0{,}85\,\text{eV}$$

$$E_5 = -0{,}54\,\text{eV}$$

Diese Werte trägt man in das Termschema des Materials 1 ein. Auf der rechten Seite des Termschemas ergänzt man noch die zu den jeweiligen Energiestufen gehörenden Quantenzahlen.

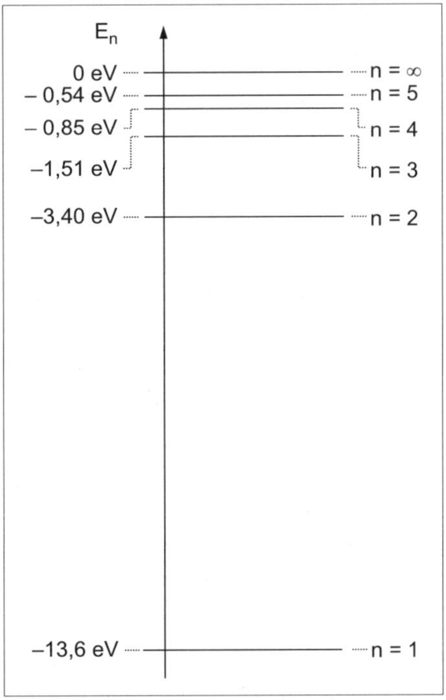

Abb. 1

Die oberste Energiestufe ist mit der Quantenzahl $n = \infty$ zu beschriften. Das Fehlen dieser Beschriftung führt aber nicht zu einem Punktabzug.

1.2 Das zweite Bohr'sche Postulat besagt, dass ein Elektron von einer erlaubten Bahn auf eine andere erlaubte Bahn wechseln kann. Beim Wechseln von einer energiereicheren Bahn auf eine energieärmere Bahn wird ein Photon abgegeben, dessen Energie der Differenz der beiden Bahnenergien entspricht. Beim umgekehrten Fall muss ein Photon mit der Differenzenergie der beiden Bahnen absorbiert werden:

$$\Delta E = E_m - E_n = h \cdot f = E_{Photon} \quad (\text{mit } m > n;\ m, n \in \mathbb{N})$$

Mithilfe dieser Modellvorstellung erlaubt es das zweite Bohr'sche Postulat, die Linienspektren des Wasserstoffs bei der Absorption und Emission von Licht zu erklären. Diese Linien entsprechen jeweils Photonen derjenigen Energien, die frei werden, wenn ein Elektron des Wasserstoffatoms von einer äußeren auf eine innere Schale zurückfällt (Emission) bzw. von einer inneren auf eine äußere Schale angehoben wird (Absorption).

1.3 Im Grundzustand befindet sich das Elektron auf der innersten Bahn. Diese tiefste innerste Bahn hat die Quantenzahl n = 1. Dies ist der Zustand der geringsten Energie.

In einem Wasserstoffatom befindet sich das Elektron, wenn es nicht angeregt ist, auf der innersten Bahn mit der Quantenzahl n = 1. Um das Wasserstoffatom zu ionisieren, muss man das Elektron aus dem Atomverbund herausbringen. Das heißt, man muss dem Elektron so viel Energie zuführen, dass ein Übergang von der Energiestufe n = 1 auf die Energiestufe $m \to \infty$ möglich wird:

$$\Delta E = E_{\infty} - E_1 = 0\text{ eV} - (-13{,}6\text{ eV}) = \underline{\underline{13{,}6\text{ eV}}}$$

Die Ionisierungsenergie beträgt also 13,6 eV.

Allgemein gilt: Damit ein Wasserstoffatom ionisiert werden kann, muss man dem Elektron mindestens diejenige Energie zuführen, mit der es im Atom gebunden ist.

1.4 **Grenzen des Bohr'schen Atommodells**

Im Folgenden werden mehrere Beispiele genannt. Um die vollständige Punktzahl zu erreichen, müssen Sie mindestens zwei der Beispiele anführen.

- Bohr postulierte, dass sich die Elektronen auf den erlaubten Bahnen strahlungsfrei, d. h. ohne Abgabe von Energie, bewegen sollten. Dies widerspricht der klassischen Physik. Teilchen auf Kreisbahnen durchlaufen eine beschleunigte Bewegung. Bei dieser Bewegung geben sie fortwährend Energie ab. Bei der Bewegung der Elektronen auf einer Kreisbahn in einem elektrischen Feld müssten sie sich wie ein Hertz'scher Dipol verhalten und ständig Energie abstrahlen und schließlich in den Kern stürzen.
- Die Beschreibung des Atoms durch das Modell von Bohr liefert nur für das Wasserstoffatom vernünftige Werte. Es versagt bei Atomen mit mehr als einem Elektron.
- Nach Bohr bewegen sich die Elektronen auf exakten Bahnen. Dies steht im Widerspruch zur Heisenberg'schen Unbestimmtheitsrelation, die besagt, dass Ort und Geschwindigkeit eines Quantenteilchens nie gleichzeitig exakt bestimmt werden können.
- Bohr sagte diskrete Linienspektren voraus. In sehr genauen Experimenten lässt sich aber eine natürliche Linienbreite beobachten.
- Die Intensitätsverteilungen zwischen den einzelnen Spektrallinien können nach dem Bohr'schen Atommodell nicht erklärt werden.
- Doppelspaltexperimente haben gezeigt, dass Elektronen nur durch eine Ψ-Funktion zutreffend beschrieben werden. Die von Bohr aus der klassischen Mechanik übernommenen Vorstellungen stehen damit im Widerspruch.
- Die Postulate von Bohr sind theoretisch nicht begründet. Ihre Existenz beruht auf Experimenten und auf der Auswertung von Messreihen.
- Sogar die Wasserstoffspektren weisen eine Feinstruktur auf, die das Bohr-Modell nicht erklären kann.

2.1 **Beschreibung des Modells**
Der Potenzialtopf ist eine anschauliche Bezeichnung für einen Bereich um ein lokales Minimum der Potenzialverteilung eines Systems. Dabei wird die Vorstellung eines Körpers im Schwerefeld der Erde benutzt. Bewegt sich der Körper innerhalb eines solchen Topfes nur längs einer Raumrichtung, liegt der Fall eines **linearen** Topfes vor. Der Körper kann – nach der klassischen Physik – den Topf nicht verlassen, wenn er nicht bis über den Topfrand angehoben wird, also den entsprechenden Energiebetrag zugeführt bekommt.
Nimmt man wie im vorliegenden Fall **unendlich hohe Wände** an, so ist auch für ein Quantenteilchen wie dem Elektron das Verlassen des Topfes unmöglich. Stellt man sich das Elektron als Materiewelle vor, so wird sie an den Rändern des Topfes vollständig reflektiert. Am Rand ist die Aufenthaltswahrscheinlichkeit des Elektrons null. Es bildet sich daher im Topf eine **stehende Welle** mit jeweils einem Knoten an den Rändern aus, vergleichbar mit einer beidseitig eingespannten Saite. Die angeregten Zustände des Elektrons lassen sich mit den Oberschwingungen einer solchen Saite vergleichen (mit zusätzlichen Knoten innerhalb des Topfes).

Erklärung der Energiequantelung
Eine stehende Welle mit je einem Knoten an den Enden kann nur mit bestimmten Frequenzen schwingen (Interferenzbedingung). Genauso verhält es sich mit der Materiewelle des Elektrons im Potenzialtopf. Die Energie des Elektrons im Topf ist abhängig von der Wellenlänge der stehenden Welle des Elektrons. Da die Wellenlänge (Frequenz) nur bestimmte Werte (abhängig von der Topfbreite a) annehmen kann, ist auch die Energie gequantelt.

2.2 Im Text des Materials 2 ist die Moleküllänge angegeben. Diese Moleküllänge kann man als Breite des linearen Potenzialtopfes auffassen:

$$a = 1{,}4 \cdot 10^{-9}\ \text{m}$$

Die Energie des ausgesandten Photons ist gleich der Differenz der Energien der Anregungsstufen n_4 und n_2. Mit der angegebenen Formel erhält man dafür:

$$\Delta E = E_{n_4} - E_{n_2} = \frac{h^2}{8m_e \cdot a^2} \cdot (n_4^2 - n_2^2)$$

Setzt man alle Werte in die Formel ein, so erhält man für die Photonenergie:

$$E_{\text{Photon}} = \Delta E = \frac{(6{,}63 \cdot 10^{-34}\ \text{Js})^2}{8 \cdot 9{,}11 \cdot 10^{-31}\ \text{kg} \cdot (1{,}4 \cdot 10^{-9}\ \text{m})^2} \cdot (4^2 - 2^2) \approx 3{,}69 \cdot 10^{-19}\ \text{J}$$

Daraus erhält man für die Wellenlänge des emittierten Photons:

$$E_{\text{Photon}} = h \cdot f = h \cdot \frac{c}{\lambda}$$

$$\Rightarrow \lambda = \frac{h \cdot c}{E_{\text{Photon}}} = \frac{6{,}63 \cdot 10^{-34}\ \text{Js} \cdot 3{,}00 \cdot 10^8\ \frac{\text{m}}{\text{s}}}{3{,}69 \cdot 10^{-19}\ \text{J}} \approx \underline{\underline{539\ \text{nm}}}$$

2.3 Molekülbreite als Maß für die Ausdehnung des Potenzialtopfes

Zur Lösung dieser Aufgabe gibt es mehrere Möglichkeiten. Die exakte Beschreibung einer dieser Lösungsmöglichkeiten gibt die volle Punktzahl.

- *Abstand der Kohlenstoffatome aus Text*
  Dem Text des Materials 2 entnimmt man den Abstand der Kohlenstoffatome (ca. ein Zehntel der Moleküllänge). Wegen der hexagonalen Struktur des Moleküls ergibt sich für die Molekülbreite b der doppelte Abstand der Kohlenstoffatome:

$$d_{C-C} = 0{,}14 \cdot 10^{-9}\,\text{m} = 0{,}14\,\text{nm} \;\Rightarrow\; b = 2 \cdot d_{C-C} = \underline{\underline{0{,}28\,\text{nm}}}$$

- *Abstand der Kohlenstoffatome berechnet*
  Über die Höhe in einem gleichseitigen Dreieck (hexagonaler Kohlenstoffring) lässt sich d_{C-C} exakter berechnen (ℓ: Moleküllänge):

$$\left.\begin{aligned} h &= \frac{\sqrt{3}}{2} \cdot d_{C-C} \\ h &= \frac{L}{10} \end{aligned}\right\} \Rightarrow d_{C-C} = \frac{1}{5\sqrt{3}} \cdot \ell \Rightarrow b = \frac{2}{5\sqrt{3}} \cdot \ell = \frac{2 \cdot 1{,}4\,\text{nm}}{5\sqrt{3}} \approx \underline{\underline{0{,}32\,\text{nm}}}$$

  Diese Betrachtungen gelten, wenn die Moleküllänge auf den Bereich der fünf Kohlenstoffringe beschränkt ist.

- *Ausmessen von Material 3 bzw. 4*
  Setzt man die (in cm) gemessene Länge L und die gemessene Breite B des abgebildeten Moleküls bzw. Molekülmodells ins Verhältnis, kann mithilfe der gegebenen Moleküllänge ℓ die Breite berechnet werden:

$$b = \ell \cdot \frac{B}{L}$$

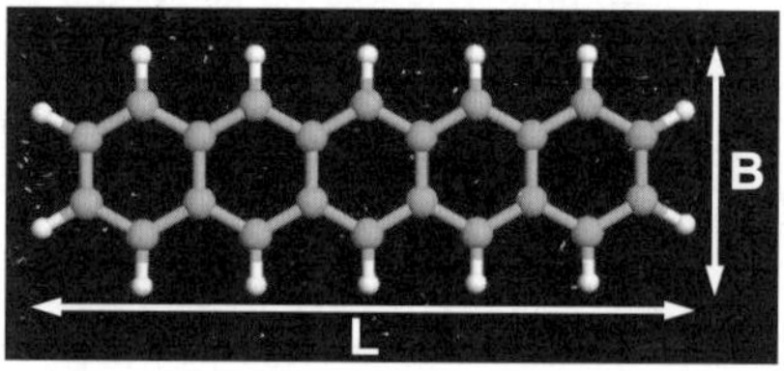

Abb. 2

Unterschiede ergeben sich noch dadurch, ob man die Wasserstoffatome mit einbezieht (Abbildung 2) oder ob man sich auf den Bereich der Kohlenstoffringe beschränkt. Auf Basis des Materials 4 erhält man im ersten Fall

$$b = 1{,}4\,\text{nm} \cdot \frac{2{,}9\,\text{cm}}{7{,}9\,\text{cm}} \approx \underline{\underline{0{,}51\,\text{nm}}},$$

im zweiten Fall:

$$b = 1{,}4\,\text{nm} \cdot \frac{1{,}55\,\text{cm}}{6{,}65\,\text{cm}} \approx \underline{\underline{0{,}33\,\text{nm}}}$$

Landesabitur Physik 2010 (Hessen) – Leistungskurs
Aufgabe A1: Bewegung von Ladung in Feldern

Eine Ionenquelle Q liefert beschleunigte Ionen, die die Quelle in einem fokussierten Strahl mit genau definierter kinetischer Energie verlassen können. Dieser Strahl tritt mittig in das Feld eines Kondensators und trifft auf einen Detektor (Schirm) am Ende des Kondensators. Die gesamte Anordnung befindet sich im Vakuum. Weiteres entnehme man dem Material 1.

1. Die Anordnung werde zunächst mit einer Quelle Q betrieben, die Protonen mit der Geschwindigkeit v_P aussendet. Wenn die Kondensatorspannung $U_1 = 0$ V beträgt, dann geht der Strahl durch das Loch M, wenn $U_2 = 600$ V beträgt, dann trifft er an der Stelle A auf den Schirm.

1.1 Geben Sie die Polarität der Kondensatorspannung an.
Skizzieren Sie den Bahnverlauf der Protonen im Kondensator für beide Kondensatorspannungen. Tragen Sie die Skizze in Material 1 ein. (4 BE)

1.2 Aus Material 1 kann man entnehmen, dass die Protonen für U_2 am Ende des Kondensators eine Ablenkung y erfahren haben. Leiten Sie die Beziehung

$$E_{kin} = \frac{e \cdot U_2 \cdot b^2}{4d \cdot y}$$

her und berechnen Sie damit für $y = 0{,}7$ cm einen Wert für die kinetische Energie in der Einheit eV, mit der die Protonen in den Kondensator eingetreten sind.
(Zur Kontrolle: $E_{kin} = 1{,}7$ keV) (10 BE)

2. Nun wechselt man die Quelle aus. Die neue Quelle sendet neben Protonen (^1_1H) auch Deuteriumkerne (^2_1H) aus ($m_D = 3{,}348 \cdot 10^{-27}$ kg). Alle anderen Versuchsbedingungen aus Teil 1 bleiben unverändert, insbesondere besitzen sie beim Eintritt in den Kondensator die gleiche kinetische Energie von 1,7 keV wie die Protonen und $U_2 = 600$ V.

2.1 Beschreiben und begründen Sie den Bahnverlauf der Deuteriumkerne im Vergleich zu dem der Protonen. (3 BE)

2.2 Erläutern Sie, wie sich Schwankungen der kinetischen Energie der Isotope beim Verlassen der Quelle auf den Ort des Auftreffens der Isotope auf dem Schirm auswirken würden. (6 BE)

Nun erfülle ein zusätzliches, homogenes Magnetfeld den Raum zwischen den Platten des Kondensators. Dadurch kann man erreichen, dass Deuteriumkerne beim Anliegen der Spannung $U_2 = 600$ V die Anordnung durch das Loch M verlassen.

2.3 Leiten Sie die Beziehung für die magnetische Flussdichte B

$$B = \frac{U_2}{d} \cdot \sqrt{\frac{m}{2E_{kin}}}$$

her, berechnen Sie ihren Betrag und zeichnen Sie im Material 1 ein, wie die Flussdichte $\vec{B}$ gerichtet sein muss. (8 BE)

2.4 Zeigen Sie, dass man mit dem Versuchsaufbau nach 2.3 Isotope trennen kann, indem Sie eine Gleichung zur Bestimmung der Masse der Isotope herleiten. (5 BE)

2.5 Begründen Sie, wie He-Ionen, die mit der gleichen kinetischen Energie wie die Deuteriumkerne in das Feld eintreten, beeinflusst würden, wenn die Geräte wie oben angegeben eingestellt sind. (4 BE)

Material 1: Schematische Darstellung der Versuchsanordnung

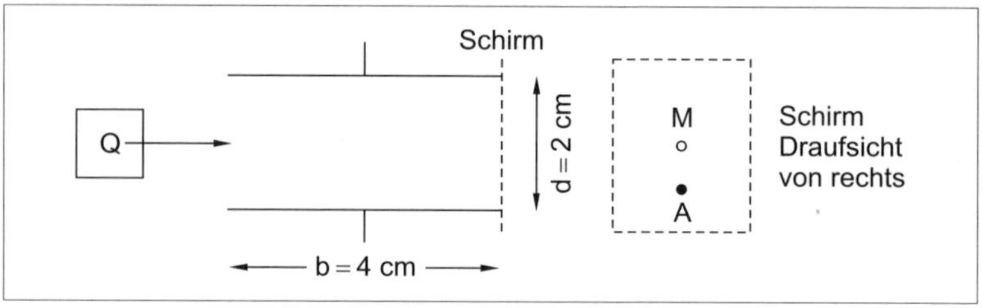

Tipps und Hinweise zur Lösung von Aufgabe A1

Tipps zu Teilaufgabe 1.1

- Protonen sind positiv geladen.
- Vergessen Sie nicht, *zwei* Bahnen einzuzeichnen.

Tipps zu Teilaufgabe 1.2

- Verwenden Sie z. B. einen Ansatz, welcher der Herleitung der „Wurfparabel" des waagerechten Wurfs entspricht.
- Gehen Sie von $y = \frac{1}{2} a \cdot t_K^2$ und $b = v_0 \cdot t_K$ aus, um $E_{kin} = \frac{1}{2} m \cdot v_0^2$ entsprechend umzuformen.

Tipp zu Teilaufgabe 2.1

- In der Gleichung in 1.2 ist die Masse nicht enthalten. Was bedeutet das für die Bahn?

Tipps zu Teilaufgabe 2.2

- Stellen Sie die Gleichung aus 1.2 nach y um und diskutieren Sie jetzt, was passiert, wenn sich E_{kin} ändert.
- Nehmen Sie Bezug auf den Schirm.

Tipps zu Teilaufgabe 2.3

- Für einen geradlinigen Flug muss ein Kräftegleichgewicht zwischen der Lorentzkraft F_{mag} und der elektrischen Kraft F_{el} entstehen.
- Für die kinetische Energie gilt $E_{kin} = \frac{1}{2} m \cdot v_0^2$.

Tipp zu Teilaufgabe 2.4

- Stellen Sie die Gleichung aus 2.3 nach m um und diskutieren Sie: Was weiß man, wenn Isotope geradeaus fliegen?

Tipps zu Teilaufgabe 2.5

- He-Ionen haben zwei Protonen und zwei Neutronen im Kern und haben damit die doppelte Masse wie Deuteriumkerne.
- Versuchen Sie bei Ihrer Begründung auch mathematische Beziehungen zu nutzen.

Lösungen von Aufgabe A1

1.1 Die obere Kondensatorplatte muss positiv gepolt sein, damit der (positiv geladene) Protonenstrahl nach unten abgelenkt wird.
Für $U_1 = 0$ V ergibt sich eine geradlinige, für $U_2 = 600$ V eine parabelförmige Bahn, die den Schirm in der Höhe des Punktes A trifft (Abbildung 1).

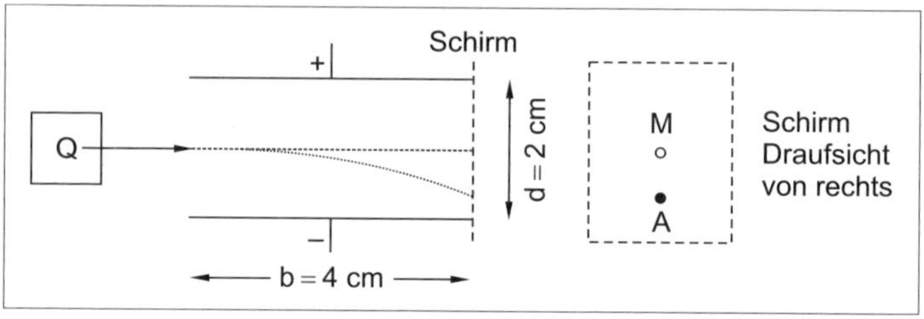

Abb. 1

1.2 Zur **Herleitung** der geforderten Formel für $E_{kin} = \frac{1}{2} m \cdot v_0^2$ muss v_0^2 durch Daten der Bahn und des Kondensators ersetzt werden. Zentral hierbei ist die Idee, dass sich die Parabelbahn aus einer beschleunigten Bewegung im Kondensatorfeld nach unten und einer Bewegung mit konstanter Geschwindigkeit nach rechts zusammensetzt. Es gilt:

$$y = \frac{1}{2} a \cdot t_K^2 \quad \text{und} \quad b = v_0 \cdot t_K$$

Hier ist a die nach unten wirkende Beschleunigung der Protonen im Kondensatorfeld und t_K die Flugzeit der Protonen durch den Kondensator. Für a gilt

$$a = \frac{F_{el}}{m_P} = \frac{e \cdot E}{m_P} = \frac{e \cdot U_2}{m_P \cdot d},$$

wenn für die elektrische Kraft Feldgrößen eingesetzt werden. Jetzt kann v_0^2 durch die anderen Größen ausgedrückt werden:

$$v_0^2 = \frac{b^2}{t_K^2} = \frac{b^2}{\frac{2y}{a}} = \frac{b^2 \cdot a}{2y} = \frac{b^2 \cdot \frac{e \cdot U_2}{m_P \cdot d}}{2y} = \frac{b^2 \cdot e \cdot U_2}{2y \cdot m_P \cdot d}$$

Schließlich wird dieser Term in die Formel für die kinetische Energie eingesetzt:

$$E_{kin} = \frac{1}{2} m_P \cdot v_0^2 = \frac{1}{2} m_P \cdot \frac{b^2 \cdot e \cdot U_2}{2y \cdot m_P \cdot d}$$

$$= \underline{\underline{\frac{e \cdot U_2 \cdot b^2}{4y \cdot d}}} \qquad (*)$$

Dieses ist nicht die einzig mögliche Herleitung.

Berechnung der kinetischen Energie

Durch Einsetzen von b = 0,04 m, d = 0,02 m und y = 0,007 m in (∗) ergibt sich:

$$E_{kin} = e \cdot \frac{600\ \text{V} \cdot (0{,}04\ \text{m})^2}{4 \cdot 0{,}007\ \text{m} \cdot 0{,}02\ \text{m}} \approx e \cdot 1{,}7 \cdot 10^3\ \text{V} = \underline{\underline{1{,}7\ \text{keV}}}$$

Beachten Sie, dass die Angabe der Energie in eV gefordert wird.

2.1 In der Gleichung (∗) der Teilaufgabe 1.2 ist die Masse nicht mehr enthalten. Das bedeutet für die schwereren Deuteriumkerne, dass sie die **gleiche** Bahnkurve wie in 1.1 skizziert beschreiben.

2.2 **Untersuchung der Schwankungen**

Die Gleichung (∗) der Teilaufgabe 1.2 stellt einen Zusammenhang zwischen kinetischer Energie E_{kin} und der Ablenkung y bei vorgegebener Kondensatorspannung U_2 her. Durch Umstellen erkennt man:

$$E_{kin} = \frac{e \cdot U_2 \cdot b^2}{4y \cdot d} \quad \Leftrightarrow \quad y = \frac{e \cdot U_2 \cdot b^2}{4d \cdot E_{kin}} \quad \Rightarrow \quad y \sim \frac{1}{E_{kin}}$$

y ist umgekehrt proportional zu E_{kin}. Nimmt E_{kin} zu, so treffen die Isotope nicht mehr im Punkt A auf den Schirm, sondern näher am Loch M, nimmt E_{kin} ab, so treffen die Isotope nicht mehr im Punkt A auf den Schirm, sondern noch weiter entfernt vom Loch M.

Denkbar wäre zur Lösung auch eine Argumentation über v_0. Mit der kinetischen Energie E_{kin} steigt bzw. sinkt die Geschwindigkeit v_0 der Isotope. Diese befinden sich also eine kürzere bzw. längere Zeit t_K im Kondensatorfeld und können von den elektrischen Kräften weniger bzw. mehr abgelenkt werden.

2.3 **Herleitung der Formel**

Für den Fall, dass die Kerne geradlinig fliegen, um bei M auszutreten, muss ein Kräftegleichgewicht zwischen der Lorentzkraft F_{mag} und der elektrischen Kraft F_{el} entstehen. Für deren Beträge gilt:

$$F_{mag} = F_{el}$$
$$e \cdot v_0 \cdot B = e \cdot E$$
$$e \cdot v_0 \cdot B = e \cdot \frac{U_2}{d} \quad \Rightarrow \quad B = \frac{U_2}{v_0 \cdot d}$$

v_0 kann mithilfe der kinetischen Energie $E_{kin} = \frac{1}{2} m \cdot v_0^2$ ausgedrückt werden:

$$v_0 = \sqrt{\frac{2E_{kin}}{m}}$$

Damit ergibt sich für die Magnetfeldstärke B die geforderte Formel:

$$B = \frac{U_2}{v_0 \cdot d} = \frac{U_2}{d \cdot \sqrt{\frac{2E_{kin}}{m}}} = \underline{\underline{\frac{U_2}{d} \cdot \sqrt{\frac{m}{2E_{kin}}}}} \qquad (**)$$

Der **Betrag von B** wird durch Einsetzen der Werte in (**) berechnet:

$$B = \frac{600\text{ V}}{0{,}02\text{ m}} \cdot \sqrt{\frac{3{,}348 \cdot 10^{-27}\text{ kg}}{2 \cdot 1{,}7 \cdot 10^{3} \cdot 1{,}60 \cdot 10^{-19}\text{ J}}} \approx 0{,}0744\text{ T} = \underline{\underline{74{,}4\text{ mT}}}$$

Um die Einheit Tesla für die Magnetfeldstärke zu erhalten, muss die Energie in Joule umgerechnet werden: $1\text{ eV} = 1{,}60 \cdot 10^{-19}\text{ J}$.

Für die **Zeichnung der Richtung** der magnetischen Feldstärke muss die 3-Finger-Regel der rechten Hand benutzt werden, weil die Deuteriumkerne positiv geladen sind. B weist dementsprechend senkrecht **in die Zeichenebene hinein**. Zeichnen Sie dazu die Feldlinien z. B. so in der Skizze ein: ⊗.

2.4 Die in Teilaufgabe 2.3 hergeleitete Formel (**) stellt den geforderten Zusammenhang für die Masse dar. Durch Umstellen der Formel zeigt man:

$$B = \frac{U_2}{d} \cdot \sqrt{\frac{m}{2E_{kin}}}$$

$$\Rightarrow \quad B^2 = \frac{U_2^2}{d^2} \cdot \frac{m}{2E_{kin}}$$

$$\Leftrightarrow \quad m = \frac{2B^2 \cdot d^2}{U_2^2} \cdot E_{kin} \qquad (***)$$

Der Plattenabstand d sowie die Werte der Feldstärke B und der Kondensatorspannung U_2 sind voreingestellt, d. h.: Durch Variation der Eintrittsenergie E_{kin} lässt sich ein bestimmtes Isotop auswählen, welches das Loch M geradlinig passieren soll. Die Masse dieses Isotops ist durch die Beziehung (***) festgelegt.

2.5 **Begründung der Beeinflussung**
He-Ionen haben zwei Protonen und zwei Neutronen im Kern und haben damit die doppelte Masse wie Deuteriumkerne. Je nachdem, ob sie ein oder beide Hüllenelektronen bei der Ionisation verloren haben, können sie einfach oder doppelt positiv geladen sein.

Werte der Massen der beteiligten Elemente können sie in der Regel dem Periodensystem der Elemente in Ihrer Formelsammlung entnehmen.

Die in Teilaufgabe 2.3 hergeleitete Formel (**) stellt einen Zusammenhang zwischen Teilchenmasse und Versuchsgrößen, insbesondere der zum geradlinigen Durchfliegen des Raums notwendigen Feldstärke B, her. Für die Helium-Ionen ergibt sich im Vergleich zu den Deuteriumkernen:

$$B_{He} = \frac{U_2}{d} \cdot \sqrt{\frac{m_{He}}{2E_{kin}}} = \frac{U_2}{d} \cdot \sqrt{\frac{2m_D}{2E_{kin}}} = \frac{U_2}{d} \cdot \sqrt{\frac{m_D}{2E_{kin}}} \cdot \sqrt{2} = B_D \cdot \sqrt{2}$$

Das bedeutet, bei gleicher kinetischer Energie und gleicher Kondensatorspannung U_2 benötigen die He-Ionen ein Magnetfeld zum geradlinigen Durchfliegen, das um den Faktor $\sqrt{2}$ größer ist als das für die Deuteriumkerne. Deshalb passieren die He-Ionen das Loch M nicht, sondern **treffen unterhalb des Lochs auf**. Die Ladung ist in der diskutierten Gleichung nicht enthalten. Sie gilt somit für die einfach wie auch für die doppelt positiv geladenen He-Ionen.

Eine **alternative Lösung** argumentiert mit der kinetischen Energie und der Geschwindigkeit der Teilchen: He-Ionen haben die doppelte Masse wie Deuteriumkerne. Bei gleicher kinetischer Energie haben die He-Ionen eine geringere Geschwindigkeit. Somit ist die Lorentzkraft geringer als die elektrische Kraft und sie treffen unterhalb des Loches auf. (Weil der Operator „Begründen" fordert, „Regeln und mathematische Beziehungen zu nutzen", müsste diese Alternative noch mathematisch unterstützt werden.

Eine **zweite Alternative** besteht darin, die auf die Helium-Ionen wirkende elektrische und magnetische Kraft betragsmäßig auszurechen. Nimmt man eine Ladung $q = 2e$ und eine Masse $m = 4m_P$ für die Helium-Ionen an, so ergeben sich (mit $E_{kin} = 1{,}7$ keV, $B = 0{,}074$ T, $m_P = 1{,}67 \cdot 10^{-27}$ kg, $U_2 = 600$ V, $d = 0{,}02$ m):

$$\left.\begin{aligned} F_{mag} &= q \cdot v \cdot B = 2e \cdot \sqrt{\frac{2E_{kin}}{4m_P}} \cdot B = 6{,}77 \cdot 10^{-15}\ \text{N} \\ F_{el} &= E \cdot q = \frac{U_2}{d} \cdot 2e = 9{,}60 \cdot 10^{-15}\ \text{N} \end{aligned}\right\} \Rightarrow F_{mag} < F_{el}$$

Die elektrische Kraft auf das Helium-Ion ist größer als die Lorentzkraft – mit der Wirkung wie oben dargestellt.

Landesabitur Physik 2010 (Hessen) – Leistungskurs
Aufgabe A2: Induktion

Ein metallischer Zeiger dreht sich im Uhrzeigersinn um M (siehe Material 1). Seine Spitze S gleitet dabei auf einem Metallring mit Radius r_K. Der gesamte Ring wird von einem homogenen Magnetfeld mit der magnetischen Flussdichte[1] $\vec{B}$ durchflutet, dessen Feldlinien senkrecht in die Ringebene hineintreten. Ein Spannungsmessgerät ist auf der einen Seite mit der Metallachse des Zeigers, auf der anderen Seite mit dem metallischen Ring verbunden.

1. Vergleichen Sie die Rotation des metallischen Zeigers in Material 1 mit der Bewegung eines metallischen Stabes, welcher (wie in Material 2 dargestellt) auf zwei parallelen metallischen Schienen entlang durch ein homogenes Magnetfeld gleitet. Der Vergleich soll die Wirkung auf die Spannungsmessgeräte beinhalten. Erläutern Sie, weshalb die Spannungsmessgeräte während der Bewegung in beiden Fällen eine Spannung anzeigen. Geben Sie dabei die Polung bei M und S am metallischen Zeiger an.
Geben Sie an, unter welcher Voraussetzung die beiden Spannungsmessgeräte dieselbe Spannung anzeigen. Beziehen Sie sich dabei auf die magnetischen Flussdichten sowie die in gleicher Zeit überstrichenen Flächen (ΔA, ΔA_{Stab}). (12 BE)

2. Die Zeigerspitze eines solchen Gerätes mit $r_K = 0{,}2$ m dreht sich mit der konstanten Winkelgeschwindigkeit $\omega = 6\pi\ s^{-1}$.

2.1 Berechnen Sie den Flächeninhalt ΔA, den der Zeiger innerhalb der Zeit $\Delta t = 0{,}1$ s dabei überstreicht. Berechnen Sie daraus die zwischen M und S induzierte Spannung bei einer gegebenen Flussdichte von $B = 3$ T. (6 BE)

2.2 Zeigen Sie, dass für die zwischen M und S induzierte Spannung folgende Beziehung gilt:

$$U_{ind} = \frac{1}{2} r_K^2 \cdot \omega \cdot B$$ (4 BE)

3. Eine Messung der Induktionsspannung in Abhängigkeit des Radius r_K bei gegebener Winkelgeschwindigkeit $\omega = 20\ s^{-1}$ ergibt die folgende Wertetabelle:

r_K in m	0,1	0,15	0,2	0,25
U_{ind} in V	0,244	0,540	0,952	1,528

Berechnen Sie daraus den Mittelwert der magnetischen Flussdichte B und die maximale relative Abweichung. (8 BE)

1 Die magnetische Flussdichte wird in manchen Lehrbüchern auch als magnetische Feldstärke bezeichnet.

4. Diese Maschine dient als elektrischer Generator bei einer Flussdichte von $B = 3\,T$ und bei einem Radius $r_K = 0{,}2\,m$.

4.1 Bestimmen Sie allgemein die abgegebene Leistung an einen angeschlossenen Verbraucher in Abhängigkeit von seinem Widerstand R und den Größen r_K, ω und B. (3 BE)

4.2 Der Verbraucher besteht aus einer Glühlampe, die bei einer Leistung von 4,5 W einen Widerstand von $R = 2\,\Omega$ besitzt.
Berechnen Sie die Frequenz f, mit der der Zeiger rotieren muss, damit die Glühlampe 4,5 W Leistung erbringt. (4 BE)

4.3 In der ersten Hälfte des vorigen Jahrhunderts wurden in Labors nach diesem Prinzip gebaute so genannte „Unipolarmaschinen" als Generatoren verwendet. Sie konnten sich jedoch wegen ihres geringen Wirkungsgrades nicht durchsetzen.
Vergleichen Sie die mit dieser Methode erzeugte Spannung mit der üblicherweise erzeugten Spannung einer im Magnetfeld rotierenden Spule. (3 BE)

Material 1: Rotierender metallischer Zeiger

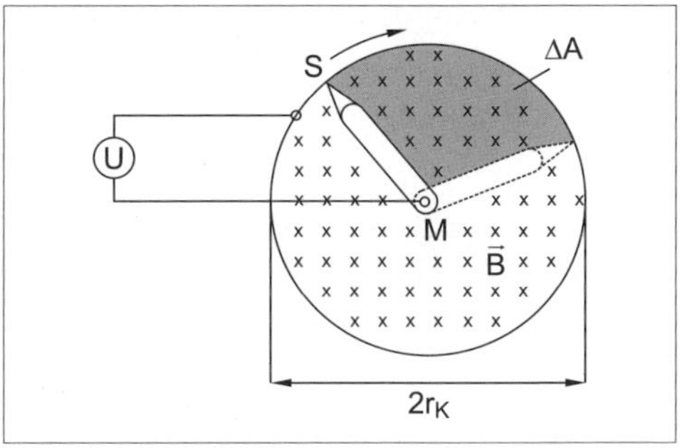

Material 2: Gleitender metallischer Stab

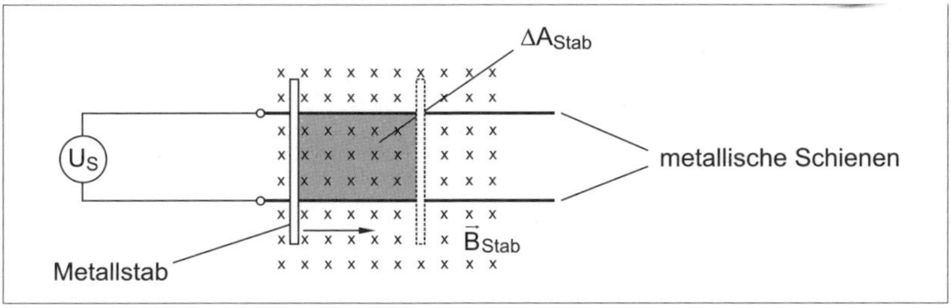

Tipps und Hinweise zur Lösung von Aufgabe A2

Tipps zu Teilaufgabe 1

- Betrachten Sie die felddurchsetzte Fläche: Wo wird eine Leiterschleife für Induktion gebildet?
- Nutzen Sie für Ihre Erläuterungen das Induktionsgesetz. Die Lorentzkraft liefert die gefragte Polung.
- Beachten Sie, dass die betrachteten Flächenabschnitte in gleichen Zeiten überstrichen werden.

Tipps zu Teilaufgabe 2.1

- Die Formel zur Berechnung eines Kreisausschnitts finden Sie in Ihrer Formelsammlung.
- Beachten Sie, dass das Magnetfeld konstant ist. Wie wirkt sich das im Induktionsgesetz aus?

Tipp zu Teilaufgabe 2.2

- Kombinieren Sie das Induktionsgesetz ($\Delta B = 0$) mit der in 2.1 benutzten Formel für ΔA.

Tipp zu Teilaufgabe 3

- Um die Lösung möglichst übersichtlich zu gestalten, ist es sinnvoll, wenn Sie die Tabelle in Ihre Aufzeichnungen übertragen und sie um die notwendigen Zeilen erweitern.
- Stellen Sie die Gleichung aus 2.2 nach B um.

Tipp zu Teilaufgabe 4.1

- Kombinieren Sie die Formeln für die Leistung $P = U \cdot I$, des Widerstandes $U = R \cdot I$ und der Formel für U_{ind} aus 2.2.

Tipp zu Teilaufgabe 4.2

- Die Frequenz steckt mit $\omega = \frac{\varphi}{t} = \frac{2\pi}{T} = 2\pi \cdot f$ in der Gleichung aus 4.1.

Tipp zu Teilaufgabe 4.3

- Vergleichen Sie: Welche Art von Induktionsspannung wird jeweils erzeugt?

Lösungen von Aufgabe A2

1. **Vergleich der beiden Situationen**

- In beiden Fällen tritt elektromagnetische Induktion auf, weil sich die felddurchsetzte Fläche einer geschlossenen Leiterschleife zeitlich ändert.
- In beiden Fällen steht das Magnetfeld senkrecht auf den Leiterschleifen.
- In Material 1 wird diese Leiterschleife durch den Zeiger, den Metallring und das angeschlossenen Messgerät gebildet; in Material 2 durch den Metallstab, die Metallschienen und das angeschlossene Messgerät.

Erläuterung der auftretenden Spannungen

Im Folgenden wird nur mit Spannungsbeträgen berechnet, die Wahl des Vorzeichens im Induktionsgesetz ist hier unerheblich.

Bei der Rotation des Zeigers wird ebenso wie bei der Bewegung des Stabes auf den Schienen die Fläche A der Leiterschleife, die vom konstanten Magnetfeld B (senkrecht) durchsetzt wird, größer. Also verändert sich der magnetische Fluss $\Phi = B \cdot A$ mit der Zeit. Nach dem Induktionsgesetz

$$U_{ind} = \dot{\Phi} = B \cdot \tfrac{dA}{dt} + A \cdot \tfrac{dB}{dt} = B \cdot \tfrac{dA}{dt}$$

zeigt das Messgerät also eine Spannung an.

Da das Magnetfeld konstant ist, gilt $\frac{dB}{dt} = 0$. Die auftretenden Spannungen können auch mithilfe von Lorentzkräften begründet werden.

Angabe der Polung
Wendet man auf die im Zeiger mitgeführten Elektronen die Linke-Hand-Regel an, so wirkt auf diese bewegten Ladungen eine Lorentzkraft in Richtung M. M wird also negativ und S positiv.

Angabe der Voraussetzung gleicher Spannungswerte
Damit die Werte der induzierten Spannungen gleich sind, muss die Änderung des magnetischen Flusses Φ in beiden Fällen gleich sein. Geht man davon aus, dass das Magnetfeld in beiden Fällen jeweils konstant ist und die betrachteten Zeitintervalle gleich groß sind, muss gelten:

$$B \cdot \frac{\Delta A}{\Delta t} = B_{Stab} \cdot \frac{\Delta A_{Stab}}{\Delta t} \overset{\Delta t = \Delta t_{Stab}}{\Rightarrow} \underline{\underline{B \cdot \Delta A = B_{Stab} \cdot \Delta A_{Stab}}}$$

2.1 **Flächenberechnung**
Mithilfe der Winkelgeschwindigkeit $\omega = \frac{\varphi}{t}$ kann der überstrichene Winkel $\Delta\varphi$ und die Fläche ΔA – ein Kreisausschnitt (Kreissektor) – berechnet werden:

$$\Delta\varphi = \omega \cdot \Delta t = 6\pi \frac{1}{s} \cdot 0{,}1\,s = 0{,}6\pi\ (=108°)$$

$$\Delta A = \pi \cdot r_K^2 \cdot \frac{\Delta\varphi}{2\pi} = \pi \cdot (0{,}2\,m)^2 \cdot \frac{0{,}6\pi}{2\pi} = 0{,}0377\,m^2$$

Die Formel zur Berechnung eines Kreisausschnitts finden Sie in Ihrer Formelsammlung. Alternative Berechnung mit dem Kreisbogen b:

$$\Delta A = \frac{1}{2} b \cdot r_K = \frac{1}{2} v_{r_K} \cdot \Delta t \cdot r_K = \frac{1}{2} \omega \cdot r_K \cdot \Delta t \cdot r_K = \frac{1}{2} \omega \cdot r_K^2 \cdot \Delta t = 0{,}0377\ m^2$$

Berechnung der Spannung

Das Induktionsgesetz (siehe Teilaufgabe 1, jetzt mit Differenzen geschrieben) liefert die Spannung:

$$U_{ind} = \frac{\Delta\Phi}{\Delta t} = B \cdot \frac{\Delta A}{\Delta t} = 3\ T \cdot \frac{0{,}0377\ m^2}{0{,}1\ s} = \underline{\underline{1{,}13\ V}}$$

2.2 Zur **Herleitung** der geforderten Formel für die induzierte Spannung geht man von B = konstant und der in 2.1 berechneten Flächenänderung ΔA aus:

$$U_{ind} = \frac{\Delta\Phi}{\Delta t} = B \cdot \frac{\Delta A}{\Delta t} = B \cdot \frac{\pi \cdot r_K^2 \cdot \frac{\Delta\varphi}{2\pi}}{\Delta t} = B \cdot \frac{\pi \cdot r_K^2 \cdot \frac{\omega \cdot \Delta t}{2\pi}}{\Delta t}$$

$$= B \cdot \frac{\pi \cdot r_K^2 \cdot \omega \cdot \Delta t}{\Delta t \cdot 2\pi} = \underline{\underline{\frac{1}{2} r_K^2 \cdot \omega \cdot B}}$$

Eine alternative Berechnung ist mit der Formel für ΔA, die sich mit dem Kreisbogen b ergab, möglich (siehe Teilaufgabe 2.1):

$$U_{ind} = \frac{\Delta\Phi}{\Delta t} = B \cdot \frac{\Delta A}{\Delta t} = B \cdot \frac{\frac{1}{2} \omega \cdot r_K^2 \cdot \Delta t}{\Delta t} = \frac{1}{2} r_K^2 \cdot \omega \cdot B$$

3. Zur **Berechnung der magnetischen Feldstärke** wird die Formel aus 2.2 nach B umgestellt,

$$B = \frac{2U_{ind}}{r_K^2 \cdot \omega},$$

und es werden die entsprechenden Werte eingesetzt ($\omega = 20\ s^{-1}$). Die geforderte **relative Abweichung** ergibt sich aus

$$\frac{|\overline{B} - B|}{\overline{B}},$$

nachdem der Mittelwert $\overline{B}$ berechnet wurde.

r_K in m	0,1	0,15	0,2	0,25
U_{ind} in V	0,244	0,540	0,952	1,528
B in T	2,44	2,40	2,38	2,445
$\frac{\|\overline{B} - B\|}{\overline{B}}$ in %	0,99	0,66	1,49	1,20

Mittelwert: $\underline{\underline{\overline{B} = 2{,}416\ T}}$. Die maximale relative Abweichung beträgt $\underline{\underline{1{,}49\ \%}}$.

4.1 Zur **Bestimmung der allgemeinen Leistung** dieses Generators werden die Formeln für die Leistung $P = U \cdot I$ und des Widerstandes $U = R \cdot I$ kombiniert:

$$P = U_{ind} \cdot I = U_{ind} \cdot \frac{U_{ind}}{R} = \frac{U_{ind}^2}{R} = \frac{\left(\frac{1}{2} \cdot r_K^2 \cdot \omega \cdot B\right)^2}{R} = \underline{\underline{\frac{r_K^4 \cdot \omega^2 \cdot B^2}{4 \cdot R}}}$$

4.2 Für die **Berechnung der Frequenz** wird die in 4.1 hergeleitet Gleichung nach $\omega = \frac{\varphi}{t} = \frac{2\pi}{T} = 2\pi \cdot f$ umgestellt:

$$P = \frac{r_K^4 \cdot \omega^2 \cdot B^2}{4R}$$

$$\Rightarrow \quad \omega = \sqrt{\frac{4P \cdot R}{r_K^4 \cdot B^2}} = \frac{2}{r_K^2 \cdot B} \cdot \sqrt{P \cdot R}$$

Einsetzen der gegebenen Werte liefert:

$$\omega = \frac{2}{(0{,}2\ \text{m})^2 \cdot 3\ \text{T}} \cdot \sqrt{4{,}5\ \text{W} \cdot 2\ \Omega} = 50\,\frac{1}{\text{s}}$$

Eine Betrachtung der Einheiten ist hier wie an anderen Stellen der Aufgabe nicht explizit verlangt. Beispielsweise sei sie hier einmal durchgeführt:

$$[\omega] = \frac{1}{\text{m}^2 \cdot \text{T}} \cdot \sqrt{\text{W} \cdot \Omega} = \frac{1}{\text{m}^2 \cdot \frac{\text{V} \cdot \text{s}}{\text{m}^2}} \cdot \sqrt{\text{V} \cdot \text{A} \cdot \frac{\text{V}}{\text{A}}} = \frac{1}{\text{V} \cdot \text{s}} \cdot \text{V} = \frac{1}{\text{s}}$$

Die gesuchte Frequenz f beträgt:

$$f = \frac{\omega}{2\pi} = \frac{50\ \text{s}^{-1}}{2\pi} = 7{,}96\ \text{s}^{-1} = \underline{\underline{7{,}96\ \text{Hz}}}$$

4.3 **Vergleich**
Die „Unipolarmaschine“ erzeugt bei konstanter Rotation des Zeigers eine nicht pulsierende **Gleichspannung**. Im Magnetfeld rotierende Spulen erzeugen eine Wechselspannung.

Landesabitur Physik 2010 (Hessen) – Leistungskurs
Aufgabe B1: Elektromagnetischer Schwingkreis und Interferenz

1. Im Material ist eine Schaltung gegeben. Der Schalter S kann in die Position I oder von da in kurzer Zeit in die Position II gedrückt werden.

1.1 Für die Spannung U_C am Kondensator gilt $U_C(t) = U_e \cdot (1 - e^{-\frac{1}{R \cdot C}})$, wenn zum Zeitpunkt $t = 0$ der Schalter S in die Position I gelegt wird.
Stellen Sie die Spannung am Kondensator in Abhängigkeit von der Zeit mithilfe einer Wertetabelle für $0 \leq t \leq 14$ s in Schritten von 2 s grafisch dar. (6 BE)

1.2 In der Elektrotechnik gibt es die 5τ-Regel mit $\tau = R \cdot C$, die besagt, dass der Kondensator als voll aufgeladen anzusehen ist, wenn mindestens ein Zeitraum von 5τ nach dem Einschalten vergangen ist.
Bestätigen Sie durch Rechnung, dass der Kondensator nach der Zeit 5τ als voll aufgeladen anzusehen ist. (4 BE)

2. Nun wird bei voll aufgeladenem Kondensator der Schalter S von Position I nach Position II umgelegt.

2.1 Beschreiben und begründen Sie ausführlich den zeitlichen Verlauf der elektromagnetischen Schwingung, wobei Sie den ohmschen Widerstand vernachlässigen können. Berechnen Sie außerdem die Eigenfrequenz f_0 und die Schwingungsdauer T. (9 BE)

2.2 Skizzieren Sie in einem Diagramm Strom- und Spannungsverlauf am Kondensator, falls der ohmsche Widerstand der Spule nicht vernachlässigbar klein ist. Erklären Sie, wie Sie den durch den ohmschen Widerstand verursachten Folgen entgegenwirken könnten. (8 BE)

2.3 Ein ohmscher Widerstand der Spule beeinflusst die Eigenfrequenz f_0, sodass folgende Beziehung für die Eigenfrequenz gilt:

$$f_1 = \frac{1}{2\pi} \cdot \sqrt{\frac{1}{L \cdot C} - \frac{R^2}{4L^2}}$$

Berechnen Sie die prozentuale Abweichung der Eigenfrequenz f_1 im Vergleich zur in Aufgabe 2.1 berechneten Frequenz f_0, wenn der Widerstand $R = 55\ \Omega$ beträgt. (3 BE)

3. Ein Sender hat eine Frequenz von $1{,}0 \cdot 10^{13}$ Hz. Die abgestrahlte elektromagnetische Welle trifft auf einen Spalt der Breite 1 mm. Das entstehende Wellenfeld wird mit einem Empfangsdipol abgetastet.

3.1 Ermitteln Sie die Breite des Hauptmaximums im Abstand von 50 cm vom Spalt. (6 BE)

3.2 Überprüfen Sie, wie Veränderungen der Spaltbreite und der Frequenz die Breite des Hauptmaximums beeinflussen. (4 BE)

Material: Schaltung

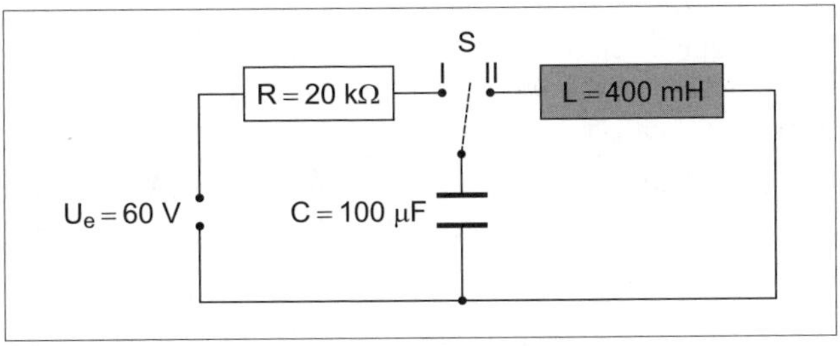

Tipps und Hinweise zur Lösung von Aufgabe B1

Tipp zu Teilaufgabe 1.1

Legen Sie eine Tabelle an.

Tipp zu Teilaufgabe 1.2

Berechnen Sie τ. Geben Sie einen Prozentwert an.

Tipp zu Teilaufgabe 2.1

Gehen Sie für eine halbe Schwingungsdauer die Situation am Kondensator und der Spule durch: Spannungen, Ströme, Feldstärken, Energien.

Tipps zu Teilaufgabe 2.2

Ausgangspunkt für die Skizze sind die folgenden Überlegungen:

- Welchen prinzipiellen Kurvenverlauf haben die Graphen?
- Wie ändern sich die Amplituden von Strom und Spannung mit der Zeit?
- Wie lauten die Startwerte von Spannung und Stromstärke?

Entwickeln Sie einen Vorschlag, den Energieverlust im Schwingkreis auszugleichen.

Tipps zu Teilaufgabe 3.1

Die Breite B des Hauptmaximums bzw. des Maximums der 0. Ordnung wird in dieser Aufgabe sinnvollerweise durch die Lage der beiden Minima 1. Ordnung links und rechts vom Hauptmaximum gegeben.

Beachten Sie, dass es sich um einen Einfachspalt handelt.

Tipp zu Teilaufgabe 3.2

Begründen und benutzen Sie die „Kleinwinkelnäherung“.

Lösungen von Aufgabe B1

1.1 Für die **grafische Darstellung** legen Sie zuerst eine Wertetabelle mit der vorgegebenen Schrittweite an, indem Sie die Werte $U_e = 60$ V, $R = 20$ kΩ, $C = 100$ µF in die genannte Formel einsetzen.

Geben Sie die Formel einmal in Ihren Taschenrechner ein und ändern Sie dann nur noch die Werte für die Zeit t. Das minimiert Tippfehler!

t ins	0	2	4	6	8	10	12	14
U_e in V	0	37,9	51,9	57,0	58,9	59,6	59,9	59,9

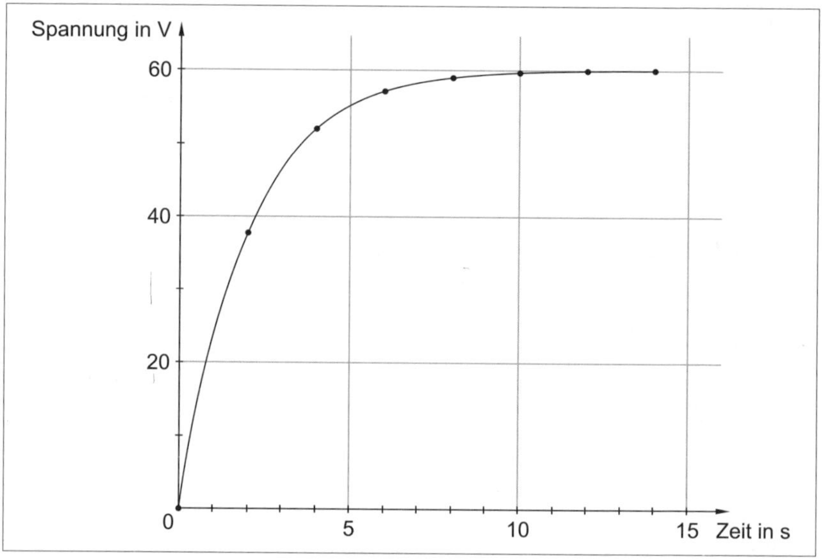

Abb. 1

1.2 **Rechnerische Bestätigung der 5τ-Regel**
Als erstes wird die erreichte Spannung nach der Zeit

$$t = 5\tau = 5R \cdot C = 5 \cdot 20 \cdot 10^3\,\Omega \cdot 100 \cdot 10^{-6}\,F = 10\,s$$

ermittelt. Nach Teilaufgabe 1.1 gilt U(10 s) = 59,6 V. Das sind schon

$$\frac{59{,}6\,V}{60\,V} = 0{,}993 = 99{,}3\,\%$$

der Endspannung. Es fehlen nur noch 0,7 % bis 60 V. Der Kondensator ist als voll aufgeladen anzusehen.

Alternativ zu dieser Rechnung lässt sich der in 1.1 erzeugte Graph nutzen. Der bei t = 10 s abgelesene Wert kann zum Endwert in Bezug gesetzt werden.

2.1 **Beschreibung und Begründung des zeitlichen Verlaufs der Schwingung**
Der Schwingkreis habe die Schwingungsdauer T. Es lassen sich folgende Zeitabschnitte unterscheiden:

- **$t = 0$ s:** Am Kondensator liegt die maximale Spannung von 60 V. Es fließt noch kein Strom und die gesamte Energie ist im elektrischen Feld des Kondensators gespeichert.
- **$0 < t < \frac{T}{4}$:** Der Kondensator entlädt sich, die Spannung nimmt ab, die Stromstärke durch die Spule nimmt zu. Gleichzeitig wandert damit Energie aus dem elektrischen Feld in das magnetische Feld der Spule.
- **$t = \frac{T}{4}$:** Der Kondensator ist vollständig entladen, die Spannung beträgt 0 V, die Stromstärke ist maximal und die gesamte Energie befindet sich in Form magnetischer Energie in dem Feld der Spule.
- **$\frac{T}{4} < t < \frac{T}{2}$:** Die Ladungen fließen weiter und beginnen den Kondensator mit umgekehrten Vorzeichen wieder aufzuladen. Dabei sinken die Stromstärke und das Magnetfeld in der Spule. Die dabei entstehende Selbstinduktion in der Spule bewirkt nach der Lenz'schen Regel jetzt das Weiterfließen des Stroms und der Kondensator wird nach und nach mit entgegengesetzter Polung aufgeladen. Die Stromstärke nimmt ab.
- **$t = \frac{T}{2}$:** Der Kondensator ist mit maximaler Spannung aufgeladen, es fließt kein Strom mehr und die gesamte Energie befindet sich wieder in Form elektrischer Energie im Feld des Kondensators.

In der zweiten Hälfte der Periodendauer T laufen die Vorgänge analog zur ersten Hälfte der Schwingungsdauer ab, jedoch in umgekehrter Richtung.

Berechnung von T und f_0
Mithilfe der Thomson-Formel und den Angaben zur Kapazität C und Induktivität L, die dem Material entnommen werden, berechnet sich die Schwingungsdauer T:

$$T = 2\pi \cdot \sqrt{L \cdot C} = 2\pi \cdot \sqrt{400 \cdot 10^{-3}\,\text{H} \cdot 100 \cdot 10^{-6}\,\text{F}} \approx \underline{\underline{0{,}0397\,\text{s} = 39{,}7\,\text{ms}}}$$

Für die Eigenfrequenz gilt:

$$f_0 = \frac{1}{T} = \frac{1}{0{,}0397\,\text{s}} \approx \underline{\underline{25{,}2\,\text{Hz}}}$$

2.2 **Skizze des Strom- und Spannungsverlaufs**
Grundlage für Ihre Skizze sollten folgende Überlegungen sein:

- Die Graphen sind prinzipiell sinus- und kosinusförmig.
- Die Amplituden von Strom und Spannung nehmen exponentiell ab (Energieverlust durch ohmschen Widerstand).
- Wie in 2.1 erläutert startet die Schwingung bei $t = 0$ s mit $U = U_{max}$ und $I = 0$ A.
- Ein Maßstab ist nicht vorgegeben und wird beliebig gewählt.

Eine Skizze könnte also folgendermaßen aussehen:

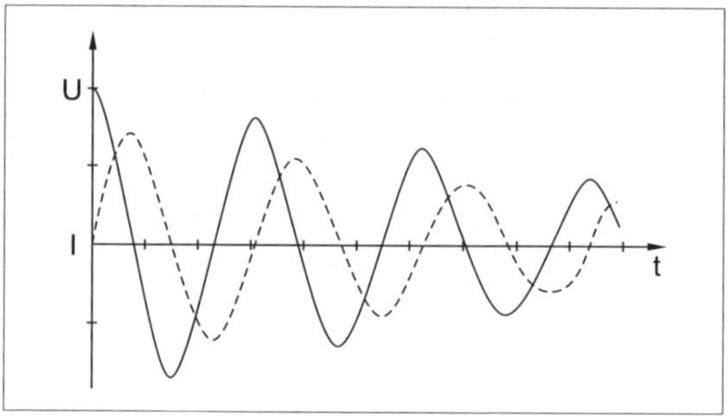

Abb. 2

An der Zeitachse gespiegelte Graphen sind auch richtige Lösungen.

Erklärung
Der Stromfluss durch den ohmschen Widerstand erzeugt thermische Energie, die dem Schwingkreis entzogen wird. Das führt, wie oben skizziert, zu einer Abnahmen der Amplituden.
Um dem entgegenzuwirken, muss dem Schwingkreis periodisch wieder Energie zugeführt werden. Dazu wird der Kondensator immer wieder (z. B. nach einer Schwingungsdauer) aufgeladen. Dies könnte durch kurzzeitiges Umlegen des Schalters in Position I erfolgen. Bei einer Eigenfrequenz von 25 Hz ist das mit der Hand schwer möglich. Um dies zu automatisieren, kann der Schwingkreis z. B. mit einem Sinusgenerator verbunden werden (direkt oder auch induktiv). Liegt die Anregungsfrequenz des Sinusgenerators bei der Eigenfrequenz des Schwingkreises, so tritt Resonanz ein und die Energieverluste durch den ohmschen Widerstand können kompensiert werden.

2.3 Zur **Berechnung der prozentualen Abweichung** wird zuerst mithilfe der gegebenen Formel die Frequenz f_1 berechnet:

$$\begin{aligned} f_1 &= \frac{1}{2\pi} \cdot \sqrt{\frac{1}{L \cdot C} - \frac{R^2}{4L^2}} \\ &= \frac{1}{2\pi} \cdot \sqrt{\frac{1}{400 \cdot 10^{-3}\,\text{H} \cdot 100 \cdot 10^{-6}\,\text{F}} - \frac{(55\,\Omega)^2}{4 \cdot (400 \cdot 10^{-3}\,\text{H})^2}} \\ &\approx 22{,}7\,\text{Hz} \end{aligned}$$

Mit dem Ergebnis für f_0 aus 2.1 gilt für die prozentuale Abweichung

$$\frac{\Delta f}{f_0} = \frac{25{,}2\,\text{Hz} - 22{,}7\,\text{Hz}}{25{,}2\,\text{Hz}} = 0{,}992 = \underline{\underline{9{,}92\,\%}}$$

3.1 Die **Breite B des Hauptmaximums** bzw. des Maximums der 0. Ordnung ist durch die Lage der beiden Minima 1. Ordnung links und rechts vom Hauptmaximum gegeben. Der Formelsammlung kann die Formel für Minima bei der Interferenz am Einzelspalt entnommen werden:

$$\sin\alpha_n = \frac{n\cdot\lambda}{b};\quad n = 1, 2, \ldots$$

Dabei ist b die Breite des Einzelspaltes und λ die Wellenlänge, hier:

$$\lambda = \frac{c}{f} = \frac{3\cdot 10^8\,\frac{m}{s}}{1{,}0\cdot 10^{13}\,\frac{1}{s}} = 3\cdot 10^{-5}\,m$$

Aus der Versuchsanordnung ergibt sich für die Beugungswinkel:

$$\tan\alpha_n = \frac{d_n}{a};\quad n = 1, 2, \ldots$$

Dabei ist d_n der Abstand des n-ten Minimums von der geometrischen Mitte des Schirmbildes und a der Abstand Spalt–Schirm.

Beachten Sie, dass in mancher Formelsammlung andere Buchstaben für die Größen gewählt werden.

Mit n = 1 gilt für die Breite des Hauptmaximums:

$$B = 2d_1 = 2a\cdot\tan\alpha_1 = 2a\cdot\tan\left(\arcsin\frac{\lambda}{b}\right)$$

$$= 2\cdot 0{,}50\,m\cdot\tan\left(\arcsin\frac{3\cdot 10^{-5}\,m}{1\cdot 10^{-3}\,m}\right) = \underline{\underline{0{,}030\,m = 3{,}0\,cm}}$$

Weil der Beugungswinkel $\alpha_1 = \arcsin\frac{\lambda}{b} = 1{,}7°$ sehr klein ist, kann auch mit der sogenannten „Kleinwinkelnäherung" $\sin\alpha_1 \approx \tan\alpha_1$ gerechnet werden:

$$\sin\alpha_1 = \frac{\lambda}{b} \approx \tan\alpha_1 = \frac{d_1}{a} \quad\Rightarrow\quad d_1 \approx \frac{\lambda\cdot a}{b} = 0{,}015\,m$$

Der Wert für die Breite B ist also praktisch gleich dem oben errechneten Wert.

3.2 Mit der in 3.1 erläuterten Kleinwinkelnäherung lassen sich die **Einflüsse** der Spaltbreite b und der Frequenz f auf die Breite B des Hauptmaximums gut **überprüfen**:

$$B = 2d_1 \approx 2\cdot\frac{\lambda\cdot a}{b} = 2\cdot\frac{c\cdot a}{f\cdot b}$$

Man erkennt:

- $B \sim \frac{1}{b}$. Nimmt bei konstanter Frequenz f die Spaltbreite b ab (zu), so nimmt die Breite B des Hauptmaximums zu (ab).
- $B \sim \frac{1}{f}$. Nimmt bei konstanter Spaltbreite b die Frequenz f ab (zu), so nimmt die Breite B des Hauptmaximums zu (ab).

Ähnliche Argumentationen lassen sich auch mit den Formeln für die Beugungswinkel führen.

Landesabitur Physik 2010 (Hessen) – Leistungskurs
Aufgabe B2: Mechanische Schwingungen

Ein Gleiter mit der Masse m ist auf einer Luftkissenbahn zwischen zwei Federn eingespannt und bewegt sich horizontal auf der Unterlage (siehe Material 1). Die Federn sind sowohl auf Zug wie Druck belastbar und besitzen die Federkonstanten D_1 bzw. D_2. Bei der Befestigung der Federn wurde darauf geachtet, dass sie keine Vorspannung erfahren. Die Reibung soll vernachlässigt werden.

1. Skizzieren Sie diese Anordnung. Zeigen Sie anhand dieser Skizze, dass bei der Auslenkung des Gleiters um die Strecke s für die Rückstellkraft gilt

   $$F = -D \cdot s$$

   mit der Richtgröße $D = D_1 + D_2$. (4 BE)

2. In einer Versuchsreihe soll die Abhängigkeit der Schwingungsdauer T von der Masse m, der Amplitude s_m und der Richtgröße D untersucht werden.
   Weisen Sie anhand geeignet gewählter Messreihen aus Material 2 nach, dass für die Schwingungszeit folgende Beziehungen gelten:

   $$T \sim \sqrt{m}, \quad T \sim \sqrt{\frac{1}{D}}$$

   Hinweis: Der Nachweis muss nachvollziehbar sein, z. B. durch sinnvolle Rechenschritte.

   Berechnen Sie einen Wert für die Proportionalitätskonstante c entsprechend der Beziehung

   $$T = c \cdot \sqrt{\frac{m}{D}}.$$

   Hinweis: Zur Berechnung von c müssen nicht alle Messwerte einbezogen werden. (12 BE)

3. Leiten Sie ausgehend von $F = -D \cdot s$ aus Aufgabenteil 1 eine Differenzialgleichung für die ungedämpfte Schwingung her.
   Bestimmen Sie mit einem allgemeinen Lösungsansatz das Weg-Zeit-Gesetz der ungedämpften Schwingung, wenn der Gleiter mit der Amplitude s_m schwingen soll.
   Leiten Sie daraus den Term zur Berechnung der Periodendauer T her und geben Sie an, welchen Wert die Proportionalitätskonstante in Aufgabenteil 2 entsprechend der Theorie hätte annehmen sollen. (8 BE)

4. Mithilfe eines computergestützten Messsystems wird die gedämpfte Schwingung des schwingungsfähigen Systems als t-s-Diagramm dargestellt (siehe Material 3). Weisen Sie anhand von mindestens vier Messwerten nach, dass eine exponentielle Abnahme der Amplitude vorliegt.
Berechnen Sie die Dämpfungskonstante k für den Dämpfungsfaktor $e^{-k \cdot t}$ und geben Sie die s(t)-Gleichung der in Material 3 dargestellten Schwingung an (unter Verwendung konkreter Zahlenwerte). (9 BE)

5. Die Richtgröße D ist nur in einem bestimmten Auslenkungsbereich konstant. Wird der Gleiter weiter ausgelenkt, nimmt die Rückstellkraft überproportional zu, was einem größeren Wert von D entspricht. In Material 4 ist eine solche Abweichung durch eine nichtkonstante Richtgröße dargestellt.

5.1 Zeichnen Sie in Material 5 die ungedämpfte Kurve von s(t) ein, wenn der Gleiter zum Zeitpunkt $t = 0$ aus der Lage $s_0 = 10$ cm losgelassen wird und der Gleiter mit $T = 0{,}4$ s schwingt. (3 BE)

5.2 Nun wird derselbe Gleiter zum Zeitpunkt $t = 0$ aus der Lage $s_0 - 15$ cm losgelassen. Beschreiben und begründen Sie die sich daraus ergebenden Abweichungen zur Kurve aus Aufgabenteil 5.1. (4 BE)

Material 1: Luftkissenbahn

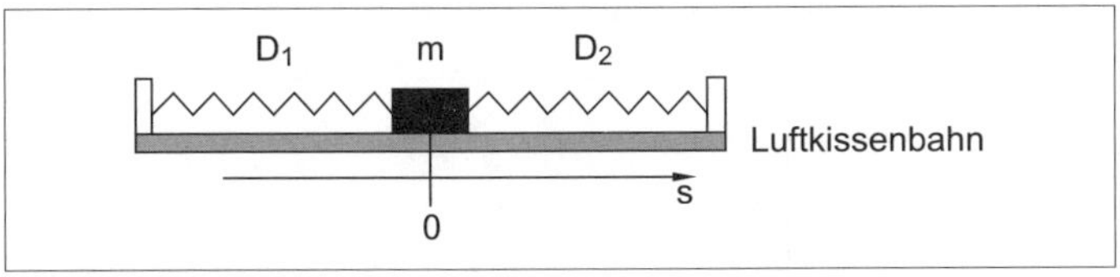

Material 2: Messreihen

Messung 1	m in kg	0,2	0,4	0,6	0,8
	T in s	0,28	0,40	0,49	0,56

Richtgröße $D = 100 \frac{N}{m}$ = konstant; $s_m = 10$ cm = konstant

Messung 2	D in $\frac{N}{m}$	50	100	150	200
	T in s	0,56	0,40	0,33	0,28

Masse $m = 0{,}4$ kg = konstant; $s_m = 10$ cm = konstant

Messung 3	s_m in cm	0,20	0,25	0,30	0,35
	T in s	0,40	0,39	0,40	0,39

Richtgröße $D = 100 \frac{N}{m}$ = konstant; Masse $m = 0{,}4$ kg = konstant

Material 3: Weg-Zeit-Diagramm

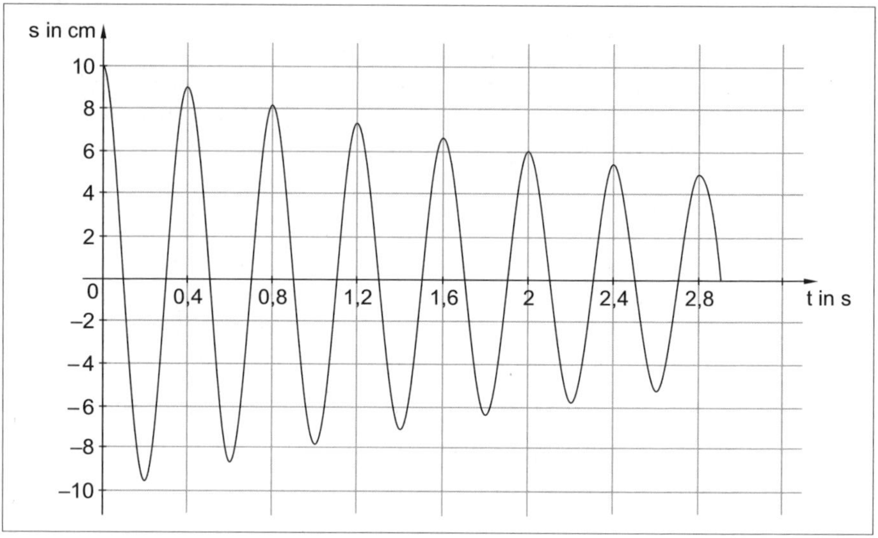

Material 4: Richtgröße D in Abhängigkeit von s

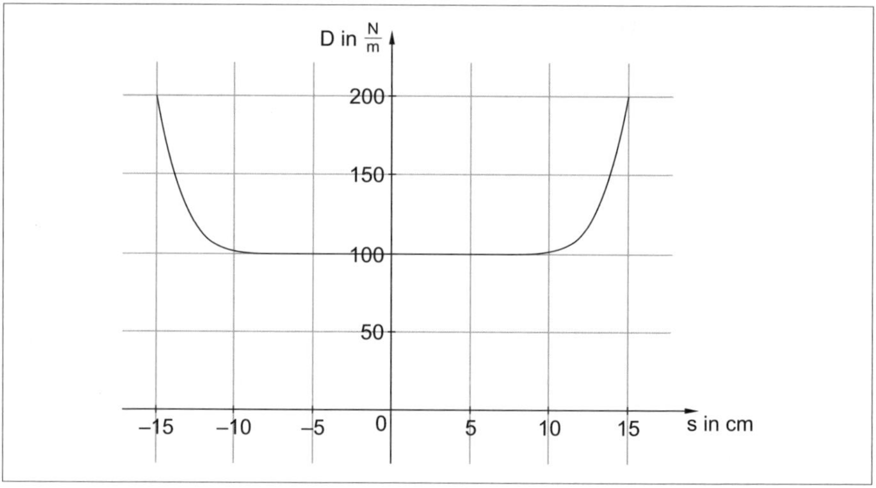

Material 5: Weg-Zeit-Diagramm

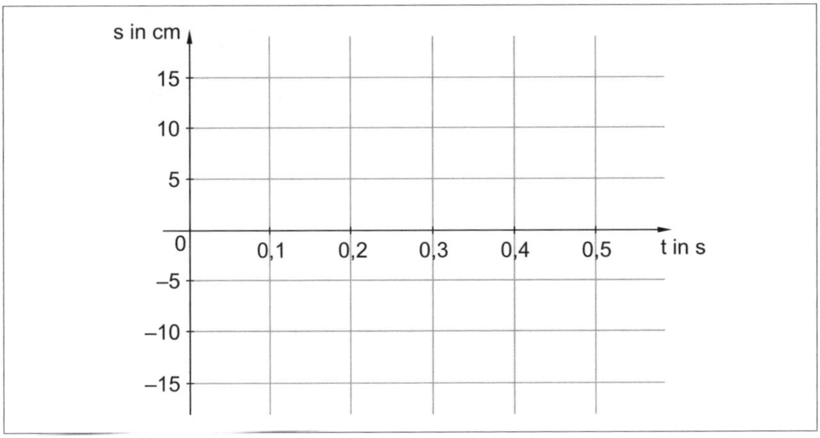

Tipps und Hinweise zur Lösung von Aufgabe B2

Tipp zu Teilaufgabe 1

Für die Skizze der Anordnung gehen Sie vom Material 1 aus und verändern die Lage des Gleiters, sodass er eine Auslenkung der Strecke s bekommt. Betrachten Sie die Summe der beiden Rückstellkräfte.

Tipp zu Teilaufgabe 2

Proportionalität bedeutet Quotientengleichheit. Untersuchen Sie die entsprechenden Quotienten (bzw. Produkte) systematisch in Tabellen.

Tipps zu Teilaufgabe 3

- Kombinieren Sie das lineare Kraftgesetz mit der Newton'schen Grundgleichung.
- Beschleunigung ist die zweite Ableitung des Weges.
- Ein möglicher Lösungsansatz ist eine Sinusfunktion.

Tipps zu Teilaufgabe 4

- Eine exponentielle Abnahme bedeutet, dass die Amplituden in gleichen Zeiteinheiten um den gleichen Faktor sinken, oder formelmäßig ausgedrückt: Die Amplituden gehorchen dem funktionalen Zusammenhang $s_m(t) = s_{m,0} \cdot e^{-k \cdot t}$.
- Setzen Sie einen Wert ein, um k zu ermitteln.
- Beachten Sie beim Aufstellen der s(t)-Gleichung, wo die Kurve für t = 0 s beginnt.

Tipps zu Teilaufgabe 5

- **5.1:** Die Schwingung ist harmonisch, denn in diesem Bereich ist D konstant.
- **5.2:** Welchen Einfluss hat das Anwachsen von D in der Nähe der Umkehrpunkte?

Lösungen von Aufgabe B2

1. Abbildung 1 zeigt eine mögliche **Skizze der Anordnung**. Der Gleiter ist um eine Strecke s nach rechts ausgelenkt. Die Richtungen der dabei wirkenden Rückstellkräfte sind eingezeichnet; hierbei stellt F_1 die Rückstellkraft der gedehnten linken Feder dar und F_2 diejenige der gestauchten rechten Feder.

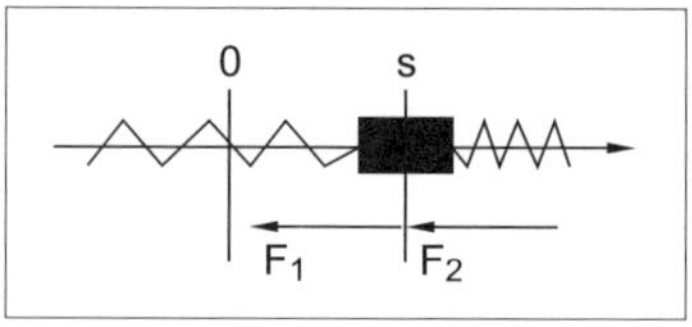

Abb. 1

Für jede der Federn gilt das Hook'sche Gesetz. In dem dargestellten Fall ist der Ausschlag s positiv gewählt. Da die wirkenden Kräfte in die entgegengesetzte Richtung weisen, sind ihre Beträge verglichen mit den Kräften F negativ. Für die Rückstellkraft gilt:

$$F = F_1 + F_2 = -D_1 \cdot s + (-D_2 \cdot s) = -(D_1 + D_2) \cdot s = -D \cdot s, \text{ mit } D = D_1 + D_2$$

D bezeichnet die **Richtgröße** der Schwingung.

Wählen Sie in Ihrer Skizze eine Auslenkung des Gleiters nach links – s also negativ –, so weisen die Rückstellkräfte nach rechts. Das negative Vorzeichen zwischen Kraft und Auslenkung bleibt erhalten.

2. **Nachweis der Beziehungen**

Im Material 2 sind drei Messreihen dokumentiert. Nur Messreihe 1 und 2 untersuchen die Schwingungsdauer T in Abhängigkeit von m bzw. D. In der Messreihe 3 bleibt die Schwingungsdauer T nahezu konstant.

Eine Proportionalität $y \sim x$ lässt sich prinzipiell auf zwei Arten nachweisen: Entweder rechnerisch über den Nachweis der Konstanz des Quotienten $\frac{y_i}{x_i}$ der Messpaare, oder zeichnerisch über den Nachweis, dass die Messpaare in einem y(x)-Diagramm eine Ursprungsgerade bilden.
In diesem Fall ist es einfacher, den rechnerischen Weg zu wählen. Fertigen Sie aus Gründen der Übersichtlichkeit am besten jeweils eine Tabelle an, in die Sie die Messwerte übernehmen und auswerten.

Messung 1

m in kg	0,2	0,4	0,6	0,8
T in s	0,28	0,40	0,49	0,56
$\frac{T}{\sqrt{m}}$ in $\frac{s}{\sqrt{kg}}$	0,626	0,632	0,633	0,626

Für den Mittelwert ergibt sich:

$$\overline{\frac{T}{\sqrt{m}}} = 0{,}629 \frac{s}{\sqrt{kg}}$$

Bei einer maximalen relativen Abweichung von

$$\frac{0{,}633-0{,}629}{0{,}629}=0{,}006=0{,}6\,\%$$

ist der Quotient als konstant anzusehen und die Proportionalität $T \sim \sqrt{m}$ nachgewiesen.

Messung 2
Der zu untersuchende (konstante) Faktor ist bei dieser Antiproportionalität $\frac{T}{\frac{1}{\sqrt{D}}}=T\cdot\sqrt{D}$ (Produktgleichheit).

D in $\frac{N}{m}$	50	100	150	200
T in s	0,56	0,40	0,33	0,28
$T\cdot\sqrt{D}$ in $s\cdot\sqrt{\frac{N}{m}}$	3,96	4,00	4,04	3,96

Für den Mittelwert ergibt sich:

$$\overline{T\cdot\sqrt{D}}=3{,}99\,s\cdot\sqrt{\frac{N}{m}}$$

Bei einer maximalen relativen Abweichung von

$$\frac{4{,}04-3{,}99}{3{,}99}=0{,}013=1{,}3\,\%$$

ist der Quotient als konstant anzusehen und die Proportionalität $T \sim \sqrt{\frac{1}{D}}$ nachgewiesen.

Die angegebene Beziehung mit der **Proportionalitätskonstanten c** lässt sich nach c umstellen:

$$T=c\cdot\sqrt{\frac{m}{D}} \quad\Rightarrow\quad c=T\cdot\sqrt{\frac{D}{m}}$$

Der zweite Hinweis in der Aufgabenstellung darf so interpretiert werden, dass auch nur ein Messpaar zur Bestimmung von c benutzt werden darf (hinsichtlich der sehr geringen Messfehler ist das auch akzeptabel). Mit dem zweiten Messpaar aus Messung 2 ergibt sich:

$$c=T\cdot\sqrt{\frac{D}{m}}=0{,}40\,s\cdot\sqrt{\frac{100\,\frac{N}{m}}{0{,}4\,kg}}\approx 6{,}3\,s\sqrt{\frac{N}{kg\cdot m}}=\underline{\underline{6{,}3}}$$

c ist dimensionslos – es handelt sich um die Zahl 2π (siehe Teilaufgabe 3).

3. **Herleitung der Differenzialgleichung**

Unter Berücksichtigung der Tatsache, dass die Auslenkung s eine zeitabhängige Größe ist, lautet das in Teilaufgabe 1 hergeleitete lineare Kraftgesetz:

$$F(t) = -D \cdot s(t)$$

Setzt man die rechte Seite dieser Gleichung in die Newton'sche Grundgleichung der Mechanik $m \cdot a(t) = F(t)$ ein, erhält man:

$$m \cdot a(t) = -D \cdot s(t)$$

Indem man die Beschleunigung a(t) als zweite Ableitung der Wegfunktion s(t) schreibt, $a(t) = \dot{v}(t) = \ddot{s}(t)$, ergibt sich die Differenzialgleichung der ungedämpften Schwingung:

$$\underline{\underline{m \cdot \ddot{s}(t) = -D \cdot s(t)}} \quad \text{oder} \quad \underline{\underline{\ddot{s}(t) = -\frac{D}{m} \cdot s(t)}}$$

Lösung für s(t)

Ein allgemeiner Lösungsansatz für diese Differenzialgleichung ist eine Sinusfunktion für s(t):

$$s(t) = s_m \cdot \sin(\omega \cdot t + \varphi_0) \quad \Rightarrow \quad \dot{s}(t) = s_m \cdot \omega \cdot \cos(\omega \cdot t + \varphi_0)$$

$$\Rightarrow \quad \ddot{s}(t) = -s_m \cdot \omega^2 \cdot \sin(\omega \cdot t + \varphi_0) = -\omega^2 \cdot s(t)$$

Wie man durch einen Vergleich der Vorfaktoren erkennt, ist die so gewählte Funktion s(t) eine Lösung der Differentialgleichung, wenn gilt:

$$\omega^2 = \frac{D}{m} \qquad (*)$$

$$\Rightarrow \quad \underline{\underline{s(t) = s_m \cdot \sin\left(\sqrt{\frac{D}{m}} \cdot t + \varphi_0\right)}}$$

Durch den Phasenwinkel φ_0 ist die Anfangsphase der Schwingung festgelegt. Da im vorliegenden Experiment eine Auslenkung zu Beginn plausibel ist, erhält man in diesem Fall

$$s(0) = s_m \cdot \sin \varphi_0 \overset{!}{=} s_m \quad \Rightarrow \quad \varphi_0 = \tfrac{\pi}{2}$$

und damit:

$$s(t) = s_m \cdot \cos\left(\sqrt{\frac{D}{m}} \cdot t\right)$$

Herleitung einer Gleichung für T

Aus der Gleichung (*) lässt sich die Periodendauer T ermitteln:

$$\omega^2 = \frac{D}{m} \quad \Rightarrow \quad \frac{4\pi^2}{T^2} = \frac{D}{m} \quad \Rightarrow \quad T^2 = 4\pi^2 \cdot \frac{m}{D} \quad \Rightarrow \quad \underline{\underline{T = 2\pi \cdot \sqrt{\frac{m}{D}}}}$$

Jetzt erkennt man den Wert der **Proportionalitätskonstanten** aus Teilaufgabe 2:

$$c = \underline{\underline{2\pi}}$$

4. **Nachweis der exponentiellen Abnahme**

Der Nachweis, dass bei den Amplituden eine exponentielle Abnahme vorliegt, kann auf zwei Wegen erfolgen:

- Eine exponentielle Abnahme bedeutet, dass die Amplituden in gleichen Zeiteinheiten um den gleichen Faktor sinken:

$$\frac{s_m(t_n)}{s_m(t_{n+1})} = \text{konst.}$$

- Eine exponentielle Abnahme bedeutet, dass die Amplituden dem funktionalem Zusammenhang

$$s_m(t) = s_{m,0} \cdot e^{-k \cdot t}$$

gehorchen, wobei für t Vielfache der Periodendauer T gewählt werden müssen (Amplituden!): $t_n = n \cdot T \quad (n = 0, 1, 2, \ldots)$. Der Nachweis ist erbracht, wenn gezeigt wird:

$$k = -\frac{\ln \frac{s_m(t_n)}{s_{m,0}}}{t_n} = \text{konst.} \qquad (**)$$

Beide Möglichkeiten seien hier tabellarisch mit vier Werten, die dem Material 3 entnommen werden, dargestellt. Sie müssen natürlich nur eine Möglichkeit durchführen!

n	0	1	2	3
t_n in s	0	0,8	1,6	2,4
s_m in cm	10	8,1	6,6	5,5
$\frac{s_m(t_n)}{s_m(t_{n+1})}$		1,23	1,23	1,20
k in s^{-1}		0,26	0,26	0,25

Möglichkeit 1: Bei einer maximalen relativen Abweichung von

$$\frac{1,22-1,20}{1,20} = 0,016 = 1,6\,\%$$

vom Mittelwert 1,22 sind die geforderte Konstanz des Quotienten und damit die exponentielle Abnahme der Amplituden nachgewiesen.

Möglichkeit 2: Bei einer maximalen relativen Abweichung von

$$\frac{0,257-0,25}{0,257} = 0,027 = 2,7\,\%$$

vom Mittelwert 0,257 s^{-1} sind die geforderte Konstanz des Faktors k und damit die exponentielle Abnahme der Amplituden nachgewiesen.

Für diese Tabelle können auch aufeinander folgende Amplitudenwerte betrachtet werden ($\Delta t = 0,4$ s).

Berechnung der Dämpfungskonstanten k
Hat man die Möglichkeit 2 gewählt, so ist dieser Aufgabenteil erledigt:

$$k = 0{,}257\ s^{-1}$$

Hat man Möglichkeit 1 gewählt, so sind die oben dargestellten Gedankengänge und Rechnungen unter Verwendung von Gleichung (**) hier durchzuführen.

Angabe der vollständigen Schwingungsgleichung
Die Gleichung einer exponentiell gedämpften Schwingung kann der Formelsammlung entnommen werden. Sie lautet:

$$s(t) = s_{m,0} \cdot e^{-k \cdot t} \cdot \sin(\omega \cdot t + \varphi_0)$$

Aus dem Material 3 liest man ab, dass die Phasenverschiebung $\varphi_0 = \frac{\pi}{2}$ beträgt und dass $T = 0{,}4$ s ist. Einsetzen aller Werte ergibt:

$$s(t) = 10\ cm \cdot e^{-0{,}257\ s^{-1} \cdot t} \cdot \sin\left(\frac{2\pi}{0{,}4\ s} \cdot t + \frac{\pi}{2}\right)$$

$$= 10\ cm \cdot e^{-0{,}257\ s^{-1} \cdot t} \cdot \cos\left(\frac{2\pi}{0{,}4\ s} \cdot t\right)$$

5.1 Gemäß Material 4 ist für Auslenkungen der Federn zwischen $-10\ cm \leq s \leq +10\ cm$ die Richtgröße D konstant. Die s(t)-Gleichung beschreibt also eine harmonische Schwingung. Weil zum Zeitpunkt $t = 0$ s mit maximalem Ausschlag gestartet wird, lautet sie:

$$s(t) = 10\ cm \cdot \cos\left(\frac{2\pi}{0{,}4\ s} \cdot t\right)$$

Der zugehörige Graph kann in Material 5 **eingezeichnet** werden (vgl. Abbildung 2).

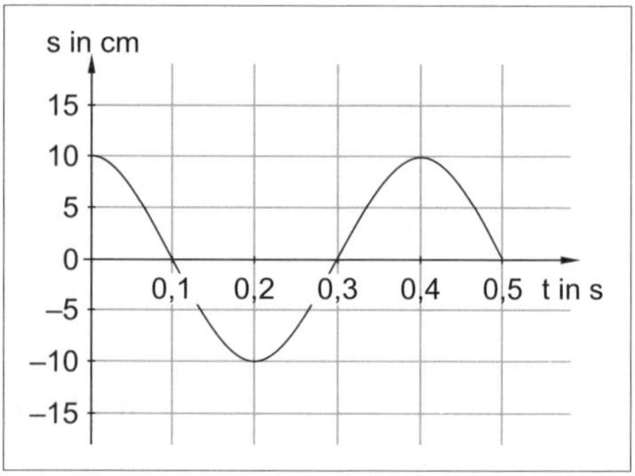

Abb. 2

5.2 **Abweichungen bei größerer Auslenkung**
Wird der Körper bei $s_0 = 15$ cm losgelassen, beträgt die Amplitude der Schwingung 15 cm. Richtgröße und damit Rückstellkraft und Beschleunigung sind immer noch in weiten Teilen konstant. Nur in der Nähe der Umkehrpunkte steigt D bis auf das doppelte an (Material 4). Das führt zu größeren Rückstellkräften und größeren Beschleunigungen in diesem Bereich, wegen $T \sim D^{-0{,}5}$ ist die **Schwingungsdauer** etwas **verkürzt**.
Außerdem ist s(t) keine Kosinus-Kurve mehr, weil die **Schwingung** durch die Änderung von D während einer Schwingungsdauer **nicht** mehr **harmonisch** ist.

Landesabitur Physik 2010 (Hessen) – Leistungskurs
Aufgabe C1: Röntgenstrahlung und Röntgenspektroskopie

Heutzutage ist die Röntgenspektroskopie in ihren vielen Varianten eine der am häufigsten eingesetzten Methoden der Festkörperanalytik zur qualitativen und quantitativen Bestimmung der atomaren bzw. chemischen Zusammensetzung von Materialien. Dazu werden die Atome in der zu untersuchenden Probe angeregt und senden Röntgenstrahlung aus, die analysiert wird. Die Erzeugung der notwendigen Strahlung geschieht in einer Röntgenröhre.

1. Im Material 1 sind die Spektren der Strahlung einer Röntgenröhre (Wolframanode) bei unterschiedlichen Betriebsspannungen der Röntgenröhre (Beschleunigungsspannungen) abgebildet.

1.1 Beschreiben Sie die Charakteristika eines einzelnen Spektrums und erläutern Sie die Entstehung dieser Strahlung. (6 BE)

1.2 Im Jahre 1925 erbrachten Duane und Hunt den experimentellen Nachweis der kurzwelligen Grenze λ_{min} der Röntgenbremsstrahlung und fanden folgenden Zusammenhang zwischen λ_{min} und der Beschleunigungsspannung U_A:

$$\lambda_{min} \cdot U_A = K \quad \text{mit } K = 1{,}24 \cdot 10^{-6}\,\text{Vm}$$

Leiten Sie diese Beziehung her und berechnen Sie die Konstante K nur mithilfe von Naturkonstanten. (4 BE)

1.3 Die Spektren sind bei Beschleunigungsspannungen U_A von 20 kV, 25 kV, 30 kV, 35 kV, 40 kV und 50 kV aufgenommen worden.
Ordnen Sie begründet den Spektren die richtige Beschleunigungsspannung zu.
Ermitteln Sie mithilfe der Spannungsangaben und den sechs abgebildeten Spektren im Diagramm des Materials 1 einen Mittelwert für K.
Bestimmen Sie mit diesem Mittelwert einen Näherungswert für das Planck'sche Wirkungsquantum h. (11 BE)

2. Im Material 2 ist neben dem Röntgenspektrum des Materials Wolfram noch das Röntgenspektrum von Molybdän (Z = 42) abgebildet. Die K-Linien ergeben sich aus Übergängen von höheren Energieniveaus in das niedrigste Energieniveau und werden der Reihe nach aufsteigend mit α, β, … indiziert.

2.1 Geben Sie den wesentlichen Unterschied dieser beiden Spektren an und erläutern Sie, wie dieser Unterschied zustande kommt.
Erläutern Sie, welcher der beiden Peaks des Röntgenspektrums von Molybdän zur K_α-Linie und welcher zur K_β-Linie gehört. (8 BE)

2.2 Die Basis der Analyse der Röntgenspektren ist das von H. G. Moseley gefundene Gesetz

$$\frac{1}{\lambda} = R_H \cdot (Z - \sigma)^2 \cdot \left(\frac{1}{n^2} - \frac{1}{m^2} \right).$$

Dabei ist R_H die Rydbergkonstante ($R_H = 1{,}10 \cdot 10^7\ m^{-1}$) und σ der sogenannte Abschirmungsfaktor, der von der Art der Spektrallinie abhängt. Für die K_α-Linie gilt $\sigma = 1$.
Ermitteln Sie den Abschirmungsfaktor für die K_β-Linie mithilfe des abgebildeten Spektrums und erläutern Sie, warum der Abschirmungsfaktor nicht für alle Linien gleich ist. (6 BE)

2.3 Die Bindungsenergie der Elektronen des Elementes Wolfram gibt die folgende Tabelle an:

Element	Bindungsenergie in eV auf der		
	K-Schale	L-Schale	M-Schale
^{74}W	69 524	10 204	1 809

Weisen Sie nach, dass in dem abgebildeten Teil des Röntgenspektrums im Material 2 der charakteristische Teil des Röntgenspektrums für das Element Wolfram nicht auftreten kann. (5 BE)

Material 1: Röntgenspektren von Wolfram bei unterschiedlichen Betriebsspannungen der Röntgenröhre

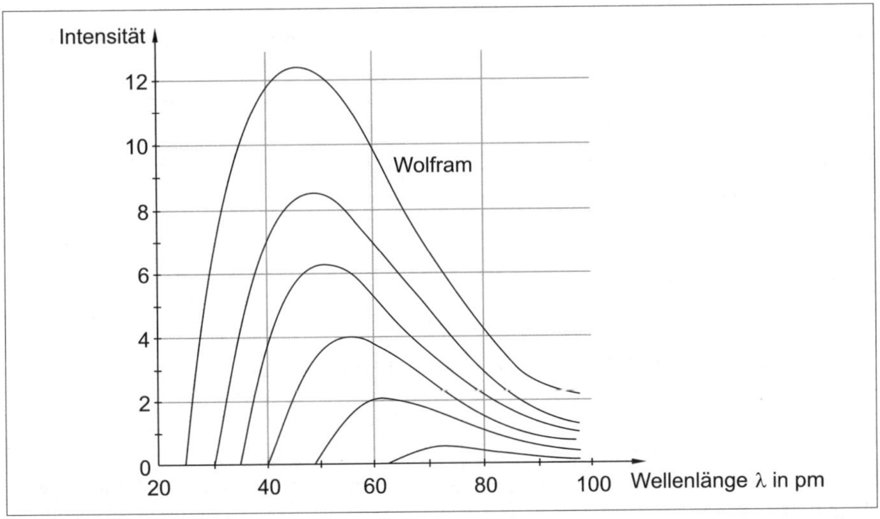

Mit freundlicher Genehmigung aus: Haken, Hermann; Wolf, Hans-Christoph: Atom- und Quantenphysik. 8. Auflage. Springer-Verlag, 2004 ISBN: 978-3-540-02621-1

Material 2: Teil des Röntgenspektrums von Molybdän und Wolfram ($U_B = 30$ kV)

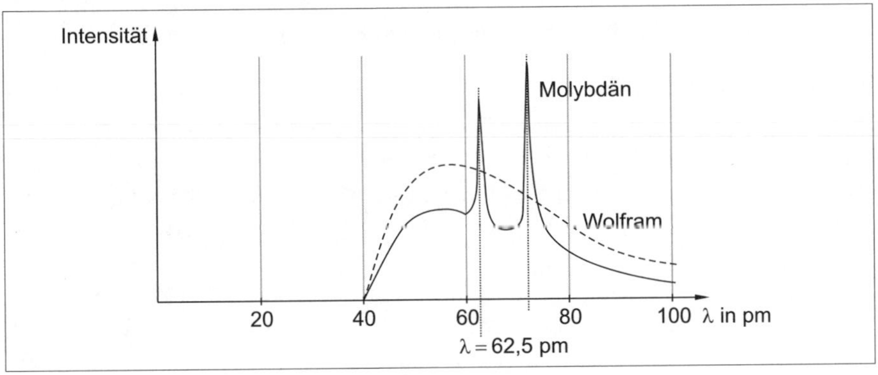

Tipps und Hinweise zur Lösung von Aufgabe C1

Tipp zu Teilaufgabe 1.1

- Beachten Sie bei Ihrer Erläuterung, dass Material 1 kontinuierliche Bremsspektren zeigt.

Tipps zu Teilaufgabe 1.2

- Benutzen Sie einen Energieansatz: Welche Energien treten auf, wie werden sie ineinander umgewandelt?
- Naturkonstanten sind z. B. h, c und e.

Tipps zu Teilaufgabe 1.3

- Ordnen Sie die Spektren, in dem Sie die Gleichung aus 1.2 interpretieren.
- Entnehmen Sie dem Material Werte für die Grenzwellenlänge und berechnen Sie K und h.

Tipps zu Teilaufgabe 2.1

- Die beiden Peaks entstehen durch Sprünge zwischen Energieniveaus in Atomen des Anodenmaterials.
- Welche Lage der Peaks ergibt sich aus $E_{Photon} = h \cdot f = h \cdot \frac{c}{\lambda}$?

Tipps zu Teilaufgabe 2.2

- Stellen Sie die Gleichung nach σ um. Welche Werte haben n und m bei der K_β-Linie?
- Berücksichtigen Sie bei der Abschirmung Elektronen auf inneren Schalen.

Tipps zu Teilaufgabe 2.3

- Bedenken Sie, dass das vorgegebene Energieniveauschema Aussagen über die K_α-Linie, die K_β-Linie und die L_α-Linie zulässt.
- Welche Wellenlängen erwarten Sie für diese Linien? Vergleichen Sie mit dem gegebenen Diagramm.

Lösungen von Aufgabe C1

1.1 **Beschreibung**

Ab einer bestimmten minimalen Grenzwellenlänge wird ein kontinuierliches Spektrum registriert. Mit zunehmender Wellenlänge zeigt die Intensität ein Maximum und geht danach asymptotisch gegen null.

Erläuterung

Die durch die Betriebsspannung beschleunigten und damit energiereichen Elektronen dringen in die Wolframanode ein und wechselwirken mit den Wolframatomen. Die dabei erfolgende Ablenkung und Abbremsung der Elektronen führt zur Abgabe von Energie, die zum Teil als Strahlungsenergie in Form von Röntgenphotonen freigesetzt wird. Diese Energieabgabe kann auf einmal oder auch stufenweise erfolgen. Die so entstandene Strahlung heißt **Bremsstrahlung** und das dazugehörende Spektrum **Bremsspektrum**.

Weil ein großer Teil der abgebremsten Elektronen seine Energie in mehreren gestuften, stochastisch willkürlichen Bremsprozessen abgibt, ist das Bremsspektrum **kontinuierlich**.

Bei maximaler Energieabgabe entstehen die energiereichsten Photonen, die die **kurzwellige Grenze** des Spektrums erzeugen.

1.2 Die Gleichung lässt sich aus dem Energieerhaltungssatz **herleiten**. Die Elektronen verwandeln die im Feld der Beschleunigungsspannung U_A aufgenommene elektrische Energie $E_{el,\,max} = e \cdot U_A$ vollständig in kinetische Energie, die beim Entstehen der kurzwelligen Grenze in Strahlungsenergie $E_{Ph,\,max} = h \cdot f_{max}$ verwandelt wird; hierbei ist h die Planck'sche Konstante:

$$\left.\begin{aligned} E_{el,\,max} &= E_{kin,\,max} \\ E_{kin,\,max} &= E_{Ph,\,max} \end{aligned}\right\} \Rightarrow E_{el,\,max} = E_{Ph,\,max}$$

$$e \cdot U_A = h \cdot f_{max}$$

$$e \cdot U_A = h \cdot \frac{c}{\lambda_{min}} \Rightarrow \underline{\underline{U_A \cdot \lambda_{min} = \frac{h \cdot c}{e} =: K}}$$

Durch Einsetzen der Werte der beteiligten Naturkonstanten (Planck'sche Konstante h, Vakuumlichtgeschwindigkeit c, Elementarladung e) kann K **berechnet** werden:

$$K = \frac{h \cdot c}{e} = \frac{6{,}63 \cdot 10^{-34}\,\text{Js} \cdot 3{,}00 \cdot 10^{8}\,\frac{\text{m}}{\text{s}}}{1{,}60 \cdot 10^{-19}\,\text{As}} = \underline{\underline{1{,}24 \cdot 10^{-6}\,\text{Vm}}}$$

1.3 **Begründete Zuordnung**

Die Gleichung aus 1.2 bedeutet, dass Grenzwellenlänge λ_{min} und Beschleunigungsspannung U_A antiproportional zueinander sind. Die größte Beschleunigungsspannung führt also zur kleinsten Grenzwellenlänge. Das bedeutet, dass die Graphen von außen nach innen bzw. von oben nach unten zu den Spannungen 50 kV bis 20 kV gehören.

Auswertung und Bestimmung eines Näherungswertes für h

Da es sich bei dieser Auswertung um sechs Messpaare handelt, sollten Sie der Übersichtlichkeit halber eine Tabelle anlegen. Entnehmen Sie dem Material 1 für jeden Wert der Beschleunigungsspannung den entsprechenden Wert für die Grenzwellenlänge. Die Konstante K wird gemäß der Gleichung aus Teilaufgabe 1.2 berechnet.

U_A in kV	50	40	35	30	25	20
λ_{min} in pm	25	30	35	40	49	62
$K = \lambda_{min} \cdot U_A$ in 10^{-6} Vm	1,25	1,20	1,23	1,20	1,23	1,24

Der Mittelwert für K beträgt

$$\overline{K} = 1{,}23 \cdot 10^{-6}\ \text{Vm}.$$

$\overline{K}$ wird in die in 1.2 hergeleitet Gleichung mit den Naturkonstanten eingesetzt, woraus man als Näherungswert für das Planck'sche Wirkungsquantum h erhält:

$$\overline{K} = \frac{h \cdot c}{e} \quad \Rightarrow \quad h = \frac{\overline{K} \cdot e}{c}$$

$$h = \frac{1{,}23 \cdot 10^{-6}\ \text{Vm} \cdot 1{,}60 \cdot 10^{-19}\ \text{As}}{3{,}00 \cdot 10^{8}\ \frac{\text{m}}{\text{s}}} = 6{,}56 \cdot 10^{-34}\ \text{Js}$$

2.1 **Unterscheidung der Spektren**

Beim Spektrum von Molybdän erscheinen neben dem kontinuierlichen Bremsspektrum noch zwei Peaks, die das sogenannte **charakteristische Spektrum** bilden.

Das charakteristische Spektrum entsteht, wenn die auftreffenden energiereichen Elektronen innere Elektronen der Atome des Anodenmaterials – hier also Molybdän – aus dem Atom herausschlagen und in diese Lücken Elektronen von äußeren Energieniveaus hineinfallen. Dabei wird Energie frei, die in Form von Photonen ausgesandt wird. Die Photonenenergie entspricht genau der Energiedifferenz der beiden beteiligten Niveaus des Atoms und legt wegen

$$E_{Ph} = h \cdot f = h \cdot \frac{c}{\lambda}$$

die beobachtbare Wellenlänge fest. Diese Wellenlängen sind somit – wenn sie überhaupt zu sehen sind – unabhängig von der Beschleunigungsspannung und charakteristisch für das Element der Anode.

Zuordnung der Peaks

Die K_α-Linie entsteht beim Übergang von Energieniveau 2 zu 1, die K_β-Linie beim Übergang von Energieniveau 3 zu 1. Somit ist die K_α-Linie energieärmer als die K_β-Linie und die erzeugte Wellenlänge ist größer. Die K_α-Linie ist also der rechte, höhere Peak, die K_β-Linie der linke Peak.

2.2 Um den **Abschirmfaktor σ** für die K_β-Linie von Molybdän zu ermitteln, muss zuerst die gegebene Gleichung von Moseley umgestellt werden:

$$\frac{1}{\lambda} = R_H \cdot (Z-\sigma)^2 \cdot \left(\frac{1}{n^2} - \frac{1}{m^2}\right) \quad \Rightarrow \quad \sigma = Z - \sqrt{\frac{1}{\lambda \cdot R_H \cdot \left(\frac{1}{n^2} - \frac{1}{m^2}\right)}}$$

Laut Aufgabenstellung ist $Z=42$ und nach den Erläuterungen in 2.1 muss für die K_β-Linie $n=1$ und $m=3$ sein. Die Wellenlänge kann dem Material 2 entnommen werden: $\lambda_{K_\beta}=62{,}5$ pm. Damit ergibt sich:

$$\sigma = 42 - \sqrt{\frac{1}{62{,}5 \cdot 10^{-12}\,\text{m} \cdot 1{,}10 \cdot 10^{7}\,\frac{1}{\text{m}} \cdot \left(\frac{1}{1^2} - \frac{1}{3^2}\right)}} \approx \underline{\underline{1{,}55}}$$

Da das Coulombfeld des Atomkerns von den weiter innen befindlichen Elektronen abgeschirmt wird, hängt diese Abschirmung davon ab, auf welchem Energieniveau sich das Elektron befindet, das auf die K-Schale fällt.

2.3 **Fehlen des charakteristischen Spektrums**

Das vorgegebene Energieniveauschema von Wolfram lässt Aussagen über die K_α-Linie (Übergang $L \to K$), die K_β-Linie ($M \to K$) und die L_α-Linie ($M \to L$) zu. Aus diesen Energieniveaus können die entsprechenden Wellenlängen berechnet werden:

$$\left.\begin{aligned} E_{Ph} &= \Delta E \\ E_{Ph} &= h \cdot f = h \cdot \frac{c}{\lambda} \end{aligned}\right\} \quad \Rightarrow \quad \lambda = \frac{h \cdot c}{\Delta E}$$

Als Beispiel sei die Wellenlänge der K_α-Linie berechnet:

$$\lambda_{K_\alpha} = \frac{6{,}63 \cdot 10^{-34}\,\text{Js} \cdot 3{,}00 \cdot 10^{8}\,\frac{\text{m}}{\text{s}}}{(69\,524 - 10\,204) \cdot 1{,}60 \cdot 10^{-19}\,\text{J}} \approx 2{,}10 \cdot 10^{-11}\,\text{m} = 21{,}0\,\text{pm}$$

Für die Einheit Elektronenvolt gilt: $1\,\text{eV} = 1{,}60 \cdot 10^{-19}\,\text{J}$.

Auf diese Weise erhält man:

Linie	K_α	K_β	L_α
Wellenlänge in pm	21,0	18,4	148

Die K_α-Linie und die K_β-Linie können in dem Diagramm im Material 2 nicht auftauchen, da das Wolfram-Spektrum erst bei 40 pm beginnt. Die Betriebs- oder Anodenspannung (hier mit U_A bezeichnet) ist mit 30 kV also zu gering (vgl. die Gleichung aus 1.2). Die L_α-Linie liegt mit 148 pm außerhalb des im Diagramm dargestellten Bereiches, ist also auch nicht zu sehen.

Für die K_α-Linie und die K_β-Linie lässt sich auch alternativ argumentieren: Um diese Linien zu erzeugen, muss ein Elektron aus der K-Schale herausgelöst wer-den. Dazu sind laut Energieniveauschema ca. 69,5 keV notwendig. Die von der Betriebs- bzw. Anodenspannung beschleunigten Elektronen stellen aber nur 30 keV zur Verfügung. Die K-Linien können also nicht entstehen.

Landesabitur Physik 2010 (Hessen) – Leistungskurs
Aufgabe C2: Wechselwirkung von Strahlung mit Materie – Comptoneffekt

Die Eigenschaften von Röntgenstrahlung und γ-Strahlung wurden in zahlreichen Experimenten untersucht. Besonders Streuexperimente zeigten einen bemerkenswerten Effekt, den – später nach seinem Entdecker benannten – Comptoneffekt.

1. Beschreiben Sie die Erscheinung, die man als Comptoneffekt bezeichnet, und erläutern Sie, welche Modellannahmen man zur Erklärung dieses Effektes macht. (6 BE)

2. Im Material 1 wird eine Anordnung zur Untersuchung des Comptoneffekts dargestellt. Eine Röntgenstrahlungsquelle R ist so angebracht, dass ihr Strahl auf den Graphitzylinder G fällt, um den sie drehbar angeordnet ist. An G wird der Strahl in alle Richtungen gestreut. Ein Loch in der Blende B lässt die unter dem jeweils eingestellten Winkel ϑ gestreute Röntgenstrahlung auf einen Detektor fallen, mit dem man die Intensität und die Energie der detektierten Strahlung messen kann.
Mit dieser Anordnung führt man nun ein Experiment durch, bei dem die Quanten der einfallenden Röntgenstrahlung eine Energie haben, die gleich der Ruheenergie $E_0 = m_e \cdot c^2$ eines Elektrons ist.

2.1 Bei einem bestimmten Streuwinkel ϑ registriert der Detektor zwei Strahlungsanteile unterschiedlicher Energie. Eine dieser beiden Energien beträgt

$$E_1 = 193\ \text{keV}.$$

Berechnen Sie die Wellenlänge λ_1 dieser Strahlung.
(Zur Kontrolle: 6,42 pm) (3 BE)

2.2 Bei gleichem Streuwinkel ϑ bestimmt man neben der Wellenlänge λ_1 für den zweiten Strahlungsanteil die Wellenlänge $\lambda = 2{,}43$ pm.
Begründen Sie dieses Versuchsergebnis.
Beschreiben Sie, was man hinsichtlich der Wellenlängen bei den beiden Strahlungsanteilen beobachtet, wenn der Streuwinkel ϑ durch Drehung der Strahlungsquelle R verändert wird. (7 BE)

2.3 Berechnen Sie den Streuwinkel ϑ, unter dem die Blende B bei der Messung in 2.1 eingestellt war.
Bestimmen Sie für einen Streuwinkel von 130° den Impuls des beteiligten Elektrons zeichnerisch mithilfe des zugehörigen Impulsvektordiagramms oder rechnerisch. (11 BE)

3. Trifft Röntgenstrahlung oder ein γ-Quant auf Materie, so kann es zu Wechselwirkungen wie dem oben angesprochenen Comptoneffekt, dem Fotoeffekt oder der Paarerzeugung kommen. Im Material 2 ist ein Energiespektrum der bei diesen Wechselwirkungen aus dem Material emittierten Elektronen dargestellt, wenn die einfallenden γ-Quanten eine Energie von $E_\gamma = 0{,}66$ MeV haben.

3.1 An der mit ① markierten Stelle dieses Spektrums sieht man die sogenannte Comptonkante. Die zugehörige Energie ist die der energiereichsten Elektronen, die bei einem Comptoneffekt entstehen können.
Erklären Sie, bei welchem Streuwinkel der Röntgenquanten die maximale Energie an die Elektronen abgegeben wird. (2 BE)

3.2 Die kinetische Energie der Elektronen der Comptonkante sei mit $E_{kin,\,max}$ bezeichnet. Zeigen Sie, dass

$$E_{kin,\,max} = E_\gamma \cdot \frac{2\lambda_C}{\lambda + 2\lambda_C} \qquad \text{(I)}$$

gilt. (5 BE)

3.3 In dem Diagramm des Materials 2 ist ein Energiespektrum abgebildet. Es ist für die Auswertung wesentlich einfacher, wenn man den Term (I) so umschreibt, dass nur noch die Energie E_γ des einfallenden γ-Quants und die Ruheenergie E_0 des Elektrons auftritt. Einfache Umformungen ergeben die Beziehung

$$E_{kin,\,max} = E_\gamma \cdot \frac{2}{2 + \frac{E_0}{E_\gamma}}. \qquad \text{(II)}$$

Überprüfen Sie, ob das theoretische Ergebnis (II) mit dem Wert des in Material 2 abgebildeten Energiespektrums übereinstimmt. (3 BE)

3.4 Das an der Stelle ② liegende Maximum im Energiespektrum nennt man Fotopeak (oder Fotolinie). Erklären Sie, aus welcher Wechselwirkung Elektronen dieser Energie hervorgehen. (3 BE)

Material 1: Prinzipielle Anordnung zur Untersuchung des Comptoneffekts

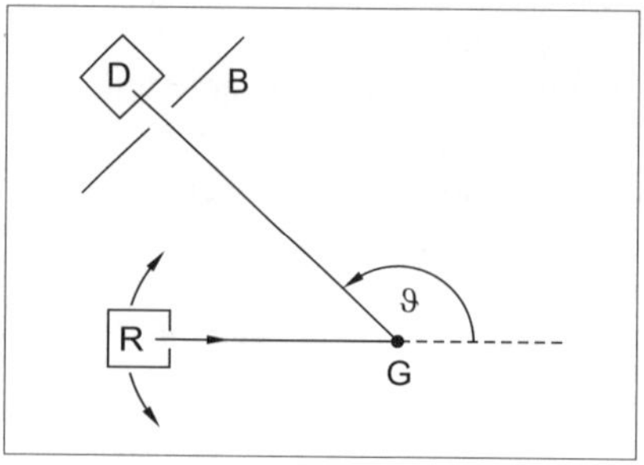

Material 2: Energiespektrum der emittierten Elektronen bei Wechselwirkung von γ-Quanten ($E_\gamma = 0{,}66$ MeV) und Materie

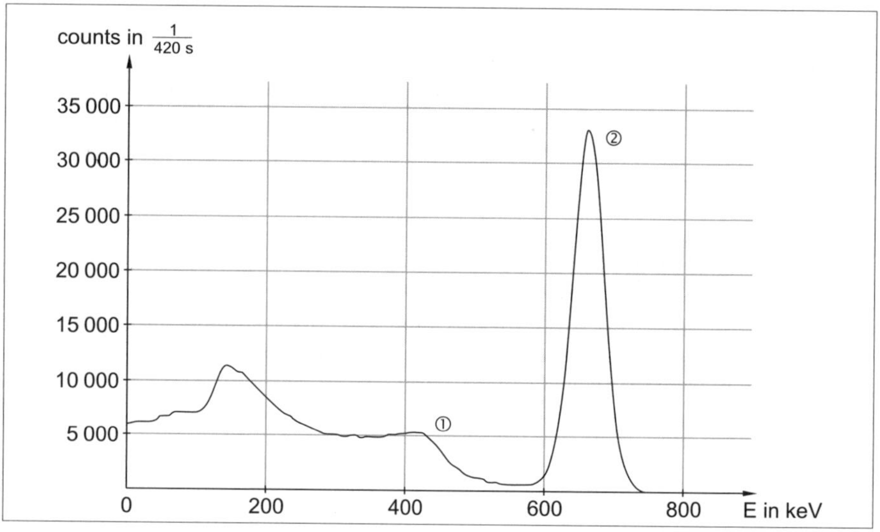

Tipps und Hinweise zur Lösung von Aufgabe C2

Tipp zu Teilaufgabe 1.1

- Benutzen Sie das Modell des „vollkommen elastischen Stoßes“ zwischen Photon und Elektron.

Tipp zu Teilaufgabe2.1

- Wie lautet die Gleichung für die Energie eines Photons? Stellen Sie nach der Wellenlänge um.

Tipps zu Teilaufgabe 2.2

- Beim Comptoneffekt werden *zwei* Wellenlängen in der Streustrahlung nachgewiesen.
- Eine ist die der einfallenden Strahlung, die andere gehorcht der Compton-Formel.

Tipps zu Teilaufgabe 2.3

- Der Streuwinkel ϑ taucht in der Compton-Formel auf.
- Ausgangspunkt für eine Lösung ist das Impulsdiagramm. Sie können eine zeichnerische und eine rechnerische Lösung versuchen.
- Beim einen hilft maßstäbliches Zeichnen, beim anderen der Kosinussatz.

Tipp zu Teilaufgabe 3.1

- Analysieren Sie entweder die Compton-Formel oder den Impulsübertrag beim elastischen Stoß hinsichtlich des Streuwinkels.
- Schließen Sie dann auf die Energie der gestoßenen Elektronen.

Tipps zu Teilaufgabe 3.2

- Greifen Sie auf die Energieerhaltung zurück: Wer liefert Energie und wer nimmt Energie auf?
- Benutzen Sie die Compton-Formel für 180° und haben Sie etwas mathematische Ausdauer.

Tipp zu Teilaufgabe 3.3

- Setzen Sie Werte ein.

Tipp zu Teilaufgabe 3.4

- Gehen Sie auf den Fotoeffekt ein. Welche Energie der Fotoelektronen ist zu erwarten?

Lösungen von Aufgabe C2

1. **Beschreibung des Comptoneffekts**
Monochromatische Strahlung der Wellenlänge λ wird an einem (nahezu) freien Elektron eines geeigneten Körpers (z. B. Graphitfolie, Plexiglas) gestreut. Unter einem Winkel ϑ gegen die Einfallsrichtung der Strahlung weist man neben der Streustrahlung mit der Wellenlänge λ der einfallenden Strahlung auch einen Strahlungsanteil mit einer größeren Wellenlänge λ_1 nach.

Erläuterung der Modellannahmen
Die einfallende Strahlung wird als ein Strom von Photonen betrachtet. Diese Photonen führen mit den quasi freien, anfangs ruhenden Elektronen des Streukörpers einen vollkommen elastischen Stoß aus und übertragen Impuls und Energie auf die Elektronen. Da der Stoß als elastisch betrachtet wird, gelten sowohl der Energieerhaltungssatz wie der Impulserhaltungssatz.

2.1 **Berechnung**
Die Energie eines Röntgenquants beträgt $E_1 = h \cdot f_1 = h \cdot \frac{c}{\lambda_1}$. Daraus folgt:

$$\lambda_1 = \frac{h \cdot c}{E_1}$$

$$= \frac{6{,}63 \cdot 10^{-34}\ \text{Js} \cdot 3{,}00 \cdot 10^{8}\ \frac{\text{m}}{\text{s}}}{193 \cdot 10^{3} \cdot 1{,}60 \cdot 10^{-19}\ \text{J}} \approx 6{,}44 \cdot 10^{-12}\ \text{m} = \underline{\underline{6{,}44\ \text{pm}}}$$

Für die Einheit Elektronenvolt gilt: $1\ \text{eV} = 1{,}60 \cdot 10^{-19}\ \text{J}$.
Den Wert von 6,42 pm erhält man, wenn man die nicht gerundeten Werte der Naturkonstanten einsetzt – z. B. aus Formelsammlung oder Taschenrechner.

2.2 **Begründung**
Die Wellenlänge λ_1 ist die durch die Stöße mit den freien Elektronen entstandene größere Wellenlänge. Also ist λ die Wellenlänge in der Streustrahlung, die ihre Wellenlänge beibehalten hat; es ist die Wellenlänge der einfallenden Strahlung. Das kann man nachweisen, indem man λ aus der gegebenen Energie E_0 berechnet:

$$\lambda = \frac{h \cdot c}{E_0} = \frac{h \cdot c}{m_e \cdot c^2} = \frac{h}{m_e \cdot c}$$

$$= \frac{6{,}63 \cdot 10^{-34}\ \text{Js}}{9{,}11 \cdot 10^{-31}\ \text{kg} \cdot 3{,}00 \cdot 10^{8}\ \frac{\text{m}}{\text{s}}} = 2{,}43 \cdot 10^{-12}\ \text{m} = 2{,}43\ \text{pm}$$

Das entspricht dem in der Aufgabe genannten Wert.

Beschreibung

- Der Strahlungsanteil mit der Ausgangswellenlänge λ bleibt bei Veränderung des Streuwinkels ϑ unverändert.
- Die größere Wellenlänge λ_1 nimmt mit zunehmendem Streuwinkel von 0° bis 180° von λ ausgehend immer größere Werte an.

2.3 Für die **Berechnung des Streuwinkels ϑ** entnehmen Sie die Formel für den Compton-Effekt Ihrer Formelsammlung:

$$\Delta\lambda = \lambda_C \cdot (1 - \cos\vartheta) \quad \Leftrightarrow \quad \cos\vartheta = 1 - \frac{\Delta\lambda}{\lambda_C}$$

Hierbei ist $\Delta\lambda = \lambda_1 - \lambda$ und $\lambda_C = \frac{h}{m_e \cdot c} = 2{,}43 \cdot 10^{-12}$ m die Comptonwellenlänge.

Mit den Ergebnissen aus 2.1 kann

$$\Delta\lambda = 6{,}42 \text{ pm} - 2{,}43 \text{ pm} = 3{,}99 \text{ pm}$$

berechnet werden und damit ϑ:

$$\cos\vartheta = 1 - \frac{3{,}99 \cdot 10^{-12} \text{ m}}{2{,}43 \cdot 10^{-12} \text{ m}} = -0{,}642 \quad \Rightarrow \quad \vartheta \approx \underline{\underline{130°}}$$

Beachten Sie, dass sich Ihr Taschenrechner für die Winkelberechnung im „DEG-Modus" befindet.

Impuls des Elektrons

Die Aufgabenstellung besagt, dass die Bestimmung des Impulses auf rechnerischem oder zeichnerischem Wege erfolgen kann. Für beide Lösungswege werden die Impulse p und p_1 der Photonen der Strahlung mit der Wellenlänge λ und λ_1 benötigt:

$$p = \frac{h}{\lambda} = \frac{6{,}63 \cdot 10^{-34} \text{ Js}}{2{,}43 \cdot 10^{-12} \text{ m}} = 2{,}73 \cdot 10^{-22} \text{ Ns}$$

$$p_1 = \frac{h}{\lambda_1} = \frac{6{,}63 \cdot 10^{-34} \text{ Js}}{6{,}42 \cdot 10^{-12} \text{ m}} = 1{,}03 \cdot 10^{-22} \text{ Ns}$$

Beide Lösungswege gehen vom Impulserhaltungssatz aus: Der Photonenimpuls $\vec{p}_1$ und der Elektronenimpuls $\vec{p}_{\text{Elektron}}$ nach dem Stoß müssen sich vektoriell zu dem Impuls $\vec{p}$ des Photons vor dem Stoß addieren, da das als ruhend angesehene Elektron vor dem Stoß den Impuls null hat.

Für die **zeichnerische Lösung** muss ein geeigneter Maßstab gewählt werden, z. B. $1 \cdot 10^{-22}$ Ns $\hat{=}$ 3 cm. Das bedeutet für die beiden Impulse p und p_1:

$$p \hat{=} 8{,}2 \text{ cm}; \quad p_1 \hat{=} 3{,}1 \text{ cm}$$

Mit dem Streuwinkel $\vartheta = 130°$ ergibt sich damit folgendes Diagramm:

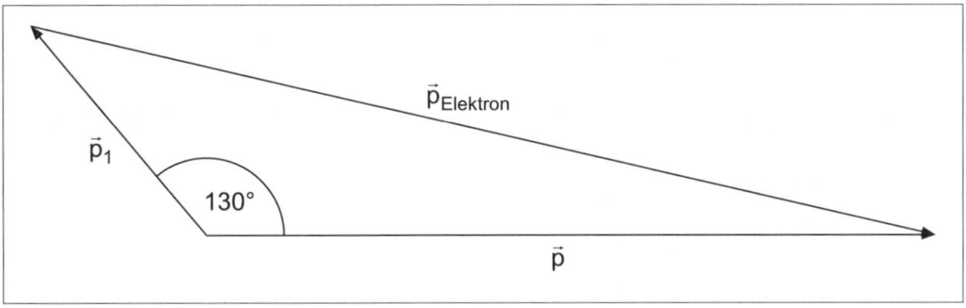

Mit einem Lineal werden beim oben angegebenen Maßstab ungefähr 10,4 cm für die Länge des Pfeils von $\vec{p}_{Elektron}$ gemessen, sodass sich für dessen Betrag ergibt:

$$p_{Elektron} = 10{,}4\ \text{cm} \cdot \frac{1 \cdot 10^{-22}\ \text{Ns}}{3\ \text{cm}} \approx \underline{\underline{3{,}47 \cdot 10^{-22}\ \text{Ns}}}$$

Wählen Sie den Maßstab nicht zu klein. Die dabei entstehenden Ungenauigkeiten führen zu Punktabzügen bei der Bewertung!

Die **rechnerische Lösung** wendet den Kosinussatz auf das obige Impulsdiagramm an:

$$p_{Elektron}^2 = p^2 + p_1^2 - 2p \cdot p_1 \cdot \cos 130°$$

$$\Rightarrow \quad p_{Elektron} = \sqrt{(2{,}73)^2 + (1{,}03)^2 - 2 \cdot 2{,}73 \cdot 1{,}03 \cdot \cos 130°} \cdot 10^{-22}\ \text{Ns}$$

$$= \underline{\underline{3{,}48 \cdot 10^{-22}\ \text{Ns}}}$$

3.1 **Erklärung**

Die energiereichsten Elektronen entstehen beim Comptoneffekt bei einem Streuwinkel von $\vartheta = 180°$. Am klarsten lässt sich dies mithilfe der Compton-Formel begründen:

Für $\vartheta = 180°$, also bei Rückstreuung, wird $\Delta\lambda$ wegen $\cos\vartheta = -1$ am größten und damit auch die Wellenlänge λ_1 der Strahlung nach dem Stoß maximal. Ist aber λ_1 maximal, so sind die Frequenz dieser Strahlung und damit ihre Photonenenergie minimal. Es wird also ein Maximalbetrag der Energie an das gestoßene Elektron übergeben.

Alternativ kann man auch mit dem Impulsübertrag argumentieren, der beim vollkommen elastischen Stoß für den Fall der Rückwärtsstreuung maximal wird.

3.2 **Nachweis der Beziehung (I)**

Um die geforderte Beziehung zu zeigen, greift man auf den Energieerhaltungssatz zurück. Die kinetische Energie $E_{kin,\,max}$ der schnellsten Elektronen beim Comptoneffekt ergibt sich für einen Streuwinkel von 180° aus der Differenz der Energie der einfallenden γ-Quanten E_γ und der Energie $E_{\gamma,\,1}$ der mit der größeren Wellenlänge gestreuten γ-Quanten nach dem Stoß (vgl. Teilaufgabe 3.1):

$$E_{kin,\,max} = E_\gamma - E_{\gamma,1}$$

$$= \frac{h \cdot c}{\lambda} - \frac{h \cdot c}{\lambda_1} \qquad (*)$$

Für λ_1 ergibt sich mithilfe der Compton-Formel und der Tatsache, dass $\vartheta = 180°$ beträgt,

$$\lambda_1 = \lambda + \Delta\lambda = \lambda + 2\lambda_C.$$

Einsetzen in den Energieansatz (*) führt auf:

$$E_{kin,\,max} = \frac{h \cdot c}{\lambda} - \frac{h \cdot c}{\lambda + 2\lambda_C}$$

$$= h \cdot c \cdot \left(\frac{1}{\lambda} - \frac{1}{\lambda + 2\lambda_C}\right)$$

$$= h \cdot c \cdot \frac{\lambda + 2\lambda_C - \lambda}{\lambda \cdot (\lambda + 2\lambda_C)}$$

$$= \frac{h \cdot c}{\lambda} \cdot \frac{2\lambda_C}{\lambda + 2 \cdot \lambda_C}$$

$$= E_\gamma \cdot \frac{2\lambda_C}{\lambda + 2\lambda_C} \qquad \text{(I)}$$

3.3 Zum **Überprüfen** des theoretischen Ergebnisses werden in die Gleichung (II) die in der Aufgabenstellung gegebenen Werte eingesetzt:

$$E_\gamma = 0{,}66\ \text{MeV} = 660\ \text{keV}$$

$$E_0 = m_e \cdot c^2$$

$$= 9{,}11 \cdot 10^{-31}\ \text{kg} \cdot \left(3{,}00 \cdot 10^8\ \frac{\text{m}}{\text{s}}\right)^2 = 8{,}20 \cdot 10^{-14}\ \text{J} = 511\ \text{keV}$$

$$\overset{\text{(II)}}{\rightarrow} \quad E_{kin,\,max} = E_\gamma \cdot \frac{2}{2 + \frac{E_0}{E_\gamma}}$$

$$= 660\ \text{keV} \cdot \frac{2}{2 + \frac{511\ \text{keV}}{660\ \text{keV}}} \approx 476\ \text{keV}$$

Dieser Wert stimmt gut mit der Lage der Comptonkante bei ca. 450 keV im Energiespektrum des Materials 2 überein.

3.4 Der Fotopeak entsteht durch den **Fotoeffekt**. Allgemein fällt beim Fotoeffekt Licht (Photonen, Quanten) auf eine Metalloberfläche und löst dabei Elektronen (Fotoelektronen) aus dem Metall. Hierbei geben die γ-Quanten ihre gesamte Energie auf einmal an ein Fotoelektron ab. Einen Teil davon benötigt das Elektron als Austrittsarbeit zum Verlassen des Metalls, der Rest steht ihm als kinetische Energie zur Verfügung.
Da die Austrittsarbeit von Metallen im Bereich einiger eV liegt, ist sie gegenüber der Energie der Gammaquanten von 660 keV vernachlässigbar, die **Lage des Fotopeaks** bei ca. 660 keV also korrekt.

Leerseiten verbilligen in diesem Fall die Herstellung des Buches!

Landesabitur Physik 2011 (Hessen) – Grundkurs
Aufgabe A1: Ladung im elektrischen Feld

1. Zwei kreisförmige Metallplatten mit Radius $r = 30$ cm, die parallel im Abstand von $d = 10$ cm angeordnet sind, bilden einen Plattenkondensator (siehe Material 1). In der Mitte zwischen den Platten hängt an einem isolierenden Faden mit der Länge $\ell = 1{,}2$ m eine kleine, geladene Metallkugel der Masse $m = 0{,}25$ g. Legt man an den Kondensator die Spannung $U = 2{,}0$ kV an, so wird die Kugel horizontal um $\Delta x = 4{,}0$ cm aus ihrer Ruhelage ausgelenkt.

   Hinweis: Die kleine Metallkugel kann als punktförmig angesehen werden, Influenzeffekte sollen vernachlässigt werden. Das Feld im Innern des Kondensators darf als homogen angenommen werden.

1.1 Geben Sie die Polarität der Kugelladung an, wenn das im Material 1 dargestellte Versuchsergebnis zu beobachten ist.
Berechnen Sie die Kapazität des Kondensators und die elektrische Feldstärke des homogenen elektrischen Feldes. (5 BE)

1.2 Berechnen Sie, wie viele Elementarladungen die ausgelenkte Metallkugel trägt.
Hinweis: Berechnen Sie zuerst die Größe des Auslenkwinkels α aus der Ruhelage. Mithilfe des Auslenkwinkels α und der Gewichtskraft erhalten Sie die auf die Metallkugel wirkende elektrische Kraft.
(Zwischenergebnis: $F_{el} = 8{,}18 \cdot 10^{-5}$ N) (8 BE)

2. Bei dem unter 1 gegebenen Versuchsaufbau verändert man bei konstanter Spannung den Plattenabstand d und ermittelt die elektrische Kraft auf die geladene Metallkugel. Man erhält folgende Messreihe:

d in cm	9,5	10	11	12	13	14	15
F_{el} in 10^{-5} N	8,6	8,2	7,5	6,8	6,3	5,9	5,5

2.1 Zeichnen Sie den zur Messreihe gehörenden Graphen.
Erläutern Sie mithilfe des Graphenverlaufes den Zusammenhang zwischen Abstand und elektrischer Kraft.
Leiten Sie den theoretischen Zusammenhang von F_{el} und d bei Plattenkondensatoren her.
Untersuchen Sie durch Auswertung der Messreihe, ob die genannte Gesetzmäßigkeit bei diesem Experiment erfüllt ist. (10 BE)

2.2 Beschreiben Sie, was passieren würde, wenn der Plattenabstand d kontinuierlich verkleinert wird. Begründen Sie die Auswirkungen auf das Pendel. (4 BE)

2.3 In der Physik werden häufig idealisierte Verhältnisse angenommen, um Zusammenhänge einfacher überschaubar zu machen. Im vorliegenden Fall wird angenommen, dass das elektrische Feld zwischen den Platten homogen und scharf begrenzt sei (die Grenze verläuft entlang der Verbindungslinie der Plattenränder).
Stellen Sie die in der Realität vorhandenen Abweichungen von der Homogenität dar und erklären Sie, wie sich durch diese Inhomogenität die Messergebnisse von der idealisierten Rechnung unterscheiden. (3 BE)

Material 1: Schematische Darstellung des Versuchsaufbaus

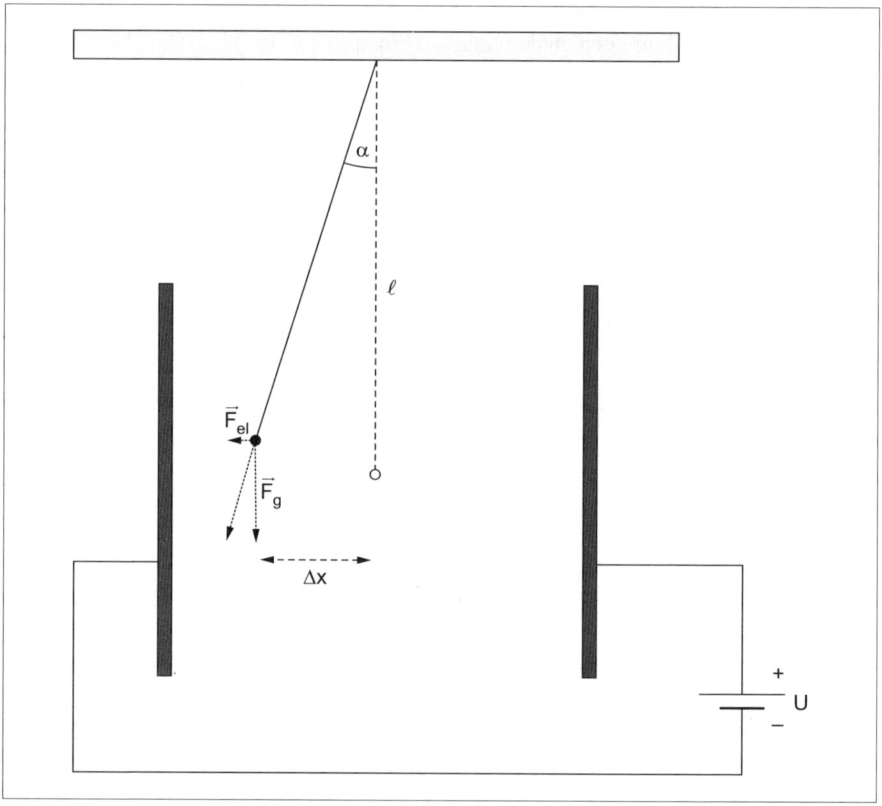

Die Zeichnung ist nicht maßstabsgerecht.

Tipps und Hinweise zur Lösung von Aufgabe A1

Tipps zu Teilaufgabe 1.1

- Ungleichnamige Ladungen ziehen sich an.
- Schlagen Sie in der Formelsammlung die Formel für die Kapazität eines Plattenkondensators nach. Beachten Sie die Einheiten.

Tipps zu Teilaufgabe 1.2

- Folgen Sie dem in der Aufgabenstellung gegebenen **Hinweis**, denn aus der elektrischen Kraft auf die Kugel lässt sich auf die Zahl der Ladungsträger schließen.
- Der Auslenkungswinkel α liegt in einem näherungsweise rechtwinkligen Dreieck.
- Der Winkel α taucht auch zwischen den eingezeichneten Kräften auf. Tragen Sie ihn dort ein.

Tipps zu Teilaufgabe 2.1

- Die Gesetzmäßigkeit können Sie erkennen, wenn Sie F_{el} in Abhängigkeit von Q, U und d ausdrücken.
- Antiproportionalitäten können leicht mithilfe der Produktgleichheit überprüft werden.

Tipps zu Teilaufgabe 2.2

- Benutzen Sie bei Ihrer Begründung die Gesetzmäßigkeit aus 2.1.
- Was passiert, wenn die Kugel eine Kondensatorplatte berührt?

Tipp zu Teilaufgabe 2.3

- Benutzen Sie bei Ihrer Argumentation, dass das Feld an den Rändern des vom Kondensator eingeschlossenen Bereichs immer etwas inhomogen ist. Was passiert, wenn der Plattenabstand wächst?

Lösungen zu Aufgabe A1

1.1 Die im Material 1 dargestellte Kugel wird zur negativ geladenen Platte gezogen. Sie muss also **positiv geladen** sein.

Für die **Kapazität eines Plattenkondensators** mit der Plattenfläche A und dem Plattenabstand d gilt:

$$C = \varepsilon_r \cdot \varepsilon_0 \cdot \frac{A}{d}$$

Dieser Kondensator hat Luft zwischen den Platten, damit ist $\varepsilon_r = 1$. Setzt man die gegebenen Größen (in Meter umgerechnet!) ein, lässt sich die Kapazität berechnen:

$$C = \varepsilon_0 \cdot \frac{\pi \cdot r^2}{d} = 8{,}85 \cdot 10^{-12}\ \frac{\text{As}}{\text{Vm}} \cdot \frac{\pi \cdot (0{,}30\ \text{m})^2}{0{,}10\ \text{m}} = 2{,}5 \cdot 10^{-11}\ \text{F} = \underline{\underline{25\ \text{pF}}}$$

Für die Feldstärke E des als homogen angesehenen Feldes des Plattenkondensators mit der anliegenden Spannung U gilt:

$$E = \frac{U}{d} = \frac{2\,000\ \text{V}}{0{,}1\ \text{m}} = 20\,000\ \frac{\text{V}}{\text{m}} = \underline{\underline{20\ \frac{\text{kV}}{\text{m}}}}$$

1.2 **Berechnung des Auslenkungswinkels**

Für kleine Winkel ergibt sich aus der ausgelenkten Lage und der Ausgangslage der Kugel am Faden der Länge ℓ näherungsweise ein rechtwinkliges Dreieck.

$$\tan\alpha = \frac{\Delta x}{\ell} = \frac{4{,}0\ \text{cm}}{120\ \text{cm}} \approx 0{,}0333 \quad \Rightarrow \quad \alpha = \arctan 0{,}0333 = 1{,}91°$$

Berechnung der wirkenden Kraft

Auf die Kugel wirken die elektrische Kraft waagerecht nach links und die Gewichtskraft senkrecht nach unten. Im Gleichgewichtsfall zeigt die Resultierende beider Kräfte in Fadenrichtung radial nach außen (Material 1). Überträgt man den Winkel α in das Kräftediagramm (Abb. 1), kann mit der Tangensfunktion die elektrische Kraft ermittelt werden:

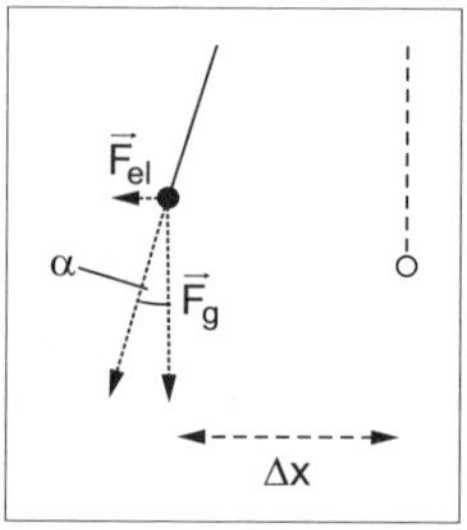

Abb. 1

$$\tan\alpha = \frac{F_{el}}{F_g}$$

$$\Rightarrow \quad F_{el} = F_g \cdot \tan\alpha = m \cdot g \cdot \tan\alpha \qquad (*)$$

$$= 0{,}25 \cdot 10^{-3}\ \text{kg} \cdot 9{,}81\ \frac{\text{N}}{\text{kg}} \cdot \tan 1{,}91° = \underline{\underline{8{,}2 \cdot 10^{-5}\ \text{N}}}$$

Achten Sie darauf, dass sich Ihr Taschenrechner im Grad-Modus befindet. Da der Winkel α selbst gar nicht für die Rechnung nötig ist, sondern nur sein Tangens, können Sie in (∗) auch direkt mit $\tan\alpha = 0{,}0333$ weiterrechnen.

Berechnung der Anzahl der Elementarladungen
Für die Anzahl n der Überschuss-Elementarladungen e auf der Kugel setzt man $Q = n \cdot e$ an. Aus der Definition der elektrischen Feldstärke $E = \frac{F_{el}}{Q} \Leftrightarrow Q = \frac{F_{el}}{E}$ lässt sich n berechnen:

$$n = \frac{Q}{e} = \frac{F_{el}}{E \cdot e} = \frac{8{,}2 \cdot 10^{-5}\ \text{N}}{20\,000\ \frac{\text{V}}{\text{m}} \cdot 1{,}60 \cdot 10^{-19}\ \text{As}} = \underline{\underline{2{,}6 \cdot 10^{10}}}$$

2.1 **d-F_{el}-Diagramm**

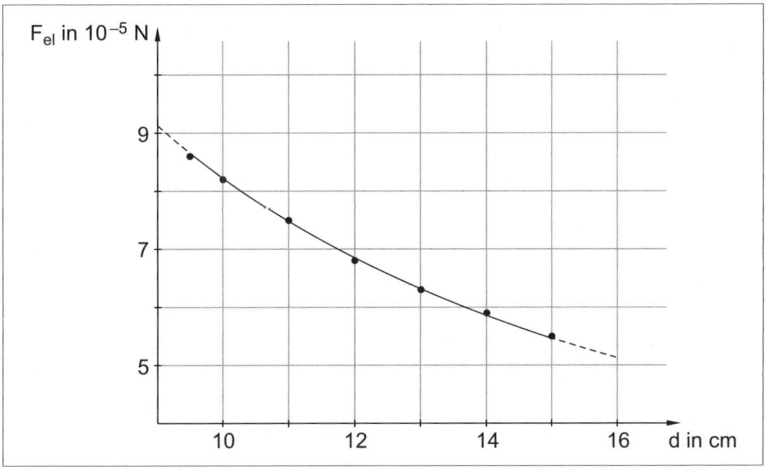

Abb. 2

Bei der grafischen Auftragung ist es sinnvoll, das Koordinatensystem, das Sie benutzen, nicht bei (0|0) anfangen zu lassen. Der gewünschte Effekt, nämlich zu zeigen, dass kein linearer Zusammenhang besteht, wird dann deutlicher.

Man erkennt aus der Tabelle und auch aus dem Graphen, dass F_{el} mit zunehmenden Abstand d abnimmt.

Herleitung
Wie in 1.2 schon benutzt, gilt für die elektrische Kraft F_{el}

$$F_{el} = Q \cdot E = Q \cdot \frac{U}{d} = Q \cdot U \cdot \frac{1}{d}. \qquad (*)$$

Die gesuchte Gesetzmäßigkeit ist also eine Antiproportionalität zwischen der Kraft und dem Plattenabstand $F_{el} \sim \frac{1}{d}$.

Um diese Gesetzmäßigkeit nachzuweisen, haben Sie zwei Möglichkeiten.
- Entweder untersuchen Sie die Produktgleichheit von F_{el} und d
- oder Sie berechnen mit (*) aus den gegebenen Größen jeweils F_{el}. Dazu müssen Sie zunächst $Q = n \cdot e$ berechnen.

Hier seien beide Wege dargestellt, von denen Sie aber nur einen wählen müssen.

Gehen Sie bei der Auswertung der Messreihe von der gegebenen Tabelle aus und erweitern Sie diese. Dadurch bleiben Sie sehr übersichtlich.

d in cm	9,5	10	11	12	13	14	15
F_{el} in 10^{-5} N	8,6	8,2	7,5	6,8	6,3	5,9	5,5
$F_{el} \cdot d$ in 10^{-6} Nm	8,2	8,2	8,3	8,2	8,2	8,3	8,3
$F_{el} = Q \cdot \frac{U}{d}$ in 10^{-5} N	8,6	8,2	7,4	6,8	6,3	5,8	5,5

Das Produkt in der dritten Zeile ist nahezu konstant. Die Abweichungen liegen unter 1 %. Die theoretischen Werte für die Kraft in der vierten Zeile stimmen mit den Messwerten überein. Beide Zeilen weisen die hergeleitete Gesetzmäßigkeit nach.

Die Messreihe kann auch grafisch überprüft werden, indem man F_{el} über $\frac{1}{d}$ aufträgt. Die Messpunkte liegen dann auf einer Ursprungsgeraden.

2.2 **Beschreibung und Begründung**

Kraft und Plattenabstand sind antiproportional zueinander. Wird also der Plattenabstand kontinuierlich verkleinert, steigt die elektrische Kraft auf die Kugel und deren Auslenkung Δx an. Sobald Δx größer als der halbe Plattenabstand wird, berührt die geladene Kugel die linke Platte des Kondensators. Dort gibt sie ihre positive Ladung ab und lädt sich negativ auf. Dadurch wird sie von der rechten Platte angezogen. Die Kugel wird zwischen den Platten hin und her pendeln und durch das jeweilige Umladen Ladung zwischen den Platten transportieren.

2.3 **Darstellung und Erklärung**

Ein homogenes elektrisches Feld mit parallelen Feldlinien bildet sich in der Mitte eines Plattenkondensators aus, wenn der Plattenabstand klein ist im Vergleich zum Plattendurchmesser. Am Rand des Kondensatorfeldes stellen sich immer Inhomogenitäten ein (Abb. 3). Wird der Plattenabstand d größer, rücken diese Inhomogenitäten weiter in die Mitte. Dadurch sinkt die Feldstärke etwas. Das bedeutet: Die theoretischen Werte für E, F_{el}, α, ..., die von einer Homogenität des Feldes ausgehen, sind zu groß gegenüber den experimentellen Werten.

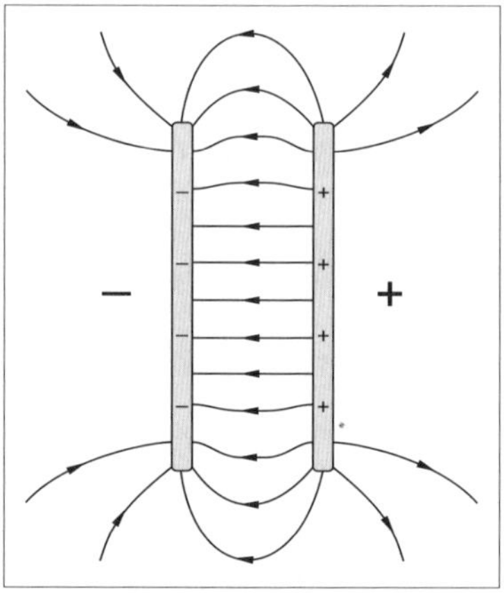

Abb. 3

Landesabitur Physik 2011 (Hessen) – Grundkurs
Aufgabe A2: Induktion

1. Ein rechteckiger Kupferrahmen (siehe Material 1) wird senkrecht durch ein homogenes Feld der Flussdichte $B = 0{,}625\ \text{T}$ mit der konstanten Geschwindigkeit $v = 2\ \frac{\text{cm}}{\text{s}}$ von links nach rechts gezogen. Die Zeitmessung beginnt, wenn der rechte Rand des Drahtrahmens in das Magnetfeld eintritt. Nehmen Sie an, dass das Magnetfeld scharf begrenzt ist.

1.1 Bestimmen Sie durch Rechnung die entsprechenden Induktionsspannungen, die bei diesem Versuch am Widerstand R auftreten können. Erläutern Sie den Spannungsverlauf und stellen Sie diese in einem t-U-Diagramm im Zeitbereich $0 \leq t \leq 10\ \text{s}$ dar.
(Zwischenergebnis: maximaler Spannungsbetrag $= 0{,}5\ \text{mV}$) (9 BE)

1.2 Berechnen Sie den Induktionsstrom und die durch den Leiterquerschnitt fließende Ladung während der ersten 3 Sekunden. (4 BE)

1.3 Ermitteln Sie den Betrag der Kraft, die durch die Induktion beim Eintritt in das Magnetfeld auf den Drahtrahmen wirkt, und geben Sie deren Richtung an.
(Zwischenergebnis: $F = 6{,}25 \cdot 10^{-6}\ \text{N}$) (4 BE)

1.4 Bestimmen Sie aus der Kraft die mechanische Arbeit W_{mech}, die beim Einschieben in das magnetische Feld benötigt wird, und aus der Stromstärke die elektrische Energie, die in Wärme umgewandelt und dabei frei wird. Vergleichen Sie die Ergebnisse und begründen Sie das Ergebnis dieses Vergleichs physikalisch.
(Zwischenergebnis: $W_{mech} = 3{,}75 \cdot 10^{-7}\ \text{Nm}$) (6 BE)

1.5 Berechnen Sie die beim Einschieben aufzuwendende Leistung. (2 BE)

2. Der Drahtrahmen aus Aufgabe 1 wird nun senkrecht durch dasselbe Magnetfeld fallen gelassen (siehe Material 2).
Erklären Sie für die wesentlichen Abschnitte der Bewegung qualitativ, wie die Bewegung des Drahtrahmens durch das Magnetfeld beeinflusst wird. (5 BE)

Material 1: Drahtrahmen und Magnetfeld

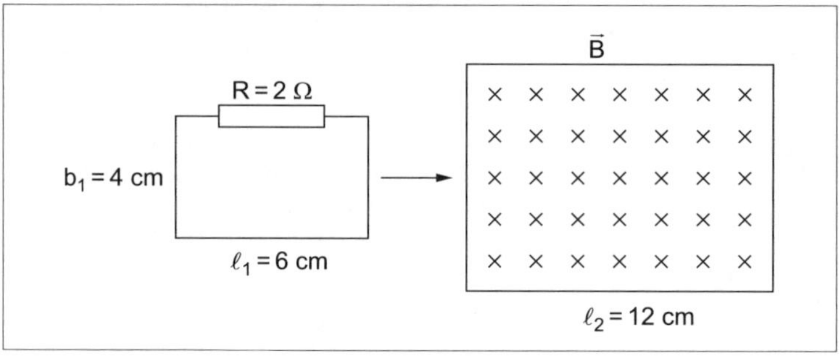

Material 2: Senkrechter Fall

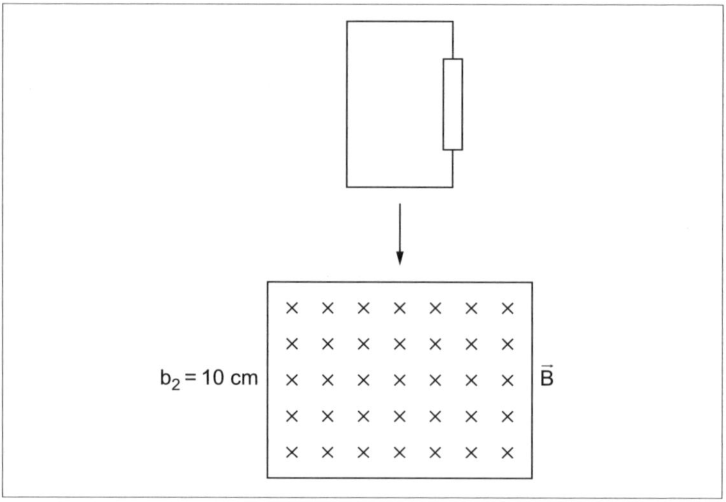

Tipps und Hinweise zur Lösung von Aufgabe A2

Tipps zu Teilaufgabe 1.1

- Teilen Sie die betrachteten 10 s in vier Bereiche ein.
- Das Induktionsgesetz kommt hier in einer vereinfachten Form zum Tragen: $U_{ind} = -1 \cdot B \cdot \frac{\Delta A}{\Delta t}$. Warum?
- Beachten Sie, dass unterschiedliche Vorzeichen bei den Induktionsspannungen entstehen.

Tipp zu Teilaufgabe 1.2

- Benutzen Sie die Formeln für Stromstärke I und Ladung Q aus Ihrer Formelsammlung.

Tipps zu Teilaufgabe 1.3

- Stromdurchflossene Leiter können in einem Magnetfeld Lorentzkräfte erfahren.
- Beachten Sie das Lenz'sche Gesetz.

Tipps zu Teilaufgabe 1.4

- Benutzen Sie die Formeln für mechanische Arbeit und elektrischer Energie aus Ihrer Formelsammlung.
- Gehen Sie davon aus, dass keine Verluste durch Reibung auftreten.

Tipp zu Teilaufgabe 1.5

- Benutzen Sie die Formel für Leistung aus Ihrer Formelsammlung.

Tipps zu Teilaufgabe 2

- Die in diesem Aufgabenteil geforderte **qualitative** Erklärung bedarf keiner ausgerechneten Zahlenwerte!
- Untersuchen Sie die einsetzende Fallbewegung und berücksichtigen Sie eventuelle Lorentzkräfte.

Lösungen zu Aufgabe A2

1.1 **Bestimmung der Spannungswerte und Erläuterung**

Die 10 zu untersuchenden Sekunden teilen sich bezüglich der beobachtbaren Induktionsspannungen in vier Bereiche.

$0\text{ s} \le t \le 3\text{ s}$: Bei der Geschwindigkeit von $v = 2\,\frac{\text{cm}}{\text{s}}$ benötigt der 6 cm lange Rahmen 3 s, um gänzlich in das Magnetfeld einzutauchen. Hierbei verändert sich der magnetische Fluss $\Phi = B \cdot A$, der durch die Leiterschleife greift. Nach dem Induktionsgesetz

$$U_{ind} = -n \cdot \frac{\Delta\Phi}{\Delta t} = -n \cdot \left(B \cdot \frac{\Delta A}{\Delta t} + A \cdot \frac{\Delta B}{\Delta t} \right)$$

wird an den Enden der Leiterschleife (also an dem Widerstand R) eine Spannung induziert. Das Magnetfeld ist konstant, ΔB null und der hintere Term in der Klammer fällt weg. Mit $n = 1$ lässt sich U_{ind} berechnen:

$$U_{ind} = -1 \cdot B \cdot \frac{\Delta A}{\Delta t} = -B \cdot \frac{\ell_1 \cdot b_1}{\Delta t}$$

$$= -0{,}625\text{ T} \cdot \frac{0{,}06\text{ m} \cdot 0{,}04\text{ m}}{3\text{ s}} = -0{,}0005\text{ V} = \underline{\underline{-0{,}5\text{ mV}}}$$

$3\text{ s} \le t \le 6\text{ s}$: In den nächsten drei Sekunden legt der Leiterrahmen weitere 6 cm zurück und ist dabei völlig im Magnetfeld eingetaucht. Die Änderung des magnetischen Flusses durch den Rahmen ist null. Also $U_{ind} = 0$ V.

$6\text{ s} \le t \le 9\text{ s}$: In diesen drei Sekunden tritt die Leiterschleife aus dem Feld aus. Es liegt also eine Situation vor wie im ersten Fall. Dadurch, dass sich jetzt die felddurchsetzte Fläche verkleinert – also ΔA negativ ist –, ist die erzeugte Induktionsspannung positiv: $U_{ind} = 0{,}5$ mV.

$9\text{ s} \le t \le 10\text{ s}$: Die Leiterschleife ist komplett außerhalb des magnetischen Feldes. Die Feldstärke B ist null und auch die Induktionsspannung: $U_{ind} = 0$ V.

Die Werte für die Induktionsspannung können Sie auch mit der Formel

$$U_{ind} = -B \cdot b_1 \cdot v$$

für die Induktion bei einem bewegten Leiter berechnen, da die Geschwindigkeit senkrecht zur Magnetfeldrichtung ist. Hierbei ist zu beachten, dass im ersten Zeitintervall nur das rechte senkrechte Leiterstück, im zweiten Zeitintervall beide Leiterstücke und im dritten Abschnitt nur das linke Leiterstück sich im Magnetfeld befinden. Daraus leiten Sie den Vorzeichenwechsel zwischen erstem und dritten und den Wert $U_{ind} = 0$ V für das zweite Intervall ab.

Darstellung im Diagramm

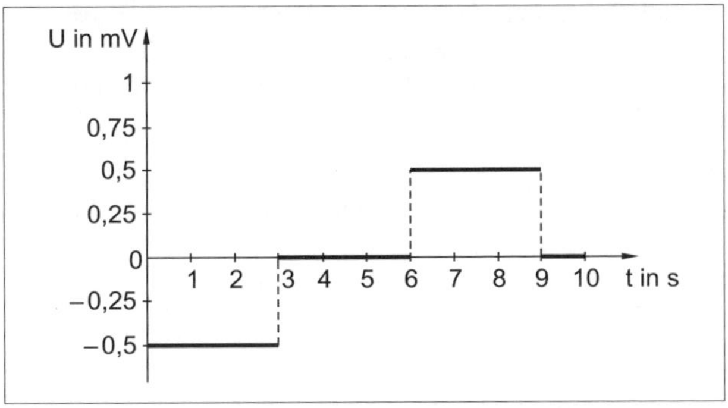

Abb. 1

Die Darstellung wird auch als richtig anerkannt, wenn Sie einen zur Zeitachse gespiegelten Graphen erstellen.

1.2 **Berechnung von Stromstärke und Ladungsmenge**

Für die Stromstärke I_{ind}, die die an dem Widerstand R (siehe Material 1) anliegende Induktionsspannung U_{ind} erzeugt, gilt:

$$I_{ind} = \frac{U_{ind}}{R} = \frac{0{,}5\ \text{mV}}{2\ \Omega} = \underline{\underline{0{,}25\ \text{mA}}}$$

Dabei wird in t = 3 Sekunden eine Ladungsmenge Q transportiert.

$$Q = I_{ind} \cdot t = 0{,}25\ \text{mA} \cdot 3\ \text{s} = \underline{\underline{0{,}75\ \text{mC}}}$$

1.3 **Ermittlung der Kraft und deren Richtung**

Fließt nach 1.2 ein Strom durch den Kupferrahmen während der ersten drei Sekunden, so erfahren die Leiterteile s, die sich senkrecht zum Magnetfeld bewegen, eine Lorentzkraft $F_L = B \cdot I \cdot s$. Die Lorentzkräfte auf den oberen und unteren Leiterteil heben sich auf, die auf den vorderen Teil muss nach der Lenz'schen Regel der Bewegungsrichtung entgegengesetzt sein, also **nach links** zeigen. Für den **Betrag** dieser Kraft ergibt sich:

$$F_L = B \cdot I \cdot s = B \cdot I \cdot b_1 = 0{,}625\ \text{T} \cdot 0{,}25\ \text{mA} \cdot 0{,}04\ \text{m} = \underline{\underline{6{,}25 \cdot 10^{-6}\ \text{N}}}$$

1.4 **Bestimmung der mechanischen Arbeit und der elektrischen Energie**

Nach 1.1 erfolgt das Hineinschieben des Kupferrahmens über $\ell_1 = 6$ cm. Die dabei verrichtete mechanische Arbeit W_{mech} beträgt:

$$W_{mech} = F_L \cdot \ell_1 = 6{,}25 \cdot 10^{-6}\ \text{N} \cdot 0{,}06\ \text{m} = \underline{\underline{3{,}75 \cdot 10^{-7}\ \text{Nm} = 375\ \text{nJ}}}$$

Die dabei umgesetzte elektrische Energie E_{el} wird durch den ohmschen Widerstand R in thermische Energie (Wärme) umgewandelt.

$$E_{el} = U_{ind} \cdot I_{ind} \cdot t = |-0{,}5\ \text{mV}| \cdot 0{,}25\ \text{mA} \cdot 3\ \text{s} = \underline{\underline{3{,}75 \cdot 10^{-7}\ \text{Ws} = 375\ \text{nJ}}}$$

Vergleich mit Begründung

Die beiden Werte sind gleich. In dieser Aufgabe werden keine Verluste durch Reibung berücksichtigt. Also entspricht nach dem Energieerhaltungssatz die durch mechanische Arbeit aufgewendete Energie der freigesetzten thermischen Energie im ohmschen Widerstand.

1.5 **Berechnung der Leistung**

Aus der mechanischen Arbeit lässt sich die beim Einschieben aufzubringende mechanische Leistung bestimmen:

$$P_{mech} = \frac{W_{mech}}{t} = \frac{3,75 \cdot 10^{-7}\ \text{Nm}}{3\ \text{s}} = \frac{3,75 \cdot 10^{-7}\ \text{Ws}}{3\ \text{s}} = \underline{\underline{1,25 \cdot 10^{-7}\ \text{W}}}$$

2. Die Bewegung teilt sich wieder in vier Bereiche (siehe 1.1).

Teil 1: Beim Eintritt des Kupferrahmens in das Magnetfeld tritt eine Induktionsspannung auf und erzeugt einen Induktionsstrom. Der vordere Teil des Rahmens erfährt eine Lorentzkraft, die der Bewegungsrichtung entgegengesetzt ist. Sie hemmt also den Beschleunigungsvorgang der Fallbewegung.

Teil 2: Ist der Rahmen vollständig im Feld, wird kein Strom induziert, da sich die Induktionsspannungen in den Rahmenteilen aufheben. Der Rahmen fällt wieder frei mit der Erdbeschleunigung g.

Teil 3: Beim Austritt des Kupferrahmens aus dem Magnetfeld wirkt auf den oberen Teil des Rahmens eine Lorentzkraft. Sie wirkt wie im ersten Teil der Fallbewegung entgegen und hemmt diese.

Teil 4: Außerhalb des Magnetfeldes fällt der Rahmen frei mit der Erdbeschleunigung g.

Landesabitur Physik 2011 (Hessen) – Grundkurs
Aufgabe B1: Mechanische Schwingungen

Material 1 zeigt einen Kran, auf dessen horizontaler Schiene sich ein ferngesteuerter Wagen befindet (eine sogenannte „Laufkatze“). An der Laufkatze hängt in vertikaler Richtung ein Stahlseil, an dessen unterem Ende eine Last der Masse $m = 500$ kg hängt. Die Masse des Stahlseils kann ebenso wie eventuell auftretende Reibungsverluste vernachlässigt werden. Die Erdbeschleunigung beträgt am Ort des Krans $g = 9{,}81\ \frac{m}{s^2}$.
Die Laufkatze wird zunächst mit der konstanten Geschwindigkeit $v = 1\ \frac{m}{s}$ entlang der Schiene bewegt. Das Stahlseil behält während dieser Bewegung seine vertikale Ausrichtung. Die Bewegung der Laufkatze wird schlagartig zum Zeitpunkt $t_0 = 0$ s gestoppt.

1. Begründen Sie, dass nach dem Stoppen der Laufkatze die Last zu schwingen beginnt. Erklären Sie dabei auch, dass unter idealen Bedingungen für die Maximalgeschwindigkeit der schwingenden Last $v_{max} = 1\ \frac{m}{s}$ gilt. (4 BE)

2. Die Periodendauer T der entstehenden Schwingung beträgt 4 Sekunden. Berechnen Sie hieraus die Frequenz f und weisen Sie nach, dass die Stahlseillänge ℓ knapp 4 m beträgt. (3 BE)

3. Material 2 zeigt die Auslenkung der schwingenden Last sowohl zum Zeitpunkt $t_0 = 0$ s als auch zum Zeitpunkt $t_1 = \frac{T}{4}$.

3.1 Geben Sie jeweils an, welche Energieform die schwingende Last zum Zeitpunkt t_0 bzw. t_1 besitzt, und berechnen Sie die jeweiligen Energiebeträge. (5 BE)

3.2 Berechnen Sie die maximale Höhendifferenz h_{max} der schwingenden Last während der betrachteten Viertelperiode.
(Zur Kontrolle: $h_{max} = 5{,}1$ cm) (3 BE)

3.3 Aus Sicherheitsgründen gelten für die schwingende Last Auslenkwinkel $\alpha > 15°$ bzgl. der Ruhelage als kritisch. Berechnen Sie für die vorliegende Schwingung den maximalen Auslenkwinkel α_{max} und prüfen Sie, ob er den kritischen Wert überschreitet. (4 BE)

4. Das Stahlseil muss vor Schwingungsbeginn die Gravitationskraft der Last aushalten können. Begründen Sie, dass die auf das Stahlseil wirkende Kraft F während der Schwingung nicht mehr konstant ist. Geben Sie den Ort an, an dem die Kraft maximal ist, und bestimmen Sie den maximalen Kraftbetrag. (6 BE)

5. Die Laufkatze, das Stahlseil und die Last sind im Folgenden zunächst in Ruhe. Aufgrund eines technischen Defekts bewegt sich nun die Laufkatze periodisch einige Zentimeter vor und zurück. Begründen Sie, wie sich die Last unter der jeweils nachfolgenden Bedingung verhält.

   Bedingung 1: Die Frequenz der Laufkatze beträgt 0,025 Hz.
   Bedingung 2: Die Frequenz der Laufkatze beträgt 0,25 Hz.
   Bedingung 3: Die Frequenz der Laufkatze beträgt 2,5 Hz. (5 BE)

Material 1

Foto: © A. Christians

Material 2 (Die Skizze ist nicht maßstäblich.)

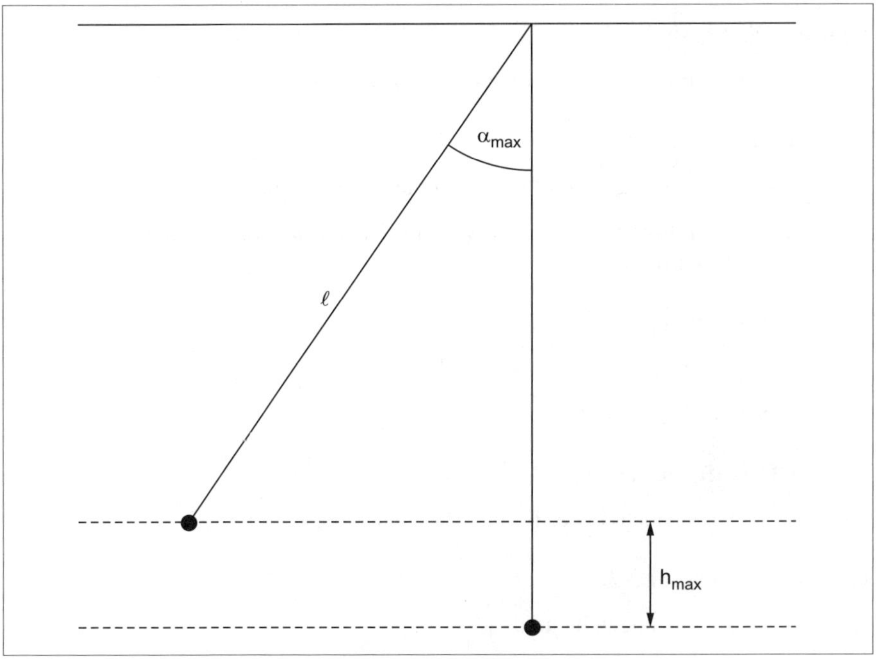

Tipps und Hinweise zur Lösung von Aufgabe B1

Tipp zu Teilaufgabe 1

- Benutzen Sie bei Ihrer Argumentation den Trägheitssatz.

Tipps zu Teilaufgabe 2

- Welchen Zusammenhang haben Frequenz f und Schwingungsdauer T?
- Benutzen Sie die Formeln für die Schwingungsdauer T aus Ihrer Formelsammlung und stellen Sie sie nach ℓ um.

Tipps zu Teilaufgabe 3.1

- Es tauchen nur kinetische und potenzielle Energien auf.
- Benutzen Sie den Energieerhaltungssatz.

Tipp zu Teilaufgabe 3.2

- Die gesuchte Höhe taucht in der Formel für potenzielle Energie auf.

Tipps zu Teilaufgabe 3.3

- In welcher Art von Dreieck liegt α_{max}?
- Eine trigonometrische Funktion hilft weiter!

Tipps zu Teilaufgabe 4

- Beachten Sie, dass das Pendel einen Teil einer Kreisbewegung ausführt.
- Für die Gesamtkraft müssen Sie Gewichts- und Zentralkräfte berücksichtigen.

Tipps zu Teilaufgabe 5

- In der Aufgabenstellung wird die Situation einer erzwungenen Schwingung beschrieben.
- Welche Bedingung muss im Resonanzfall erfüllt sein?

Lösungen zu Aufgabe B1

1. **Begründung und Erklärung**
Laut Aufgabenstellung stoppt die Laufkatze schlagartig. Die Laufkatze und die Last haben zu dem Zeitpunkt die Geschwindigkeit $v_{max} = 1\,\frac{m}{s}$. Aufgrund des Trägheitssatzes bewegt sich die Last am Seil in der ursprünglichen Bewegungsrichtung mit $v = 1\,\frac{m}{s}$ weiter. Die Last beginnt am Seil wie ein Fadenpendel zu schwingen. Unter idealen Bedingungen geht keine Energie durch Reibung dem schwingenden System verloren und die Last erreicht jedes Mal im tiefsten Punkt ihrer Bahn (Nulllage) die Geschwindigkeit $v_{max} = 1\,\frac{m}{s}$.

2. **Frequenz**
Für den Zusammenhang von Frequenz f und Schwingungsdauer T gilt:

$$f = \frac{1}{T} = \frac{1}{4\,s} = 0{,}25\,\frac{1}{s} = \underline{\underline{0{,}25\ Hz}}$$

Nachweis
Die Stahlseillänge ℓ kann aus der Formel für die Schwingungsdauer T eines Fadenpendels ermittelt werden, wenn die Erdbeschleunigung g bekannt ist:

$$T = 2\pi \cdot \sqrt{\frac{\ell}{g}}$$

$$\Rightarrow \quad T^2 = 4\pi^2 \cdot \frac{\ell}{g}$$

$$\ell = \frac{T^2 \cdot g}{4\pi^2} = \frac{(4\,s)^2 \cdot 9{,}81\,\frac{m}{s^2}}{4\pi^2} = 3{,}98\ m \approx \underline{\underline{4{,}0\ m}}$$

Die Länge beträgt knapp 4 m.

3.1 **Angabe der Energieformen und deren Beträge**
$t_0 = 0$ s: Die Last befindet sich im tiefsten Punkt ihrer Bahn. Dort besitzt sie also keine potenzielle Energie, sondern nur kinetische:

$$E_{kin,\,max} = \frac{1}{2} m \cdot v_{max}^2 = \frac{1}{2} \cdot 500\ kg \cdot \left(1\,\frac{m}{s}\right)^2 = 250\,\frac{kg \cdot m^2}{s^2} = \underline{\underline{250\ J}}$$

Zeitpunkt $t_1 = \frac{T}{4}$: Nach einer viertel Schwingungsdauer befindet sich das Pendel in seinem Umkehrpunkt. Dort ist die Geschwindigkeit null, die kinetische Energie null und die potenzielle Energie maximal. Ohne Reibungsverluste muss für die potenzielle Energie gelten:

$$E_{pot,\,max} = E_{kin,\,max} = \underline{\underline{250\ J}}$$

3.2 **Berechnung der Höhendifferenz**
Die maximale Höhendifferenz h_{max} ist zum Zeitpunkt $t = \frac{T}{4}$ erreicht. Nach 3.1 besitzt das Pendel dort nur potenzielle Energie E_{pot}, aus der h_{max} berechnet werden kann:

$$E_{pot,\,max} = m \cdot g \cdot h_{max}$$

$$\Rightarrow \quad h_{max} = \frac{E_{pot,\,max}}{m \cdot g} = \frac{250\ \text{J}}{500\ \text{kg} \cdot 9{,}81\ \frac{\text{m}}{\text{s}^2}} = 0{,}051\ \text{m} = \underline{\underline{5{,}1\ \text{cm}}}$$

Alternativ kann man mit dem Ansatz $E_{pot,\,max} = E_{kin,\,max}$ die Gleichung $h_{max} = \frac{1}{2g} \cdot v_{max}^2$ herleiten und die Höhe berechnen.

3.3 Zur **Berechnung des maximalen Auslenkungswinkels** greift man auf Material 2 zurück. Dort taucht α_{max} in einem rechtwinkligen Dreieck auf, dessen eine Seite die Länge ℓ und eine andere Seite die Länge $\ell - h_{max}$ besitzt. Die Kosinusfunktion hilft weiter:

$$\cos\alpha_{max} = \frac{\ell - h_{max}}{h_{max}} = \frac{3{,}98\ \text{m} - 0{,}051\ \text{m}}{3{,}98\ \text{m}} = 0{,}987 \quad \Rightarrow \quad \underline{\underline{\alpha_{max} = 9{,}2°}}$$

Somit bleibt der Auslenkwinkel der Last immer kleiner als der kritische Winkel von 15°.

4. **Begründung für eine nicht konstante Kraft im Seil**
Schwingt die Masse am Seil, so durchläuft sie periodisch wiederholend den Teil einer Kreisbahn. Die Belastung des Seils – oder genauer gesagt die Kraftkomponente F in Seilrichtung – wächst durch die zur Kreisbewegung notwendige Zentralkraft

$$F_Z = \frac{m \cdot v^2}{\ell}.$$

Die Gesamtkraft F ist nicht konstant und im Durchgang durch die Ruhelage am größten. Dort ist die Geschwindigkeit am größten und damit auch die Zentralkraft. Zusätzlich lastet die volle Gewichtskraft auf dem Seil. An allen anderen Stellen der Pendelbewegung ist die Geschwindigkeit kleiner (und damit auch die Zentralkraft); ein Teil der Gewichtskraft F_G wird als Rückstellkraft für die Pendelschwingung benötigt.
Für den **maximalen Kraftbetrag** im Durchgang durch die Ruhelage berechnet man:

$$F_{max} = F_G + F_{Z,\,max} = m \cdot g + \frac{m \cdot v_{max}^2}{\ell}$$

$$= 500\ \text{kg} \cdot 9{,}81\ \frac{\text{m}}{\text{s}^2} + \frac{500\ \text{kg} \cdot \left(1\ \frac{\text{m}}{\text{s}}\right)^2}{3{,}98\ \text{m}} = 4\,905\ \text{N} + 126\ \text{N} = \underline{\underline{5\,031\ \text{N}}}$$

5. **Begründung des Verhaltens der Last**
Die Laufkatze mit dem technischen Defekt übernimmt die Rolle eines Erregers und das Seil mit der Last die Rolle des zur Schwingung gezwungenen Pendels. Ein solches System ist zur Resonanz fähig. Rückt die Anregungsfrequenz der Laufkatze in die Nähe der Eigenfrequenz (Resonanzfrequenz) des Pendels, kommt es zu besonders großen Amplituden des Pendels (Resonanzfall).

Bedingung 1: Die Anregungsfrequenz liegt mit 0,025 Hz deutlich unter der Eigenfrequenz von 0,25 Hz des Pendels. Die Last wird nur zu kleinen Amplituden angeregt.

Bedingung 2: Die Anregungsfrequenz entspricht der Resonanzfrequenz. Das Pendel wird zu besonders großen Amplituden angeregt. Insbesondere können die Ausschläge den kritischen Auslenkwinkel von 15° übersteigen, sodass die Sicherheit des Kranbetriebs nicht mehr gewährleistet ist (siehe 3.3).

Bedingung 3: Die Anregungsfrequenz liegt mit 2,5 Hz deutlich oberhalb der Resonanzfrequenz. Auch in diesem Fall wird die Last nur zu kleinen Schwingungen angeregt.

Landesabitur Physik 2011 (Hessen) – Grundkurs
Aufgabe B2: Optisches Gitter

Material 1 zeigt eine Versuchsanordnung, bei der monochromatisches Laserlicht entlang der y-Achse senkrecht auf ein optisches Gitter mit der Gitterkonstanten g fällt und dieses durchdringt. Das Gitter liegt in der x-z-Ebene und die Gitterspalte sind parallel zur z-Achse. Die y-Achse verläuft senkrecht durch das Zentrum des Gitters und des ebenen Abbildungsschirms.

Weiterhin sind folgende Angaben bekannt:
Die Wellenlänge des Laserlichts beträgt $\lambda = 633$ nm.
Die Gitterkonstante ist $g = 10^{-5}$ m.
Der Abbildungsschirm hat den Abstand $e = 2{,}5$ m vom Gitter.

1. Beschreiben Sie die erwarteten Beobachtungen auf dem Abbildungsschirm. Begründen Sie die Beobachtungen mithilfe des Wellencharakters von Licht. (6 BE)

2. Geben Sie unter Zuhilfenahme einer zweidimensionalen Skizze eine Erklärung für das Zustandekommen der Interferenzmaxima an und leiten Sie die Bestimmungsgleichung für Helligkeitsmaxima $n \cdot \lambda = g \cdot \sin \alpha_n$ her.
(α_n ist hierbei der Winkel, unter dem ein Helligkeitsmaximum der Ordnung n bezüglich der y-Achse hinter dem Gitter erscheint.) (6 BE)

3. Es werden nun die beiden Helligkeitsmaxima der Ordnung $n = 2$ genauer untersucht.

3.1 Berechnen Sie den Abstand d, den beide Maxima auf dem Schirm voneinander haben. (6 BE)

3.2 Begründen Sie eventuelle Einflüsse auf den Abstand der beiden Helligkeitsmaxima, wenn man das Gitter
- ein wenig um die x-Achse dreht.
- ein wenig um die z-Achse dreht. (5 BE)

4. Das Gitter befindet sich nun wieder in der ursprünglichen Position. Der ebene Abbildungsschirm wird gegen einen gekrümmten Schirm ausgetauscht, der die Form einer halben Zylindermantelfläche hat. In der Draufsicht in Material 2 erscheint der Schirm als Halbkreis (Radius 2,5 m), dessen Mittelpunkt in der Mitte des Gitters liegt.

4.1 Ermitteln Sie die Anzahl aller Helligkeitsmaxima auf dem gekrümmten Schirm. (3 BE)

4.2 Erklären Sie, wie eine Vergrößerung der Frequenz des Laserlichts die Lage und Anzahl der Helligkeitsmaxima auf dem Schirm beeinflusst. (4 BE)

Material 1: Laserstrahl am Gitter mit ebenem Abbildungsschirm (Schrägbild)

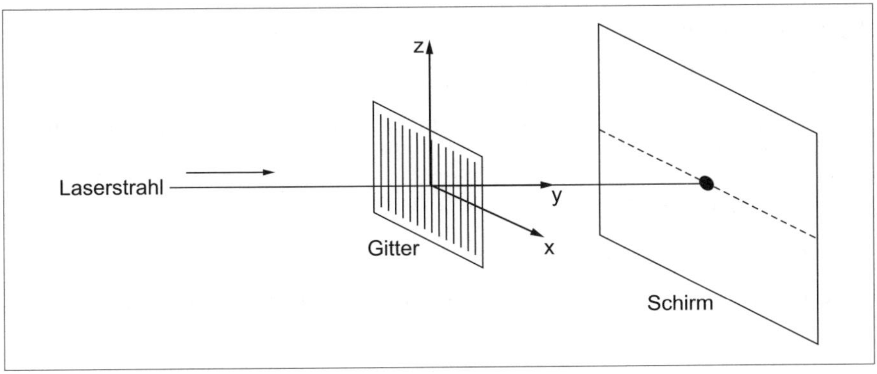

Material 2: Laserstrahl am Gitter mit gekrümmtem Abbildungsschirm (Draufsicht)

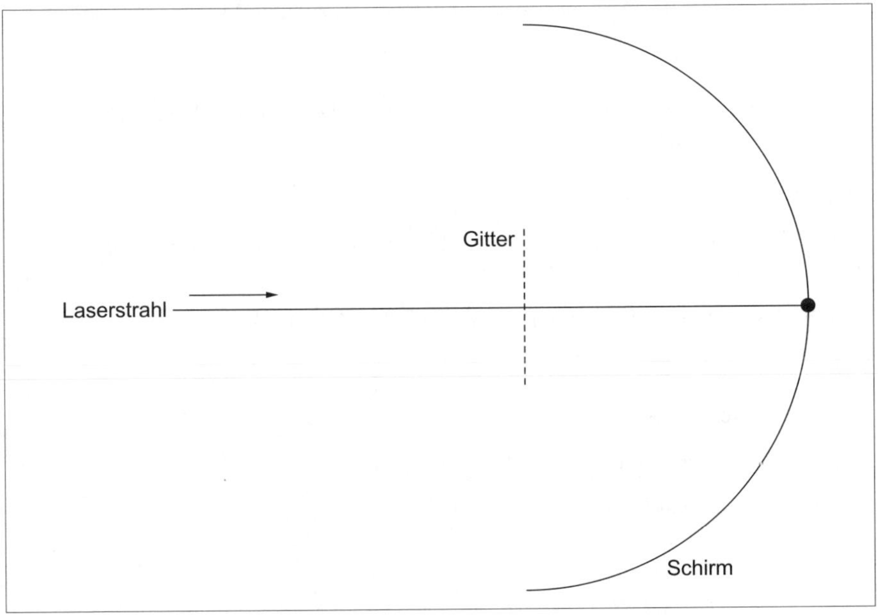

Tipps und Hinweise zur Lösung von Aufgabe B2

Tipps zu Teilaufgabe 1

- Beschreiben Sie das Interferenzbild.
- Benutzen Sie in Ihrer Argumentation das Huygens'sche Prinzip. Welche Rolle spielt hier die Interferenz?

Tipps zu Teilaufgabe 2

- Entwerfen Sie eine geeignete Skizze, in der auch der Gangunterschied Δs auftaucht.
- Welcher Zusammenhang besteht zwischen Gangunterschied und Helligkeitsmaxima?

Tipps zu Teilaufgabe 3.1

- Fertigen Sie eine Skizze an, die den Beugungswinkel in der Geometrie der gesamten Anordnung zeigt.
- Beachten Sie, dass der Abstand zwischen den beiden zweiten Maxima gesucht ist!

Tipp zu Teilaufgabe 3.2

- Was passiert mit dem „aktiven" Gitterabstand g bei diesen beiden beschriebenen Drehungen? Welchen Einfluss hat das?

Tipps zu Teilaufgabe 4.1

- Welche Bedingung muss der Beugungswinkel erfüllen, damit ein Maximum noch auf dem halbkreisförmigen Schirm liegt?
- Kombinieren Sie diese Bedingung mit der Gitterformel aus 2.
- Zählen Sie alle hellen Punkte!

Tipps zu Teilaufgabe 4.2

- Wie hängen Frequenz f und Wellenlänge λ zusammen?
- Welchen Einfluss hat f auf die Gitterformel?

Lösungen zu Aufgabe B2

1. **Beschreibung**
Im Zentrum des Schirms wird ein intensives, punktförmiges Helligkeitsmaximum (0. Ordnung) zu sehen sein. Rechts und links davon in Richtung positiver und negativer x-Richtung erscheinen die Helligkeitsmaxima höherer Ordnung, jeweils getrennt durch Minima.

Begründung
Licht zeigt beim Durchgang durch passende Gitter Wellencharakter. Nach dem Huygens'schen Prinzip ist jeder Gitterspalt das Zentrum einer Elementarwelle. Diese Elementarwellen überlagern sich. Durch diese Überlagerung entstehen, z. B. auf einem Schirm, je nach Gangunterschied Stellen konstruktiver Interferenz (Helligkeitsmaxima) und destruktiver Interferenz (Helligkeitsminima). Bei passender Stellung des Schirms ergibt sich so für einen punktförmigen Laserstrahl eine Kette von hellen Punkten, getrennt von dunklen Stellen.

2. **Skizze und Erklärung**
Fertigen Sie Ihre Skizze so, dass die Situation für ein allgemeines n-tes Helligkeitsmaximum gezeigt wird. Beschriften Sie den Winkel α_n, den Gitterabstand g und das entstehende rechtwinklige Dreieck mit dem Gangunterschied Δs.

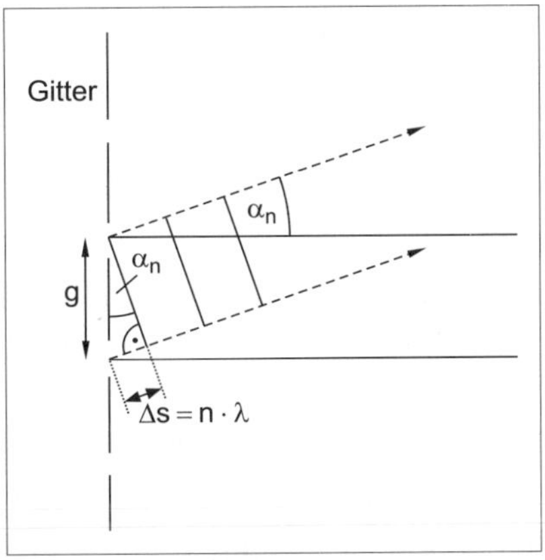

Abb. 1

Konstruktive Interferenz der Huygens'schen Elementarwellen entsteht in der Richtung, unter der sich von benachbarten Gitteröffnungen ein ganzzahliges Vielfache der eingestrahlten Wellenlänge als Gangunterschied einstellt: $\Delta s = n \cdot \lambda$
Diese Richtung ist hier mit dem Winkel α_n gekennzeichnet. α_n findet sich auch in dem Dreieck wieder, denn die entsprechenden Schenkel der Winkel stehen paarweise senkrecht aufeinander.

Herleitung der Gitterformel
Ist der Abstand e zwischen Gitter und Schirm sehr groß im Vergleich zur Gitterkonstanten g, so verlaufen die in der Skizze eingezeichneten Strahlen nahezu parallel und es ergibt sich das eingezeichnete rechtwinklige Dreieck mit dem Gangunterschied Δs. In diesem Dreieck gilt:

$$\sin\alpha_n = \frac{\Delta s}{g} = \frac{n \cdot \lambda}{g} \quad \Rightarrow \quad n \cdot \lambda = g \cdot \sin\alpha_n \qquad (1)$$

Das ist die gesuchte Bestimmungsgleichung.

3.1 Für die **Berechnung des Abstands d** wird noch eine Skizze benötigt, die den gesamten Aufbau darstellt (Abb. 2). Anhand der Skizze kann man für den Abstand $\frac{d}{2}$ des zweiten Helligkeitsmaximums von der geometrischen Mitte auf dem Schirm folgende Gleichung aufstellen:

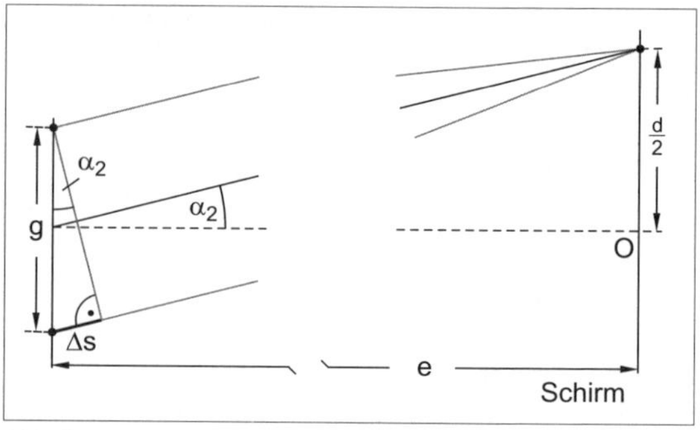

Abb. 2

$$\tan\alpha_2 = \frac{\frac{d}{2}}{e} \Rightarrow \frac{d}{2} = e\cdot\tan\alpha_2 \Rightarrow d = 2e\cdot\tan\alpha_2 \qquad (2)$$

Den Winkel α_2 berechnet man mit der Gitterformel (1) aus Aufgabenteil 2:

$$2\lambda = g\cdot\sin\alpha_2$$

$$\Rightarrow \alpha_2 = \arcsin\frac{2\lambda}{g} = \arcsin\frac{2\cdot 633\cdot 10^{-9}\text{ m}}{1\cdot 10^{-5}\text{ m}} = 7{,}27°$$

Dieser Wert wird in (2) eingesetzt:

$$d = 2\cdot 2{,}5\text{ m}\cdot\tan 7{,}27° = \underline{\underline{0{,}64\text{ m}}}$$

Achten Sie darauf, dass Ihr Taschenrechner im Gradmodus arbeitet.
Erkennt man, dass bei diesem Versuch der Beugungswinkel α_2 kleiner als 10° ist, ist eine alternative Lösung mithilfe der Näherung für kleine Winkel möglich:

$$\tan\alpha_2 \approx \sin\alpha_2 \Rightarrow \frac{\frac{d}{2}}{e} \approx \frac{2\lambda}{g} \Rightarrow d \approx \frac{4\lambda\cdot e}{g} = \underline{\underline{0{,}63\text{ m}}}$$

3.2 **Drehung des Gitters**

Bei einer geringen Drehung des Gitters um die x-Achse ändert sich die Gitterkonstante g des Gitters nicht. Lediglich die Länge der Spalte wird in der Projektion in die x-z-Ebene etwas geringer. Da die Länge der Spalte aber auf die Lage der Punkte keine rechnerischen Auswirkungen hat (siehe 2 und 3.1), bleiben die Abstände auf dem Schirm unverändert.

Bei einer geringen Drehung des Gitters um die z-Achse ändert sich die Gitterkonstante g des Gitters. Die „aktive“ Gitterkonstante wird kleiner, da in der Projektion des Gitters auf die x-z-Ebene die Spalte enger beieinander liegen. Verkleinert sich g, vergrößert sich nach der in 2 hergeleiteten Gitterformel (1) $\sin\alpha_n$, damit wachsen auch die Beugungswinkel α_n. Die Interferenzmaxima liegen auf dem Schirm immer noch nebeneinander, aber mit einem größeren Abstand voneinander.

4.1 Damit das n-te Helligkeitsmaximum noch auf dem halbkreisförmigen Schirm zu sehen ist, muss der Beugungswinkel α_n kleiner als 90° sein. Mit der Gitterformel (1) aus 2 lässt sich zunächst die maximale Beugungsordnung bestimmen:

$$\left.\begin{array}{lll} \alpha_n < 90^\circ & \Rightarrow & \sin\alpha_n < 1 \\ n \cdot \lambda = g \cdot \sin\alpha_n & \Rightarrow & n = \frac{g}{\lambda} \cdot \sin\alpha_n \end{array}\right\} \Rightarrow n < \frac{g}{\lambda} \cdot 1 = \frac{1 \cdot 10^{-5}\ \text{m}}{633 \cdot 10^{-9}\ \text{m}} = 15{,}8$$

$$\Rightarrow n_{max} = 15$$

Die gesamte Anzahl N an Helligkeitsmaxima, die auf dem Schirm zu sehen ist, ergibt sich aus 15 Maxima links und 15 Maxima rechts vom 0. Maximum in der Mitte sowie dem 0. Maximum selbst:

$$N = 15 + 15 + 1 = \underline{\underline{31}}$$

4.2 **Vergrößerung der Frequenz**

Frequenz f und die Wellenlänge λ von Licht hängen über die Ausbreitungsgeschwindigkeit c zusammen:

$$c = \lambda \cdot f$$

Eine Vergrößerung der Frequenz des Laserlichts verkleinert die Wellenlänge, da die Ausbreitungsgeschwindigkeit c konstant bleibt. Nach der in 2 hergeleiteten Gitterformel $n \cdot \lambda = g \cdot \sin\alpha_n$ müssen dann alle Helligkeitsmaxima kleinere Beugungswinkel besitzen. Sie rücken also alle etwas näher an das 0. Maximum in der geometrischen Mitte heran. Dessen Lage ändert sich nicht.

Weil der Wert der Wellenlänge wegen $n < \frac{g}{\lambda}$ die maximal sichtbare Beugungsordnung beeinflusst, werden eventuell auch mehr Maxima auf dem Schirm zu sehen sein.

Landesabitur Physik 2011 (Hessen) – Grundkurs
Aufgabe C1: Wasserstoffatom

1. Das Bohr'sche Atommodell liefert für die Energieniveaus des Wasserstoffatoms die folgende Formel:

$$E_n = -\frac{e^4 \cdot m_e}{8\varepsilon_0^2 \cdot h^2} \cdot \frac{1}{n^2}$$

Berechnen Sie mithilfe dieser Formel die Energien der ersten drei Energieniveaus und zeichnen Sie das Energieniveauschema. Geben Sie die Energien in der Einheit eV an. (8 BE)

2. Die Energieniveaus eines Wasserstoffatoms sollen experimentell bestimmt werden. Dazu werden freie Elektronen durch Wasserstoffgas hindurch geschossen, dessen Atome sich im Grundzustand befinden. Beim Durchgang durch das Wasserstoffgas verlieren diese Elektronen Energie. Diese freien Elektronen werden mit der kinetischen Energie 12,5 eV in das Gas geschossen. Nach dem Durchgang durch das Gas werden folgende Werte für die kinetische Energie dieser Elektronen ermittelt: 0,4 eV, 2,3 eV und 12,5 eV.

Hinweis: Die Aufgabenteile 2.1 und 2.2 können gemeinsam bearbeitet werden.

2.1 Erläutern Sie qualitativ das Zustandekommen der gemessenen Energiewerte. (4 BE)

2.2 Berechnen Sie die Werte der jeweiligen Energieverluste. Vergleichen Sie die Energieniveaus aus Aufgabenteil 1 mit diesen Energieverlusten. (5 BE)

3.1 Die durch den Beschuss mit Elektronen angeregten Wasserstoffatome emittieren Licht. Bestimmen und begründen Sie aus dem Energieniveauschema aus Aufgabe 1 die Anzahl der zu erwartenden verschiedenen Frequenzen und berechnen Sie die kleinste dabei auftretende Frequenz der Photonen. (7 BE)

3.2 Die Lichtleistung, die auf die Emission der Photonen mit der kleinsten Frequenz entfällt, beträgt 1,8 mW. Bestimmen Sie, wie viele dieser Photonen pro Sekunde emittiert werden. (4 BE)

4. Im Spektrum des Sonnenlichtes befinden sich Absorptionslinien. Diese liegen bei den gleichen Frequenzen wie die Emissionslinien. Sie entstehen, wenn die Energie eines auf das Atom auftreffenden Photons genau der Differenz zwischen zwei Energieniveaus entspricht. In diesem Fall wird das Photon absorbiert und das Elektron in das höhere Energieniveau „gehoben“.
In den unteren Schichten der Sonnenatmosphäre entstehen Photonen. Diese werden teilweise in den oberen, kühleren Atmosphäreschichten absorbiert. Die Temperatur dieser „kühleren“ Schichten beträgt aber immer noch mehrere tausend Kelvin, die dort befindlichen Wasserstoffatome besitzen aufgrund der Wärmebewegung eine entsprechend hohe kinetische Energie. Eine der Absorptionslinien im Sonnenspektrum entspricht dem Übergang von Niveau 2 auf Niveau 3.
Begründen Sie, wieso auf der Sonne Anregungen mit dieser Energie auftreten, hingegen bei dem in Aufgabenteil 2 geschilderten Experiment nicht. (2 BE)

Tipps und Hinweise zur Lösung von Aufgabe C1

Tipps zu Teilaufgabe 1.1

- Bei einigen Taschenrechnern kann es hier zu Problemen kommen, denn z. B. der Betrag für $e^4 \cdot m_e$ liegt unter $1 \cdot 10^{-100}$. Einige Taschenrechner können solche Werte nicht weiterverarbeiten. Gehen Sie daher bei Ihrer Berechnung so vor, dass Sie abwechselnd multiplizieren und dividieren.
- Die Energien sollen in Elektronenvolt angegeben werden: $1\ \text{eV} = 1{,}602 \cdot 10^{-19}\ \text{J}$

Tipp zu Teilaufgabe 2.1

- Stellen Sie eine Energiebilanz für ein Elektron auf.

Tipps zu Teilaufgabe 2.2

- Setzen Sie in die Energiebilanz die gegebenen Werte ein.
- Welche Energiewerte müssen Sie aus dem Energieniveauschema zu Rate ziehen?

Tipps zu Teilaufgabe 3.1

- Welche Übergänge sind in dem Energieniveauschema aus Aufgabenteil 1 möglich?
- Welchen Zusammenhang haben Energie und Frequenz eines Photons?

Tipps zu Teilaufgabe 3.2

- Entnehmen Sie Ihrer Formelsammlung den Zusammenhang zwischen Leistung und Energie.
- Woraus genau setzt sich die angesprochene Energie zusammen?

Tipp zu Teilaufgabe 4

- Gehen Sie bei Ihren Betrachtungen davon aus, dass in den äußeren Schichten der Sonne auch Wasserstoffatome im angeregten Zustand 2 vorkommen.

Lösungen zu Aufgabe C1

1. **Berechnung der Energien**

In diesem Aufgabenteil müssen Sie die Elementarladung e, Elektronenmasse m_e, elektrische Feldkonstante ε_0 und Planck'sche Konstante h Ihrer Formelsammlung entnehmen und in die gegebene Formel einsetzen. Exemplarisch ist die Berechnung von E_1 dargestellt. Bei den weiteren Rechnungen tauschen Sie den Faktor $\frac{1}{1^2}$ nur durch $\frac{1}{2^2}$ bzw. $\frac{1}{3^2}$ aus.

$$E_1 = -\frac{(1{,}602 \cdot 10^{-19}\,\mathrm{C})^4 \cdot 9{,}109 \cdot 10^{-31}\,\mathrm{kg}}{8 \cdot \left(8{,}854 \cdot 10^{-12}\,\frac{\mathrm{C}}{\mathrm{Vm}}\right)^2 (6{,}626 \cdot 10^{-34}\,\mathrm{Js})^2} \cdot \frac{1}{1^2}$$

$$= -2{,}180 \cdot 10^{-18}\,\mathrm{J} \cdot \frac{1}{1^2} = \underline{\underline{-13{,}6\,\mathrm{eV}}}$$

$$E_2 = -2{,}180 \cdot 10^{-18}\,\mathrm{J} \cdot \frac{1}{2^2} = -13{,}6\,\mathrm{eV} \cdot \frac{1}{4} = \underline{\underline{-3{,}40\,\mathrm{eV}}}$$

$$E_3 = -2{,}180 \cdot 10^{-18}\,\mathrm{J} \cdot \frac{1}{3^2} = -13{,}6\,\mathrm{eV} \cdot \frac{1}{9} = \underline{\underline{-1{,}51\,\mathrm{eV}}}$$

Abb. 1 zeigt das **Energieniveauschema** für die ersten drei Niveaus.

Die Zeichnung ist nicht maßstabsgetreu. Das Einzeichnen der Pfeile, die die Übergänge im Atom symbolisieren, ist nicht erforderlich.

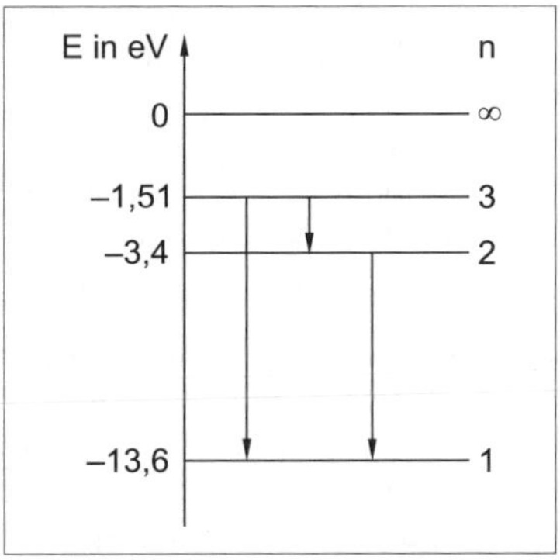

Abb. 1

2.1 **Zustandekommen der Messwerte**

Bei dem geschilderten Aufbau handelt es sich um ein Franck-Hertz-Experiment. Beim Durchgang durch das Wasserstoffgas können die freien Elektronen mit den Wasserstoffatomen wechselwirken (stoßen). Dabei geben sie einen Teil ihrer kinetischen Energie an das Wasserstoffatom ab und regen es an (d. h. heben es aus dem Grundzustand in einen höheren Energiezustand). Den Rest der Energie behalten die freien Elektronen als kinetische Energie.

2.2 **Berechnen und Vergleichen der Energieabgaben**

Die jeweiligen Energieabgaben berechnen sich zu

$$E_{a,1} = 12{,}5\ \text{eV} - 0{,}4\ \text{eV} = \underline{\underline{12{,}1\ \text{eV}}},$$

$$E_{a,2} = 12{,}5\ \text{eV} - 2{,}3\ \text{eV} = \underline{\underline{10{,}2\ \text{eV}}} \quad \text{und}$$

$$E_{a,3} = 12{,}5\ \text{eV} - 12{,}5\ \text{eV} = \underline{\underline{0}}\ \text{eV}.$$

Die Anregung eines Wasserstoffatoms ist nur möglich, wenn die Anregungsenergie exakt der Differenz zweier Energieniveaus entspricht. Um das Atom aus dem Grundzustand $n = 1$ in die angeregten Zustände $n = 2$ oder $n = 3$ zu bringen, sind folgende Energiedifferenzen notwendig:

$$\Delta E_{1 \to 2} = E_2 - E_1 = -3{,}40\ \text{eV} - (-13{,}6\ \text{eV}) = \underline{\underline{10{,}2\ \text{eV}}}$$

$$\Delta E_{1 \to 3} = E_3 - E_1 = -1{,}51\ \text{eV} - (-13{,}6\ \text{eV}) = \underline{\underline{12{,}09\ \text{eV}}}$$

Die beiden Werte entsprechen sehr gut den oben errechneten Energieabgaben $E_{a,2}$ bzw. $E_{a,1}$, die Anregung fand statt. Der Wert $E_{a,3}$ bedeutet, dass die betreffenden freien Elektronen keine Energie abgegeben haben, also mit keinem Wasserstoffatom wechselwirkten.

3.1 **Anzahl der möglichen Lichtfrequenzen**

Die Elektronen der durch die Stöße angeregten Wasserstoffatome fallen auf niedrigere Energieniveaus zurück. Die dabei freiwerdende Energiedifferenz geben sie in Form von Photonen, also Licht, ab. Wie in 2.2 dargestellt können Wasserstoffatome in die Niveaus $n = 2$ und $n = 3$ gelangen. Aus Niveau 3 können sie direkt auf Niveau 1 oder erst auf Niveau 2 und dann ins Niveau 1 zurückfallen. Insgesamt sind also die drei Übergänge $3 \to 1$, $3 \to 2$ und $2 \to 1$ möglich.

Berechnen der kleinsten Frequenz

Das Photon mit der kleinsten Frequenz f wird nach $E_{\text{Photon}} = \Delta E = h \cdot f$ bei dem Niveauwechsel mit der kleinsten Energiedifferenz erzeugt. Das ist der Übergang von Niveau 3 nach Niveau 2 mit $\Delta E = 3{,}40\ \text{eV} - 1{,}51\ \text{eV} = 1{,}89\ \text{eV}$, sodass man für die gesuchte Frequenz berechnet:

$$f = \frac{\Delta E}{h}$$

$$= \frac{1{,}89\ \text{eV} \cdot 1{,}602 \cdot 10^{-19}\ \frac{\text{J}}{\text{eV}}}{6{,}626 \cdot 10^{-34}\ \text{Js}} = 4{,}57 \cdot 10^{14}\ \frac{1}{\text{s}} = \underline{\underline{4{,}57 \cdot 10^{14}\ \text{Hz}}}$$

Statt mit dem Umrechnungsfaktor $1{,}602 \cdot 10^{-19}\ \frac{\text{J}}{\text{eV}}$ zu rechnen, können Sie auch den Wert $h = 4{,}136 \cdot 10^{-15}$ eVs benutzen.

3.2 Die Leistung P ist definiert als der Quotient aus Energie E und Zeit t:

$$P = \frac{E}{t}$$

Die Energie E wird in diesem Aufgabenteil durch die gesuchte **Anzahl n** von Photonen mit der kleinsten Frequenz (siehe 3.1) geliefert. Die Zeit t ist 1 Sekunde. Damit ergibt sich:

$$P = \frac{n \cdot E_{Photon}}{t} \quad \Rightarrow \quad n = \frac{P \cdot t}{E_{Photon}}$$

$$= \frac{1{,}8 \cdot 10^{-3}\,W \cdot 1\,s}{1{,}89\,eV \cdot 1{,}602 \cdot 10^{-19}\,\frac{J}{eV}} = \underline{\underline{5{,}94 \cdot 10^{15}}}$$

n hat keine Einheit!

4. Durch die hohe Temperatur auf der Sonne stoßen die Wasserstoffatome dort ständig mit großer Energie zusammen. Dadurch befinden sich auch immer einige dieser Atome im angeregten Zustand 2. Durch Photonen aus den unteren Schichten der Sonnenatmosphäre können diese Atome nun in den Zustand $n = 3$ angeregt werden. Es entsteht die entsprechende Absorptionslinie.
In dem in Aufgabenteil 2 geschilderten Laborexperiment befinden sich aber alle Wasserstoffatome im Grundzustand $n = 1$. Eine mögliche Absorption von Photonen, die einen Übergang $2 \rightarrow 3$ ermöglichen, kann nicht stattfinden.

Landesabitur Physik 2011 (Hessen) – Grundkurs
Aufgabe C2: Fotoeffekt

1. Wilhelm Hallwachs widmete sich als erster der experimentellen Untersuchung des von Heinrich Hertz beobachteten „lichtelektrischen Effektes“ (Fotoeffekt): Eine blank polierte Zinkplatte wird negativ aufgeladen, ein mit ihr verbundenes Elektroskop zeigt das Vorhandensein dieser Ladung an (siehe Material 1). Wird diese geladene Zinkplatte ultraviolettem Licht ausgesetzt, so entlädt sie sich. Diese Entladung tritt nicht auf, wenn das UV-Licht vor dem Auftreffen auf die Zinkplatte durch eine Glasplatte geht.
Geben Sie an, was man nach klassischer Physik beim Einbringen der Glasplatte in den Strahlengang erwarten würde.
Geben Sie die Einstein'sche Deutung dieser Beobachtungen an. (7 BE)

2. In einer Versuchsreihe wird eine Fotozelle nacheinander mit Licht verschiedener Wellenlängen beleuchtet. Dabei werden folgende Werte für die Fotospannung U gemessen:

λ in nm	656	486	434	410
U in V	keine	0,61	0,92	1,08

2.1 Stellen Sie die Energie der Fotoelektronen in Abhängigkeit von der Frequenz f des verwendeten Lichtes grafisch dar und geben Sie die Bedeutung der Achsenschnittpunkte des Graphen sowie seiner Steigung an.
Berechnen Sie aus den Messwerten die Planckkonstante.

Hinweis: Es genügt die Verwendung von zwei der drei Messwertepaare.
(10 BE)

2.2 Ermitteln Sie, aus welcher Substanz die Kathode der Fotozelle besteht. Dazu ist in Material 2 die Austrittsarbeit einiger Substanzen angegeben.

Hinweis: Rechnen Sie dabei mit dem in der Literatur angegebenen Wert der Planckkonstanten $h = 6{,}626 \cdot 10^{-34}$ Js $= 4{,}136 \cdot 10^{-15}$ eVs. (2 BE)

3. Beim Fotografieren ist es nötig, die Intensität des auf das Objektiv der Kamera auftreffenden Lichtes zu ermitteln. Dazu kann man eine Fotozelle verwenden, an deren Auffangelektrode eine gegenüber der Kathode positive Spannung angelegt wird (Material 3). Wird diese Spannung erhöht, so steigt zunächst der Fotostrom an, bleibt dann aber ab einem bestimmten Wert der Spannung konstant (Sättigungsstrom). Diese Abhängigkeit ist in Material 4 für eine bestimmte Lichtintensität dargestellt.
Erklären Sie dieses Verhalten des Fotostromes. Zeichnen Sie in Material 4 einen zweiten Graphen ein, der sich für eine größere Lichtintensität ergibt.
Erklären Sie, wieso man aus der Stärke des Sättigungsstromes die Intensität des auftreffenden Lichtes ermitteln kann. (8 BE)

4. Auf die Kathode einer Fotozelle treffen pro Sekunde $4{,}13 \cdot 10^{14}$ Photonen auf. 0,2 % dieser Photonen lösen jeweils ein Elektron aus.
Berechnen Sie die Stromstärke des Fotostromes unter der Annahme, dass alle ausgelösten Elektronen zur Auffangelektrode gelangen. (3 BE)

Material 1: Demonstration des Fotoeffekts

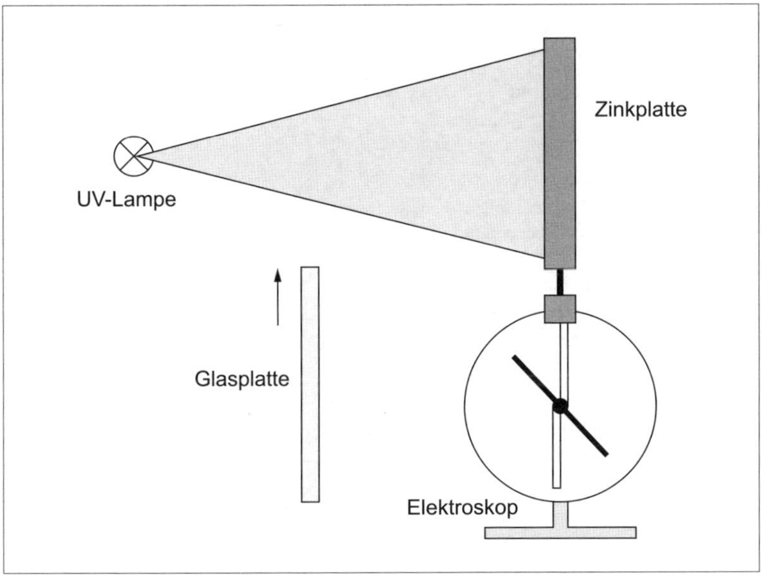

Material 2: Ablösearbeit verschiedener Substanzen bei Zimmertemperatur

Material	**W_A in eV**
Ag-Cs-O	1,04
Casium	1,94
Barium	2,48
Kalzium	2,70
Zink	4,27
Silber	4,70
Nickel	5,01
Platin	5,36

Quelle: http://www.technikatlas.de/~ta8/eg/index.php3?menu=3&submenu4,70=0 (06. 06. 2010, 13:54)

Material 3: Messung des Fotostroms

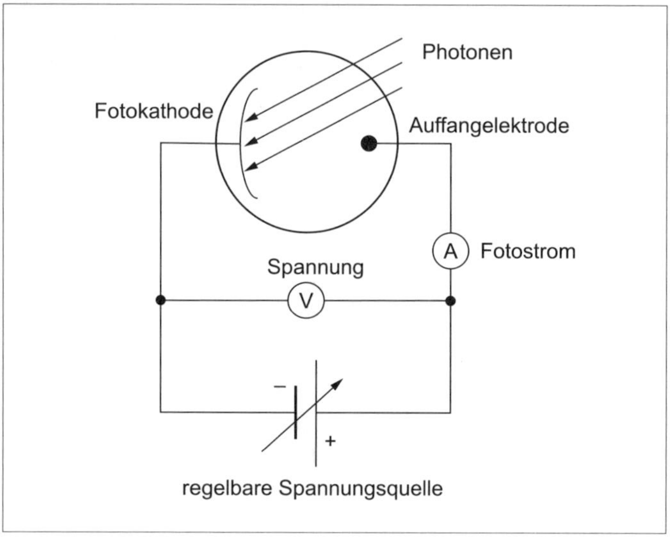

Material 4: Fotostrom in Abhängigkeit von der angelegten Spannung

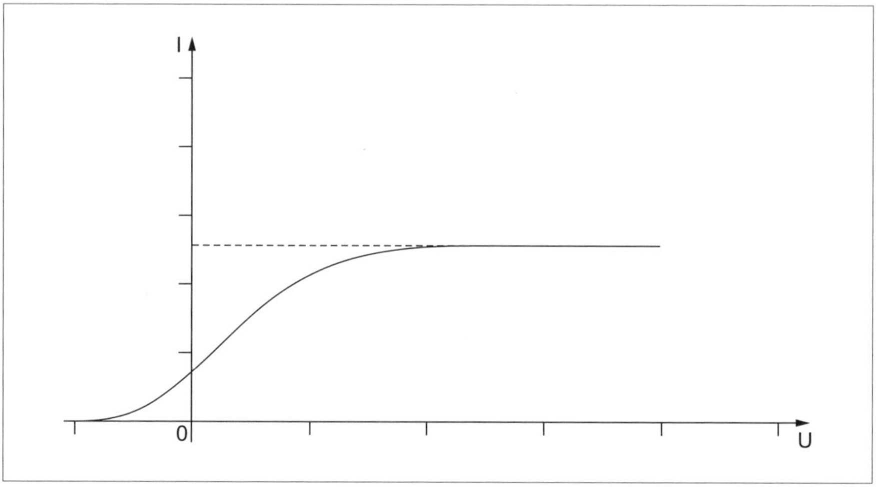

Tipps und Hinweise zur Lösung von Aufgabe C2

Tipps zu Teilaufgabe 1

- Was passiert, wenn Licht (im Wellenmodell) eine Glasplatte durchquert?
- Welches war Einsteins zentrale Annahme?
- Fensterglas ist ein UV-Filter!

Tipps zu Teilaufgabe 2.1

- Wie berechnet man aus der Wellenlänge die Frequenz?
- Wie kommt man von der Fotospannung sehr leicht zur Energie?
- Interpretieren Sie die Einstein'sche Gleichung: $E_{kin} = h \cdot f - W_A$. Welche Art von Funktionsgraph stellt sie in dem vorgeschriebenen Diagramm dar?

Tipps zu Teilaufgabe 2.2

- Formen Sie die Einstein'sche Gleichung nach W_A um.
- Haben Sie die Einheiten beachtet?

Tipps zu Teilaufgabe 3

- Was passiert mit den negativen Fotoelektronen in diesem Aufbau?
- Einstein: Lichtintensität entspricht der Anzahl der Photonen.
- Wird eine höhere Lichtintensität mehr oder weniger Fotoelektronen auslösen?

Tipp zu Teilaufgabe 4

- Wie ist Stromstärke definiert? Wer stellt hier die transportierte Ladungsmenge dar?

Lösungen zu Aufgabe C2

1. In der **klassischen Physik** interpretierte man in der Zeit von Hertz und Hallwachs das Licht im Wellenmodell. In diesem Modell ist es nicht zu erklären, dass die durchsichtige Glasplatte das Auslösen der Elektronen völlig verhindert. Die Glasplatte könnte nur die Lichtintensität etwas schwächen und somit die beobachtete Entladung der Zinkplatte verlangsamen.
Einstein postulierte, dass die Energie, die das Licht transportiert, nicht mehr kontinuierlich verteilt ist, sondern in „Portionen" mit dem Betrag $E = h \cdot f$ transportiert wird. h ist hierbei eine von Max Planck eingeführte Konstante (Wirkungsquantum) und f die Frequenz des Lichts. Diese Energieportionen nannte Einstein Lichtquanten, später wurde dafür der Begriff Photon geprägt. Einstein bot folgende **Deutung** der beschriebenen Beobachtung an: Photonen treffen auf die Zinkplatte. Sie geben ihre Energie gänzlich an ein Elektron in der Metallfläche ab. Um Elektronen auszulösen, ist eine metallspezifische Mindestarbeit zu verrichten (Ablösearbeit). Nur Photonen, deren Energie $E = h \cdot f$ größer ist als diese Ablösearbeit, können Elektronen auslösen, alle anderen nicht. Einen eventuellen Energieüberschuss trägt das Fotoelektron in Form kinetischer Energie mit sich. Fensterglas ist ein UV-Filter und absorbiert diese energiereichen Photonen. Die Photonen, die das Fensterglas passieren, haben zu wenig Energie, den lichtelektrischen Effekt auszulösen.

2.1 **f-E_{kin}-Diagramm**

Übernehmen Sie die Tabelle und ergänzen Sie zwei Zeilen: eine für die Frequenz f des Lichts und eine für die kinetische Energie der Fotoelektronen. Die Einteilung der Achsen ist möglichst so zu wählen, dass auch der E_{kin}-Achsenabschnitt des eingezeichneten Graphen zu erkennen ist.

Bauen Fotoelektronen im Experiment eine Fotospannung von 0,61 V auf, so besitzen Sie eine Energie von 0,61 eV. Die Frequenz f und die Wellenlänge λ von Licht hängen über die Ausbreitungsgeschwindigkeit c zusammen:

$$c = f \cdot \lambda \;\Rightarrow\; f = \frac{c}{\lambda}$$

Erweiterte Wertetabelle:

λ in nm	656	486	434	410
U in V	keine	0,61	0,92	1,08
f in 10^{14} Hz	4,57	6,17	6,91	7,32
E_{kin} in eV	–	0,61	0,92	1,08

Abb. 1 zeigt das f-E_{kin}-Diagramm. Der Graph, der die drei Messpunkte verbindet, ist eine **Gerade**.

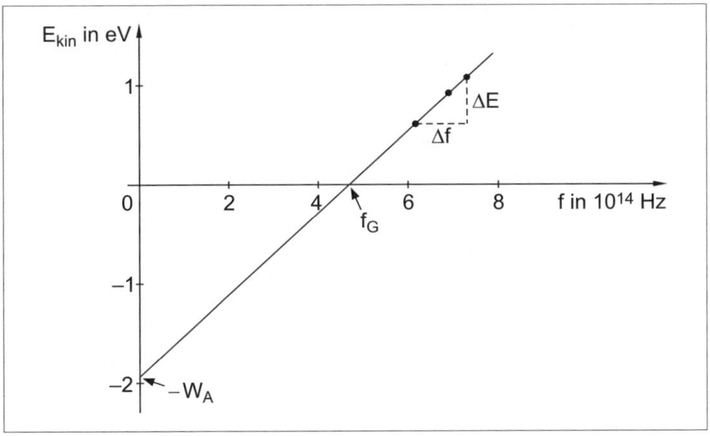

Abb. 1

Sie müssen in Ihrer Zeichnung die Achsenabschnitte und das Steigungsdreieick nicht kennzeichnen.

Auf der Grundlage der in 1 dargestellten Einstein'sche Deutung des Fotoeffekts kann man eine Bilanzgleichung der beteiligten Energien aufstellen:

$$E_{kin,\,Fotoelektron} = E_{Photon} - W_A \quad \text{bzw.}$$

$$E_{kin,\,Fotoelektron} = h \cdot f - W_A \qquad (*)$$

Im f-E_{kin}-Diagramm ist

- der Abschnitt auf der Frequenzachse die **Grenzfrequenz f_G** (nur Licht mit einer größeren Frequenz als diese Grenzfrequenz kann Fotoelektronen auslösen),
- der Abschnitt auf der Energieachse die **negative Ablösearbeit W_A**,
- die Steigung die **Planck'sche Konstante h**.

Berechnung der Planckkonstanten

Zur Berechnung der Steigung des dargestellten Graphen reichen zwei Punkte aus, denn alle drei Punkte liegen gut auf der Ausgleichsgeraden. Wählt man den ersten und den dritten Messpunkt, so ergibt sich für h (vgl. Abb. 1):

$$h = \frac{\Delta E}{\Delta f} = \frac{(1{,}08 - 0{,}61)\text{ eV}}{(7{,}31 - 6{,}17) \cdot 10^{14}\text{ Hz}} = \underline{\underline{4{,}12 \cdot 10^{-15}\text{ eVs} = 6{,}60 \cdot 10^{-34}\text{ Js}}}$$

Für ein Elektronenvolt gilt $1\text{ eV} = 1{,}602 \cdot 10^{-19}\text{ J}$. Haben Sie die zwei anderen Punkte für die Berechnung der Steigung benutzt, so ergeben sich jeweils

$$h = \underline{\underline{4{,}0 \cdot 10^{-15}\text{ eVs} = 6{,}41 \cdot 10^{-34}\text{ Js}}} \quad \text{bzw.}$$

$$h = \underline{\underline{4{,}19 \cdot 10^{-15}\text{ eVs} = 6{,}71 \cdot 10^{-34}\text{ Js}}}.$$

2.2 Ermitteln der Austrittsarbeit

Der Operator „ermitteln" ist durch den Hinweis in der Aufgabenstellung eingeschränkt. Es wird eine rechnerische Lösung erwartet.

Die Einstein'sche Gleichung (*) zur Beschreibung des Fotoeffekts (siehe 2.1) lässt sich nach der gesuchten Austrittsarbeit W_A umformen:

$$E_{kin} = h \cdot f - W_A$$

$$\Rightarrow \quad W_A = h \cdot f - E_{kin}$$

Jetzt kann ein Wertepaar für E_{kin} und f eingesetzt werden:

$$W_A = h \cdot f - E_{kin} = 4{,}136 \cdot 10^{-15}\ \text{eVs} \cdot 7{,}32 \cdot 10^{14}\ \text{Hz} - 1{,}08\ \text{eV} \approx \underline{\underline{1{,}95\ \text{eV}}}$$

Ein Vergleich mit den in der Tabelle gegeben Werten lässt nur **Cäsium** als Kathodenmaterial zu.

Achten Sie auf die Einheiten und benutzen Sie den entsprechenden Wert von h (siehe Hinweis in der Aufgabenstellung).
Sollten Sie eines der anderen zwei möglichen Messpaare eingesetzt haben, so erhalten Sie jedes Mal:

$$W_A = h \cdot f - E_{kin} \approx \underline{\underline{1{,}94\ \text{eV}}}$$

3. Verhalten des Fotostroms

Der Aufgabenstellung kann man entnehmen, dass nur der Graph für positive Werte von U untersucht werden soll.

Die einfallenden Photonen lösen Elektronen aus der Fotokathode. Auch schon für U = 0 V erreichen einige von ihnen aufgrund ihrer kinetischen Energie die Auffangelektrode. Der Strom I ist an der Stelle also schon größer als null. Steigt die anliegende Spannung U, so werden immer mehr der ausgelösten Elektronen zur positiv geladenen Auffangelektrode gezogen; der entstehende Fotostrom I steigt. Weil nicht mehr als die durch den Fotoeffekt erzeugten Elektronen abgesaugt werden können, strebt die Kurve mit zunehmender Spannung gegen einen Höchstwert der Stromstärke. Jetzt landen alle Fotoelektronen auf der Auffangelektrode. Diesen Wert von I nennt man die Sättigungsstromstärke.

Negative Werte der anliegenden Spannung entsprechen einer Gegenspannung. Diese unterdrückt den von sich aus fließenden Fotostrom. Der Wert von U, bei dem im Diagramm der Fotostrom null wird, entspricht der in der Teilaufgabe 2 genannten „Fotospannung".

Weitere Graphen bei größerer Lichtintensität
Der neue Graph muss oberhalb des gegebenen Graphen verlaufen. Da die Fotospannung nicht von der Lichtintensität abhängt, starten beide Graphen im selben Punkt auf der U-Achse (Abb. 2).

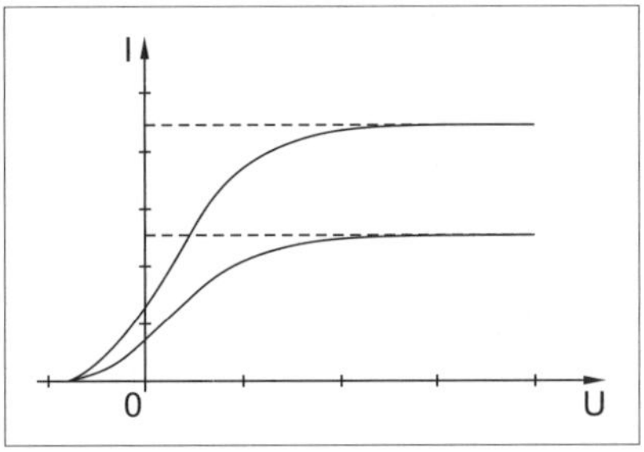

Abb. 2

Zusammenhang Sättigungsstrom – Lichtintensität
Der Sättigungsstrom gibt die Zahl der pro Sekunde ausgelösten Fotoelektronen an. Diese Zahl ist proportional zur Zahl der Photonen, die pro Sekunde auf die Fotokathode fallen. Nach dem von Einstein postulierten Modell für Licht ist die Zahl der Photonen ein Maß für die Lichtintensität. Kennt man also den Proportionalitätsfaktor bei der Erzeugung von Fotoelektronen, kann man aus der Stärke des Sättigungsstroms die Intensität des Lichts ermitteln.

4. **Berechnung der Fotostromstärke**
Die Stromstärke berechnet sich aus der transportierten Ladungsmenge pro Zeitintervall. Die Ladungsmenge besteht in diesem Fall aus einer Anzahl Elektronen mit der Elementarladung e. Aus den Angaben lässt sich die Stromstärke berechnen:

$$I = \frac{Q}{t} = \frac{n \cdot e}{t}$$

$$= \frac{\frac{0,2}{100} \cdot 4,13 \cdot 10^{14} \cdot 1,602 \cdot 10^{-19}\ \text{C}}{1\ \text{s}} = \underline{\underline{1,32 \cdot 10^{-7}\ \text{A} = 132\ \text{nA}}}$$

Landesabitur Physik 2011 (Hessen) – Leistungskurs
Aufgabe A1: Braun'sche Röhre und Oszilloskop

1. Für die folgenden Aufgabenstellungen soll das Verhalten der Elektronen bei der in Material 1 skizzierten Apparatur näher betrachtet werden. Ein feiner Strahl von Elektronen tritt mit der Geschwindigkeit v_0 durch eine Blende in das elektrische Querfeld eines Kondensators mit dem Plattenabstand d und der Länge ℓ. Die Elektronen treffen mittig auf dem Schirm auf.

1.1 Geben Sie die Herleitung einer Gleichung für die Beschleunigungsspannung U_a an, die zwischen Kathode und Anode der (nicht mit abgebildeten) Beschleunigungsanordnung anliegen muss, damit die Elektronen diese mit einer Geschwindigkeit v_0 verlassen. (Die Austrittsgeschwindigkeit der Elektronen an der Kathode sei vernachlässigbar klein.) (3 BE)

1.2 Die folgende Gleichung beschreibt die Bahn der Elektronen im Kondensator bei geeignet gewähltem x-y-Koordinatensystem in Abhängigkeit von der am Kondensator angelegten Spannung U_y:

$$y = \frac{U_y \cdot x^2}{4d \cdot U_a}$$

Leiten Sie diese Gleichung her. Begründen Sie dabei Ihre Herleitungsschritte und zeichnen Sie die Koordinatenachsen in Material 1 ein. (8 BE)

2. Zum Zeitpunkt $t=0$ tritt ein Elektron mit der Geschwindigkeit $v_0 = 1{,}5 \cdot 10^7\ \frac{m}{s}$ in die Mitte des Kondensator ein. An den Kondensator wird eine Rechteckspannung (vgl. Material 2) so angelegt, dass das Elektron den Kondensator auf der in der Abbildung gezeigten Bahn durchläuft. Für den Kondensator gelten folgende Daten: $d = 2$ cm, $\ell = 12$ cm.

2.1 Erläutern Sie, dass die angegebene Rechteckspannung zu der gezeigten Bahnkurve führt. (5 BE)

2.2 Die Skalierung der Achsen des $U_y(t)$-Diagramms soll bestimmt werden. Berechnen Sie dazu die Zeit zum Durchlaufen des Kondensators (Kontrollergebnis: $t = 8$ ns) sowie die Werte der Rechteckspannung mithilfe von Daten, die Sie der Grafik in Material 2 entnehmen.
Beschriften Sie dann die Achsen des Diagramms in Material 2. (11 BE)

3. Nun werden zwei baugleiche Kondensatoren wie in einem Oszilloskop kombiniert, sodass sich vom Schirm aus gesehen ein quadratischer Querschnitt ergibt, wie er in der Abbildung im Material 3 dargestellt ist. Der Abstand d der Platten beträgt nun jeweils 10 cm, die Länge bleibt 12 cm, die Beschleunigungsspannung beträgt $U_a = 0{,}54$ kV. Der Schirm befindet sich wieder direkt hinter den Kondensatoren. Es ergeben sich durch den kontinuierlichen Elektronenstrahl je nach angelegter Spannung in x-und y-Richtung unterschiedliche Schirmbilder.

3.1 Der zeitliche Verlauf der Spannung U_y wird durch den Graphen in Material 4 maßstabsgerecht dargestellt. Die Spannung U_x ist konstant 0 V.
Begründen Sie, dass sich das in Material 5 gezeigte Schirmbild der Länge 8 cm ergibt. (5 BE)

3.2 Die Spannungen U_x und U_y haben nun beide den gleichen zeitlichen Verlauf, wie er für U_y in Material 4 dargestellt ist, und sind zeitlich in Phase, d. h. es gilt: $U_y(t) = U_x(t)$. Skizzieren Sie das sich ergebende Schirmbild in Material 5 und begründen Sie Ihre Darstellung. (4 BE)

3.3 In Material 5 ist das Schirmbild maßstabsgerecht dargestellt, das sich ergibt, wenn der Spannungsverlauf U_y aus 3.1 beibehalten, aber der zeitliche Verlauf von U_x entsprechend verändert wird. Bestimmen Sie eine Gleichung für den zeitlichen Verlauf der Spannung $U_x(t)$. (4 BE)

Material 1: Braun'sche Röhre

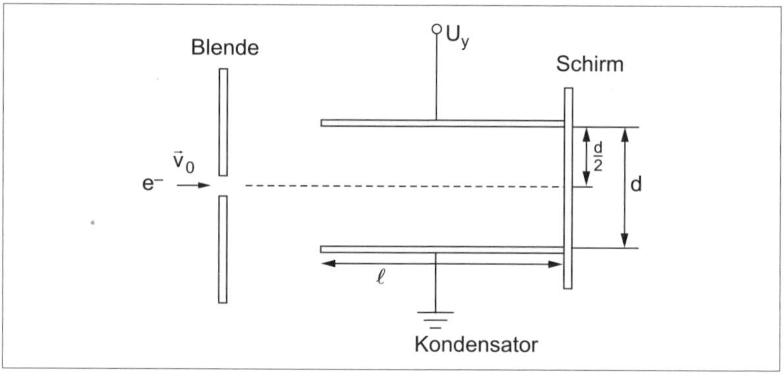

Material 2: Braun'sche Röhre mit angelegter Rechteckspannung

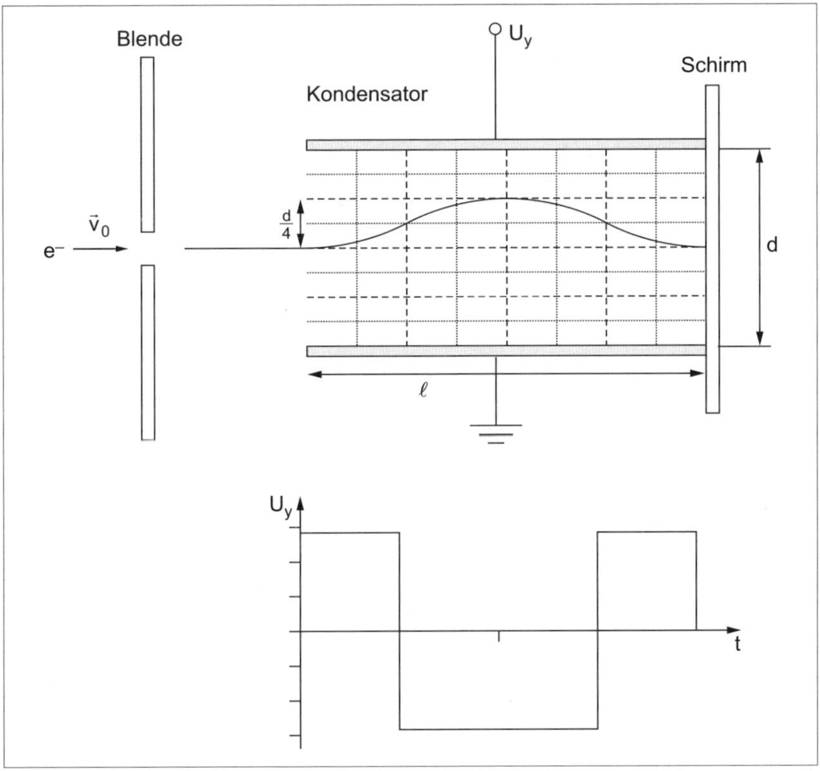

Material 3: Oszilloskop

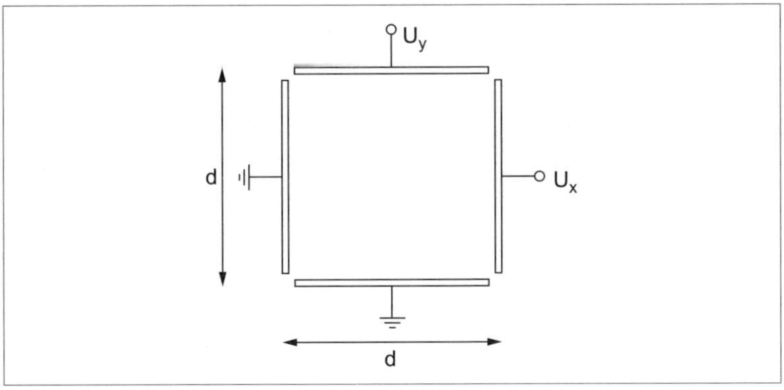

Material 4: Spannung in y-Richtung

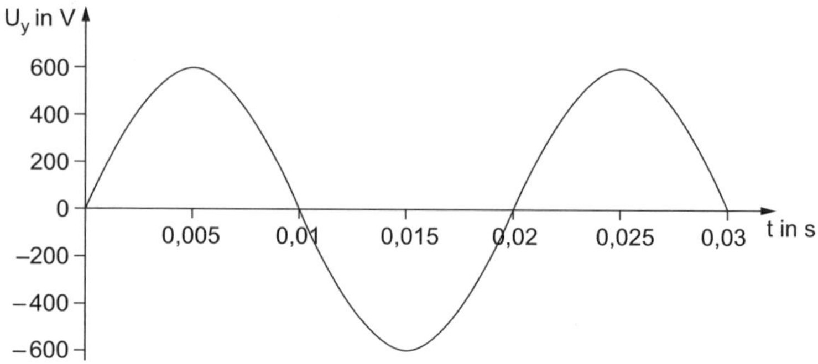

Material 5: Schirmbilder des Oszilloskops

Schirmbild zu Aufgabenteil 3.1

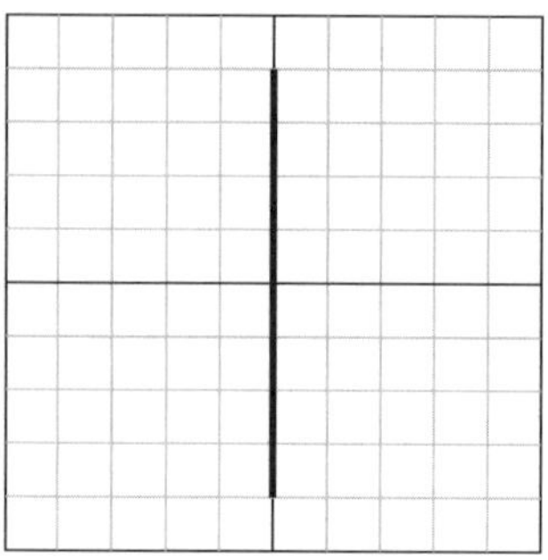

Schirmbild zu Aufgabenteil 3.2

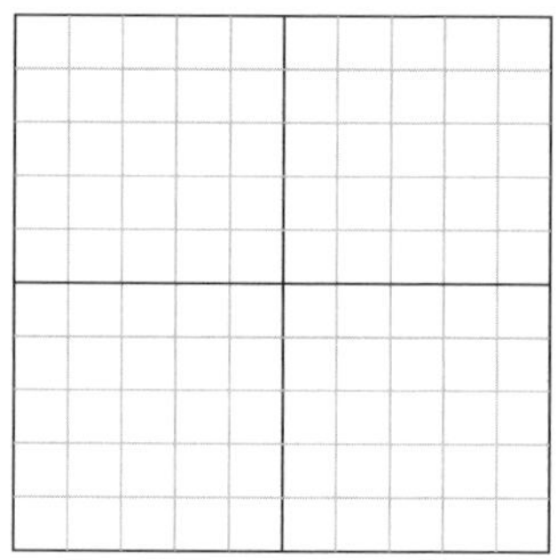

Schirmbild zu Aufgabenteil 3.3

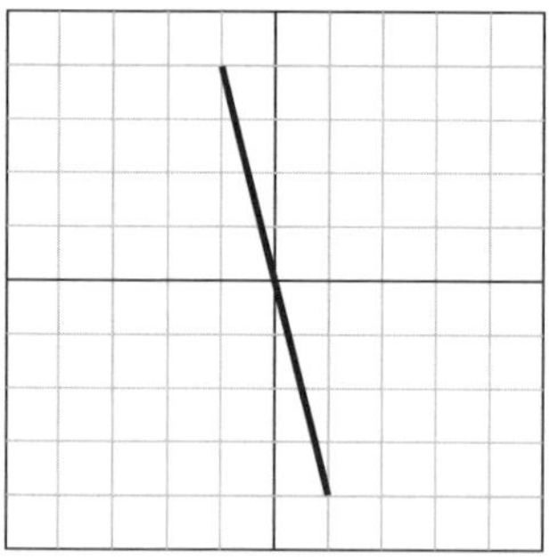

Tipps und Hinweise zur Lösung von Aufgabe A1

Tipps zu Teilaufgabe 1.1

- Gehen Sie von einem Energieansatz aus.
- Die elektrische Energie im Feld des Plattenkondensators wird in kinetische Energie des Elektrons umgewandelt.

Tipps zu Teilaufgabe 1.2

- Für die Bewegungen des Elektrons im Kondensator gilt das Unabhängigkeitsprinzip (mechanisches Analogon: waagerechter Wurf).
- Bewegung in x-Richtung: gradlinig gleichförmig
  Bewegung in y-Richtung: gleichmäßig beschleunigt
- Stellen Sie die beiden Bewegungsgleichungen auf und eliminieren Sie die Zeit t.
- Wählen Sie die Lage des Koordinatenursprungs sinnvoll ($O(x|y)$ zur Zeit $t=0$).

Tipps zu Teilaufgabe 2.1

- Unterteilen Sie die Bahnkurve in vier gleich große Intervalle.
- Analysieren Sie für jedes dieser Intervalle die Spannung an den Kondensatorplatten. Die beiden Intervalle zwei und drei können auch zusammen betrachtet werden.

Tipps zu Teilaufgabe 2.2

- Zur Berechnung der Zeit zum Durchlaufens des Kondensators verwenden Sie die Bewegungsgleichung der Bewegung in x-Richtung $v_0 = \frac{s_x}{t}$.
- Um die Werte der Rechteckspannung zu berechnen, entnehmen Sie dem Diagramm die nötigen Daten und setzen Sie diese in die nach U_y umgestellte Formel aus 1.2 ein.

Tipps zu Teilaufgabe 3.1

- Betrachten Sie die Ablenkungen in x- und y-Richtung. Berechnen Sie die maximale Auslenkung der Linie mithilfe der Formel aus 1.2.
- Beachten Sie, dass die maximale Spannung in y-Richtung 600 V beträgt. Die Länge der Linie ergibt sich aus der doppelten Auslenkung.

Tipp zu Teilaufgabe 3.2

- Aus dem gleichen zeitlichen Verlauf der Ablenkspannungen folgt, dass auch die Bewegungsgleichungen in beiden Richtungen identisch sind, d. h.: $y=x$.

Tipps zu Teilaufgabe 3.3

- Es ist nach dem Verhältnis der beiden Ablenkspannungen zueinander gefragt.
- Vergleichen Sie zunächst die Vorzeichen der beiden Spannungen. Anschließend beachten Sie die Werte der maximalen Auslenkungen.

Lösungen von Aufgabe A1

1.1 **Beschleunigungsspannung U_a**

Da die Austrittsgeschwindigkeit der Elektronen an der Glühkathode vernachlässigt werden kann, befinden diese sich zunächst in Ruhe und werden dann im elektrischen Feld eines Kondensators beschleunigt. Die elektrische Energie im Kondensator (= Produkt der Elektronenladung und der zwischen den Kondensatorplatten herrschenden Beschleunigungsspannung) wird vollständig in kinetische Energie der Elektronen (Bewegungsenergie) umgewandelt.

Energieansatz:

$$E_{elektrisch} = E_{kinetisch} \quad \Leftrightarrow \quad e \cdot U_a = \frac{1}{2} m_e \cdot v_0^2$$

$$\Rightarrow \quad U_a = \frac{m_e \cdot v_0^2}{2e} \qquad (1)$$

1.2 Zur quantitativen Beschreibung der **Bahnkurve y(x)** der Elektronen zerlegt man die Gesamtbewegung in zwei Teilbewegungen parallel und senkrecht zur Röhrenachse und stellt für beide die Weg-Zeit-Gesetze x(t) und y(t) auf. Man legt dabei den **Ursprung des Koordinatensystems** am besten in die Stelle, bei der der Elektronenstrahl in den Ablenkkondensator eintritt:

- In x-Richtung bewegt sich das Elektron kräftefrei, d. h. es durchläuft eine geradlinig gleichförmige Bewegung mit der Geschwindigkeit $v_x = \frac{x}{t}$.
- In y-Richtung liegt ein homogenes elektrisches Feld vor. Die Elektronen erfahren daher eine konstante Kraft und somit eine gleichmäßige Beschleunigung. Für eine beschleunigte Bewegung gilt das Weg-Zeit-Gesetz $y = \frac{1}{2} a \cdot t^2$.

Eine andere Wahl Koordinatenursprungs wäre zwar ebenso möglich, die Physik der Bewegung (d. h. mathematisch: die *Form* der Bahnkurve) ist davon unabhängig. Allerdings enthielten dann die Bewegungsgleichungen x(t) und y(t) zusätzliche Terme (weil sich mathematisch die *Lage* der Kurve bzgl. des Ursprungs ändert), was die weitere Rechnung unnötig verkomplizieren würde.

Die Zeit t ist die gemeinsame Größe in beiden Gleichungen. Daher kann man die erste Gleichung nach t auflösen und in die zweite Gleichung einsetzen:

$$y = \frac{1}{2} a \cdot \left(\frac{x}{v_x} \right)^2 = \frac{1}{2} a \cdot \frac{x^2}{v_x^2} \qquad (2)$$

Für die Beschleunigung a gilt die Grundgleichung der Mechanik $F = m \cdot a$. Die beschleunigende Kraft ist hier die elektrische Feldkraft $F_{el} = e \cdot E$, die elektrische Feldstärke ist im Falle des homogenen Feldes des Plattenkondensators durch $E = \frac{U_y}{d}$ bestimmt (d: Abstand der Kondensatorplatten):

$$a = \frac{F_{el}}{m_e} = \frac{e \cdot E}{m_e} = \frac{e \cdot U_y}{d \cdot m_e}$$

Setzt man diesen Term in die Gleichung (2) ein, so erhält man:

$$y = \frac{1}{2} \cdot \frac{e \cdot U_y}{d \cdot m_e} \cdot \frac{x^2}{v_x^2} \qquad (3)$$

Die Geschwindigkeit v_x ist die Anfangsgeschwindigkeit der Elektronen v_0 nach dem Verlassen der Blende. Für diese Geschwindigkeit erhält man unter Verwendung der Gleichung (1) aus Aufgabenteil 1.1 den Term

$$U_a = \frac{m_e \cdot v_0^2}{2e} \quad \Leftrightarrow \quad v_0^2 = \frac{2U_a \cdot e}{m_e}$$

Durch Einsetzen in (3) ergibt sich die gesuchte Bahngleichung:

$$y = \frac{1}{2} \cdot \frac{e \cdot U_y}{d \cdot m_e} \cdot \frac{x^2}{v_0^2} = \frac{1}{2} \cdot \frac{e \cdot U_y}{d \cdot m_e} \cdot \frac{x^2}{\frac{2U_a \cdot e}{m_e}} = \frac{1}{2} \cdot \frac{e \cdot U_y}{d \cdot m_e} \cdot \frac{x^2 \cdot m_e}{2U_a \cdot e} = \underline{\underline{\frac{U_y \cdot x^2}{4d \cdot U_a}}}$$

Sie können auch über die Wurfparabel des waagerechten Wurfs argumentieren.

2.1 **Zusammenhang Rechteckspannung – Bahnkurve**

Die im Material 2 dargestellte Bahnkurve, die einer Glockenkurve ähnelt, unterteilt man in vier Bereiche, in der die Elektronen jeweils den Teil einer Parabel durchlaufen. Im ersten und vierten Intervall ist die Parabel nach oben geöffnet (positive Beschleunigung), im zweiten und dritten Intervall nach unten geöffnet (negative Beschleunigung).

$\mathbf{0 \le x \le \frac{\ell}{4}}$**:** Das Elektron wird nach oben um den Wert $\frac{d}{8}$ abgelenkt. Somit muss die obere Kondensatorplatte positiv geladen sein: $U_y > 0$. Das Elektron wird in y-Richtung beschleunigt.

$\mathbf{\frac{\ell}{4} \le x \le \frac{\ell}{2}}$**:** Das Elektron wird in y-Richtung wieder vollständig abgebremst und erreicht die maximale y-Auslenkung $\frac{d}{4}$. Weil die Bremsstrecke ebenso lang wie die Beschleunigungsstrecke aus dem ersten Intervall ist, muss die Spannung betragsgleich, aber negativ sein.

$\mathbf{\frac{\ell}{2} \le x \le \frac{3\ell}{4}}$**:** Das Elektron wird nach unten erneut um die Strecke $\frac{d}{4}$ abgelenkt. Daher muss unverändert die Spannung aus dem zweiten Intervall anliegen.

$\mathbf{\frac{3\ell}{4} \le x \le \ell}$**:** Das Elektron wird auf $y = 0$ abgebremst. Daher muss die Spannung bei unverändertem Betrag das Vorzeichen gewechselt haben, es liegt wieder dieselbe Spannung wie im ersten Intervall an.

Sie können alternativ auch die Bewegung im Intervall 3 und 4 auf die Bewegung im Intervall 1 und 2 zurückführen, indem Sie mithilfe der Symmetrie argumentieren: Die Symmetrie der Bahnkurve („Wirkung“) muss sich in der Symmetrie der Spannungskurve („Ursache“) widerspiegeln.

2.2 Die Bewegung in x-Richtung erfolgt geradlinig gleichförmig. Somit gilt das Weg-Zeit-Gesetz, aus dem sich die **Durchlaufzeit t** berechnen lässt:

$$v_0 = \frac{\ell}{t}$$

$$\Leftrightarrow \quad t = \frac{\ell}{v_0} = \frac{0{,}12\ \text{m}}{1{,}5 \cdot 10^7\ \frac{\text{m}}{\text{s}}} = 8 \cdot 10^{-9}\ \text{s} = \underline{\underline{8\ \text{ns}}}$$

Um den Betrag der **Ablenkspannung** zu berechnen, berechnet man mithilfe der Gleichung (1) aus Aufgabenteil 1.1 die Beschleunigungsspannung U_a für die gegebene Eintrittsgeschwindigkeit $v_0 = 1{,}5 \cdot 10^7\ \frac{\text{m}}{\text{s}}$,

$$U_a = \frac{m_e \cdot v_0^2}{2e} = \frac{9{,}109 \cdot 10^{-31}\ \text{kg} \cdot (1{,}5 \cdot 10^7\ \frac{\text{m}}{\text{s}})^2}{2 \cdot 1{,}602 \cdot 10^{-19}\ \text{C}} = 639{,}6\ \text{V},$$

und setzt U_a zusammen mit den Werten

$$x = 0{,}03\ \text{m}, \quad y = 0{,}0025\ \text{m}, \quad d = 0{,}02\ \text{m},$$

die man der Grafik sowie der Aufgabenstellung entnehmen kann, in die in Aufgabenteil 1.2 angegebene Bahngleichung ein:

$$y = \frac{U_y \cdot x^2}{4d \cdot U_a}$$

$$\Leftrightarrow \quad U_y = \frac{y \cdot 4d \cdot U_a}{x^2} = \frac{0{,}0025\ \text{m} \cdot 4 \cdot 0{,}02\ \text{m} \cdot 639{,}6\ \text{V}}{(0{,}03\ \text{m})^2} = \underline{\underline{142\ \text{V}}}$$

Alternativ können Sie die in Aufgabenteil 1.2 ermittelte Gleichung (3) nach U_y umstellen (mit $v_x = v_0$) und so in einem Schritt berechnen:

$$y = \frac{1}{2} \cdot \frac{e \cdot U_y}{d \cdot m_e} \cdot \frac{x^2}{v_0^2} \quad \Leftrightarrow \quad U_y = \frac{2y \cdot d \cdot m_e \cdot v_0^2}{e \cdot x^2} = \underline{\underline{142\ \text{V}}}$$

Abb. 1 zeigt das **beschriftete t-U_y-Diagramm**.

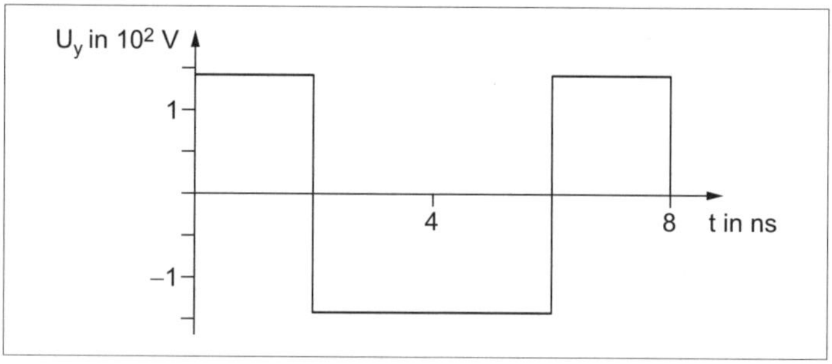

Abb. 1

3.1 Laut Aufgabenstellung beträgt die Spannung U_x in x-Richtung 0 V, in y-Richtung maximal ± 600 V (Material 4). Daher erfolgt eine **Ablenkung nur längs der y-Achse**. Um die maximale Auslenkung zu berechnen, bedient man sich der Formel aus Aufgabenteil 1.2 mit $x_{max} = \ell = 0{,}12$ m:

$$y_{max} = \frac{U_y \cdot \ell^2}{4d \cdot U_a} = \frac{600\text{ V} \cdot (0{,}12\text{ m})^2}{4 \cdot 0{,}1\text{ m} \cdot 540\text{ V}} = 0{,}04\text{ m} = 4\text{ cm}$$

Die **Gesamtlänge** des Graphen ergibt sich zu

$$2y_{max} = \underline{\underline{8\text{ cm}}}.$$

3.2 Da $U_x(t) = U_y(t)$ ist, gilt für die Bewegungsgleichungen in x- und y-Richtung $x(t) = y(t)$, da alle weiteren vorkommenden Größen konstant sind. In der Mathematik stellt der Graph $y = x$ die Winkelhalbierende im ersten und dritten Quadranten dar. Analog verläuft die Spur des Elektronenstrahls auf dem Schirm diagonal von links unten nach rechts oben. Der Maximalausschlag beträgt in beiden Richtungen jeweils 4 cm. Es ergibt sich das in Abb. 2 gezeigte **Schirmbild**.

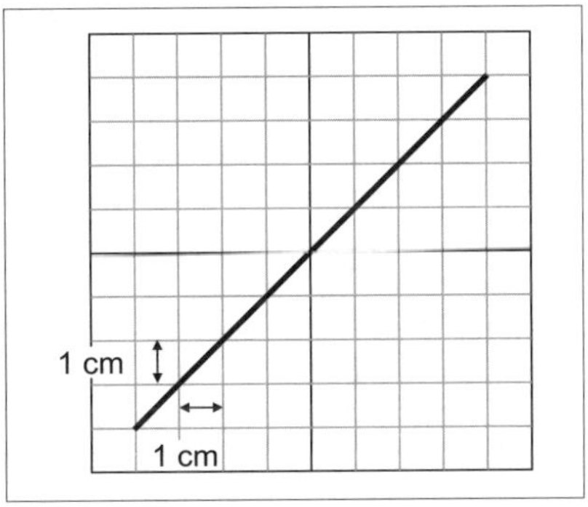

Abb. 2

3.3 An dem Schirmbild sieht man, dass die Spannungen U_x und U_y ein entgegengesetztes Vorzeichen haben, denn hier verläuft das Schirmbild von links oben nach rechts unten. Weiterhin sieht man, dass die maximale Ablenkung in x-Richtung 1 cm beträgt. Die Ablenkung in y-Richtung beträgt weiterhin 4 cm. Es muss daher $x(t) = -\frac{1}{4}y(t)$ gelten, sodass für die **Ablenkspannung in x-Richtung** folgt:

$$\underline{\underline{U_x(t) = -\tfrac{1}{4}U_y(t)}}$$

Alternativ zu dieser Lösung können Sie auch den expliziten Term, also den funktionalen Zusammenhang, angeben. Aus dem Material 4 kann man aus dem t-U_y-Diagramm ablesen, dass für $U_y(t)$ folgende Gleichung gilt:

$$U_y(t) = U_{y,max} \cdot \sin(\omega t) = 600\text{ V} \cdot \sin\left(\frac{2\pi}{0{,}02\text{ s}} \cdot t\right)$$

Somit ergibt sich für die Ablenkspannung in x-Richtung der folgende Term:

$$\underline{\underline{U_x(t) = -150\text{ V} \cdot \sin\left(\frac{2\pi}{0{,}02\text{ s}} \cdot t\right)}}$$

Beachten Sie in jedem Fall, dass beide Spannungen nach wie vor phasengleich sind, da das Schirmbild eine Gerade zeigt.

Landesabitur Physik 2011 (Hessen) – Leistungskurs
Aufgabe A2: Magnetfeld

1. Ein Drahtrahmen der Breite $d = 5$ cm wird mit konstanter Geschwindigkeit $v = 4\,\frac{cm}{s}$ durch ein homogenes Magnetfeld $B = 0{,}5$ T gezogen (Material 1). Dabei befindet sich nur der linke Teil des Rahmens im Magnetfeld. Der ohmsche Widerstand des verwendeten Rahmens beträgt $R = 0{,}2\ \Omega$.

1.1 Beschreiben Sie, warum es innerhalb des Drahtes zu einem elektrischen Stromfluss kommt. Berechnen Sie die Stromstärke I und bestimmen Sie die (physikalische) Stromrichtung.
(Zur Kontrolle: $I = 5$ mA) (9 BE)

1.2 Erläutern Sie, weshalb zur Bewegung des Rahmens eine Kraft aufgewendet werden muss.
Berechnen Sie deren Betrag und geben Sie die Richtung der Kraft an. (7 BE)

2. In Material 2 ist der Ausschnitt des Magnetfeldes eines kleinen Stabmagneten skizziert. Für große Entfernungen x (x: Entfernung des Stabmagneten) ist die magnetische Flussdichte $B_S(x)$ auf der x-Achse proportional zu $\frac{1}{x^3}$; es gilt also $B_S(x) = K \cdot \frac{1}{x^3}$, wobei K eine Konstante ist.
An der Stelle x befindet sich eine kleine Magnetnadel, die mit der y-Achse den Winkel α einschließt (Material 2). Die x-y-Ebene befindet sich in der Horizontalen. In Richtung der y-Achse (senkrecht zur x-Achse) verläuft die Horizontalkomponente des Erdmagnetfeldes mit dem Betrag $B_H = 2 \cdot 10^{-5}$ T, die in der Umgebung des Stabmagneten als konstant angenommen wird. Die y-Komponente des Magnetfeldes des Stabmagneten ist vernachlässigbar. Man findet folgende Messwerte: für $x_1 = 21{,}5$ cm $\alpha_1 = 60°$ und für $x_2 = 31{,}0$ cm $\alpha_2 = 30°$.

2.1 Begründen Sie, warum der Winkel α mit zunehmendem x abnimmt. (4 BE)

2.2 Bestätigen Sie durch Rechnung mithilfe der Messwerte, dass
$B_S(x_1) = 3{,}46 \cdot 10^{-5}$ T und $B_S(x_2) = 1{,}15 \cdot 10^{-5}$ T
ist. Zeigen Sie, dass die Daten den Zusammenhang $B_S \sim \frac{1}{x^3}$ bestätigen und berechnen Sie die Konstante K.
(Zur Kontrolle: $K = 3{,}44 \cdot 10^{-7}\ Tm^3$) (8 BE)

3. Nach Material 3 wird eine flache Spule mit $N = 100$ Windungen und der Fläche $A = 9\ cm^2$ mit der Geschwindigkeit $v = 4\,\frac{cm}{s}$ in x-Richtung verschoben. Dabei steht die Fläche A senkrecht zur x-Achse und es gilt $x = v \cdot t$. Bei dem Stabmagneten handelt es sich um den Magneten aus Aufgabe 2 mit $K = 3{,}44 \cdot 10^{-7}\ Tm^3$.
Verwenden Sie $B_S(t) = K \cdot \frac{1}{(v \cdot t)^3}$.

3.1 Erklären Sie, warum man zwischen den Anschlüssen der Spule eine Spannung U_{ind} messen kann und warum das Erdmagnetfeld dabei keine Rolle spielt. (5 BE)

3.2 Leiten Sie die folgende Formel für die Spannung U_{ind} her:

$$U_{ind} = \frac{3N \cdot K \cdot A \cdot v}{x^4}$$ (4 BE)

3.3 Berechnen Sie, an welcher Stelle x die Spannung zwischen den Enden der Spule 0,01 mV beträgt. (3 BE)

Material 1: Drahtrahmen im homogenen Magnetfeld

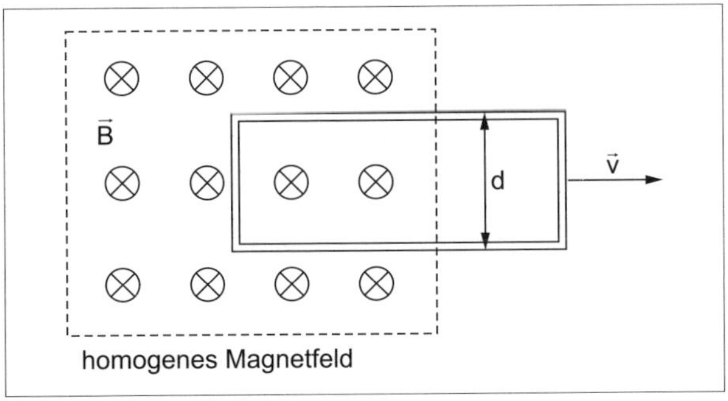

Material 2: Magnetfeld des Stabmagneten

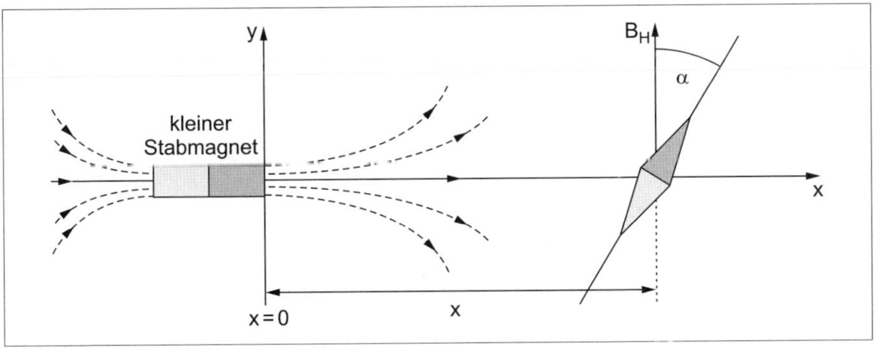

Material 3: Stabmagnet mit flacher Spule

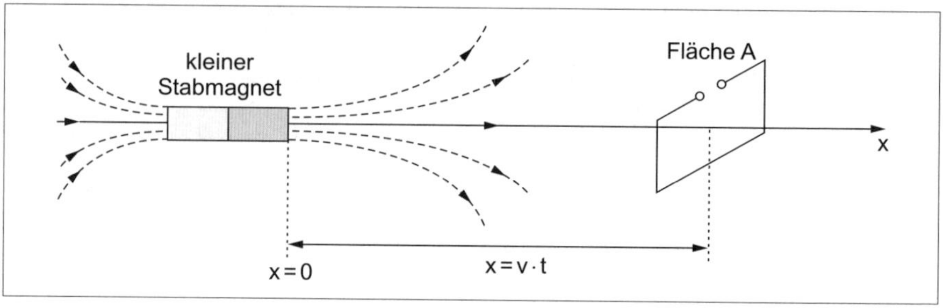

Tipps und Hinweise zur Lösung von Aufgabe A2

Tipps zu Teilaufgabe 1.1

- Im Leiterrahmen befinden sich frei bewegliche Elektronen. Diese erfahren eine Lorentzkraft.
- Zur Berechnung der Stromstärke verwenden Sie die Formel für die Induktionsspannung $|U_{ind}| = B \cdot d \cdot v$ und das Ohm'sche Gesetz $U = R \cdot I$.
- Die Richtung des Induktionsstroms ergibt sich aus der Linken-Hand-Regel.

Tipps zu Teilaufgabe 1.2

- Auf einen stromdurchflossenen Leiter wirkt im Magnetfeld eine Kraft. Betrachten Sie die Kräfte auf die einzelnen Leiterstücke oder argumentieren Sie mit der Regel von Lenz.
- Zur Berechnung der Kraft verwenden Sie die in der Formelsammlung angegebene Formel für die Lorentzkraft $F_L = B \cdot I \cdot d$.

Tipp zu Teilaufgabe 2.1

- Am Ort der Magnetnadel befinden sich zwei Magnetfelder, die sich ungestört überlagern. Das resultierende Magnetfeld bestimmt den Einfluss auf die Magnetnadel.

Tipps zu Teilaufgabe 2.2

- Fertigen Sie zunächst eine Vektorzeichnung vom Ort der Magnetnadel an und zeichnen Sie darein die vorkommenden Magnetfelder. Mithilfe einer Winkelfunktion können Sie einen Ausdruck für die gesuchten Magnetfeldstärken des Stabmagneten aufstellen.
- Zur Bestätigung der Proportionalität genügt es zu zeigen, dass die Größe K annähernd konstante Werte annimmt. Stellen Sie dazu die in der Aufgabenstellung angegebene Formel nach K um und setzen Sie die benötigten Werte ein.

Tipp zu Teilaufgabe 3.1

- Eine Spannung wird genau dann induziert, wenn sich entweder das Magnetfeld oder die wirksame Spulenfläche ändert. Durch die Bewegung der Spule entlang der positiven x-Achse nimmt das Magnetfeld des Stabmagneten kontinuierlich ab.

Tipp zu Teilaufgabe 3.2

- Ausgehen können Sie vom Induktionsgesetz $U_{ind} = -N \cdot \frac{d\Phi}{dt}$. Setzen Sie für den magnetischen Fluss Φ den entsprechenden Ausdruck ein. Kenntnisse aus der Analysis (Ableitungen) werden benötigt.

Tipp zu Teilaufgabe 3.3

- Durch Umformung der Formel aus Aufgabenteil 3.2 und einsetzen der entsprechenden Werte erhalten Sie die Lösung.

Lösungen von Aufgabe A2

1.1 Im Leiter befinden sich freie Elektronen. Diese sogenannten Leitungselektronen erfahren aufgrund der Bewegung des Drahtrahmens im Magnetfeld eine Lorentzkraft. Diese wirkt als elektromotorische Antriebskraft, welche die Leitungselektronen senkrecht zum Magnetfeld und senkrecht zur Bewegungsrichtung des Drahtrahmens in Bewegung versetzt: Es fließt ein **elektrischer Strom**.

Zur Berechnung der **Stromstärke I** verwendet man das Induktionsgesetz. Für die Bewegung eines geraden stromdurchflossenen Leiters in einem Magnetfeld findet man in der Formelsammlung den Ausdruck $|U_{ind}| = B \cdot d \cdot v$. Setzt man alle benötigten Größen aus der Aufgabenstellung ein, erhält man für die Induktionsspannung:

$$|U_{ind}| = 0{,}5\,\text{T} \cdot 0{,}05\,\text{m} \cdot 0{,}04\,\tfrac{\text{m}}{\text{s}} = 1\,\text{mV}$$

Die gesuchte Stromstärke berechnet sich dann mithilfe des Ohm'schen Gesetzes:

$$|I| = \frac{|U_{ind}|}{R} = \frac{1 \cdot 10^{-3}\,\text{V}}{0{,}2\,\Omega} = \underline{\underline{5\,\text{mA}}}$$

Bei einer Bewegung des Leiters nach rechts und einem Magnetfeld, das in die Zeichenebene hineingeht, ergibt sich eine Lorentzkraft auf die Elektronen, die nach unten gerichtet ist. Demzufolge fließen die Elektronen **entgegen dem Uhrzeigersinn** durch den Leiter.

1.2 Wird der stromdurchflossene Leiter senkrecht zu den Feldlinien eines homogenen Magnetfeldes bewegt, erfahren die im Leiter mitbewegten Ladungen eine Lorentzkraft:

- Die Kräfte auf den oberen Teil des Rahmens und auf den unteren Teil des Rahmens sind entgegengesetzt gerichtet und dem Betrag nach gleich, heben sich dadurch also auf.
- Die Lorentzkraft auf das linke Leiterstück ist nach links gerichtet, wenn sich die Elektronen von oben nach unten durch den Leiter bewegen (vgl. 1.1). Sie ist also der Bewegungsrichtung des Leiters genau entgegen gerichtet und hemmt die nach rechts weisende Bewegung.

Um diese **bremsende Kraft nach links** auszugleichen, muss eine gleich große Kraft nach rechts (also in Bewegungsrichtung) aufgewandt werden.

Alternativ können Sie auch über die Lenz'sche Regel argumentieren. Diese besagt, dass ein Induktionsstrom stets so gerichtet ist, dass er die Ursache seiner Entstehung hemmt. Hier wird der Induktionsstrom durch die nach rechts laufende Bewegung der Drahtschleife verursacht; also wirkt die gemäß der Lenz'schen Regel hervorgerufene Kraft nach links und hemmt die Bewegung.
Beachten Sie in jedem Fall, dass hier zwei Kräfte unterschieden werden müssen – die bremsende Kraft nach links und die kompensierende Kraft nach rechts –, sodass insgesamt eine Bewegung mit konstanter Geschwindigkeit (resultierende Kraft ist null) zustande kommt.

Zur Berechnung des **Kraftbetrags** verwendet man die Formel für die Lorentzkraft:

$$F_L = B \cdot I \cdot d = 0{,}5\,T \cdot 5 \cdot 10^{-3}\,A \cdot 0{,}05\,m = \underline{\underline{125 \cdot 10^{-6}\,N = 125\,\mu N}}$$

2.1 An jeder Stelle der Zeichenebene überlagern sich zwei Magnetfelder: das Magnetfeld des Stabmagneten und das Erdmagnetfeld. Die Magnetnadel richtet sich in Richtung des resultierenden Magnetfelds aus. Entlang der x-Achse stehen beide Magnetfelder senkrecht aufeinander. Das Erdmagnetfeld kann als konstant angenommen werden, das Magnetfeld des Stabmagneten nimmt entlang der positiven x-Achse mit der Entfernung ab. Das bedeutet, dass der Einfluss des Erdmagnetfeldes größer wird, wenn man die Magnetnadel nach rechts verschiebt. Je weiter man die Nadel nach rechts verschiebt, umso mehr passt sich das resultierende Magnetfeld dem Erdmagnetfeld an: **Der Winkel α geht gegen null**.

2.2 In Abb. 1 ist das Vektordiagramm gezeichnet, das sich aus der in Material 2 skizzierten Anordnung ergibt.
Im oberen Dreieck stellt man folgende Winkelfunktion auf:

$$\tan\alpha = \frac{B_S(x)}{B_H} \Leftrightarrow B_S(x) = B_H \cdot \tan\alpha$$

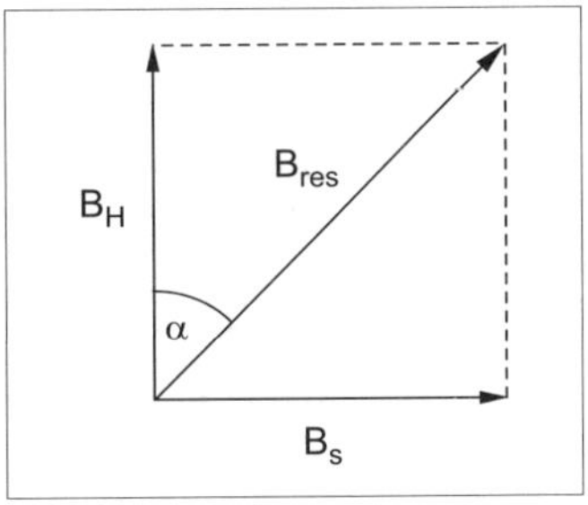

Abb. 1

Durch Einsetzen der angegeben Winkel α_1 und α_2 werden die zugehörigen **Feldstärken des Stabmagneten** an den Stellen x_1 und x_2 berechnet:

$$B_S(x_1) = 2 \cdot 10^{-5}\,T \cdot \tan 60° = 3{,}4641 \cdot 10^{-5}\,T = \underline{\underline{3{,}46 \cdot 10^{-5}\,T}}$$

$$B_S(x_2) = 2 \cdot 10^{-5}\,T \cdot \tan 30° = 1{,}1547 \cdot 10^{-5}\,T = \underline{\underline{1{,}15 \cdot 10^{-5}\,T}}$$

Um die **Proportionalität** zu zeigen stellt man die in der Aufgabenstellung gegebene Gleichung $B_S(x) = K \cdot \frac{1}{x^3}$ nach der Proportionalitätskonstante K um. Gilt die Proportionalität, so muss K einen konstanten Wert besitzen.

$$K = \frac{B_S}{\frac{1}{x^3}} = B_S \cdot x^3$$

$$K_1 = B_S(x_1) \cdot x_1^3 = 3{,}4641 \cdot 10^{-5}\,T \cdot (0{,}215\,m)^3 = 3{,}44 \cdot 10^{-7}\,T \cdot m^3$$

$$K_2 = B_S(x_2) \cdot x_2^3 = 1{,}1547 \cdot 10^{-5}\,T \cdot (0{,}310\,m)^3 = 3{,}44 \cdot 10^{-7}\,T \cdot m^3$$

Die Berechnung der Proportionalitätskonstanten K liefert annähernd einen konstanten Wert von

$$K = \underline{\underline{3{,}44 \cdot 10^{-7}\,T \cdot m^3.}}$$

Somit gilt die Proportionalität als bestätigt.

3.1 Durch die Bewegung der Spule in positiver x-Richtung entfernt sich die Spule immer weiter von dem Stabmagneten. Das Magnetfeld des Stabmagneten am jeweiligen Ort der Spule wird geringer. Deshalb ändert sich auch der magnetische Fluss durch die Spule im Laufe der Zeit. Das **Induktionsgesetz** besagt, dass deshalb eine Spannung induziert wird:

$$U_{ind} = -N \cdot \frac{d\Phi}{dt} = -N \cdot \left(A \cdot \frac{dB}{dt}\right)$$

Das **Erdmagnetfeld** spielt für die Induktion keine Rolle: Seine Horizontalkomponente verläuft während der Bewegung der Spule entlang der x-Achse stets senkrecht zur Ausrichtung der Spule und liefert damit keinen Beitrag zum magnetischen Fluss. Aber auch diejenigen Anteile des Erdmagnetfelds, welche die Spule durchsetzen, bewirken keine zusätzliche Induktionsspannung, weil ihr Betrag konstant ist; die zeitliche Änderung ihres magentischen Flusses ist daher null.

3.2 Der magnetische Fluss ist das Produkt aus den beiden Größen Magnetfeld und wirksame Spulenfläche. Hier ist das Magnetfeld abhängig vom Ort der Spule, die wirksame Spulenfläche bleibt konstant. Somit ergibt sich folgende Formel für den magnetischen Fluss:

$$\Phi(x(t)) = B_S(x(t)) \cdot A = \frac{K}{x^3} \cdot A = \frac{K}{(v \cdot t)^3} \cdot A$$

Nach dem Induktionsgesetz gilt:

$$U_{ind} = -N \cdot \frac{d\Phi}{dt} = -N \cdot \frac{d\left(\frac{K}{(v \cdot t)^3} \cdot A\right)}{dt} = -N \cdot \frac{K}{v^3} \cdot A \cdot \frac{d\left(\frac{1}{t^3}\right)}{dt} = N \cdot \frac{K}{v^3} \cdot A \cdot \frac{3}{t^4}$$

Um auf die gesuchte Formel für die **Induktionsspannung** zu kommen, erweitert man den letzten Ausdruck mit v:

$$U_{ind} = N \cdot \frac{K}{v^3} \cdot A \cdot \frac{3}{t^4} \cdot \frac{v}{v} = \frac{3N \cdot K \cdot A \cdot v}{v^4 \cdot t^4} = \underline{\underline{\frac{3N \cdot K \cdot A \cdot v}{x^4}}}$$

3.3 Zur Berechnung der gesuchten Stelle stellt man die Formel aus Aufgabenteil 3.2 nach x um und setzt die gegebenen Werte ein:

$$x = \sqrt[4]{\frac{3N \cdot K \cdot A \cdot v}{U_{ind}}}$$

$$= \sqrt[4]{\frac{3 \cdot 100 \cdot 3{,}44 \cdot 10^{-7}\,T \cdot m^3 \cdot 9 \cdot 10^{-4}\,m^2 \cdot 0{,}04\,\frac{m}{s}}{0{,}01 \cdot 10^{-3}\,V}} = \underline{\underline{0{,}139\,m = 13{,}9\,cm}}$$

Einheitenkontrolle:

$$1\sqrt[4]{\frac{T \cdot m^3 \cdot m^2 \cdot \frac{m}{s}}{V}} = 1\sqrt[4]{\frac{\frac{Vs}{m^2} \cdot \frac{m^6}{s}}{V}} = 1\sqrt[4]{\frac{\frac{Vs}{m^2} \cdot \frac{m^6}{s}}{V}} = 1\sqrt[4]{m^4} = 1\,m$$

Landesabitur Physik 2011 (Hessen) – Leistungskurs
Aufgabe B1: Der elektromagnetische Schwingkreis

1. Gegeben sei die Schaltung von Material 1. Der Kondensator ($C = 4\ \mu F$) wird aufgeladen bis zu einer Spannung von $U_0 = 10\ V$. Anschließend wird zum Zeitpunkt $t = 0\ s$ der Schalter S umgelegt und damit der Kondensator mit der Spule ($L = 32\ mH$) verbunden. Alle Leiter im Schwingkreis sollen zunächst einen vernachlässigbaren ohmschen Widerstand haben.

1.1 Erläutern Sie, warum es nach dem Umlegen des Schalters S im Stromkreis zu einer elektromagnetischen Schwingung kommt.
Beschreiben Sie dazu die wesentlichen Phasen der Schwingung und die beteiligten Felder im Kondensator und in der Spule. (8 BE)

1.2 Für den ungedämpften elektromagnetischen Schwingkreis gilt die Differenzialgleichung $I(t) = -L \cdot C \cdot \ddot{I}(t)$. Leiten Sie diese Gleichung anhand der Spannungen im Schwingkreis her.
Bestätigen Sie die Thomson'sche Schwingungsformel $T = 2\pi \cdot \sqrt{L \cdot C}$, indem Sie einen geeigneten Lösungsansatz für diese Differenzialgleichung aufstellen. (8 BE)

2. Betrachtet man den Schwingkreis aus Aufgabenteil 1 mit den Werten $C = 4\ \mu F$ und $L = 32\ mH$ als realen Schwingkreis mit einem ohmschen Widerstand von $5\ \Omega$, so erhält man nach dem Umlegen des Schalters das Diagramm aus Material 2 für den Spannungsverlauf. Die Änderung der Frequenz durch Dämpfung kann vernachlässigt werden.

2.1 Beschriften Sie beide Achsen vollständig und geben Sie eine geeignete Skalierung an. (3 BE)

2.2 Für den Spannungsverlauf im Diagramm gilt: $U(t) = U_0 \cdot e^{-\frac{R}{2L}t} \cdot \cos(\omega \cdot t)$
Geben Sie durch Einsetzen entsprechender Zahlenwerte die konkrete Gleichung für U(t) an.
Erläutern Sie qualitativ, wie sich eine Vergrößerung von L auf das Diagramm auswirkt. (7 BE)

3. In der Skizze von Material 3 sind ein Kondensator, eine Spule und eine Glühlampe in Reihe geschaltet und an eine Spannungsquelle angeschlossen. Diese liefert eine Spannung der Form $U(t) = U_{max} \cdot \cos(\omega \cdot t)$. Dabei ist U_{max} konstant und ω variabel.
Die Glühlampe leuchtet nicht für alle Frequenzen gleich hell. Beschreiben Sie qualitativ, wie sich die Helligkeit der Lampe mit der Frequenz der Spannungsquelle ändert. Erklären Sie diese Frequenzabhängigkeit. (5 BE)

4. Es wird ein Hertz'scher Dipol betrachtet.

4.1 Erklären Sie unter Verwendung der Bildfolge in Material 4, warum man den Hertz'schen Dipol als Grenzfall eines elektromagnetischen Schwingkreises deuten kann. (6 BE)

4.2 Berechnen Sie die Wellenlänge der zugehörigen elektromagnetischen Welle und geben Sie die Länge eines Sendedipols so an, dass dieser in der Grundschwingung bei einer Frequenz von 100 MHz optimal schwingt. (3 BE)

Material 1

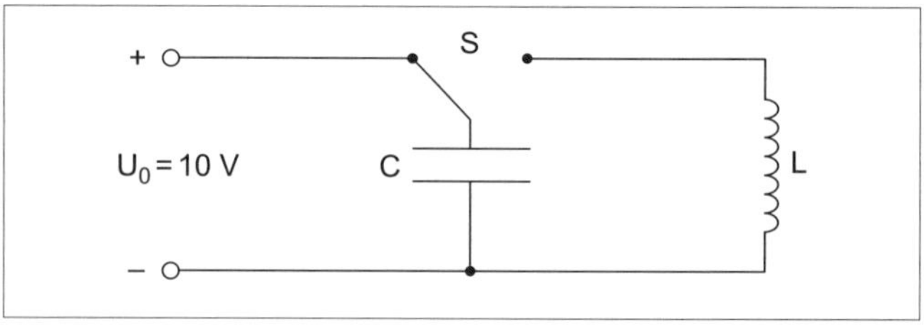

Material 2

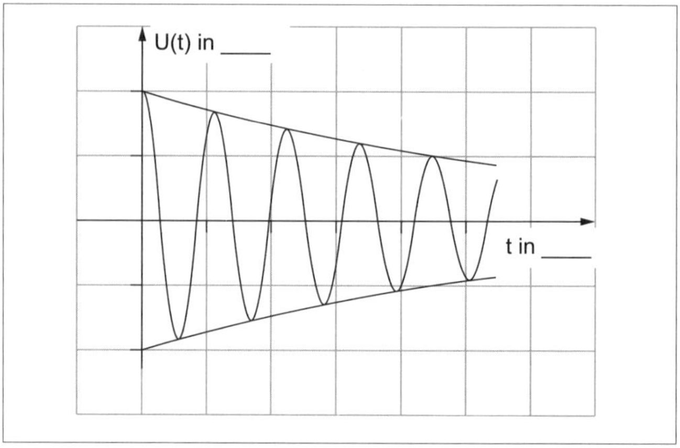

Material 3

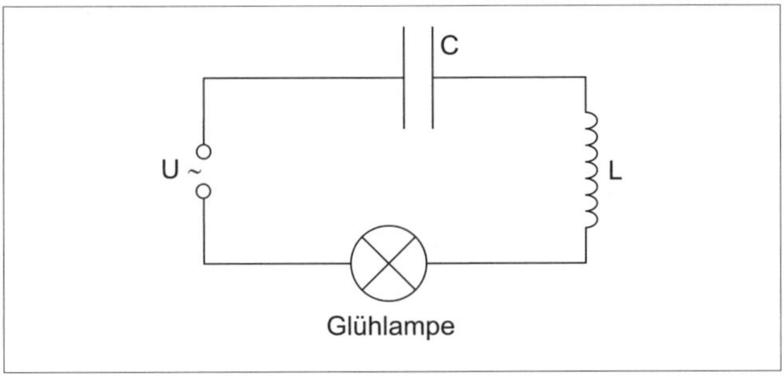

Material 4

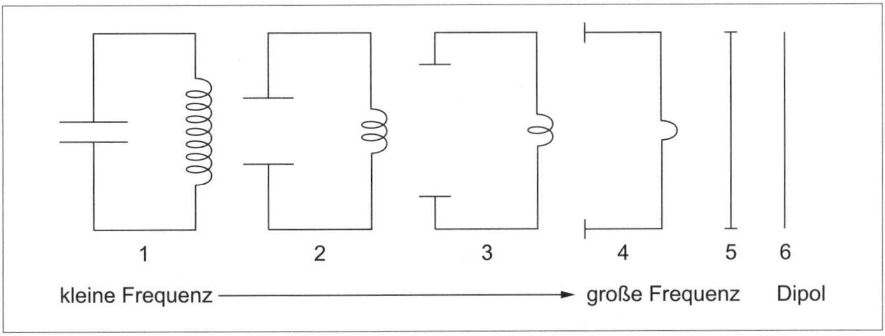

Tipps und Hinweise zur Lösung von Aufgabe B1

Tipps zu Teilaufgabe 1.1

- Teilen Sie sich eine Schwingungsperiode in einzelne Phasen ein. Beginnen Sie mit dem vollständig aufgeladenen Kondensator.
- Beschreiben Sie jeweils die Spannung am Kondensator, das elektrische Feld im Kondensator, den Stromfluss durch die Spule und die magnetische Feldstärke in der Spule.

Tipps zu Teilaufgabe 1.2

- Die Spannungen, die am Kondensator und an der Spule im Schwingkreis anliegen, sind zu jedem Zeitpunkt gleich. Stellen Sie diesen Sachverhalt als Gleichung dar und ersetzen Sie die Spannungen von Kondensator und Spule durch entsprechende Terme.

- Beachten Sie, dass die zeitliche Änderung der Ladungsmenge den Stromfluss darstellt. Das Differenzieren beider Seiten der Gleichung liefert die gesuchte DGL.

- Verwenden Sie zur Bestätigung der Thomson'schen Schwingungsformel den Ansatz $I(t) = I_{max} \cdot \sin(\omega \cdot t)$ und ersetzen Sie in der angegebenen DGL die beiden Größen I(t) und $\ddot{I}(t)$.

Tipps zu Teilaufgabe 2.1

- Die Spannung zum Zeitpunkt $t = 0$ ist in der Aufgabenstellung angegeben.

- Zur Skalierung der Zeitachse berechnen Sie die Zeit T für eine Schwingungsperiode mithilfe der Thomson-Gleichung.

Tipps zu Teilaufgabe 2.2

- Berechnen Sie alle in der Gleichung vorkommenden Größen und setzten Sie diese ein. Die Zeit t bleibt als Variable erhalten.

- Die Induktivität L der Spule taucht einmal im Exponenten der e-Funktion auf und einmal in der Größe ω. Wie verändert sich die Einhüllende (e-Funktionsanteil, Dämpfung), wenn die Induktivität L steigt? Welchen Einfluss hat die Induktivität L auf die Periodendauer T?

Tipps zu Teilaufgabe 3

- Hierbei handelt es sich um eine erzwungene Schwingung.

- Die Anregungsfrequenz der Spannungsquelle steigt langsam an. Der Schwingkreis besitzt eine bestimmte Eigenfrequenz. Was passiert, wenn die Anregungsfrequenz in die Nähe der Eigenfrequenz kommt?

Tipp zu Teilaufgabe 4.1

- Beschreiben Sie die Veränderungen des Schwingkreises anhand der Bildfolge von links nach rechts. Stellen Sie insbesondere die Veränderungen am Kondensator und an der Spule heraus.

Tipps zu Teilaufgabe 4.2

- Die Wellenlänge einer elektromagnetischen Welle berechnet man mit der Gleichung $c = \lambda \cdot f$.

- Auf dem Dipol bildet sich eine stehende Welle aus. Zur Bestimmung der geeigneten Dipollänge überlegen Sie sich die Verteilung von Schwingungsknoten und -bäuchen einer solchen stehenden Welle im Grundzustand.

Lösungen von Aufgabe B1

1.1 Entstehung der elektromagnetischen Schwingung

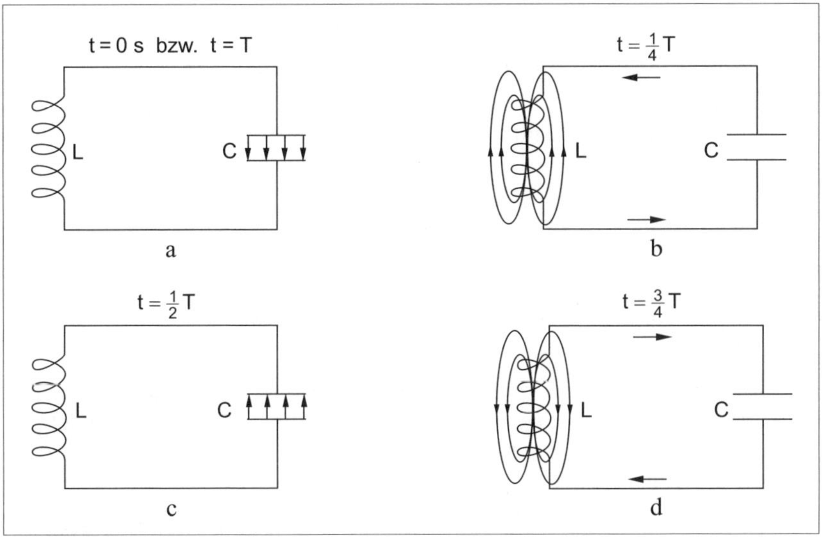

Abb. 1

Zur Erklärung der Entstehung einer Schwingung betrachtet man eine komplette Schwingung (t = T) zu vier charakteristischen Zeitpunkten (Abb. 1).

Die Veranschaulichung der einzelnen Schwingungsphasen durch Skizzen ist hilfreich, wird aber nicht verlangt.

t = 0 s: Der Kondensator ist vollständig geladen, da an ihm die maximale Spannung anliegt. Somit ist auch die elektrische Feldstärke E im Kondensator maximal. Es fließt kein Strom im Schwingkreis, demzufolge ist auch die magnetische Feldstärke in der Spule null (Abb. 1 a). Es gilt also:

$$U(0) = U_{C,max};\ E(0) = E_{max};\ I(0) = 0;\ B(0) = 0$$

$t = \frac{T}{4}$: Der Kondensator entlädt sich über die Spule. Die Stromstärke im Schwingkreis nimmt bis zu ihrem Maximalwert zu. Dann ist das magnetische Feld der Spule ebenfalls maximal. Zu diesem Zeitpunkt ist der Kondensator vollständig entladen. Da auf dem Kondensator keine Ladungen mehr sitzen, ist auch das elektrische Feld im Kondensator null (Abb. 1 b). Also:

$$U_C\left(\frac{T}{4}\right) = 0;\ E\left(\frac{T}{4}\right) = 0;\ I\left(\frac{T}{4}\right) = I_{max};\ B\left(\frac{T}{4}\right) = B_{max}$$

Wenn der Kondensator vollständig entladen ist, bricht der Stromfluss in der Spule zusammen. Dadurch wird ein Magnetfeld induziert, das den Strom weiterfließen lässt, und der Kondensator lädt sich entgegengesetzt auf.

$t = \frac{T}{2}$: Das elektrische Feld im Kondensator besitzt wieder maximalen Betrag, die Polung ist gegenüber derjenigen zum Beginn der Schwingung umgekehrt. Stromstärke und Magnetfeld sind null (Abb. 1 c):

$$U_C\left(\frac{T}{2}\right) = -U_{C,\,max};\ E\left(\frac{T}{2}\right) = -E_{max};\ I\left(\frac{T}{2}\right) = 0;\ B\left(\frac{T}{2}\right) = 0$$

Ab jetzt laufen die Vorgänge in umgekehrter Richtung ab.

$t = \frac{3T}{4}$: Die Spannung am Kondensator ist nach der vollständigen Entladung null, das elektrische Feld ist zusammengebrochen. Der Stromfluss in der Spule ist maximal und läuft in – bezüglich der ersten Schwingungshälfte – entgegengesetzter Richtung. Entsprechend hat das magnetische Feld in der Spule wieder seinen Maximalwert, die Richtung ist umgekehrt (Abb. 1d):

$$U_C\left(\tfrac{3}{4}T\right) = 0;\ E\left(\tfrac{3}{4}T\right) = 0;\ I\left(\tfrac{3}{4}T\right) = -I_{max};\ B\left(\tfrac{3}{4}T\right) = -B_{max}$$

Danach lädt sich der Kondensator wieder auf, bis sich zur Zeit $t = T$ wieder die Ausgangslage ($t = 0$ s) einstellt. Der ganze Vorgang wiederholt sich periodisch.

1.2 Ausgegangen werden soll von den Spannungen im Schwingkreis. Kondensator und Spule sind in diesem Schwingkreis (Schaltung Material 1) parallel geschaltet. Es liegt daher zu jeder Zeit die gleiche Spannung am Kondensator und an der Spule an: $U_C(t) = U_L(t)$.

Alternativ kann man auch mit der Kirchhoff'schen Maschenregel argumentieren: In einem geschlossenen Stromkreis ist die Summe der Spannungen null.

Für die Spannungen an Kondensator und Spule gelten die folgenden Formeln:

$$U_C(t) = \frac{1}{C} \cdot Q(t) \quad \text{und} \quad U_L(t) = -L \cdot \dot{I}(t)$$

Durch Gleichsetzen der beiden Ausdrücke erhält man

$$\frac{1}{C} \cdot Q(t) = -L \cdot \dot{I}(t)$$

und durch Ableiten der beiden Seiten dieser Gleichung nach der Zeit weiter

$$\frac{1}{C} \cdot \dot{Q}(t) = -L \cdot \ddot{I}(t).$$

Die zeitlich Änderung der Ladungsmenge ist der Stromfluss, $\dot{Q}(t) = I(t)$. Damit ergibt sich die gesuchte **Differenzialgleichung**:

$$\frac{1}{C} \cdot I(t) = -L \cdot \ddot{I}(t) \quad \Leftrightarrow \quad \underline{\underline{I(t) = -L \cdot C \cdot \ddot{I}(t)}}$$

In dieser DGL kommt der Strom I und die zweite Ableitung des Stroms vor. Ein möglicher Lösungsansatz ist die Sinusfunktion, da diese mit ihrer zweiten Ableitung bis auf das Vorzeichen identisch ist. Der Ansatz $I(t) = I_{max} \cdot \sin(\omega \cdot t)$ liefert die beiden Ableitungen

$$\dot{I}(t) = I_{max} \cdot \omega \cdot \cos(\omega \cdot t) \quad \text{und} \quad \ddot{I}(t) = -I_{max} \cdot \omega^2 \cdot \sin(\omega \cdot t).$$

Setzt man I(t) und $\ddot{I}(t)$ in die DGL ein, so ergibt sich

$$I_{max} \cdot \sin(\omega \cdot t) = L \cdot C \cdot I_{max} \cdot \omega^2 \cdot \sin(\omega \cdot t).$$

Die maximale Stromstärke kann eliminiert werden. Durch einen Koeffizientenvergleich erhält man:

$$1 = L \cdot C \cdot \omega^2 \quad \Leftrightarrow \quad \omega^2 = \frac{1}{L \cdot C}$$

Mit $\omega = 2\pi \cdot f$ und $f = \frac{1}{T}$ folgt die **Thomson-Gleichung**:

$$2\pi \cdot f = \frac{1}{\sqrt{L \cdot C}} \quad \Leftrightarrow \quad f = \frac{1}{2\pi \cdot \sqrt{L \cdot C}} \quad \Leftrightarrow \quad \underline{\underline{T = 2\pi \cdot \sqrt{L \cdot C}}}$$

2.1 Aus der Aufgabenstellung geht hervor, dass $U_0 = 10$ V beträgt. Dieser Wert entspricht dem Maximalausschlag auf der Spannungsachse zum Zeitpunkt $t = 0$ s: $U(0\,s) = 10$ V. Mithilfe der Thomson-Gleichung lässt sich die Periodendauer T berechnen:

$$T = 2\pi \cdot \sqrt{L \cdot C} = 2\pi \cdot \sqrt{32 \cdot 10^{-3}\,\text{H} \cdot 4 \cdot 10^{-6}\,\text{F}} = 2{,}25\ \text{ms}$$

Die Zeit für eine komplette Schwingung beträgt also 2,25 ms. Die Achsen sind beide äquidistant zu unterteilen. Abb. 2 zeigt das **beschriftete t-U-Diagramm**.

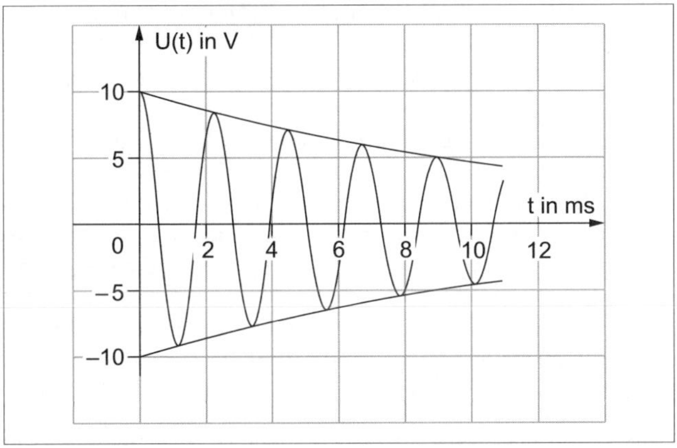

Abb. 2

2.2 $U_0 = 10$ V ist gegeben, die beiden Koeffizienten von t werden berechnet:

$$-\frac{R}{2L} = -\frac{5\,\Omega}{2 \cdot 32 \cdot 10^{-3}\,\text{H}} = -78{,}125\,\frac{1}{s} \quad \text{und} \quad \omega = \frac{2\pi}{T} = \frac{2\pi}{2{,}25 \cdot 10^{-3}\,\text{s}} = 2795\,\frac{1}{s}$$

Die **konkrete Gleichung** für den Spannungsverlauf im Schwingkreis lautet:

$$\underline{\underline{U(t) = 10\,\text{V} \cdot e^{-78{,}125\,\frac{1}{s} \cdot t} \cdot \cos\left(2795\,\frac{1}{s} \cdot t\right)}}$$

Eine **Erhöhung der Induktivität L** der Spule verkleinert den Betrag des Exponenten der e-Funktion, da L dort im Nenner vorkommt. Weil der Exponentialfunktionsanteil in der Spannungsformel für die Einhüllende verantwortlich ist, flacht diese weniger stark ab, d. h., die Schwingung ist weniger stark gedämpft. Zudem wird gemäß der Thomson-Gleichung auch die Schwingungsdauer T größer, die Nulldurchgänge liegen weiter auseinander.

3. Bei niedrigen Frequenzen der Spannungsquelle leuchtet die Lampe kaum oder gar nicht. Die Helligkeit der Lampe nimmt mit steigender Frequenz zu, bis sie einen Wert mit maximaler Helligkeit erreicht. Steigert man die Anregungsfrequenz weiter, so nimmt die Helligkeit der Glühlampe wieder ab.
Es handelt sich hierbei um eine **erzwungene Schwingung**. Die veränderliche Spannung der Spannungsquelle regt den Schwingkreis zum Schwingen an. Bewegt sich die Frequenz des Erregers in der Nähe der Eigenfrequenz des Schwingkreises, so erfolgt eine maximale Verstärkung. Die Stromstärke ist bei der Eigenfrequenz des Schwingkreises maximal. Daraus folgt eine maximale Helligkeit bei Erreichen der Eigenfrequenz.

Eine Argumentation über den Widerstand ist ebenfalls als richtig anzusehen: Bei kleinen Frequenzen überwiegt der kapazitive Anteil am Widerstand, bei großen Frequenzen der induktive Anteil. Bei der Eigenfrequenz liegt ein Minimum des Gesamtwiderstands vor, sodass hier die Stromstärke maximal ist.

4.1 In Bild 1 sieht man den klassischen Schwingkreis, bestehend aus Kondensator und Spule.
Nun verkleinert man Schritt für Schritt die Windungszahl der Spule und damit ihre Induktivität. Zugleich wird die Plattenfläche des Kondensators verkleinert und der Abstand der beiden Platten vergrößert, sodass sich die Kapazität des Kondensators verkleinert. Aufgrund der Thomson-Gleichung $T = 2\pi \cdot \sqrt{L \cdot C}$ sinkt damit auch die Schwingungsdauer des Schwingkreises, die Frequenz $f = \frac{1}{T}$ des Schwingkreises steigt an (Bilder 2 bis 5).
Im Bild 6 ist der Schwingkreis „entartet“, er besteht nur noch aus einem gestreckten Draht. Physikalisch handelt es sich hierbei immer noch um einen Schwingkreis, den Hertz'schen Dipol.

4.2 Um die **Wellenlänge** der elektromagnetischen Welle zu berechnen, verwendet man die Formel

$$c = \lambda \cdot f \quad \Leftrightarrow \quad \lambda = \frac{c}{f} = \frac{3 \cdot 10^8 \, \frac{m}{s}}{100 \cdot 10^6 \, \frac{1}{s}} = \underline{\underline{3\ m}}.$$

In der Grundschwingung befinden sich an den Enden des Dipols Schwingungsknoten, in der Mitte befindet sich ein Schwingungsbauch. Somit passt auf den Dipol genau eine halbe Wellenlänge und für die **Länge des Dipols** ergibt sich:

$$\ell = \frac{\lambda}{2} = \frac{3\ m}{2} = \underline{\underline{1{,}5\ m}}$$

Landesabitur Physik 2011 (Hessen) – Leistungskurs
Aufgabe B2: Interferenzen am Doppelspalt und Gitter

1. Durch ein Filter wird monochromatisches Licht der Wellenlänge λ erzeugt und trifft senkrecht auf einen Doppelspalt mit dem Spaltabstand d. In der Entfernung e vom Doppelspalt ist ein Schirm aufgestellt. Auf dem Schirm erscheint ein Muster von senkrechten Lichtstreifen (Material 1).
Skizzieren Sie den Versuchsaufbau und beschreiben Sie die Funktion der dabei verwendeten Bauteile: Abbildungslinse, Doppelspalt, Filter, Kohärenzspalt, Kondensor, Lampe, Schirm. (Die Namen der Bauteile sind in alphabetischer Reihenfolge aufgezählt.) (8 BE)

2. Es wird der in Aufgabenteil 1 beschriebene Aufbau verwendet. Von dem beschriebenen Filter ist bekannt, dass es rotes Licht der Wellenlänge $\lambda = 750$ nm passieren lässt. Auf dem Schirm entsteht das in Material 1 dargestellte Muster. Im weiteren Verlauf des Experiments wird das Rotfilter durch ein Gelbfilter ersetzt. Auf dem Schirm erscheint ein verändertes Muster. Der Abstand der beiden fünften Helligkeitsmaxima wird jetzt mit $a_g = 36{,}6$ mm gemessen.
Berechnen Sie die Wellenlänge des gelben Lichts. Beachten Sie, dass die geometrischen Verhältnisse so sind, dass die Beugungswinkel klein sind. (10 BE)

3. Ein oben offener Quader aus dünnem Plexiglas hat auf der vorderen Querwand ein optisches Gitter mit 570 äquidistanten Einzelspalten pro 1 mm. An der gegenüberliegenden Querwand befindet sich ein Schirm (Material 2). Die Länge ℓ des Quaders beträgt 0,1 m. Als Lichtquelle wird ein HeNe-Laser mit der Wellenlänge $\lambda = 632{,}8$ nm verwendet. Die Wandstärke des Quaders soll vernachlässigt werden.

3.1 Erklären Sie, welche Eigenschaften der Lichtwellen sich nach dem Wellenmodell ändern, wenn sie von Luft (Brechungsindex $n_1 = 1$) in den mit einer Flüssigkeit gefüllten Quader (Brechungsindex $n_2 > 1$) übergehen.
Erklären Sie die Auswirkungen auf den gegenseitigen Abstand der Maxima 1. Ordnung gegenüber den Verhältnissen, wenn sich Luft im Quader befindet.
Erläutern Sie, wie sich ein Gitter mit kleinerem Spaltabstand auf das Interferenzbild auswirkt. (9 BE)

3.2 Für den luftgefüllten Quader ist der gegenseitige Abstand der beiden ersten Maxima $a = 7{,}2$ cm. Füllt man nun Glyzerin mit dem Brechungsindex $n > 1$ in den Quader, so wird der Abstand der Maxima erster Ordnung mit $a^* = 4{,}9$ cm gemessen.
Berechnen Sie den Brechungsindex n von Glyzerin. (7 BE)

3.3 Wenn Licht von einem optisch dünneren in ein optisch dichteres Medium übergeht, wird ein Teil reflektiert. Im vorliegenden Fall werden etwa 40 % des Laserlichts an der Oberfläche des Quaders hinter dem Gitter reflektiert.
Um dieses störende Streulicht auszuschalten, wird die Oberfläche des Quaders in Richtung des Gitters mit einem durchsichtigen Material mit dem Brechungsindex $n_M = 1{,}2$ beschichtet (Material 3).
Begründen Sie, warum mit der Maßnahme ein Großteil des Streulichts ausgeschaltet wird, und ermitteln Sie, welche Dicke das Material haben muss.

(6 BE)

Material 1: Interferenzbild des roten Lichts

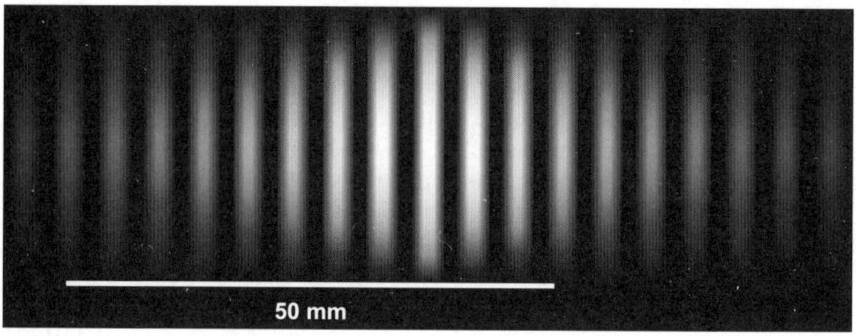

Material 2: Lichtwellen in einem Medium

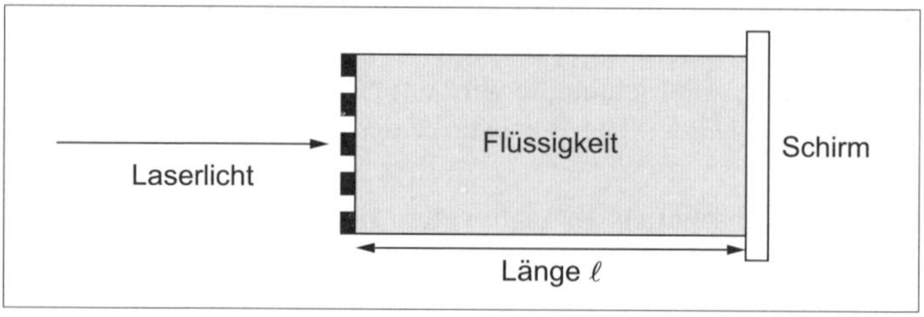

Material 3: Lichtwellen in einem Medium

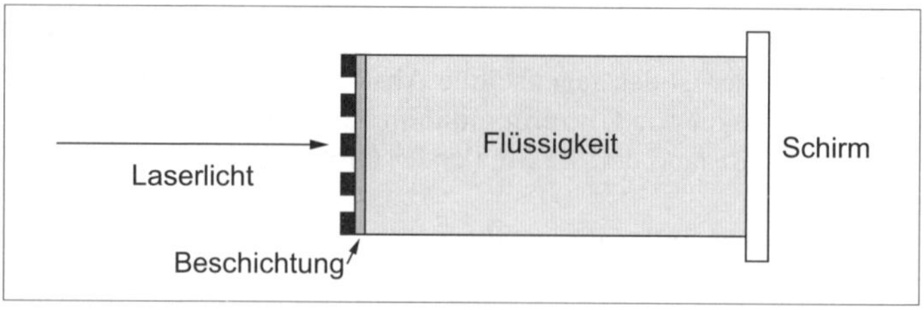

Tipps und Hinweise zur Lösung von Aufgabe B2

Tipps zu Teilaufgabe 1

- Versuchen Sie sich an den Versuchsaufbau aus dem Unterricht zu erinnern und verfolgen Sie gedanklich den Strahlengang des Lichts ausgehend von der Lampe bis hin zum Schirm.
- Welche Bedingungen sind nötig, damit ein solches Interferenzbild entsteht und welche Bauteile sind dafür verantwortlich?

Tipps zu Teilaufgabe 2

- Schauen Sie sich in der Formelsammlung den Abschnitt über Interferenz am Doppelspalt an. Verwenden Sie die dort genannten Formeln. Für kleine Winkel (wie hier) können Sie die Kleinwinkelnäherung $\sin\alpha \approx \tan\alpha$ verwenden.
- Lesen Sie den Abstand der beiden Nebenmaxima 5. Grades aus dem Interferenzbild (Material 1) ab. Beachten Sie dabei den Maßstab.
- Das Verhältnis zwischen dem Abstand der beiden Spalte am Doppelspalt und der Entfernung Doppelspalt–Schirm ändert sich bei beiden Versuchen nicht und kann daher als konstant angenommen werden.

Tipps zu Teilaufgabe 3.1

- In Betracht kommen die Größen Ausbreitungsgeschwindigkeit, Frequenz und Wellenlänge des Lichts. Überlegen Sie, welche dieser Größen sich verändern und welche konstant bleiben. (Bedenken Sie: Die Frequenz des Lichts bestimmt die Lichtfarbe.)
- Für die Erklärung und für die Erläuterung verwenden Sie die Beugungsformel für die konstruktive Interferenz am Doppelspalt/Gitter ($\sin\alpha_z = \frac{z \cdot \lambda}{d}$).

Tipps zu Teilaufgabe 3.2

- Zur Berechnung des Brechungsindex von Glycerin gehen Sie von der zweiten Formel für die Interferenz am Doppelspalt bzw. Gitter ($\tan\alpha_z = \frac{b_z}{e}$).
- Berechnen Sie α_z und die Gitterkonstante des verwendeten Gitters.
- Berechnen Sie mit den gewonnenen Daten und der Beugungsformel (Aufgabenteil 3.1) die Wellenlängen des Lichts in Luft und in Glycerin.
- Den Brechungsindex bestimmen Sie als Verhältnis der beiden Wellenlängen.

Tipps zu Teilaufgabe 3.3

- Das einfallende Licht wird an den beiden Grenzschichten (Luft–Beschichtung sowie Beschichtung–Flüssigkeit) reflektiert. Welche Bedingung muss die Beschichtung erfüllen, damit diese beiden Lichtwellen destruktiv interferieren, d. h. sich gegenseitig auslöschen?
- Beachten Sie, dass bei einer solchen Reflexion ein Phasensprung von π entsteht.

Lösungen von Aufgabe B2

1. **Skizze des Versuchsaufbaus**

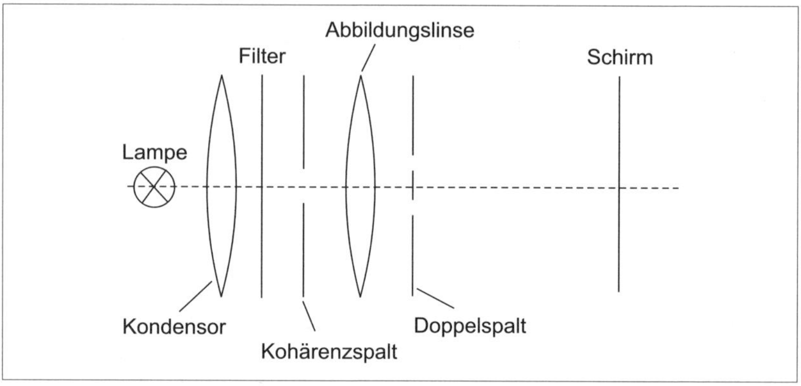

Abb. 1

Funktion der einzelnen Bauteile:

- Das Licht der **Lampe** wird mithilfe eines **Kondensors** auf die Abbildungslinse gebündelt.
- Die **Abbildungslinse** erzeugt auf dem Schirm eine scharfe Abbildung des Spaltes.
- Der **Kohärenzspalt** dient dazu, eine feste Phasenbeziehung zwischen den Lichtwellen zu erzeugen, indem er den Bereich, aus dem das einfallende Licht stammt, räumlich einschränkt. Zudem verhindert er das Einfallen von Streulicht auf dem Schirm.
- Am **Doppelspalt** hinter der Abbildungslinse werden die eintreffenden Lichtwellen gebeugt.
- Auf dem **Schirm** entsteht ein Interferenzbild.
- Das **Filter** sorgt dafür, dass nur Licht einer bestimmten Wellenlänge (monochromatisches Licht) auf den Schirm gelangt.

2. Laut Aufgabenstellung kann mit der Kleinwinkelnäherung $\sin\alpha \approx \tan\alpha$ gerechnet werden. Das Interferenzbild auf dem Schirm kommt durch Beugung am Doppelspalt zustande. Für diesen Fall gelten die Gleichungen

$$\sin\alpha_z = \frac{z \cdot \lambda}{d} \quad \text{und} \quad \tan\alpha_z = \frac{b_z}{e} \quad (z = 0, 1, 2, \ldots).$$

Dabei ist α_z der Winkel, unter dem das z-te Nebenmaximum zu sehen ist, λ die Wellenlänge des verwendeten Lichts, d der Spaltabstand des Doppelspaltes, b_z der Abstand des z-ten Nebenmaximums vom Hauptmaximum und e der Abstand zwischen Doppelspalt und Schirm (Abb. 2).

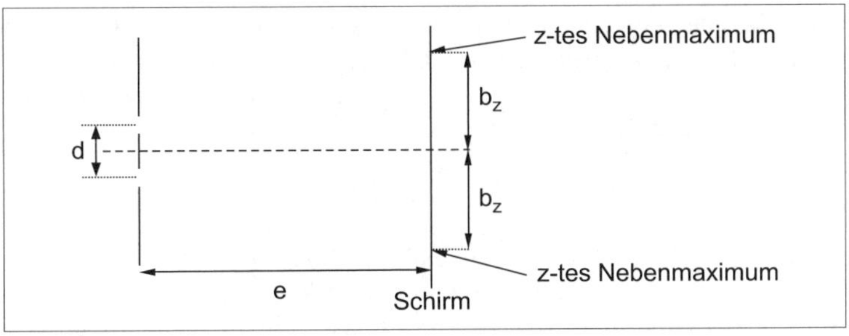

Abb. 2

Für kleine Winkel gilt

$$\frac{z \cdot \lambda}{d} \approx \frac{b_z}{e}.$$

Aus dem Interferenzbild des roten Lichts (Material 1) kann man den Abstand zwischen den Maxima 5. Ordnung abmessen (auf dem Bild sind das ca. 55 mm). Der Umrechnungsfaktor des Maßstabs beträgt $\frac{50\text{ mm}}{60\text{ mm}}$. Somit ergibt sich für den Abstand des 5. Nebenmaximum vom Hauptmaximum der Wert

$$b_{5,\text{rot}} = \frac{1}{2} \cdot 55\text{ mm} \cdot \frac{50\text{ mm}}{60\text{ mm}} = 22{,}9\text{ mm}.$$

Der Abstand für das gelbe Filter folgt unmittelbar aus dem angegeben Wert:

$$b_{5,\text{gelb}} = \frac{a_g}{2} = \frac{36{,}6\text{ mm}}{2} = 18{,}3\text{ mm}$$

In beiden Experimenten wird die Versuchsanordnung nicht verändert, daher bleibt das Verhältnis von Doppelspaltabstand d und Entfernung e des Doppelspaltes zum Schirm konstant. Aus der Kleinwinkelnäherung (siehe oben) folgt durch Umformen:

$$\frac{z \cdot \lambda}{d} \approx \frac{b_z}{e} \quad \Leftrightarrow \quad \frac{d}{e} \approx \frac{z \cdot \lambda}{b_z}$$

Für beide Filter erhält man somit die folgenden Gleichungen:

$$\frac{d}{e} \approx \frac{5 \cdot \lambda_{\text{rot}}}{b_{5,\text{rot}}} \quad \text{und} \quad \frac{d}{e} \approx \frac{5 \cdot \lambda_{\text{gelb}}}{b_{5,\text{gelb}}}$$

Daraus ergibt sich durch Gleichsetzen und Termumformung ein Ausdruck zur Berechnung der **Wellenlänge des gelben Lichts**:

$$\frac{5 \cdot \lambda_{\text{rot}}}{b_{5,\text{rot}}} = \frac{5 \cdot \lambda_{\text{gelb}}}{b_{5,\text{gelb}}} \quad \Leftrightarrow \quad \lambda_{\text{gelb}} = \lambda_{\text{rot}} \cdot \frac{b_{5,\text{gelb}}}{b_{5,\text{rot}}} = 750\text{ nm} \cdot \frac{18{,}3\text{ mm}}{22{,}9\text{ mm}}$$

$$= \underline{\underline{599\text{ nm}}}$$

3.1 Bei dem Übergang von einem optisch dünneren in ein optisch dichteres Medium **ändert sich die Ausbreitungsgeschwindigkeit** von Licht. Je dichter das Medium ist, umso langsamer breitet sich das Licht aus. Das Verhältnis der Ausbreitungsgeschwindigkeiten hängt mit den Brechungsindizes über

$$\frac{c_1}{c_2} = \frac{n_2}{n_1} \quad \Leftrightarrow \quad c_2 = c_1 \cdot \frac{n_1}{n_2}$$

zusammen. Hier ist $n_1 = 1$ der Brechungsindex von Luft und c_1 die Ausbreitungsgeschwindigkeit von Licht in Luft; im dichteren Medium gilt $n_2 > 1$. Damit ist der Bruch kleiner als 1 und die Geschwindigkeit c_2 im dichteren Medium kleiner als in Luft.

Die Farbe des Lichts ändert sich nicht, d. h., die **Frequenz f ist konstant**. Weil die Geschwindigkeit c des Lichts geringer wird, muss auch die **Wellenlänge λ abnehmen**, denn es gilt $\lambda = \frac{c}{f}$.

Für die Interferenz am Doppelspalt gilt die Beugungsformel (vgl. Aufgabe 2)

$$\sin\alpha_z = \frac{z \cdot \lambda}{d}.$$

Da die Wellenlänge λ im dichteren Medium kleiner wird, nehmen auch die Beugungswinkel ab. Somit rücken die **Nebenmaxima dichter** zusammen.

Je kleiner die **Gitterkonstante d** wird, desto größer wird der Abstand der Nebenmaxima vom Hauptmaximum. Die Erklärung ergibt sich unmittelbar aus der Beugungsformel.

3.2 Zur Berechnung des **Brechungsindex von Glycerin** führt man folgende Schritte durch: Nach Aufgabenteil 3.1 gilt (L: Luft; G: Glycerin):

$$\left.\begin{array}{l} \dfrac{c_L}{c_G} = \dfrac{n_G}{n_L} \\[2ex] \dfrac{c_L}{c_G} = \dfrac{f \cdot \lambda_L}{f \cdot \lambda_G} = \dfrac{\lambda_L}{\lambda_G} \end{array}\right\} \overset{n_L = 1}{\Rightarrow} \quad n_G = \frac{\lambda_L}{\lambda_G} \qquad (1)$$

Die Wellenlängen lassen sich über die Beugungsformel berechnen (Aufgabe 2):

$$\sin\alpha_z = \frac{z \cdot \lambda}{d} \quad \Leftrightarrow \quad \lambda = \frac{d}{z} \cdot \sin\alpha_z \qquad (2)$$

Die nötigen Beugungswinkel ermittelt man über die Formel für das Interferenzbild am Doppelspalt,

$$\tan\alpha_z = \frac{b_z}{e} \quad \Leftrightarrow \quad \alpha_z = \arctan\frac{b_z}{e}, \qquad (3)$$

die Gitterkonstante aus der Angabe, dass das Gitter aus 570 äquidistanten Einzelspalten pro 1 mm besteht:

$$d = \frac{1 \cdot 10^{-3}\ \text{m}}{570} = 1{,}7544 \cdot 10^{-6}\ \text{m} \qquad (4)$$

Mit den gegebenen Daten erhält man für den mit Luft bzw. Glycerin gefüllten Quader für die Maxima 1. Ordnung mit $b_1 = \frac{a}{2}$ und $e = \ell$ zunächst mit (3):

$$\alpha_{1,L} = \arctan\frac{a}{2\ell} = \arctan\frac{0{,}072\text{ m}}{2\cdot 0{,}1\text{ m}} = 19{,}8°$$

$$\alpha_{1,G} = \arctan\frac{a^*}{2\ell} = \arctan\frac{0{,}049\text{ m}}{2\cdot 0{,}1\text{ m}} = 13{,}8°$$

Einsetzen dieser Winkel in (4) zusammen mit (2) liefert die Wellenlängen:

$$\lambda_L = \frac{1{,}7544\cdot 10^{-6}\text{ m}}{1}\cdot \sin 19{,}8° \approx 594\text{ nm}$$

$$\lambda_G = \frac{1{,}7544\cdot 10^{-6}\text{ m}}{1}\cdot \sin 13{,}8° \approx 418\text{ nm}$$

Schließlich folgt mit (1) für den gesuchten Brechungsindex:

$$n_G = \frac{594\text{ nm}}{418\text{ nm}} = \underline{\underline{1{,}42}}$$

Eine Rechnung mittels der Kleinwinkelnäherung, d. h. durch Gleichsetzen von (2) und (3), ist ebenfalls zulässig, sie führt zu einem sehr kompakten Term für den Brechungsindex. Mit $z = 1$ erhält man den Näherungswert:

$$\lambda = d\cdot\sin\alpha_1 = \frac{d\cdot b_1}{e} = \frac{d\cdot a}{2\ell} \quad\Rightarrow\quad n_G = \frac{\lambda_L}{\lambda_G} = \frac{a}{a^*} = \frac{7{,}2\text{ cm}}{4{,}9\text{ cm}} = \underline{\underline{1{,}47}}$$

3.3 Ein Teil des Lichts wird beim Eintritt in die Beschichtung (an der Grenzschicht zwischen Luft und Beschichtung, Punkt A), ein weiterer Teil an der Grenzschicht zwischen Beschichtung und Flüssigkeit (Punkt B) reflektiert. Beide Reflexionen erfolgen wegen $n_L < n_M$ und $n_M < n_{Fl}$ jeweils mit einem Phasensprung von π.

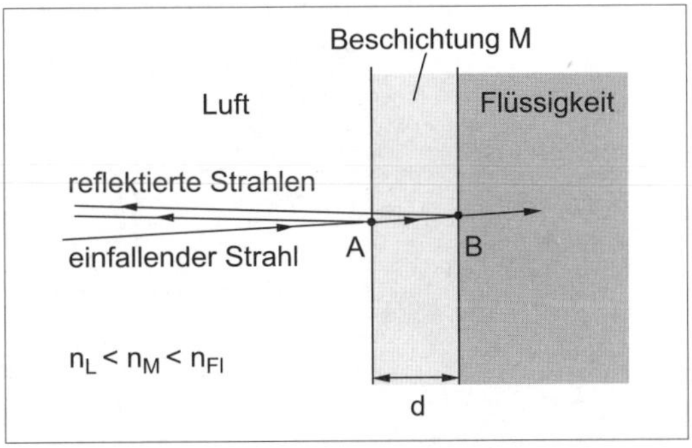

Abb. 3

Die beiden reflektierten Wellen laufen entgegen der Einfallsrichtung des Lichts und überlagern sich. Wählt man nun die Dicke der Beschichtung gerade so, dass sich die beiden reflektierten Wellenzüge **destruktiv überlagern**, löschen sich diese aus. Dies geschieht bei einem Gangunterschied von einer halben Wellenlänge. Weil die bei B reflektierte Lichtwelle den Weg durch die Beschichtung zweimal durchlaufen muss, muss die Beschichtung eine **Dicke d** von einem **Viertel der Wellenlänge** besitzen.

Um den **konkreten Wert der Dicke d** zu ermitteln, berechnet man zunächst die Wellenlänge des Lichts in der Beschichtung. Analog zu Gleichung (1) aus Aufgabenteil 3.2 gilt (L: Luft; M: Material der Beschichtung):

$$\frac{c_L}{c_M} = \frac{f \cdot \lambda_L}{f \cdot \lambda_M} = \frac{n_M}{n_L}$$

$$\Rightarrow \quad \lambda_M = \frac{n_L}{n_M} \cdot \lambda_L = \frac{1}{1{,}2} \cdot 632{,}8 \text{ nm} = 527 \text{ nm}$$

Daraus folgt:

$$d = \frac{\lambda_M}{4} = \frac{527 \text{ nm}}{4} = \underline{\underline{132 \text{ nm}}}$$

Landesabitur Physik 2011 (Hessen) – Leistungskurs
Aufgabe C1: Energieniveauschemata für He und He^+

1. Das Atommodell von Bohr ist auf Einelektronensysteme wie He^+ anwendbar, wenn man die Kernladungszahl Z berücksichtigt. Für die Energie des Elektrons auf der n-ten Bahn gilt dann:

$$E_n = -\frac{Z^2 \cdot e^4 \cdot m_e}{8\varepsilon_0^2 \cdot h^2} \cdot \frac{1}{n^2}$$

Berechnen Sie die Energiestufen bis $n = 4$ und zeichnen Sie das daraus resultierende Energieniveauschema für das He^+-Ion.
Bestimmen Sie diejenige Energie in Elektronenvolt, die nötig ist, um das He^+-Ion aus dem Grundzustand heraus in ein He^{++}-Ion, ein sogenanntes α-Teilchen, zu verwandeln.
(Kontrollergebnis: 54,4 eV) (7 BE)

2. Ein Gas, bestehend aus He^+-Ionen im Grundzustand, wird mit Elektronen der kinetischen Energie $E_{kin,\,0} = 43$ eV beschossen. Nach dem Durchqueren des Gases besitzen einige Elektronen nicht mehr die ursprüngliche Energie $E_{kin,\,0}$, sondern die geringere kinetische Energie von $E_{kin,\,1} = 2{,}2$ eV. Gleichzeitig emittiert das Gas während des Beschusses ultraviolette Strahlung.

2.1 Erklären Sie, warum die Elektronen einen Teil ihrer kinetischen Energie verlieren, und erläutern Sie qualitativ das Zustandekommen der UV-Strahlung. (6 BE)

2.2 Zeigen Sie, dass der Energieverlust der Elektronen mit dem Bohr'schen Atommodell für He^+-Ionen übereinstimmt. (3 BE)

3. Zur Bestimmung des Energieniveauschemas von neutralem Helium (He) wird in Anlehnung an das Experiment aus Aufgabenteil 2 folgendes Experiment durchgeführt: Elektronen mit der kinetischen Energie $E_{kin,\,0} = 43$ eV treten in eine Druckkammer ein, die mit (neutralem) Heliumgas unter geringem Druck gefüllt ist. Mithilfe eines Detektors wird die kinetische Energie der Elektronen nach dem Verlassen der Druckkammer bestimmt. Material 1 zeigt die gemessene Geschwindigkeitsverteilung der Elektronen.

3.1 Begründen Sie mithilfe des Diagramms in Material 1, dass das Grundniveau für das neutrale He-Atom bei $E_1 = -24{,}6$ eV liegt. (4 BE)

3.2 Erklären Sie, wie sich die gemessenen kinetischen Energien E_A, E_B, E_C und E_D in Material 1 durch Wechselwirkungen der eingeschossenen Elektronen mit den Heliumatomen ergeben. (6 BE)

3.3 Berechnen Sie die aus dem Diagramm in Material 1 resultierenden Energiestufen des Heliumatoms (in eV) und zeichnen Sie das entsprechende Energieniveauschema. (6 BE)

3.4 Geben Sie die Energie an, die nötig ist, um ein He-Atom in ein He^+-Ion umzuwandeln.
Erklären Sie, warum dieser Wert von der Ionisationsenergie des He^+-Ions aus Aufgabenteil 1 abweicht. (4 BE)

4. Die Abbildung in Material 2 zeigt die Intensität der von einem Stern ausgesandten Strahlung in Abhängigkeit von der Wellenlänge. Der Stern erzeugt die Strahlung in seinem Inneren. In den äußeren (kühleren) Schichten wird die Strahlung teilweise von Atomen absorbiert und anschließend wieder emittiert. Im Spektrum des Sterns sind darum für die entsprechenden Wellenlängen Absorptionslinien (Minima der Strahlungsintensität) zu erkennen.
Die im Material 2 mit einem Pfeil markierte Absorptionslinie wird von Helium erzeugt. Geben Sie die Energie der absorbierten Strahlung an und ermitteln Sie dafür aus den berechneten Energieniveaus von He bzw. He^+ einen passenden Übergang. (4 BE)

Material 1: Kinetische Energie von Elektronen nach dem Durchqueren einer Druckkammer

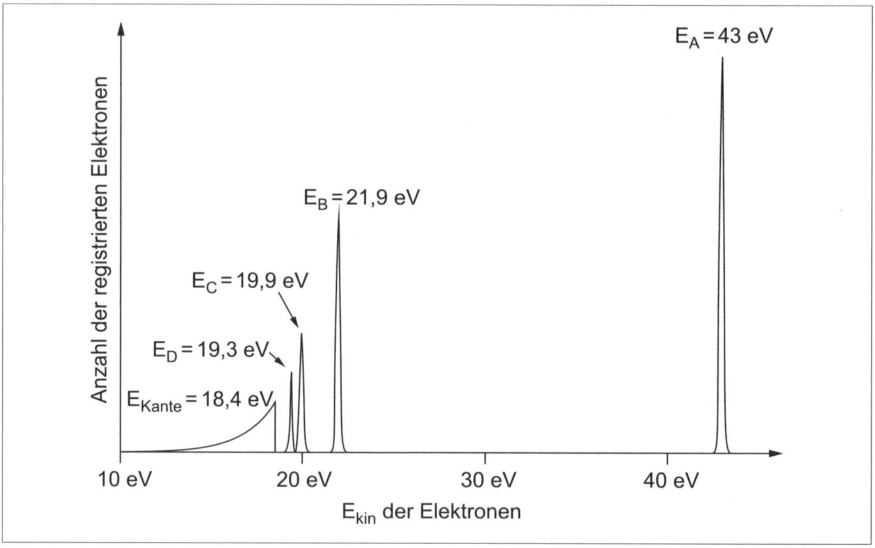

Material 2: Spektrum eines heißen Sterns

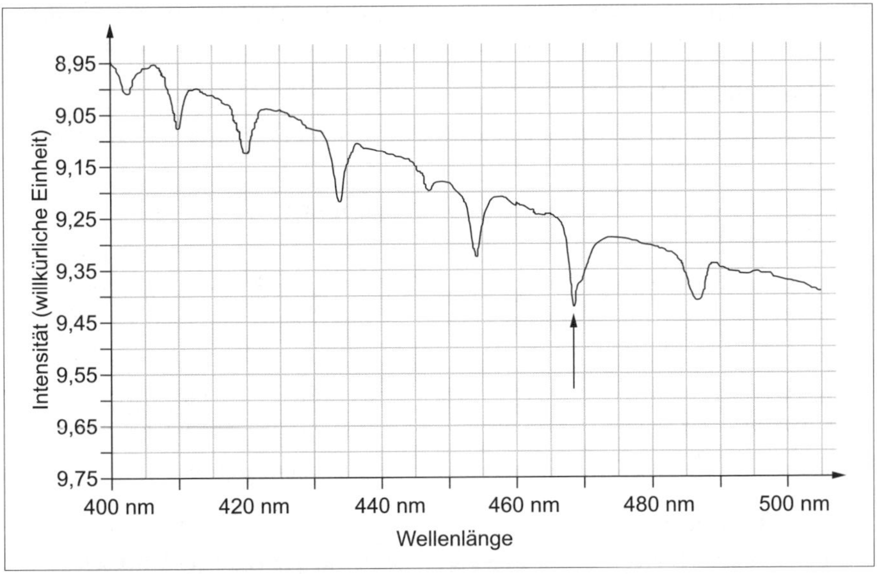

Abbildung erstellt nach: J. B. Oke, Astronomical Journal, Vol. 99, p. 1621, 1990.

Tipps und Hinweise zur Lösung von Aufgabe C1

Tipps zu Teilaufgabe 1

- Fassen Sie zunächst alle konstanten Größen zu einer zusammen und setzen Sie anschließend für die Anzahl Z der Protonen sowie für die Energieniveaustufe n die entsprechenden Werte ein.
- Beginnen Sie beim Zeichnen des Niveauschemas ganz unten mit der betragsmäßig größten Energie des Grundzustandes (n = 1).

Tipps zu Teilaufgabe 2.1

- Die Energie der Elektronen geht durch Wechselwirkungsprozesse mit den He^+-Ionen verloren.
- Da die kinetische Energie der Elektronen abnimmt, müssen unelastische Stoßprozesse vorliegen.
- UV-Licht wird (in Form von Photonen) immer dann abgestrahlt, wenn Elektronen von einem höheren auf einen niedrigeren Energiezustand fallen.

Tipps zu Teilaufgabe 2.2

- Der Energieverlust berechnet sich aus der Differenz der beiden kinetischen Energien. Diese Differenz muss einem Übergang im Energieniveauschema entsprechen.

Tipps zu Teilaufgabe 3.1

- Die eingeschossenen Elektronen können einen Teil ihrer Energie an die Elektronen des Heliumatoms abgeben.
- Unterscheiden Sie die Anregung in höhere Energieniveaus und die Ionisation des Atoms.
- Beachten Sie die Verteilung der Energien in Material 1 (Peaks ↔ kontinuierlicher Verlauf).

Tipps zu Teilaufgabe 3.2

- Beachten Sie, dass die eingeschossenen Elektronen elastisch und unelastisch mit den Heliumatomen wechselwirken können.
- Bei elastischen Stoßprozessen verlieren die Elektronen keine Energie.

Tipps zu Teilaufgabe 3.3

- Die Differenzen der aus dem Material abgelesenen Energien und der kinetischen Energie der eingeschossenen Elektronen sind gleich den jeweiligen Abständen der Energiestufen zum Grundzustandsniveau.
- Um die Energiestufen selbst zu berechnen, müssen Sie noch die Energie des Grundzustands berücksichtigen.

Tipps zu Teilaufgabe 3.4

- Die Ionisationsenergie entspricht der Bindungsenergie eines Elektrons im Grundzustand des Atoms.
- Der Unterschied zwischen den Ionisierungsenergien des He-Atoms und des He^+-Ions hat mit der Anzahl der Elektronen im Grundzustand des jeweiligen Atoms bzw. Ions zu tun.

Tipps zu Teilaufgabe 4

- Bestimmen Sie zunächst durch Ablesen die Wellenlänge der markierten Linie und berechnen Sie die zugehörige Energie der Photonen.
- Suchen Sie die entsprechende Energie im Energieniveauschema des He^+-Ions oder des He-Atoms als Energiedifferenz zweier Niveaustufen.

Lösungen von Aufgabe C1

1.1 Die Berechnung der Energieniveaustufen erfolgt nach der in der Aufgabenstellung angegebenen Formel. Es ist sinnvoll, zunächst alle konstanten Größen in dieser Formel zusammenzufassen:

$$E_n = -\frac{Z^2 \cdot e^4 \cdot m_e}{8\varepsilon_0^2 \cdot h^2} \cdot \frac{1}{n^2} = -\frac{(1{,}602 \cdot 10^{-19}\,C)^4 \cdot 9{,}11 \cdot 10^{-31}\,kg}{8 \cdot \left(8{,}854 \cdot 10^{-12}\,\frac{As}{Vm}\right)^2 \cdot (6{,}626 \cdot 10^{-34}\,Js)^2} \cdot \frac{Z^2}{n^2}$$

$$= -2{,}18 \cdot 10^{-18}\,J \cdot \frac{Z^2}{n^2} = -13{,}6\,eV \cdot \frac{Z^2}{n^2}$$

Für das He^+-Ion beträgt die Anzahl Z der Protonen 2 (Ordnungszahl im Periodensystem). Somit erhält man bis n = 4 die folgenden **Energiestufen**:

n = 1: $E_1 = -54{,}4$ eV

n = 2: $E_2 = -13{,}6$ eV

n = 3: $E_3 = -6{,}04$ eV

n = 4: $E_4 = -3{,}40$ eV

Abb. 1 zeigt das resultierende **Energieniveauschema**.

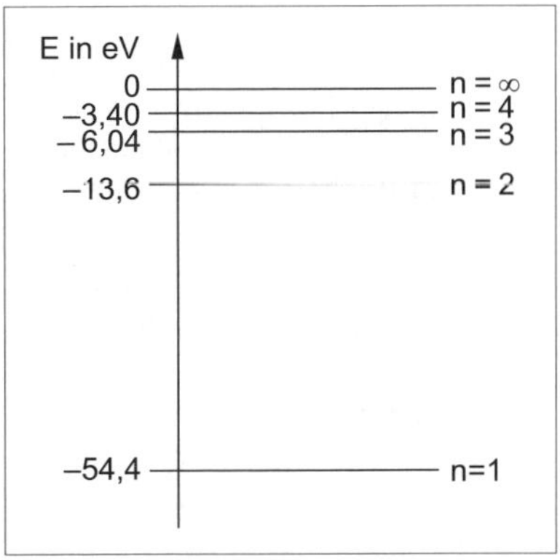

Abb. 1

Um das He^+-Ion in ein He^{2+}-Ion umzuwandeln, muss ein Elektron im Zustand n = 1 aus dem Atomverbund entfernt werden. Die hierzu nötige Energie heißt **Ionisationsenergie**:

$$E_{Ion} = E_\infty - E_1 = 0\text{ eV} - (-54{,}4\text{ eV}) = \underline{\underline{54{,}4\text{ eV}}}$$

2.1 Die Elektronen, die auf das Gas geschossen werden, **stoßen unelastisch** mit den Ionen im Gas zusammen. Ein solches Elektron gibt dabei einen Teil seiner kinetischen Energie an das Hüllenelektron des He^+-Ions ab, wodurch dieses aus dem Grundzustand in auf eine höhere Energiestufe angehoben wird. Die Bindungsenergie des Hüllenelektrons wird also gerade um einen Betrag erhöht, der der Differenz der kinetischen Energien des stoßenden Elektrons entspricht:

$$\Delta E_{Bindung} = E_{kin,\,0} - E_{kin,\,1} = 43\text{ eV} - 2{,}2\text{ eV} = 40{,}8\text{ eV}$$

Fällt das Hüllenelektron anschließend vom angeregten in den Grundzustand zurück, wird der exakt gleiche Energiebetrag in Form eines Photons freigesetzt. Die Energie 40,8 eV des Photons entspricht einer Wellenlänge von ca. 30 nm, das ausgesandte Licht liegt also im **ultravioletten Bereich** des elektromagnetischen Spektrums.

2.2 Der Energieverlust der Elektronen von 40,8 eV (siehe Aufgabenteil 2.1) muss sich im Energieniveauschema des He^+-Ions als Differenz zweier Energieniveaus wiederfinden. Aus den im Aufgabenteil 1 berechneten und im Niveauschema eingezeichneten Stufen lässt sich diese Differenz identifizieren:

$$40{,}8\ \text{eV} = E_2 - E_1$$

Die Anregung der Elektronen erfolgte also **vom Grundzustand E_1 auf den ersten angeregten Zustand E_2.**

3.1 Die Elektronen, die in die Druckkammer eingeschossen werden, können durch unelastische Stoßprozesse einen Teil ihrer Energie zur Anregung der Heliumatome abgeben. Dabei sind zwei Falle zu unterscheiden:

- Alle Elektronen, welche das Heliumatom anregen, ohne es zu ionisieren, besitzen nach dem Verlassen der Druckkammer eine **diskrete** Energieverteilung, d. h., diese Elektronen können nur ganz bestimmte Energiewerte annehmen. So besitzen z. B. alle Elektronen, die ein Elektron des Heliumatoms vom Grundzustand in den ersten angeregten Zustand angehoben haben, die gleiche kinetische Restenergie $E_{kin,\,0} - \Delta E_{1\to 2}$.
- Im Diagramm (Material 1) sieht man, dass auch Elektronen mit einer **kontinuierlichen** Verteilung der Restenergie auftreten (im Bereich von 10 bis 18,4 eV). Diese Elektronen haben Heliumatome ionisiert und dabei einen unbestimmten, aber beliebigen Teil E ihrer Energie (mit $E_{kin,\,0} > E > E_{Ion}$) an die Heliumelektronen abgegeben. Diese wurden aus dem Atomverbund herausgeschlagen und besitzen die kinetische Energie $E - E_{Ion}$.

Die energetische Grenze, durch die diese beiden Fälle abgegrenzt sind, ist durch den Wert $E_{Kante} = 18{,}4$ eV in Material 1 gegeben (Kante zwischen dem kontinuierlichen und dem diskreten Teil des Spektrums). Die Ionisationsenergie beträgt

$$E_{Ion} = E_{kin,\,0} - E_{Kante} = 43\ \text{eV} - 18{,}4\ \text{eV} = 24{,}6\ \text{eV}.$$

Das **Grundniveau** liegt also bei

$$E_1 = \underline{\underline{-24{,}6\ \text{eV}}}$$

3.2 Die in die Druckkammer eingeschossenen Elektronen können auf zwei unterschiedliche Arten mit den Heliumatomen wechselwirken:

- Zum einen können die Elektronen mit den Atomen **unelastisch** zusammenstoßen. Dabei geben diese einen definierten Teil ihrer Energie an die Elektronen des Heliumatoms ab und heben diese in einen angeregten Zustand. Die kinetische Restenergie hängt dabei nur von der jeweils festen Differenz der beiden Energieniveaus ab. Dieser Vorgang führt auf die drei mittleren Peaks E_B, E_C und E_D im Diagramm.
- Zum anderen können die eingeschossenen Elektronen aber auch **elastisch** mit den Heliumatomen zusammenstoßen. In diesem Fall geben die Elektronen keine kinetische Energie ab. Sie behalten ihre ursprüngliche kinetische Energie von 43 eV bei (Peak E_A).

3.3 Die **Energiestufen** können anhand der Peaks im Diagramm bestimmt werden, man liest die Energien $E_B = 21{,}9\,eV$, $E_C = 19{,}9\,eV$ und $E_D = 19{,}3\,eV$ ab. Die Differenzen dieser Energien zur kinetischen Energie der eingeschossenen Elektronen entsprechen genau den Differenzen der Energiestufen im Niveauschema.

Um die Energiestufen auszurechnen, muss noch jeweils die Energie des Grundzustands addiert werden (Abb. 2):

$$E_2 = (43\text{ eV} - 21{,}9\text{ eV}) - 24{,}6\text{ eV} = \underline{\underline{-3{,}5\text{ eV}}}$$

$$E_3 = (43\text{ eV} - 19{,}9\text{ eV}) - 24{,}6\text{ eV} = \underline{\underline{-1{,}5\text{ eV}}}$$

$$E_4 = (43\text{ eV} - 19{,}3\text{ eV}) - 24{,}6\text{ eV} = \underline{\underline{-0{,}9\text{ eV}}}$$

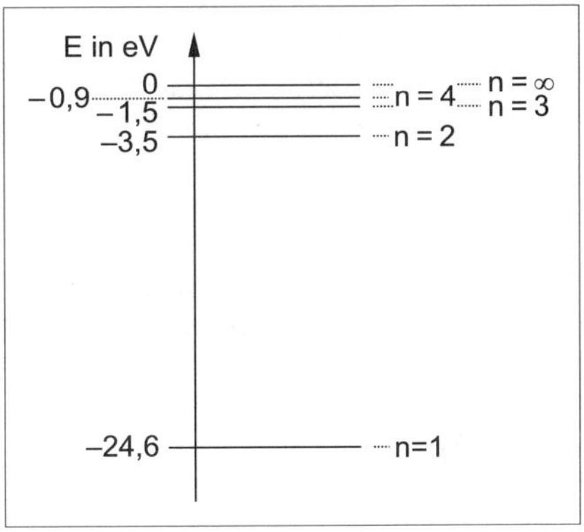

Abb. 2

3.4 Die **Ionisationsenergie des Heliumatoms** entspricht der Bindungsenergie des Elektrons im Grundzustand:

$$E_{Ion} = \underline{\underline{24{,}6\text{ eV}}}$$

Diese Ionisationsenergie ist **im Vergleich** zur Ionisationsenergie des einfach positiv geladenen Heliumions **kleiner**, da bei dem He^+-Ion die gesamte Anziehungskraft des Kerns auf nur ein Elektron wirkt. Beim Heliumatom gibt es im Grundzustand dagegen zwei Elektronen, sodass die Anziehungskraft auf ein Elektron durch das andere Elektron teilweise abgeschirmt wird.

4. Die im Spektrum (Material 2) markierte Linie hat eine Wellenlänge von etwa 468 nm (abgelesen). Dies entspricht einer **Energie** von

$$E = h \cdot f = h \cdot \frac{c}{\lambda}$$

$$= 6{,}626 \cdot 10^{-34}\text{ Js} \cdot \frac{3{,}00 \cdot 10^8\ \frac{m}{s}}{468 \cdot 10^{-9}\text{ nm}} = 4{,}25 \cdot 10^{-19}\text{ J} = \underline{\underline{2{,}65\text{ eV}}}$$

Ein zu dieser Energie **passenden Übergang** ist beim

- He^+-Ion: Übergang von Niveau 3 nach 4
- He-Atom: Übergang von Niveau 2 nach 4

Die Angabe *eines* passenden Übergangs ist ausreichend.

Landesabitur Physik 2011 (Hessen) – Leistungskurs
Aufgabe C2: Fotoeffekt

Bei der Untersuchung, ob Licht als Welle oder als Teilchen beschrieben werden kann, gelangt man je nach Experiment zu unterschiedlichen Ergebnissen. So ist z. B. der Fotoeffekt nicht mit der klassischen Wellentheorie des Lichtes erklärbar.

1. Eine Vakuumfotozelle wird mit Licht bestrahlt. Unter bestimmten Bedingungen tritt dabei der Fotoeffekt (lichtelektrische Effekt) auf. Geben Sie anhand zweier Versuchsergebnisse eine Begründung an, weshalb man den Fotoeffekt nicht mit der Wellentheorie des Lichtes erklären kann. Erläutern Sie dabei auch die Bedeutung des Begriffs Grenzfrequenz (bzw. Grenzwellenlänge). (5 BE)

2. Die Fotokathode einer Vakuumfotozelle wird mit blauem Licht der Wellenlänge $\lambda = 440$ nm bestrahlt. Die Intensität des Lichts ist konstant. Die Fotostromstärke I wird in Abhängigkeit von einer zwischen Fotokathode und Auffangelektrode angelegten Spannung U gemessen:

U in V	−1,2	−1,1	−1,0	−0,8	−0,5	0,0	0,5	1,0	1,5	2,0	2,5	3,0	4,0
I in 10^{-10} A	0	0	0,1	0,3	0,8	2,3	4,1	6,0	6,9	7,2	7,3	7,3	7,3

2.1 Skizzieren Sie den Versuchsaufbau und beschreiben Sie die Funktion der einzelnen Bauteile. (4 BE)

2.2 Zeichnen Sie das U-I-Diagramm. Wählen Sie als Maßstäbe für die Horizontalachse 0,5 V $\hat{=}$ 1 cm und für die Vertikalachse $1 \cdot 10^{-10}$ A $\hat{=}$ 1 cm.
Begründen Sie den Verlauf des Graphen einzeln für die Abschnitte
$U < -1{,}1$ V, $-1{,}1\text{ V} \leq U < 0$ V, $0\text{ V} \leq U < 2{,}5$ V sowie $2{,}5\text{ V} \leq U$. (6 BE)

2.3 Berechnen Sie die Austrittsarbeit W_A (bzw. Austrittsenergie E_A) des verwendeten Kathodenmaterials und seine Grenzfrequenz f_{Gr}. (9 BE)

3. In einem weiteren Versuch soll der Zusammenhang zwischen der Wellenlänge λ (bzw. der Frequenz f) des ausgesandten Lichts und der kinetischen Energie E_{kin} der ausgelösten Fotoelektronen untersucht werden. Man erhält folgende Messergebnisse:

Messwert	a	b
Frequenz f in 10^{14} Hz	6,81	8,49
Grenzspannung U_{Gr} in V	1,10	1,80

In Material 1 sind die Messergebnisse aus obiger Tabelle in ein f-E_{kin}-Diagramm eingezeichnet.

3.1 Zeichnen Sie den Graphen in Material 1 ein und ermitteln Sie aus diesem Graphen die Werte für Grenzfrequenz und Austrittsenergie. (3 BE)

3.2 Zeichnen Sie in Material 1 den Graphen zu einer zweiten Fotozelle ein, bei der nur noch 40 % der Austrittsenergie benötigt werden, um Fotoelektronen auszulösen. Begründen Sie den Verlauf dieses Graphen. (3 BE)

4 An eine Fotozelle ist keine äußere Spannung angelegt. Zwischen Fotokathode und Auffangelektrode ist ein hochohmiger Spannungsmesser angeschlossen. Zwischen beiden Elektroden beobachtet man bei Bestrahlung mit Licht eine mit der Zeit ansteigende Spannung U. Material 2 zeigt drei unterschiedliche Verläufe dieser Spannung, die mit zwei unterschiedlichen Fotozellen aufgenommen wurden. Das einfallende Licht besaß in allen Fällen die gleiche Frequenz f.
Geben Sie die Unterschiede und Gemeinsamkeiten der drei Graphen an.
Begründen Sie das Zustandekommen dieser Unterschiede und Gemeinsamkeiten.
Begründen Sie, welche beiden Graphen mit der gleichen Fotozelle ermittelt wurden. (10 BE)

Material 1: Grafik zu Aufgabenteil 3

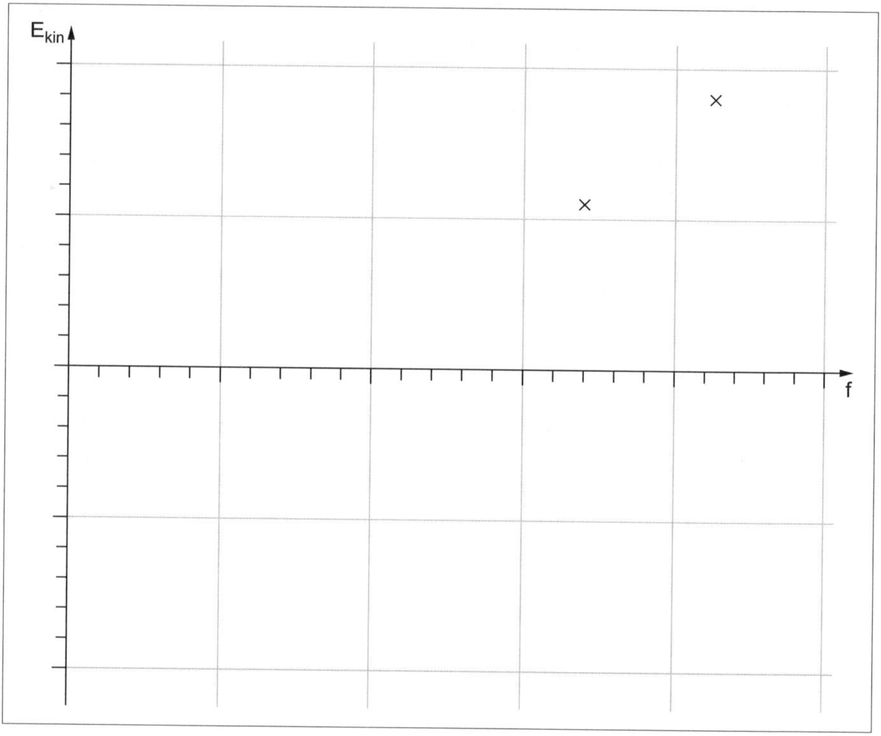

Material 2: Drei unterschiedliche zeitliche Verläufe der Fotospannung

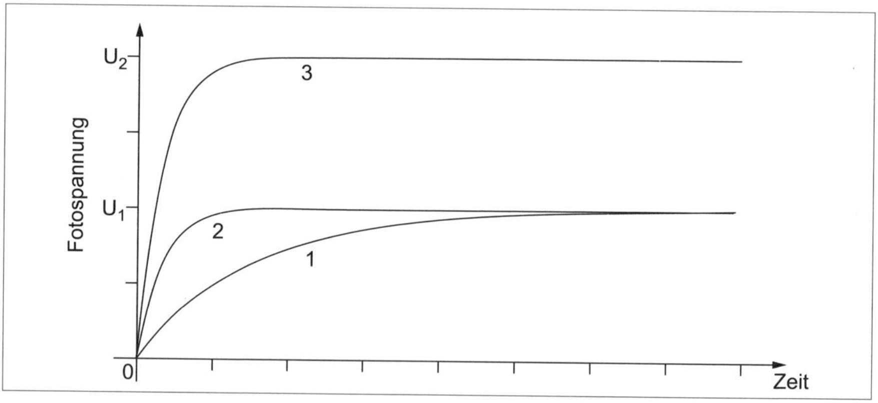

Tipps und Hinweise zur Lösung von Aufgabe C2

Tipp zu Teilaufgabe 1

Für mögliche Begründungen denken Sie an Phänomene wie die Existenz einer Grenzfrequenz, Einfluss der Lichtintensität auf die kinetische Energie der Fotoelektronen und spontanes Einsetzen des Fotostroms.

Tipp zu Teilaufgabe 2.1

Skizzieren Sie den Aufbau einer Fotozelle und integrieren Sie die beiden wesentlichen Elemente in einen Stromkreis. Beachten Sie dabei, dass eine Spannung angelegt werden und der Fotostrom gemessen werden muss.

Tipps zu Teilaufgabe 2.2

Der Graph hat den typischen Verlauf einer Sättigungsfunktion.

Auf der waagerechten Achse wird die Spannung in Volt und auf der senkrechten Achse die Stromstärke in Pikoampere abgetragen.

Begründen Sie den Verlauf des Graphen in den beschriebenen Intervallen, indem Sie das Verhalten der ausgelösten Fotoelektronen unter Berücksichtigung ihrer kinetischen Energie erläutern.

Tipps zu Teilaufgabe 2.3

Verwenden Sie zur Berechnung der Austrittsarbeit die Einstein'sche Gleichung für den Fotoeffekt.

Beachten Sie, dass sich die kinetische Energie der ausgelösten Elektronen als Produkt von Elementarladung und Spannung schreiben lässt.

Bei Bestrahlung der Fotokathode mit Licht der Grenzfrequenz reicht die Energie der Photonen gerade aus, um Elektronen auszulösen; deren kinetische Energie ist null.

Tipps zu Teilaufgabe 3.1

Übertragen Sie die Messwerte in das Diagramm. Der Graph ist eine Gerade.

Interpretieren Sie die Schnittpunkte des Graphen mit den Koordinatenachsen.

Tipps zu Teilaufgabe 3.2

Die Steigung beider Graphen entspricht einer Naturkonstanten.

Zu berechnen ist noch der Schnittpunkt mit der Energieachse.

Tipps zu Teilaufgabe 4

Um die Unterschiede und Gemeinsamkeiten herauszuarbeiten, vergleichen Sie jeweils zwei der drei Graphen unter den Gesichtspunkten Sättigungsspannung und Zeitpunkte des Erreichens dieser Sättigungsspannung.

Bei einer guten Begründung der Unterschiede müssen die Gemeinsamkeiten nicht unbedingt aufgeführt werden. Auch umgekehrt ist eine exakte Begründung der Gemeinsamkeiten für die Lösung ausreichend.

Gleiches Kathodenmaterial bedeutet gleiche Auslösearbeit der Elektronen. Überlegen Sie, was dies mit der Sättigungsspannung zu tun hat.

Lösungen von Aufgabe C2

1. Beobachtungen, die sich nicht mit der Wellentheorie des Lichts erklären lassen, sind u. a.:

   - **Es existiert eine Grenzfrequenz.** Der Fotoeffekt – das Auslösen von Elektronen aus einem Metall bei Bestrahlung mit Licht – tritt bei Licht oberhalb einer bestimmten Wellenlänge bzw. unterhalb einer bestimmten Frequenz nicht auf. Eine Steigerung der Lichtintensität ändert daran nichts. Die Grenzfrequenz ist eine materialabhängige Größe.
   - **Die kinetische Energie der Fotoelektronen hängt von der Frequenz, nicht von der Intensität des Lichts ab.** Durch Erhöhung der zugeführten Lichtenergie erhöht sich auch die Energieaufnahme der ausgelösten Elektronen; die Lichtenergie ist im klassischen Wellenmodell aber durch die Intensität, nicht durch die Frequenz bestimmt.
   - **Der Fotostrom setzt spontan ein.** Nach der klassischen Wellentheorie würde man besonders bei geringen Lichtintensitäten ein verzögertes Einsetzen erwarten, weil sich die Lichtenergie kontinuierlich im Raum und daher gleichmäßig auf die Atome der Metalloberfläche verteilen müsste. Damit würde es einige Zeit dauern, bis die Elektronen genügend Energie „gesammelt" hätten, um die Auslösearbeit aufzubringen.

   Zur korrekten Beantwortung der Aufgabenstellung genügt es, zwei Aspekte zu nennen.

2.1 **Versuchsaufbau und Funktion der Bauteile**

Je nach dem im Unterricht verwendeten Versuchsaufbau können die Skizze und die Erläuterungen abweichen. Exemplarisch soll hier ein möglicher Aufbau beschrieben werden.

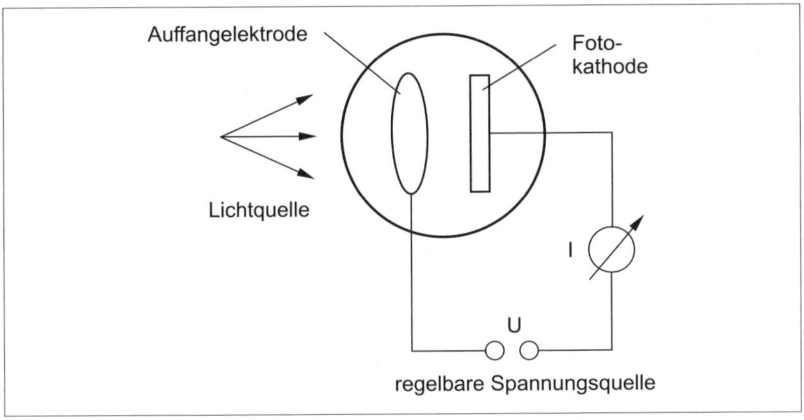

Abb. 1

In einer Fotozelle befinden sich eine Fotokathode und eine Auffangelektrode für die ausgelösten Elektronen. Die Fotokathode wird von einer Lichtquelle beleuchtet. Die Kathode und die Auffangelektrode sind über eine regelbare Spannungsquelle und ein Amperemeter miteinander verbunden. Dem Amperemeter ist ein Messverstärker vorgeschaltet. Die vom Licht an der Fotokathode ausgelösten Elektronen gelangen zur Auffangelektrode und fließen über das Messgerät zur Kathode zurück.

2.2 **U-I-Diagramm**

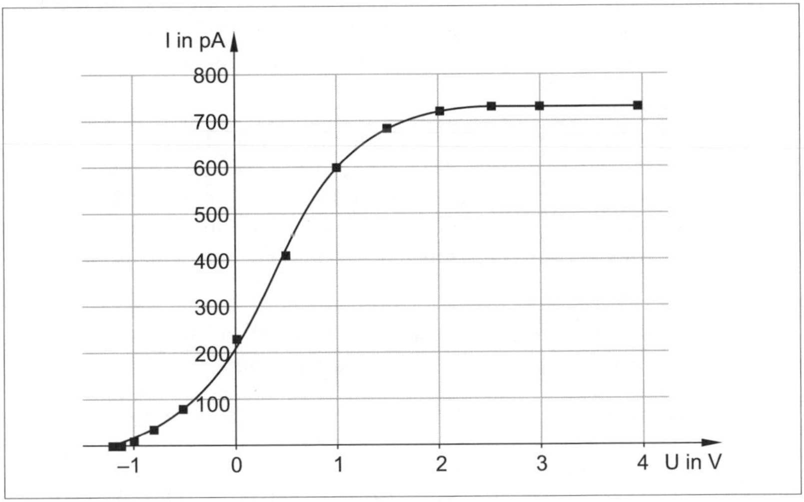

Abb. 2

Begründung des Verlaufs

- **$U < -1{,}1$ V:** Die negative Spannung der regelbaren Spannungsquelle kann man als Gegenspannung deuten. Dabei baut sich zwischen Auffangelektrode und Fotokathode ein elektrisches Feld auf. Die vom Licht durch den Fotoeffekt ausgelösten Elektronen werden von der Anode abgestoßen. Ihre kinetische Energie reicht nicht aus, um gegen das elektrische Feld zwischen Anode und Fotokathode anzukommen. Daher fließt im Stromkreis kein Fotostrom.
- **$-1{,}1$ V $\leq U < 0$ V:** In diesem Bereich liegt immer noch eine Gegenspannung an. Die ausgelösten Elektronen sind aber in der Lage, das elektrische Feld zu überwinden. Einige Elektronen mit genügend hoher kinetischer Energie können das Feld überwinden und zur Anode gelangen. Ein geringer Strom fließt.
- **0 V $\leq U < 2{,}5$ V:** Jetzt liegt keine Gegenspannung mehr an. Das elektrische Feld hat die Polung getauscht. Die aus der Fotokathode ausgelösten Elektronen werden von der Anode angezogen. Steigt die Spannung, so gelangen immer mehr Elektronen zur Anode, der Fotostrom steigt weiter an.
- **2,5 V $\leq U$:** In diesem Bereich flacht die Kurve ab. Es stellt sich eine Sättigung ein. Das elektrische Feld ist durch die hohe Spannung so groß, dass alle Elektronen von der Anode angezogen werden und zum Stromfluss beitragen. Da nur eine begrenzte Anzahl von Elektronen durch den Fotoeffekt aus der Kathode herausgelöst werden, steigt der Fotostrom trotz Erhöhung der Spannung nicht weiter an.

2.3 Das Licht einer bestimmten Frequenz und damit einer bestimmten Energie trifft auf die Fotokathode und löst Elektronen aus. Einen Teil der Photonenenergie benötigen die Elektronen, den Atomverbund des Metalls zu verlassen: Sie verrichten die für das Metall charakteristische Austrittsarbeit. Die Restenergie verbleibt bei den ausgelösten Elektronen in Form von kinetischer Energie:

$$E_{\text{Photon}} = W_A + E_{\text{kin}} \qquad (1)$$

Dem Diagramm aus Aufgabenteil 2.2 entnimmt man, dass bei einer Gegenspannung von $U < -1{,}1$ V die Fotoelektronen das elektrische Feld zwischen Auffangelektrode und Fotokathode nicht überwinden können; ihre kinetische Energie ist zu gering. Erst bei einer Spannung von $U = -1{,}1$ V gelangen die schnellsten Elektronen zur Anode. Diese Elektronen besitzen folglich die kinetische Energie

$$E_{\text{kin}} = e \cdot U. \qquad (2)$$

Für die **Austrittsarbeit** ergibt sich somit durch Umstellen von (1) sowie Einsetzen von (2) und $E_{\text{Photon}} = h \cdot f = h \cdot \frac{c}{\lambda}$ folgender Term:

$$W_A = E_{\text{Photon}} - E_{\text{kin}} = h \cdot f - e \cdot U = h \cdot \frac{c}{\lambda} - e \cdot U \qquad (3)$$

$$= \frac{6{,}626 \cdot 10^{-34}\,\text{Js} \cdot 2{,}998 \cdot 10^{8}\,\frac{\text{m}}{\text{s}}}{440 \cdot 10^{-9}\,\text{m}} - 1{,}602 \cdot 10^{-19}\,\text{C} \cdot 1{,}1\,\text{V}$$

$$= 2{,}75 \cdot 10^{-19}\,\text{J} = \underline{\underline{1{,}72\,\text{eV}}}$$

Bei Erreichen der **Grenzfrequenz** reicht die Energie eines Photons gerade aus, um ein Elektron aus dem Material herauszulösen. Die kinetische Energie dieses ausgelösten Elektrons ist null. Demnach gilt:

$$E_{Photon} = W_A = h \cdot f_{Gr} \quad \Leftrightarrow \quad f_{Gr} = \frac{2{,}75 \cdot 10^{-19}\,\text{J}}{6{,}626 \cdot 10^{-34}\,\text{J} \cdot \text{s}} = \underline{\underline{4{,}15 \cdot 10^{14}\,\text{Hz}}}$$

3.1 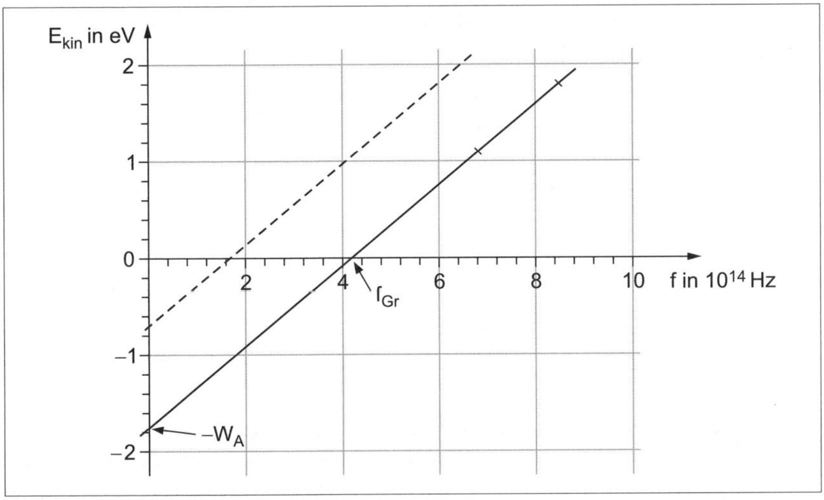

Abb. 3

Der gesuchte Graph ist eine **Gerade**, sie ist in Abb. 3 als durchgezogene Linie eingezeichnet. Die Skalierung der Achsen ergibt sich aus dem Vergleich der vorgegeben Punkte mit der Wertetabelle.

Dass der Graph eine Gerade ist, folgt aus der Einstein'schen Gleichung (vgl. Gleichung (3) in Aufgabenteil 2.3):

$$E_{kin} = h \cdot f - W_A$$

Daher sind die zwei gegebenen Wertepaare zum Zeichnen des Graphen ausreichend. Die Werte für die Grenzfrequenz und die Austrittsarbeit sind durch die Bedingungen $E_{kin}(f_{Gr}) = 0$ bzw. $E_{kin}(0) = -W_A$ bestimmt.

Die Abszisse des Schnittpunktes des Graphen mit der Frequenzachse liefert den Wert für die **Grenzfrequenz**:

$$f_{Gr} \approx \underline{\underline{4{,}2 \cdot 10^{14}\,\text{Hz}}}$$

Die Ordinate des Schnittpunkts des Graphen mit der Energieachse liefert den negativen Wert für die **Austrittsarbeit**:

$$W_A \approx \underline{\underline{1{,}7\,\text{eV}}}$$

3.2 Der Graph zur zweiten Fotozelle ist in Abb. 3 gestrichelt eingezeichnet. Es ist eine **Gerade**, die gegenüber der Geraden aus 3.1 ersten längs der E_{kin}-Achse **nach oben verschoben** ist.

Begründung

- Die Geraden müssen parallel sein, weil die Steigung eines jeden f-E_{kin}-Graphen nach der Einstein-Gleichung durch das Planck'sche Wirkungsquantum h gegeben und daher konstant ist.
- Die Austrittsarbeit beträgt 40 % der Austrittsarbeit des ersten Materials:

  $W_{A,2} = 0{,}4 \cdot W_{A,1} = 0{,}4 \cdot 1{,}7\ \text{eV} = 0{,}7\ \text{eV}$

  Der zweite Graph schneidet daher die Energieachse an der Stelle $-0{,}7$ eV.

4. **Vergleich der Graphen**

- Die Graphen (1) und (2) besitzen die gleiche Sättigungsspannung. Graph (3) besitzt eine deutlich größere Sättigungsspannung.
- Die Graphen (2) und (3) erreichen annähernd gleich schnell die jeweilige Sättigungsspannung. Graph (1) braucht hierfür deutlich länger.

Begründung

- Unterschiedliche Maximalwerte für die Spannung bedeuten bei gleicher Frequenz des einfallenden Lichts und damit gleicher Photonenenergie unterschiedliche Ablösearbeiten und somit **unterschiedliches Kathodenmaterial**.
- Unterschiedlich schnelles Erreichen der Spannung bei gleicher Photonenenergie bedeutet eine geringere Photonenzahl und damit eine **geringere Intensität** des einfallenden Lichts.

Folgerung

Die Graphen (1) und (2) haben gleiches Kathodenmaterial und stammen daher von der gleichen Fotozelle.

Landesabitur Physik 2012 (Hessen) – Grundkurs
Aufgabe A1: Bewegte Ladungsträger in elektr. und magn. Feldern

1. In einer Braun'schen Röhre (Material 1) werden Elektronen zwischen Kathode und Anode beschleunigt und treten dann durch eine Öffnung aus der Anode aus. Der Strahl der gebündelten Elektronen wird durch Anregung eines Gases bei stark vermindertem Druck sichtbar gemacht.

1.1 In Material 1 ist eine Braun'sche Röhre unbeschaltet dargestellt. Beschriften Sie deren Bauteile und zeichnen Sie die benötigten Spannungsquellen ein. (3 BE)

1.2 Bringt man einen Hufeisenmagneten in Strahlrichtung direkt hinter der Anode an, so kann man beobachten, dass eine Ablenkung des Strahls nach unten erfolgt.
Zeichnen Sie den Elektronenstrahl und die Polung des Hufeisenmagneten in die Abbildung „Braun'sche Röhre mit Hufeisenmagnet" (Material 2) ein und begründen Sie, weshalb bei dieser Lage des Hufeisenmagneten die Ablenkung nach unten erfolgt. (5 BE)

1.3 Zwischen Anode und Kathode wird eine Spannung U_A von 1,2 kV angelegt. Zeigen Sie, dass für die Geschwindigkeit der Elektronen

$$v_e = \sqrt{\frac{e}{m_e} \cdot 2U_A}$$

gilt und berechnen Sie diese.
[Zur Kontrolle: $v_e = 2{,}055 \cdot 10^7 \frac{m}{s}$] (4 BE)

1.4 Das homogene Feld des Hufeisenmagneten hat eine magnetische Flussdichte[1] von $B = 0{,}5$ mT. Berechnen Sie den Betrag der Kraft, die auf die Elektronen im Magnetfeld wirkt. (3 BE)

2. Nun wird ein Fadenstrahlrohr (Material 3) verwendet. Mithilfe eines Helmholtzspulenpaares wird im gesamten Bereich der Röhre ein homogenes Magnetfeld senkrecht zur Bewegungsrichtung des Elektrons erzeugt. Man beobachtet eine Kreisbahn der Elektronen.

2.1 Begründen Sie, warum sich eine Kreisbahn ergibt. (3 BE)

2.2 Bei konstanter Flussdichte $B = 0{,}75$ mT wird die Anodenspannung U_A verändert. Der Bahnradius r wird jeweils ausgemessen. Die Tabelle der Messwerte finden Sie in Material 4.
Zeichnen Sie die Messwerte in ein Diagramm.

1 In manchen Lehrbüchern wird die Flussdichte B auch als „magnetische Feldstärke" bezeichnet.

Zeigen Sie, dass für die Messwerte folgender Zusammenhang gilt:

$$U_A = k \cdot r^2$$

Berechnen Sie die Konstante k (Mittelwert). (7 BE)

2.3 Mit dem beschriebenen Versuch lässt sich die spezifische Elementarladung $\frac{e}{m_e}$ bestimmen. Leiten Sie folgende Formel zur Berechnung dieses Größenverhältnisses her:

$$\frac{e}{m_e} = \frac{2U_A}{r^2 \cdot B^2}$$

Berechnen Sie $\frac{e}{m_e}$ für die Anodenspannung 350 V und $B = 0{,}75$ mT unter Verwendung Ihrer Ergebnisse aus Teilaufgabe 2.2. (5 BE)

Material 1: Braun'sche Röhre (unbeschaltet)

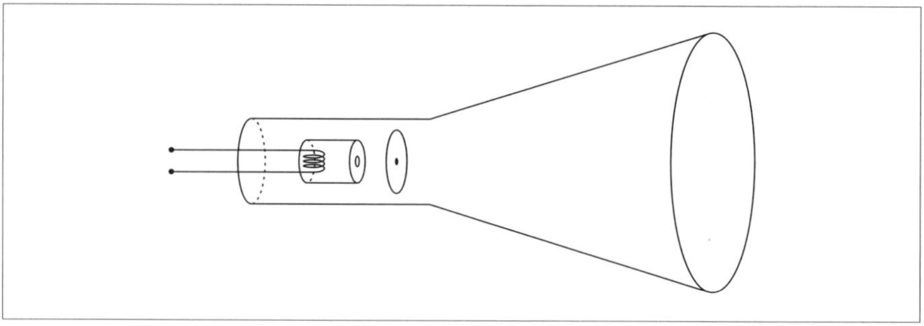

Material 2: Braun'sche Röhre mit Hufeisenmagnet

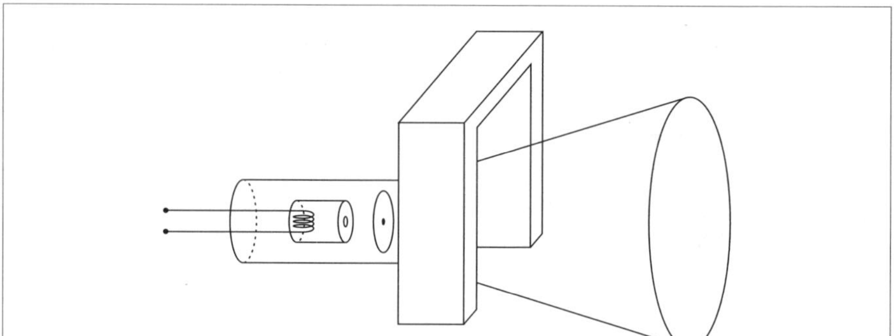

Material 3: Fadenstrahlrohr

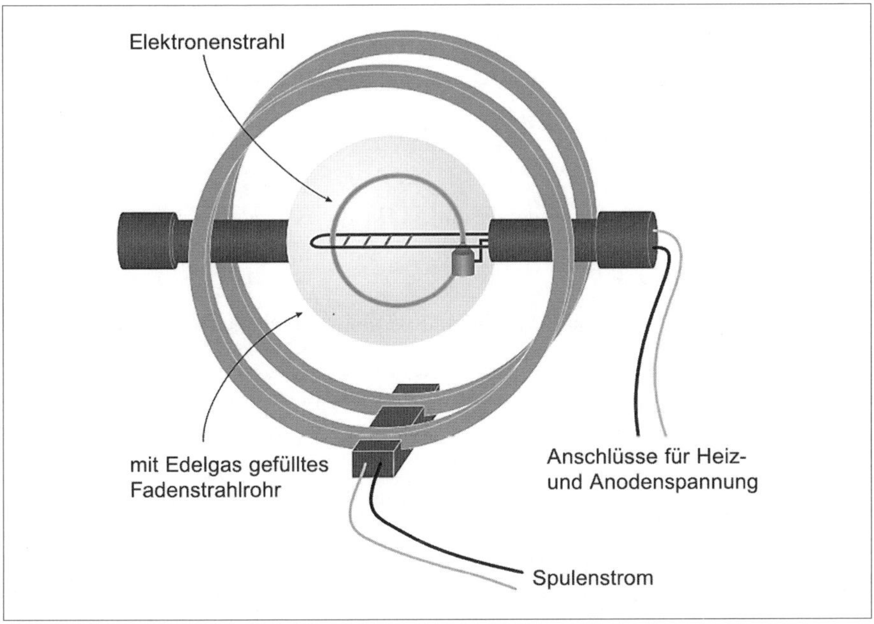

Georg-August-Universität Göttingen, LP, https://lp.uni-goettingen.de/get/text/353
(abgerufen am 11.02.2012)

Material 4: Messwerte

U_A in V	160	250	320	400	500
r in cm	5,7	7,1	8,0	9,0	10,1

Tipps und Hinweise zur Lösung von Aufgabe A1

Tipp zu Teilaufgabe 1.1

- Welches Bauteil heißt Kathode, welches Anode? Denken Sie bei diesen beiden Bauteilen an die elektrische Beschaltung.

Tipp zu Teilaufgabe 1.2

- Benutzen Sie die Drei-Finger-Regel der linken Hand – es handelt sich um Elektronen.

Tipp zu Teilaufgabe 1.3

- Benutzen Sie den Energieerhaltungssatz und vergleichen Sie elektrische und kinetische Energie der Elektronen.

Tipp zu Teilaufgabe 1.4

- Verwenden Sie Ihre Formelsammlung.

Tipp zu Teilaufgabe 2.1

- Benutzen Sie bei Ihrer Begründung die Tatsache, dass die Lorentzkraft immer senkrecht auf die Geschwindigkeit steht.

Tipp zu Teilaufgabe 2.2

- Berechnen Sie k und dessen Mittelwert. Wieso stützen Ihre Ergebnisse den angegebenen Zusammenhang?

Tipps zu Teilaufgabe 2.3

- Diesmal hilft ein Kraftansatz zwischen Zentralkraft und Lorentzkraft.
- Bei den Umformungen hilft ein mathematischer „Trick“: Quadrieren Sie die Gleichung und setzen Sie dann ein.
- Benutzen Sie Ihr Ergebnis für k aus Teilaufgabe 2.2 für den fehlenden Radius.

Lösungen zu Aufgabe A1

1.1 Die im Material 1 dargestellte Braun'sche Röhre besitzt **drei Spannungsquellen**: Die Heizspannung U_H, die als Gleich- oder Wechselspannung ausgeführt sein kann, die Wehneltspannung U_W und die Anodenspannung U_A. Anodenspannung und Wehneltspannung sind Gleichspannungen, deren Polarität wichtig ist (siehe Abb. 1).

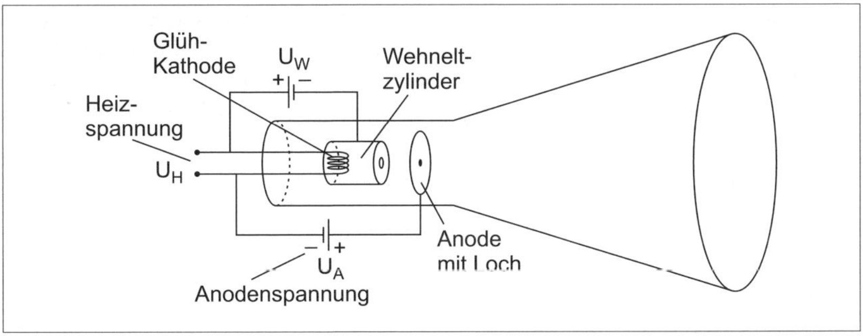

Abb. 1

Als Bauteile zu beschriften sind die Spannungsquellen, die Glühkathode, die Loch-Anode und der Wehneltzylinder. Die Benennung und Beschaltung des Wehneltzylinders kann auch entfallen. Er dient nur der Bündelung des Elektronenstrahls.

1.2 **Einzeichnen des Elektronenstrahls mit Ablenkung nach unten**

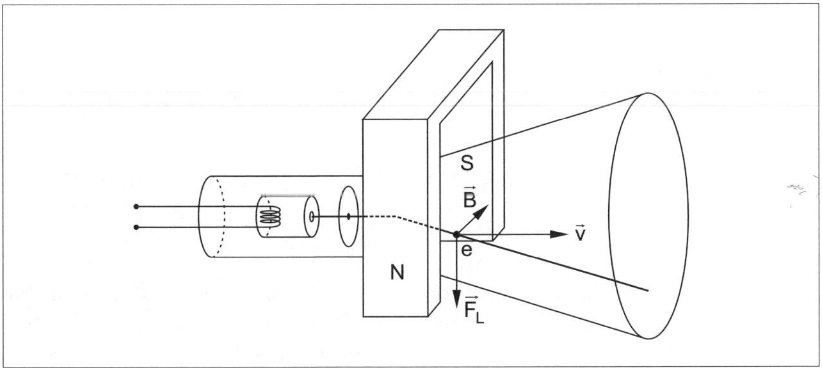

Abb. 2

Begründung mittels Zeichnung

Nach der Drei-Finger-Regel der linken Hand bilden die Bewegungsrichtung des Elektrons e, die Richtung des Magnetfeldes und die Lorentzkraft jeweils einen rechten Winkel (siehe Vektoren in Abb. 2).

Alternativ: Begründung in Worten
Die Lorentzkraft ermittelt sich mit der Drei-Finger-Regel der linken Hand. Die Geschwindigkeitsrichtung der Elektronen weist nach rechts (Daumen), das Magnetfeld muss in die Zeichenebene hinein zeigen (Zeigefinger). Der Nordpol liegt vom Betrachter aus gesehen vorn. Dann zeigt die Lorentzkraft senkrecht nach unten (Mittelfinger) und gibt damit die Richtung der Ablenkung des Elektronenstrahls nach unten vor.

1.3 Um die geforderte Beziehung zu **zeigen**, wird sie aus einem Energieansatz **hergeleitet**. Die aus der Glühelektrode austretenden freien Elektronen mit der Ladung e und der Masse m_e werden in dem elektrischen Feld zwischen Anode und Kathode durch die Spannung U_A beschleunigt. Elektrische Energie E_{el} geht in kinetische Energie E_{kin} über.

$$E_{el} = E_{kin} \quad \Rightarrow \quad e \cdot U_A = \frac{1}{2} m_e \cdot v_e^2 \quad \Rightarrow \quad v_e^2 = \frac{2e \cdot U_A}{m_e}$$

$$\Rightarrow \quad v_e = \sqrt{\frac{2e \cdot U_A}{m_e}} = \underline{\underline{\sqrt{\frac{e}{m_e} \cdot 2U_A}}}$$

Berechnung der Geschwindigkeit

$$v_e = \sqrt{\frac{e}{m_e} \cdot 2U_A} = \sqrt{\frac{1{,}602 \cdot 10^{-19}\ \text{As}}{9{,}109 \cdot 10^{-31}\ \text{kg}} \cdot 2 \cdot 1\,200\ \text{V}} = \underline{\underline{2{,}054 \cdot 10^7\ \frac{\text{m}}{\text{s}}}}$$

Der in der Aufgabenstellung angegebene Kontrollwert von $v_e = 2{,}055 \cdot 10^7\ \frac{\text{m}}{\text{s}}$ ergibt sich, wenn für die Konstanten e und m_e noch genauere Werte eingesetzt werden.

1.4 **Berechnung der Lorentzkraft**
Die Formel für den Betrag der Lorentzkraft entnimmt man der Formelsammlung.

$$F_L = e \cdot v_e \cdot B$$
$$= 1{,}602 \cdot 10^{-19}\ \text{As} \cdot 2{,}054 \cdot 10^7\ \frac{\text{m}}{\text{s}} \cdot 0{,}5 \cdot 10^{-3}\ \text{T} = \underline{\underline{1{,}65 \cdot 10^{-15}\ \text{N}}}$$

2.1 **Begründung der Kreisbahn**
Wie schon in Teilaufgabe 1.2 erläutert gilt für die Lorentzkraft die Drei-Finger-Regel. Das bedeutet, dass bei diesem Aufbau in jedem Punkt der Bahn die wirkende Lorentzkraft senkrecht zur Geschwindigkeit der Elektronen gerichtet ist. Die Lorentzkraft wirkt also als Zentralkraft. Sie kann nur die Richtung und nicht den Betrag der Geschwindigkeit der Elektronen verändern und zwingt sie so auf eine Kreisbahn.

2.2 Darstellung der Messwerte im Diagramm

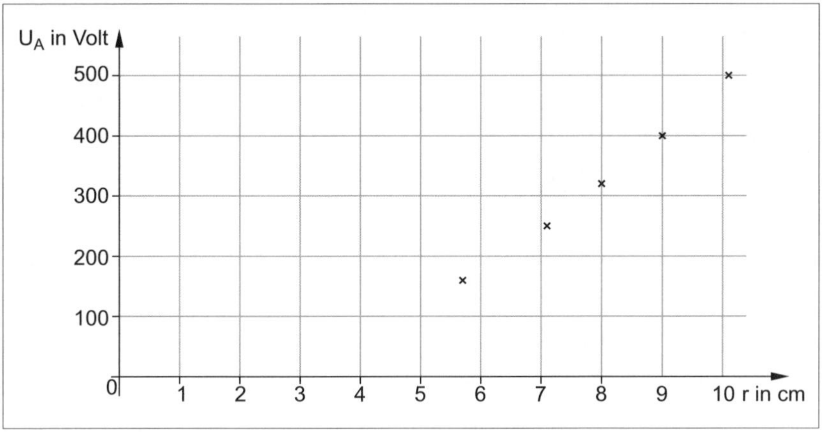

Abb. 3: Anodenspannung über Radius

Da in der Aufgabenstellung keine Vorgaben gemacht werden, ist auch eine Darstellung des Radius über der Anodenspannung möglich.

Zeigen des Zusammenhangs
Man ermittelt die Konstante $k = \frac{U_A}{r^2}$ für alle Messpaare und stellt die Ergebnisse in einer Tabelle dar.

U_A in V	160	250	320	400	500
r in m	0,057	0,071	0,080	0,090	0,101
$k = \frac{U_A}{r^2}$ in $\frac{10^3\ V}{m^2}$	49,2	49,6	50,0	49,4	49,0

Die Größe k ist nahezu konstant und der geforderte Zusammenhang $U_A = k \cdot r^2$ der Messwerte damit bestätigt. Der Mittelwert beträgt:

$$\underline{\underline{\bar{k} = 49{,}4\,\frac{kV}{m^2}}}$$

2.3 Herleitung der Gleichung

Bei diesem Aufbau wirkt die Lorentzkraft F_L als Zentralkraft F_Z. Ein Kraftansatz führt zur Herleitung:

$$F_L = F_Z$$

$$\Rightarrow \quad e \cdot v_e \cdot B = \frac{m_e \cdot v_e^2}{r}$$

$$e \cdot B = \frac{m_e \cdot v_e}{r} \qquad (*)$$

Die Geschwindigkeit

$$v_e = \sqrt{\frac{e}{m_e} \cdot 2U_A}$$

aus Teilaufgabe 1.3 lässt sich besonders leicht einsetzen, wenn Gleichung (*) quadriert wird:

$$e^2 \cdot B^2 = \frac{m_e^2 \cdot v_e^2}{r^2}$$

$$e^2 \cdot B^2 = \frac{m_e^2}{r^2} \cdot \frac{e}{m_e} \cdot 2U_A$$

$$e \cdot B^2 = \frac{m_e \cdot 2U_A}{r^2}$$

$$\frac{e}{m_e} = \underline{\underline{\frac{2U_A}{r^2 \cdot B^2}}} \qquad (**)$$

Die Werte für Feldstärke B und Spannung U_A sind gegeben. Der Radius r, der zur Spannung $U_A = 350\ \text{V}$ gehört, lässt sich mit der in Teilaufgabe 2.2 berechneten Konstanten k bestimmen:

$$\overline{k} = \frac{U_A}{r^2} \quad \Rightarrow \quad r = \sqrt{\frac{U_A}{\overline{k}}} = \sqrt{\frac{350\ \text{V}}{49{,}4 \cdot 10^3\ \frac{\text{V}}{\text{m}^2}}} = 0{,}084\ \text{m}$$

Einsetzen der Werte in (*) liefert:

$$\frac{e}{m_e} = \frac{2U_A}{r^2 \cdot B^2} = \frac{2 \cdot 350\ \text{V}}{(0{,}084\ \text{m})^2 \cdot (0{,}75 \cdot 10^{-3}\ \text{T})^2} = \underline{\underline{1{,}76 \cdot 10^{11}\ \frac{\text{C}}{\text{kg}}}}$$

Der Radius r kann auch durch Ablesen aus dem Diagramm der Abb. 3 in Teilaufgabe 2.2 ermittelt werden.

Landesabitur Physik 2012 (Hessen) – Grundkurs
Aufgabe A2: Bestimmung der elektrischen Elementarladung

In seinem historischen Versuch von 1916 bestimmte Robert Millikan die elektrische Elementarladung, indem er Öltröpfchen in ein vertikal gerichtetes elektrisches Feld eines Kondensators sprühte.

1. Skizzieren Sie die Experimentieranordnung des Millikan-Versuchs.
   Zeichnen Sie für die Schwebemethode die auf das Öltröpfchen wirkenden Kräfte und die Polung des Kondensators ein. (3 BE)

2. Beschreiben Sie die Durchführung des oben skizzierten Versuchs.
   Erklären Sie insbesondere, wie man bei dieser Experimentieranordnung die Öltröpfchen in Schwebe hält. (7 BE)

3. In Material 1 sind die Ergebnisse einer Messreihe von 50 Öltröpfchen dargestellt. Interpretieren Sie diese Ergebnisse. (4 BE)

4. Mithilfe der Gleichung
   $$q = \frac{m \cdot g \cdot d}{U}$$
   kann man bei Vernachlässigung des Auftriebs die Ladung eines einzelnen schwebenden Öltröpfchens bestimmen. Dabei ist q die elektrische Ladung des Tröpfchens, m seine Masse, g die Fallbeschleunigung, d der Plattenabstand und U die angelegte elektrische Spannung.
   Leiten Sie diese Gleichung her. (3 BE)

5. In einer zweiten Experimentierreihe wurden zur Bestimmung der Elementarladung bei einem Plattenabstand $d = 2{,}76$ mm die in Material 2 dargestellten Messwerte für 6 Öltröpfchen aufgenommen.
   Berechnen Sie daraus die Ladung q der Öltröpfchen und tragen Sie die Ergebnisse in die Tabelle von Material 2 ein.
   Ermitteln Sie unter Einbeziehung aller Messwerte die Elementarladung e. (7 BE)

6. Die Masse m der einzelnen Tröpfchen kann man aus anderen Messungen bestimmen. Die Dichte des Öls mit $\rho = 890\ \mathrm{kg \cdot m^{-3}}$ ist bekannt und das Tröpfchen sei kugelförmig. Geben Sie für das erste Tröpfchen (Material 2) die Gewichtskraft F_g an und ermitteln Sie dessen Radius r.
   Berechnen Sie die elektrische Feldstärke E zwischen den Platten bei der entsprechenden Messung. (6 BE)

Material 1: Diagramm einer Messreihe mit 50 Öltröpfchen

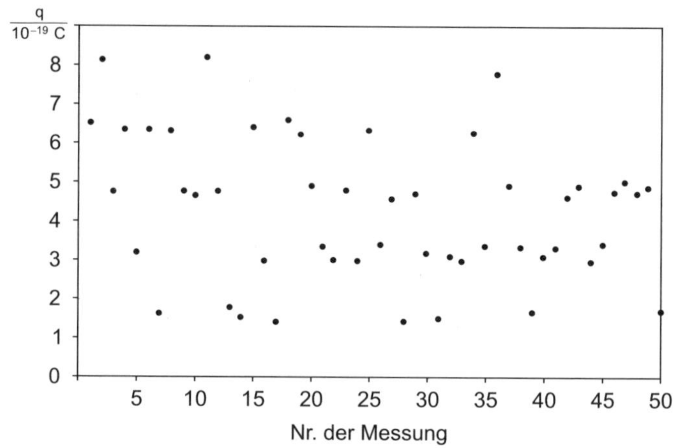

Material 2: Messergebnisse für 6 Öltröpfchen

Tröpfchennummer	U in V	m in 10^{-16} kg	q in 10^{-19} C	Anzahl der Elementarladungen
1	52	6,16		
2	174	10,2		
3	88	15,4		
4	117	7,05		
5	138	16,7		
6	92	22,0		

Tipps und Hinweise zur Lösung von Aufgabe A2

Tipp zu Teilaufgabe 1

- Die Wahl der Ladung des Tröpfchens beeinflusst die Polung des Kondensators. Achten Sie darauf, dass die Kräfte am Tröpfchen angreifen.

Tipp zu Teilaufgabe 2

- Für die Erklärung hilft ein Kräftegleichgewicht, das Sie in Teilaufgabe 1 schon gezeichnet haben.

Tipps zu Teilaufgabe 3

- Denken Sie sich parallele Linien in das Diagramm. Was können Sie aus deren gleichmäßigem Abstand folgern?
- Begründen Sie $q = n \cdot e$.

Tipp zu Teilaufgabe 4

- Wieder hilft das Kräftegleichgewicht aus den Teilaufgaben 1 und 2. Diesmal mit Formeln.

Tipp zu Teilaufgabe 5

- Legen Sie eine Tabelle an.
- Die Zahl der Elementarladungen müssen Sie abschätzen.

Tipps zu Teilaufgabe 6

- Der Radius steckt im Volumen des Tröpfchens, das Sie als Kugel behandeln können.
- Schauen Sie die Definition der Dichte in der Formelsammlung nach.
- Beachten Sie für die Feldstärke die Angaben zum Kondensator in der Teilaufgabe 5.

Lösungen zu Aufgabe A2

1.1 **Skizze der Experimentieranordnung**

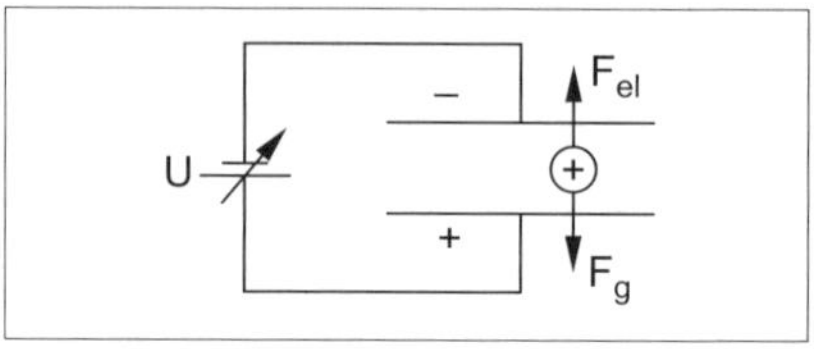

Abb. 1

In der Aufgabenstellung wird nicht erwähnt, welche Polung das geladene Tröpfchen hat. Eine negative Ladung ist also auch zulässig. Aber die Polung des Kondensators muss dann vertauscht werden.

2. **Beschreibung der Durchführung**

Ein Kondensator, dessen Platten waagerecht angeordnet sind, ist an eine Gleichspannungsquelle angeschlossen. Polarität und Spannung dieser Spannungsquelle können verändert werden. In den Plattenzwischenraum werden kleine geladene Öltröpfchen hineingesprüht, die über ein Mikroskop beobachtet und mithilfe der einstellbaren Spannungsquelle zum Schweben gebracht werden.

Erklärung

Der Schwebezustand stellt sich durch ein Kräftegleichgewicht ein. Durch Änderung der Gleichspannung wird die elektrische Kraft auf das geladene Tröpfchen verändert. Bei der richtigen Einstellung der Spannung U halten sich elektrische Kraft F_{el} und die Gewichtskraft F_g die Waage:

$$F_{el} = F_g$$

3. **Interpretation der Messergebnisse**

Obwohl auf den ersten Blick keine Struktur vorhanden zu sein scheint, ist doch eine zu erkennen: Die Messwerte liegen im Diagramm (ungefähr) auf parallelen Linien (Abb. 2). Das bedeutet, dass die Öltröpfchen nur ganz bestimmte Mengen an Überschussladungen besitzen. Der Abstand der Parallelen beträgt $1{,}6 \cdot 10^{-19}$ C.

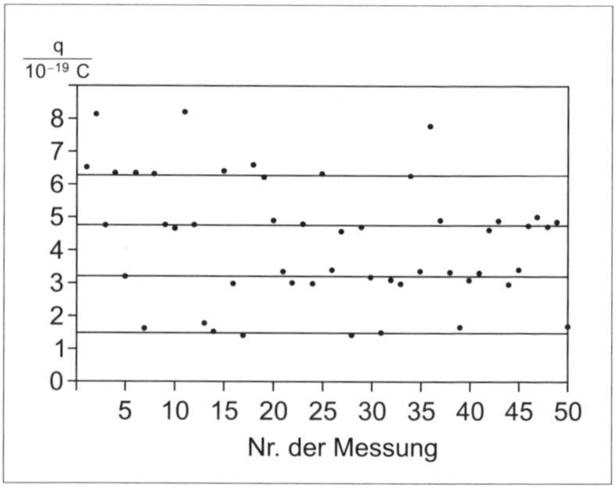

Abb. 2

Es gibt folglich eine kleinste Ladungsmenge, die die Öltröpfchen in diesem Experiment zusätzlich aufnehmen können. Sie heißt Elementarladung e. Für die Ladung q der Öltröpfchen bedeutet das:

$$q = n \cdot e, \quad n = 1, 2, 3, \ldots$$

Die Abweichungen, die im Diagramm zu erkennen sind, lassen sich auf die komplizierte Messung und die damit einhergehenden Ungenauigkeiten zurückführen.

4. **Herleitung der Gleichung**

Wie in Teilaufgabe 2 beschrieben besteht im Schwebefall ein Kräftegleichgewicht zwischen elektrischer Kraft F_{el} und der Gewichtskraft F_g:

$$\left.\begin{array}{l} F_{el} = q \cdot E = q \cdot \frac{U}{d} \\ F_g = m \cdot g \end{array}\right\} \Rightarrow q \cdot \frac{U}{d} = m \cdot g \Rightarrow \underline{\underline{q = \frac{m \cdot g \cdot d}{U}}}$$

5. **Berechnung der Ladung q**

In der folgenden Tabelle sind ausgehend von Material 2 die Tröpfchenladungen für die sechs Messungen gemäß der Formel aus Teilaufgabe 4 berechnet. Die Zahl n der Elementarladungen kann jeweils mithilfe der Formel $q = n \cdot e$ abgeschätzt und damit e bestimmt werden.

Nr. der Messung	1	2	3	4	5	6
Ladung q in 10^{-19} C	3,21	1,59	4,74	1,63	3,28	6,47
Anzahl n der Elementarladungen	2	1	3	1	2	4
$e = \frac{q}{n}$ in 10^{-19} C	1,61	1,59	1,58	1,63	1,64	1,62

Für die **Elementarladung** ergibt sich gemittelt:

$$e = \underline{\underline{1{,}61 \cdot 10^{-19}\ \text{C}}}$$

In der Aufgabenstellung wird gefordert, **alle** Messwerte zur Ermittlung der Elementarladung einzubeziehen. Sie müssen also den Mittelwert der letzten Tabellenzeile bilden.

6. **Angabe der Gewichtskraft**

Die Gewichtskraft des ersten Tröpfchens beträgt

$$F_g = m \cdot g$$
$$= 6{,}16 \cdot 10^{-16}\ \text{kg} \cdot 9{,}81\ \frac{\text{N}}{\text{kg}} = \underline{\underline{6{,}04 \cdot 10^{-15}\ \text{N}}}.$$

Ermittlung des Radius

Der Radius des Tröpfchens taucht in der Beziehung $m = V \cdot \rho$ auf. Das Volumen V einer Kugel finden Sie in der Formelsammlung:

$$m = V \cdot \rho = \frac{4}{3} \cdot \pi \cdot r^3 \cdot \rho$$

Stellen Sie die Formel nach r um und setzen Sie die gegebenen Werte ein:

$$r = \sqrt[3]{\frac{3m}{4\pi \cdot \rho}} = \sqrt[3]{\frac{3 \cdot 6{,}16 \cdot 10^{-16}\ \text{kg}}{4\pi \cdot 890\ \frac{\text{kg}}{\text{m}^3}}} = \underline{\underline{5{,}49 \cdot 10^{-7}\ \text{m}}}$$

Berechnung der Feldstärke

Die Feldstärke E des Plattenkondensators lässt sich auf zwei Arten berechnen. Einmal aus den Angaben zu Spannung und Plattenabstand (siehe Teilaufgabe 5) und einmal aus dem Kräftegleichgewicht für das schwebende Tröpfchen. Natürlich wird nur eine Lösung verlangt.

Lösungsweg 1 über U und d:

$$E = \frac{U}{d} = \frac{52\ \text{V}}{2{,}76 \cdot 10^{-3}\ \text{m}} = \underline{\underline{1{,}88 \cdot 10^4\ \frac{\text{V}}{\text{m}}}}$$

Lösungsweg 2 über Kräftegleichgewicht:

$$F_{el} = q \cdot E = F_g \quad \Rightarrow \quad E = \frac{F_g}{q} = \frac{6{,}04 \cdot 10^{-15}\ \text{N}}{3{,}21 \cdot 10^{-19}\ \text{C}} = \underline{\underline{1{,}88 \cdot 10^4\ \frac{\text{V}}{\text{m}}}}$$

Landesabitur Physik 2012 (Hessen) – Grundkurs
Aufgabe B1: Beugung am Gitter

1. In der folgenden Aufgabe werden Beugungen am Gitter untersucht.
Das Licht einer Glühlampe soll spektral analysiert werden. Um brauchbare Ergebnisse zu erhalten, benötigt man paralleles weißes Licht. Dieses Licht trifft auf ein Strichgitter.

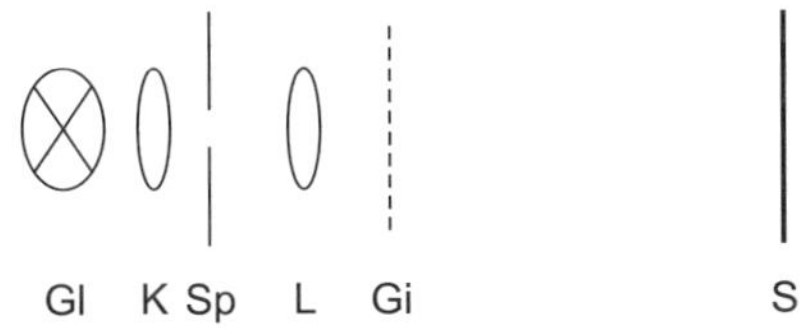

Gl = Glühlampe; K = Kondensor; Sp = Spalt; L = Abbildungslinse; Gi = Strichgitter; S = Schirm

1.1 Der dargestellte Aufbau lässt paralleles weißes Licht auf das Gitter fallen. Beschreiben Sie die Funktion der Glühlampe, des Kondensors, des Spaltes und der Abbildungslinse. (4 BE)

1.2 Beschreiben Sie ausführlich, was auf dem Beobachtungsschirm zu sehen ist, und geben Sie an, welches physikalische Phänomen zugrunde liegt. (4 BE)

1.3 Wir betrachten jetzt monochromatisches Licht. Leiten Sie anhand einer Skizze allgemein die Beziehung $n \cdot \lambda = g \cdot \sin \alpha_n$ zur Berechnung der Winkel α_n her, unter denen man die Maxima n-ter Ordnung des Lichtes der Wellenlänge λ bei einem Gitter mit der Gitterkonstanten g beobachten kann. (6 BE)

1.4 Das Gitter wird nun durch ein anderes Gitter mit der kleineren Gitterkonstanten g' ersetzt.
Erklären Sie die Auswirkungen auf das beobachtete Bild. (2 BE)

2. Es soll ein monochromatischer Farbfilter untersucht werden. Dazu wird ein optisches Gitter (50 Spalte pro Millimeter) verwendet. Der Schirm hat den Abstand $d = 3$ m vom Gitter. Der Farbfilter wird zwischen Glühlampe und Gitter gehalten.
Man beobachtet das Bild, das mit dem eingesetzten Farbfilter auf dem Schirm entsteht. Um präziser auszuwerten, misst man den Abstand der beiden Maxima 2. Ordnung voneinander auf dem Schirm. Er beträgt 43,4 cm.
Berechnen Sie die Wellenlänge des verwendeten Lichts und den Beugungswinkel α_2.

Hinweis: Es darf mit der Kleinwinkelnäherung gerechnet werden.
[Zur Kontrolle: $\lambda = 723$ nm] (5 BE)

3. Direkt hinter dem Strichgitter wird ein Aquarium aufgestellt. Der Lichtweg verläuft damit hinter dem Gitter (50 Spalte pro Millimeter) komplett im Wasser. Die Dicke der Wand des Aquariums kann vernachlässigt werden. Der Schirm befindet sich im Abstand $d = 3$ m vom Gitter und steht im Aquarium.

Hinweis: Es ist für die folgenden Rechnungen auch möglich, die gesamte Apparatur aus Teilaufgabe 2 in Wasser zu stellen.

3.1 Die Geschwindigkeit des Lichtes ist im Wasser gegenüber der Luft kleiner, während die Frequenz des Lichtes gleich bleibt.
Begründen Sie qualitativ, wie sich die Wellenlänge des Lichtes ändert.
Begründen Sie qualitativ, wie sich dies auf das Spektrum auswirkt, das man auf dem Schirm sieht. (6 BE)

3.2 Man misst unter Wasser den Abstand der beiden Maxima zweiter Ordnung voneinander. Er beträgt 32,4 cm.
Berechnen Sie die Wellenlänge im Wasser und bestimmen Sie daraus die Geschwindigkeit des Lichtes im Wasser. (3 BE)

Tipps und Hinweise zur Lösung von Aufgabe B1

Tipp zu Teilaufgabe 1.1

Versuchen Sie in Ihrer Beschreibung zu erklären, dass ein enges, paralleles Lichtbündel entsteht.

Tipp zu Teilaufgabe 1.2

Bedenken Sie, dass auf dem Schirm ein Interferenzmuster von weißem Licht entsteht, das aber auch Farben zeigt.

Tipps zu Teilaufgabe 1.3

Legen Sie eine übliche Skizze an, wie Sie sie aus dem Unterricht oder der Formelsammlung kennen. Betrachten Sie das Dreieck, indem der Gangunterschied Δs auftaucht.

Konstruktive Interferenz entsteht, wenn der Gangunterschied ein ganzzahliges Vielfaches der Wellenlänge beträgt.

Tipp zu Teilaufgabe 1.4

Diskutieren Sie die Formel $\sin \alpha_n = \frac{\Delta s}{g}$.

Tipps zu Teilaufgabe 2

Der Beugungswinkel steckt auch noch in der Gleichung $\tan \alpha_n = \frac{a_n}{d}$.

Übertragen Sie den Beugungswinkel in die Formel aus Teilaufgabe 1.3. Beachten Sie, dass der Messwert für a_2 nicht von der geometrischen Mitte aus angegeben ist.

Tipps zu Teilaufgabe 3.1

Benutzen Sie die Wellengleichung $c = \lambda \cdot f$.

Wo auf dem Schirm liegen die Interferenzbilder kleinerer Wellenlängen?

Tipp zu Teilaufgabe 3.2

Im Wasser ändern sich die Wellenlänge und die Ausbreitungsgeschwindigkeit – aber die Frequenz f des Lichts bleibt konstant.

Lösungen zu Aufgabe B1

1.1 **Beschreibung der Funktionen**

Die Glühlampe erzeugt das weiße Licht, der Kondensor bündelt das Licht und leuchtet den Spalt optimal aus. Der Spalt nimmt damit die Rolle einer besonders kleinen (Ersatz-) Lichtquelle ein. Da das aus dem Spalt austretende Licht divergent ist (im Gegensatz z.B. zum Licht eines Lasers), wird die Linse benötigt, um paralleles Licht zu erzeugen, das auf das Gitter trifft.

In der Realität ist bei diesem Aufbau das Licht nur nahezu parallel, denn die Linse wird im Experiment so justiert, dass der Spalt scharf auf dem Schirm abgebildet wird.

1.2 **Beschreibung des Schirmbildes**

Der Schirm zeigt ein Interferenzmuster. In der geometrischen Mitte ist ein helles, weißes Maximum 0. Ordnung zu sehen. Symmetrisch rechts und links davon zeigen sich Farbspektren als Maxima der 1., 2., … Ordnung. Jedes Spektrum beginnt an der zur Mitte liegenden Seite mit blau und endet mit rot. Wie viele Spektren zu sehen sind und ob diese sich überlappen, hängt vom Gitter und von der Größe des Schirms ab.
Die Spektren entstehen durch Beugung des Lichts am Gitter und anschließender Überlagerung (Interferenz).

1.3 **Herleitung mithilfe einer Skizze**

Üblicherweise wird für die Herleitungs-Skizze eine Art „Vergrößerung" dargestellt, die das einfallende und austretende Licht an zwei der vielen Gitteröffnungen zeigt (Abb. 1).

Für die Herleitung werden die ausgewählten Lichtstrahlen parallel gezeichnet. Das ist auch kein großer Fehler, denn der Abstand Gitter–Schirm ist in der Regel sehr viel größer als der Spaltabstand g.

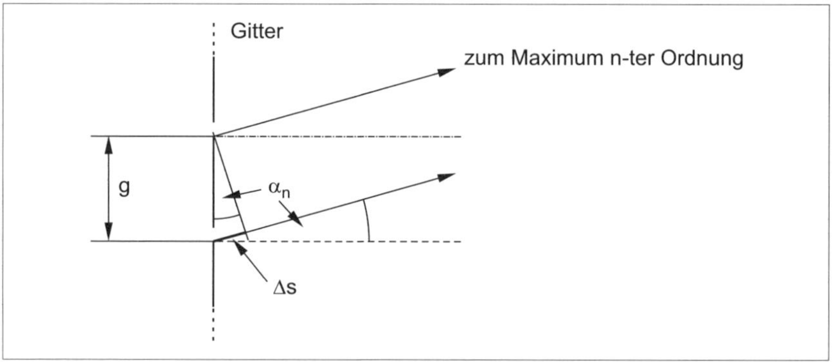

Abb. 1

Die beiden in der Skizze markierten Winkel α_n sind gleich groß, denn ihre Schenkel stehen paarweise senkrecht. Man berechnet den Winkel α_n zum Maximum n-ter Ordnung, indem man α_n in dem kleinen, dem Gitter anliegenden Dreieck bestimmt. Benachbarte Wellenzüge müssen einen Gangunterschied Δs eines ganzzahligen Vielfachen der Wellenlänge λ haben, um konstruktiv zu interferieren:

$$\Delta s = n \cdot \lambda$$

In dem angesprochenen Dreieck gilt:

$$\sin\alpha_n = \frac{\Delta s}{g} \qquad (*)$$

Der Spaltabstand g wird auch als Gitterkonstante bezeichnet.

Eine Kombination der beiden Gleichungen ergibt die gesuchte Beziehung:

$$n \cdot \lambda = g \cdot \sin\alpha_n$$

1.4 **Erklärung der Auswirkungen**

Eine kleinere Gitterkonstante $g' < g$ erzeugt bei vorgegebenem Gangunterschied einen größeren Beugungswinkel α_n. Das lässt sich aus der Winkelbeziehung (*) folgern. Für das Bild auf dem Schirm bedeutet das:

- Das Maximum 0. Ordnung ($\alpha_n = 0$) bleibt in der geometrischen Mitte.
- Die Maxima höherer Ordnung entfernen sich weiter von der Mitte.
- Das Bild auf dem Schirm „spreizt sich auf".

2. **Berechnung der Wellenlänge**

Für die folgende Auswertung des geschilderten Versuches benötigen Sie die Formel für die Beugungswinkel α_n, die den Abstand d zwischen Gitter und Schirm mit einbezieht. Sie lautet:

$$\tan\alpha_n = \frac{a_n}{d}$$

Hierbei ist a_n der Abstand des Maximums n-ter Ordnung von der geometrischen Mitte. Die Aufgabenstellung verlangt keine Herleitung dieser Gleichung.

Für den Abstand des zweiten Maximums von der Mitte ergibt sich:

$$a_2 = \frac{0{,}434\ \text{m}}{2} = 0{,}217\ \text{m}$$

Damit beträgt der zugehörige Beugungswinkel:

$$\tan\alpha_2 = \frac{a_2}{d} = \frac{0{,}217\ \text{m}}{3\ \text{m}} = 0{,}0723 \quad \Rightarrow \quad \alpha_2 = 4{,}14°$$

Die in der Aufgabenstellung erwähnte „Kleinwinkelnäherung" bedeutet, dass Sie für „kleine" Winkel $\tan\alpha_2 \approx \sin\alpha_2$ setzen können. Als „klein" bezeichnet man hier in der Regel Winkel kleiner als 10°.

Mithilfe der Kleinwinkelnäherung und der Gitterkonstante

$$g = \frac{1}{50}\,\text{mm} = 0{,}02 \cdot 10^{-3}\,\text{m} = 2{,}0 \cdot 10^{-5}\,\text{m}$$

lässt sich für das Maximum 2. Ordnung die Wellenlänge aus der in Teilaufgabe 1.3 gefundenen Interferenzbedingung berechnen:

$$2\lambda = g \cdot \sin\alpha_2$$

$$\Rightarrow\quad \lambda = \frac{g}{2} \cdot \sin\alpha_2$$

$$\approx \frac{g}{2} \cdot \tan\alpha_2$$

$$= \frac{2{,}0 \cdot 10^{-5}\,\text{m}}{2} \cdot \tan 4{,}14° = 7{,}24 \cdot 10^{-7}\,\text{m} = \underline{\underline{724\,\text{nm}}}$$

Eine alternative Lösungsvariante besteht in folgendem Rechenweg:

$$\sin\alpha_2 = \frac{2\lambda}{g} \approx \frac{a_2}{d} = \tan\alpha_2$$

$$\Rightarrow\quad \lambda \approx \frac{a_2 \cdot g}{2d} = \frac{0{,}217\,\text{m} \cdot 2{,}0 \cdot 10^{-5}\,\text{m}}{2 \cdot 3\,\text{m}} = 7{,}23 \cdot 10^{-7}\,\text{m} = \underline{\underline{723\,\text{nm}}}$$

3.1 **Begründung der Veränderung**

Einen Zusammenhang zwischen der Wellenlänge λ, Frequenz f und der Ausbreitungsgeschwindigkeit c von Wellen stellt die Wellengleichung $c = \lambda \cdot f$ her. An dieser Gleichung erkennt man: Nimmt die Ausbreitungsgeschwindigkeit ab und bleibt die Frequenz gleich, so muss auch die Wellenlänge kleiner werden.

Begründung der Auswirkung auf das Spektrum

Für die Beugungswinkel zu den Maxima n-ter Ordnung der einzelnen Wellenlängen gilt die Interferenzbedingung $n \cdot \lambda = g \cdot \sin\alpha_n$ aus Teilaufgabe 1.3. Wird die Wellenlänge kleiner, so wird der Sinus des Beugungswinkels und damit auch der Winkel selbst kleiner. Das Spektrum rückt also insgesamt etwas zur geometrischen Mitte und verengt sich.

Befindet sich das Aquarium hinter dem Gitter, so ist auch eine Argumentation über die Brechung des Lichts beim Eintritt in das Wasser möglich. Der Beugungswinkel α_n wird zum Einfallslot hin gebrochen. Dadurch verringert sich der Abstand der Maxima.

3.2 **Berechnung der Wellenlänge und Geschwindigkeit im Wasser**

Mit einer zu Teilaufgabe 2 analogen Rechnung ergibt sich:

$$\tan\alpha_2 = \frac{0{,}162\,\text{m}}{3\,\text{m}} = 0{,}054$$

$$\Rightarrow\quad \lambda \approx \frac{g}{2} \cdot \tan\alpha_2 = \frac{2{,}0 \cdot 10^{-5}\,\text{m}}{2} \cdot 0{,}054 = 5{,}40 \cdot 10^{-7}\,\text{m} = \underline{\underline{540\,\text{nm}}}$$

Die Tatsache, dass die Frequenz f des Lichts konstant bleibt, nutzt man aus, um die Ausbreitungsgeschwindigkeit c_{Wasser} im Wasser zu bestimmen. Die Wellengleichung wird nach der Frequenz umgestellt:

$$f = \frac{c_{Luft}}{\lambda_{Luft}} = \frac{c_{Wasser}}{\lambda_{Wasser}}$$

$$\Rightarrow \quad c_{Wasser} = c_{Luft} \cdot \frac{\lambda_{Wasser}}{\lambda_{Luft}} = 3{,}00 \cdot 10^8 \, \frac{m}{s} \cdot \frac{540 \text{ nm}}{724 \text{ nm}} = \underline{\underline{2{,}24 \cdot 10^8 \, \frac{m}{s}}}$$

Argumentiert man alternativ wieder mit der Brechung beim Eintritt in das Wasser – das Aquarium befindet sich dabei hinter dem Gitter –, kommt man zum selben Ergebnis. Aus dem Brechungsgesetz

$$n = \frac{\sin \alpha_{Luft}}{\sin \alpha_{Wasser}} = \frac{c_{Luft}}{c_{Wasser}}$$

ergibt sich mit $\tan \alpha_{Wasser} = 0{,}054 \Rightarrow \alpha_{Wasser} = 3{,}09°$ und $\alpha_{Luft} = 4{,}14°$ (Teilaufgabe 2):

$$c_{Wasser} = c_{Luft} \cdot \frac{\sin \alpha_{Wasser}}{\sin \alpha_{Luft}} = 3{,}00 \cdot 10^8 \, \frac{m}{s} \cdot \frac{\sin 3{,}09°}{\sin 4{,}14°} = \underline{\underline{2{,}24 \cdot 10^8 \, \frac{m}{s}}}$$

Landesabitur Physik 2012 (Hessen) – Grundkurs
Aufgabe B2: Mechanische Schwingungen

Folgender Versuchsaufbau ist im Material 1 schematisch dargestellt: Ein Trichter mit sehr feinem Sand ist bifilar aufgehängt, sodass er nur in einer Ebene schwingen kann. Unter ihm befindet sich ein quaderförmiger Kasten ausreichender Breite und Höhe, der 20 cm lang ist. Der Kasten ist durch dünne Wände gleichmäßig in zehn Fächer unterteilt. Die Ausflussöffnung des Trichters ist im Falle der Ruhe genau über der Mitte des Kastens positioniert. Ihr Abstand zum Kasten ist in diesem Fall fast null. Während der Schwingungen rinnt der Sand gleichmäßig aus der unteren Öffnung des Trichters. Bei maximaler Auslenkung soll der Sand jeweils in die beiden äußersten Fächer des Kastens fließen. Der leere Trichter besitzt eine Masse von 300 g. Der vollständig gefüllte Trichter enthält 50 cm^3 Sand mit einer Dichte ρ von $\rho = 1{,}8\,\frac{g}{cm^3}$.

1. Im Folgenden ist die untere Öffnung des Trichters noch verschlossen. Der Trichter wird nun so weit nach links (vergleiche Material 2) ausgelenkt, dass der Sand in das äußerste Fach rieseln könnte.

1.1 Berechnen Sie unter Verwendung des Materials 2 den maximalen Auslenkwinkel φ_0.
[Zur Kontrolle: $\varphi_0 = 5{,}7°$] (3 BE)

1.2 Leiten Sie eine Gleichung für die rücktreibende Kraft her und begründen Sie, dass der Trichter näherungsweise eine harmonische Schwingung vollführt. (6 BE)

1.3 Berechnen Sie die Schwingungsdauer. (3 BE)

2. Wird der Versuch bei geöffneter Ausflussöffnung – ansonsten aber unverändert – durchgeführt, so ist nach 20 Schwingungen der Trichter leer. Es kann davon ausgegangen werden, dass sich die Lage des Schwerpunkts des Pendels infolge der Massenabnahme nicht wesentlich ändert.

2.1 Berechnen Sie die kinetische Energie des sich leerenden Trichters, wenn er das dritte Mal den tiefsten Punkt durchquert.
Bestimmen Sie dafür zunächst die Masse des Pendels zu diesem Zeitpunkt. (9 BE)

2.2 Geben Sie an, welche der Abbildungen a–c im Material 3 den Füllstand des Kastens nach dem vollständigen Entleeren des Trichters wiedergibt, wenn Sie davon ausgehen, dass die Amplitude der Schwingung konstant ist.
Begründen Sie Ihre Zuordnung. (4 BE)

2.3 Die Praxis jedoch zeigt, dass die Amplitude mit jeder Periode abnimmt; man sagt, die Schwingung ist gedämpft.
Skizzieren Sie im Material 4 qualitativ den Füllstand des Sandes im Kasten, wenn das Pendel stark gedämpft und der Sand vollständig ausgelaufen ist.
Begründen Sie den skizzierten Füllstand. (3 BE)

2.4 Ein Kursmitglied stellt folgende Hypothese auf: „Eigentlich müsste die Amplitude des Trichterpendels laufend zunehmen, da während des Schwingungsvorgangs die Sandmenge im Trichter abnimmt und wegen des Energieerhaltungssatzes die Höhe des Pendelausschlags zunehmen müsste.“
Nehmen Sie zu dieser Hypothese Stellung. (2 BE)

Material 1: Versuchsaufbau

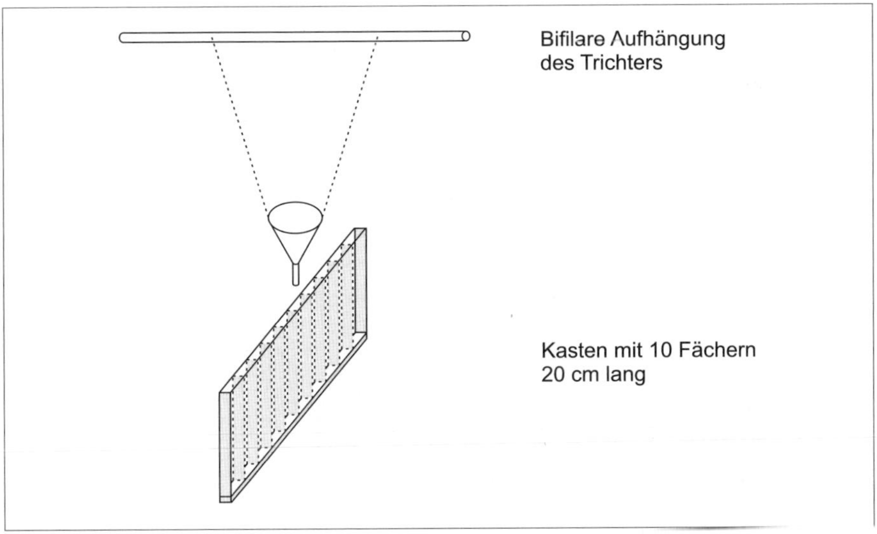

Material 2: Auslenkwinkel

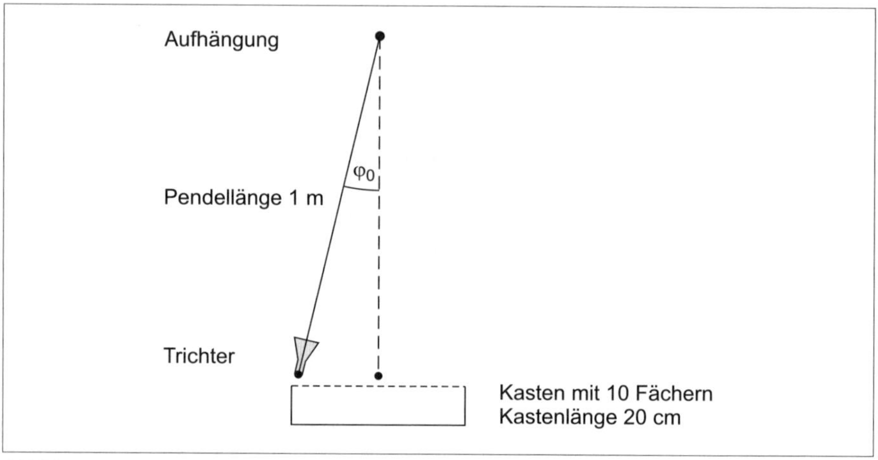

Abbildung nicht maßstäblich

Material 3: Füllstände

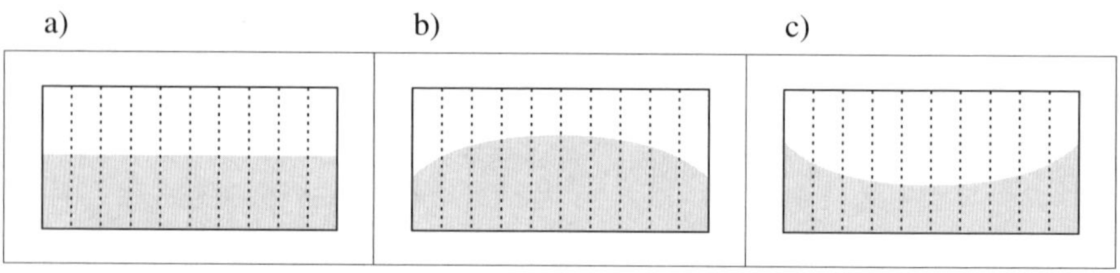

Material 4: Füllstand bei starker Dämpfung

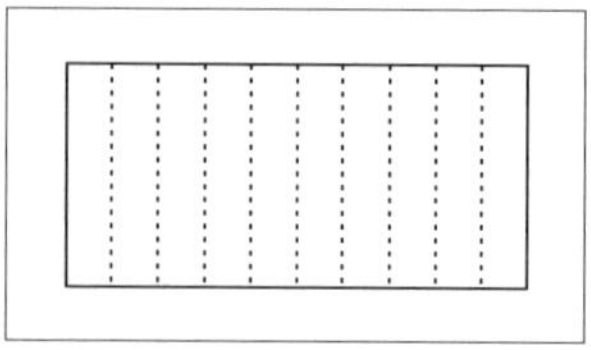

Tipps und Hinweise zur Lösung von Aufgabe B2

Tipp zu Teilaufgabe 1.1

- Nutzen Sie die im Material 2 gegebene Skizze und verwenden Sie die Sinus- oder Tangensfunktion.

Tipps zu Teilaufgabe 1.2

- Die Gewichtskraft der Pendelmasse teilt sich auf. Ein Teil dient der rücktreibenden Kraft.
- Denken Sie an eine Näherung für kleine Winkel im Bogenmaß.

Tipp zu Teilaufgabe 1.3

- Die Pendellänge ist im Material 2 angegeben.

Tipps zu Teilaufgabe 2.1

- Das Pendel besteht aus dem Trichter und dem Sand darin.
- Überlegen Sie: Wann wird das dritte Mal die Nulllage erreicht und wie viel Sand ist dann schon ausgelaufen?
- Es gibt zwei Lösungswege, die kinetische Energie zu bestimmen: über die Energieerhaltung und Bestimmung von h oder über den Zusammenhang zwischen s(t) und v(t).

Tipp zu Teilaufgabe 2.2

- Es läuft dort viel Sand aus dem Pendel, wo es sich länger aufhält.

Tipp zu Teilaufgabe 2.3

- Nimmt die Amplitude ab, so erreicht das Pendel die äußeren Fächer nicht mehr.

Tipp zu Teilaufgabe 2.4

- Betrachten Sie den Einfluss der Masse im Vergleich zwischen potenzieller und kinetischer Energie.

Lösungen zu Aufgabe B2

1. **Berechnung des maximalen Winkels**

Die Skizze in Material 2 kann zu einem rechtwinkligen Dreieck ergänzt werden, dessen Katheten 1 m und 0,1 m (halbe Kastenlänge) lang sind. Mithilfe trigonometrischer Funktionen wird der Winkel φ_0 (näherungsweise) bestimmt:

$$\tan\varphi_0 \approx \frac{0{,}1\,\text{m}}{1\,\text{m}} = 0{,}1 \;\Rightarrow\; \varphi_0 = \underline{\underline{5{,}7^\circ}}$$

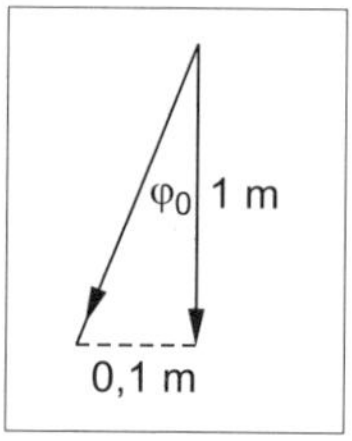

Abb. 1

Alternativ kann der Winkel auch mit dem Sinus berechnet werden:

$$\sin(\varphi_0) \approx \frac{0{,}1\,\text{m}}{1\,\text{m}} = 0{,}1 \;\Rightarrow\; \varphi_0 = \underline{\underline{5{,}7^\circ}}$$

Genau genommen handelt es sich nur nahezu um ein rechtwinkliges Dreieck. Die Kathete, die der halben Kastenlänge entspricht, ist bei einem Pendel ein Stück eines Kreisbogens. Für kleine Winkel ($\varphi_0 < 10^\circ$) ist das Dreieck aber eine gute Näherung, die eine einfache Rechnung ermöglicht.

1.2 **Herleitung und Begründung der harmonischen Schwingung**

Eine Schwingung heißt „harmonisch", wenn ihr Weg-Zeit-Gesetz sinusförmig ist. Das ist gleichbedeutend mit der Aussage, die rücktreibende Kraft ist proportional zum aktuellen Ausschlag. In dieser Aufgabe soll mit der rücktreibenden Kraft argumentiert werden.

Die Skizze zeigt das Pendel der Länge ℓ bei einem (relativ großen) Ausschlag s mit dem Winkel φ. Die Gewichtskraft des angehängten Pendelkörpers teilt sich in diesem Moment in eine Kraft F_S auf, die den Faden spannt, und die Rückstellkraft F_R. Als Wechselwinkel an Parallelen taucht der Winkel φ auch in dem Kräftedreieck auf und es gilt:

$$\sin\varphi = \frac{F_R}{F_G} \;\Rightarrow\; F_R = F_G \cdot \sin\varphi$$

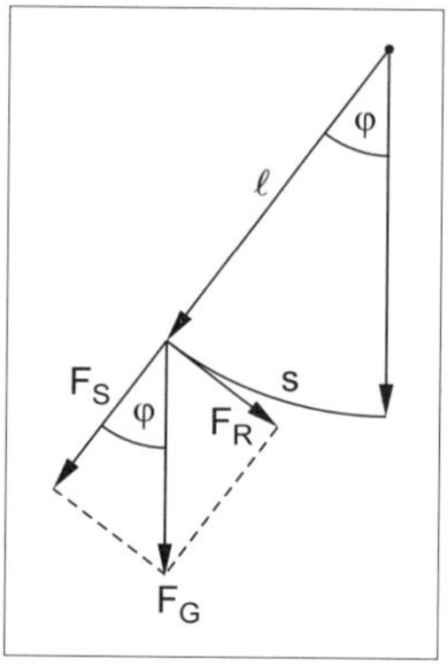

Abb. 2

Die Gewichtskraft wird mithilfe der Pendelmasse m und des Ortsfaktors g ermittelt:

$$F_G = m \cdot g$$

Rechnet man im Bogenmaß, so gilt für kleine Winkel ($\varphi_0 < 10^\circ$) die Näherung $\sin\varphi \approx \tan\varphi \approx \varphi \approx \frac{s}{\ell}$ und damit

$$F_R = F_G \cdot \sin\varphi = m \cdot g \cdot \frac{s}{\ell} \;\Rightarrow\; F_R \sim s\,.$$

Die Rückstellkraft ist stets proportional zum aktuellen Ausschlag s. Es liegt also eine harmonische Schwingung vor.

In der Herleitung werden nur Beträge betrachtet. Schaut man genau hin, so erkennt man, dass die rückstellende Kraft proportional zu s und s stets entgegengerichtet ist: $F_R = -D \cdot s$

1.3 **Berechnung der Schwingungsdauer**

Die Formel für die Schwingungsdauer eines Fadenpendels kann der Formelsammlung entnommen und muss nicht hergeleitet werden. Die Pendellänge ist in dem Material 2 angegeben.

$$T = 2\pi \cdot \sqrt{\frac{\ell}{g}} = 2\pi \cdot \sqrt{\frac{1\,\text{m}}{9{,}81\,\frac{\text{m}}{\text{s}^2}}} = \underline{\underline{2{,}01\,\text{s}}}$$

2.1 **Bestimmung der Pendelmasse**

Die Pendelmasse m setzt sich aus der Masse m_{Trichter} und der Masse m_{Sand} des Sandes im Trichter zusammen. Das Pendel verliert gleichmäßig während jeder ganzen Schwingung $\frac{1}{20}$ seiner Sandmasse. Ausgehend von einem Start der Pendelschwingung mit vollständiger Auslenkung (vgl. Teilaufgabe 1) erreicht das Pendel nach einer ganzen und einer Viertel Schwingung den tiefsten Punkt – die Nulllage – zum dritten Mal. Der Massenverlust beträgt also

$$\left(1 + \frac{1}{4}\right) \cdot \frac{1}{20} = \frac{5}{4} \cdot \frac{1}{20} = \frac{5}{80}$$

der Ausgangsmasse $m_{\text{Sand},0} = \rho \cdot V$. Es verbleiben noch $\frac{75}{80}$, sodass folgt:

$$m_{\frac{5}{4}} = m_{\text{Trichter}} + m_{\text{Sand}}$$

$$= 300\,\text{g} + \frac{75}{80} \cdot \rho \cdot V = 300\,\text{g} + \frac{75}{80} \cdot 1{,}8\,\frac{\text{g}}{\text{cm}^3} \cdot 50\,\text{cm}^3 = \underline{\underline{384\,\text{g} = 0{,}384\,\text{kg}}}$$

Berechnung der Energie

Die kinetische Energie im tiefsten Punkt ist nach dem Energieerhaltungssatz gleich der potenziellen Energie an den Umkehrpunkten. Dabei gilt:

$$E_{\text{kin, tiefster Punkt}} = E_{\text{pot, höchster Punkt}}$$

$$\frac{1}{2} m(t) \cdot v^2 = m(t) \cdot g \cdot h$$

$$\Rightarrow \quad v = \sqrt{2g \cdot h} \quad \text{bzw.} \quad h = \frac{v^2}{2g} \qquad (*)$$

Das heißt, dass Geschwindigkeit v und Steighöhe h nicht von der veränderlichen Masse m(t) abhängen und somit während des Schwingungsvorgangs konstant bleiben. Damit gilt für die gesuchte kinetische Energie:

$$E_{\text{kin},\frac{5}{4}} = m_{\frac{5}{4}} \cdot g \cdot h$$

Die Steighöhe h des Pendels wird mit dem Cosinus berechnet (Abb. 3):

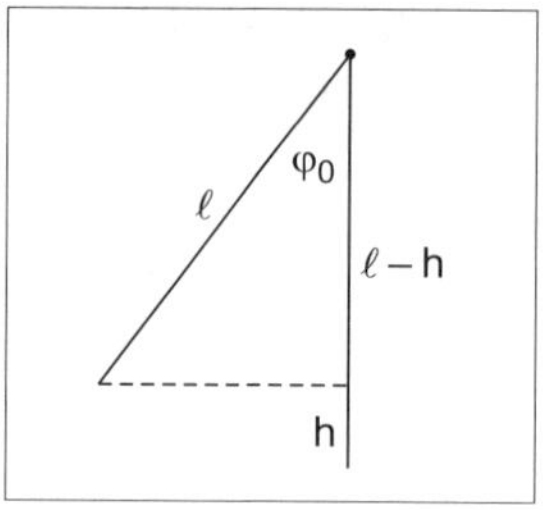

Abb. 3

$$\cos\varphi_0 = \frac{\ell - h}{\ell}$$

$$\Rightarrow \quad \ell \cdot \cos\varphi_0 = \ell - h$$

$$h = \ell - \ell \cdot \cos\varphi_0$$

$$= \ell \cdot (1 - \cos\varphi_0)$$

Damit folgt:

$$E_{kin,\frac{5}{4}} = m_{\frac{5}{4}} \cdot g \cdot \ell \cdot (1 - \cos\varphi_0)$$

$$= 0,384\ \text{kg} \cdot 9,81\ \frac{\text{m}}{\text{s}^2} \cdot 1\ \text{m} \cdot (1 - \cos 5,7°)$$

$$= \underline{\underline{0,0186\ \text{J} = 18,6\ \text{mJ}}}$$

Alternativ kann man die kinetische Energie direkt über die Geschwindigkeit im tiefsten Punkt ausrechnen, wenn man sich (in Vorgriff auf Teilaufgabe 2.4) klarmacht, dass die Schwingungsdauer konstant ist und das Pendel nach wie vor (wie in Teilaufgabe 1) harmonisch schwingt. Ausgehend von der Schwingungsgleichung $s(t) = s_{max} \cdot \cos(\omega \cdot t)$ folgt $v(t) = \dot{s}(t) = -s_{max} \cdot \omega \cdot \sin(\omega \cdot t)$ und damit für den Betrag der Geschwindigkeit im tiefsten Punkt näherungsweise:

$$v_{max} = s_{max} \cdot \omega = s_{max} \cdot \frac{2\pi}{T} \approx 0,1\ \text{m} \cdot \frac{2\pi}{2\ \text{s}} = 0,31\ \frac{\text{m}}{\text{s}}$$

$$\Rightarrow \quad E_{kin,\frac{5}{4}} = \frac{1}{2} m_{\frac{5}{4}} \cdot v_{max}^2 \approx \frac{1}{2} \cdot 0,384\ \text{kg} \cdot \left(0,31\ \frac{\text{m}}{\text{s}}\right)^2 = \underline{\underline{18,9\ \text{mJ}}}$$

2.2 **Angabe und Begründung**

Die Abbildung c im Material 3 ist richtig.
Die Sandhöhe in den einzelnen Fächern ist abhängig von der Aufenthaltsdauer des Pendels über den Fächern. Im Nulldurchgang ist die Geschwindigkeit am größten und die Aufenthaltsdauer über den entsprechenden Fächern klein. Auf dem Weg des Pendels zu den Umkehrpunkten nimmt die Geschwindigkeit ab und erreicht null. Die Aufenthaltsdauer ist dort also größer und der ausgeströmte Sand erreicht einen höheren Stand in den Fächern.

2.3 **Skizze und Begründung**

Wenn die Amplitude mit jeder Periode abnimmt, werden die äußersten Fächer sehr bald nicht mehr erreicht. Das Pendel hält sich also mehr über den mittleren Fächern auf, sodass deren Füllstand höher ist als der der außen liegenden.
Eine Skizze wie b von Material 3 erfüllt diese Voraussetzung.

2.4 **Stellungnahme zu der Hypothese**

Betrachtet man die Energien im tiefsten Punkt – nur kinetische, keine potenzielle Energie – und im höchsten Punkt – keine kinetische, nur potenzielle Energie –, so erkennt man, dass die Steighöhe von der Masse unabhängig ist, vgl. Gleichung (∗) in Teilaufgabe 2.1:

$$m \cdot g \cdot h = \frac{1}{2} m \cdot v^2 \quad \Rightarrow \quad h = \frac{v^2}{2g} = \text{konst.}$$

Das Pendel behält trotz ständig sinkender Masse (im ungedämpften Fall) immer den gleichen maximalen Ausschlag.

Alternative Argumente (Beispiele):

Die Hypothese ist falsch, weil

- es sonst ein Perpetuum Mobile geben würde;
- der heraus rinnende Sand seine potenzielle Energie „mitnimmt“ und in kinetische Energie umwandelt und diese das schwingende System verlässt;
- der Sand senkrecht zur Bewegungsrichtung des Pendels heraus rinnt. Die Impulsänderung kann als Kraftstoß dann aber nicht die Geschwindigkeit des Pendels erhöhen.

Landesabitur Physik 2012 (Hessen) – Grundkurs
Aufgabe C1: Linienspektren

1. Bereits in der Mitte des 19. Jahrhunderts war das Emissionsspektrum des Wasserstoffs im sichtbaren Bereich sehr genau vermessen (siehe Material). Balmer erkannte in der Anordnung der Spektrallinien folgende Gesetzmäßigkeit:

$$\lambda_n = A \cdot \frac{n^2}{n^2 - 4}, \quad n \geq 3$$

mit der Konstanten A. Die natürliche Zahl n nummeriert die Linien.
In der folgenden Tabelle sind einige dieser Wellenlängen aufgeführt:

n	3	4	5	6
λ_n in nm	656,7	486,1	434,5	410,2

Berechnen Sie aus diesen Wellenlängen einen möglichst genauen Wert für die Konstante A. Beschriften Sie die Linien im Material mit den Nummern n (n = 3 bis 6). (8 BE)

2. Rydberg verallgemeinerte im Jahr 1888 die von Balmer gefundene Gesetzmäßigkeit zu der nach ihm benannten Rydberg-Formel:

$$\frac{1}{\lambda_{mn}} = R_H\left(\frac{1}{m^2} - \frac{1}{n^2}\right) \qquad \text{mit } R_H = 1{,}097 \cdot 10^7\,\frac{1}{m}, \quad n > m$$

Hierbei sind m und n natürliche Zahlen, R_H ist die nach ihm benannter Rydbergkonstante. Für m = 2 erhält man daraus die Balmer'sche Formel, andere Werte von m liefern weitere, ebenfalls beobachtete Spektralserien des Wasserstoffatoms.
Erklären Sie, wieso die Serien für m = 1 und m = 3 erst bedeutend später entdeckt wurden als die Balmerserie. (3 BE)

3. Aus dem Bohr'schen Atommodell erhält man für die Energieniveaus der Elektronen im Wasserstoffatom folgende Formel, wobei n die Nummer des Energieniveaus ist:

$$E_n = -\frac{m_e \cdot e^4}{8 \cdot \varepsilon_0^2 \cdot h^2 \cdot n^2} = -13{,}61\,\text{eV} \cdot \frac{1}{n^2}, \quad n = 1, 2, 3, \ldots$$

3.1 Berechnen Sie E_n für die ersten 6 Energieniveaus und zeichnen Sie das Energieniveauschema. (6 BE)

3.2 Zeichnen Sie in das Energieniveauschema die Übergänge ein, die zu den Wellenlängen der in Teilaufgabe 1 angegebenen Balmerserie gehören. (4 BE)

3.3 Im Material erkennt man, dass die Linien zu kürzeren Wellenlängen hin immer dichter nebeneinander liegen, rechts von der eingezeichneten Markierung (Seriengrenze) beobachtet man keine Linien mehr.
Erklären Sie die Existenz der diskreten Linien des Spektrums. (5 BE)

3.4 Berechnen Sie die Wellenlänge, die zur Seriengrenze der Balmer-Serie gehört. (4 BE)

Material: Sichtbare Linien des Wasserstoffspektrums

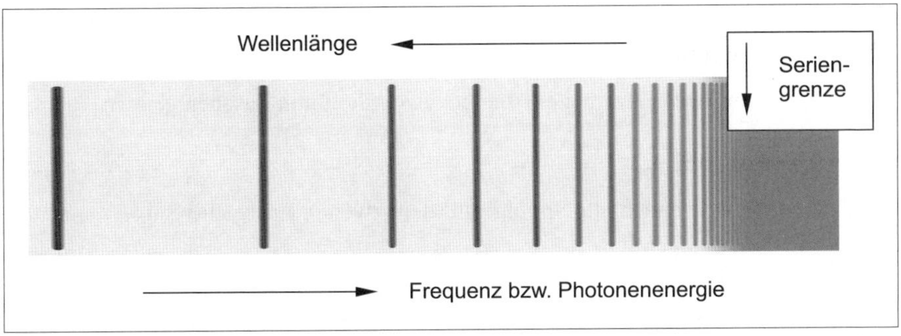

Tipps und Hinweise zur Lösung von Aufgabe C1

Tipps zu Teilaufgabe 1

- „Möglichst genau“ bedeutet hier, dass Sie alle vier Messwerte benutzen müssen.
- Entnehmen Sie dem Diagramm, wo die größeren Wellenlängen dargestellt sind.

Tipp zu Teilaufgabe 2

- Betrachten Sie die Sichtbarkeit der Serien. Sichtbares Licht liegt ungefähr im Wellenlängenbereich zwischen 400 nm und 800 nm.

Tipp zu Teilaufgabe 3.1

- Setzen Sie in die Energieformel ein und benutzen Sie Ihren Taschenrechner.

Tipp zu Teilaufgabe 3.2

- Bei der Balmerserie enden alle Sprünge auf dem zweiten Energieniveau.

Tipp zu Teilaufgabe 3.3

- Benutzen Sie das Energiestufenmodell, in dem Absorption und Emission von Licht durch Übergänge zwischen den Energiestufen erklärt werden.

Tipps zu Teilaufgabe 3.4

- Bei der Durchnummerierung mit dem Buchstaben n entspricht die Seriengrenze $n = \infty$.
- Der Balmerserie ist die Zahl 2 zugeordnet.

Lösungen zu Aufgabe C1

1. **Berechnung der Konstanten**

Die in der Aufgabenstellung gegebene Formel wird nach der Konstanten A umgestellt.

$$\lambda_n = A \cdot \frac{n^2}{n^2-4} \quad \Rightarrow \quad A = \frac{\lambda_n \cdot (n^2-4)}{n^2} = \lambda_n \cdot \left(1-\frac{4}{n^2}\right)$$

Um übersichtlich zu bleiben, bietet sich eine Wertetabelle an:

n	3	4	5	6
λ_n in nm	656,7	486,1	434,5	410,2
A in nm	364,8	364,6	365,0	364,6

Durch Mittelwertbildung erhält man den bestmöglichen Wert für die Konstante:

$$\overline{A} = \underline{\underline{364{,}8 \text{ nm}}}$$

Die größte Wellenlänge, die dem Material zufolge sich auf der linken Seite des Spektrums befindet, ist der Nummer 3 zugeordnet. Die Nummerierung beginnt also bei der linken Linie mit n = 3 (Abb. 1).

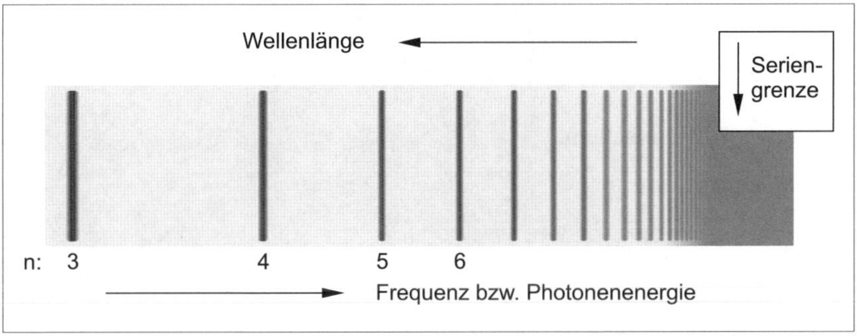

Abb. 1

2. **Erklärung**

Die beiden Serien für m = 1 und m = 3 liegen nicht im sichtbaren Bereich des Lichts (ca. 400–800 nm) und sind daher messtechnisch schwieriger zu erfassen:

- Die größte Wellenlänge für m = 1 und n = 2 liegt bei 122 nm, damit befindet sich diese Serie (Paschenserie) im Infraroten.
- Die kleinste Wellenlänge für m = 3 und $n \to \infty$ liegt bei 820 nm und damit befindet sich diese Serie (Lymanserie) im Ultravioletten.

Dass Sie Wellenlängen berechnen, um Ihre Argumentation zu stützen, wird zur Lösung nicht zwingend erwartet.

3.1 Berechnung des Energieniveaus

In der Atomphysik ist es üblich, die Energie in Elektronenvolt (eV) anzugeben. Es gilt die Umrechnung:

$$1\ \text{eV} = 1{,}602 \cdot 10^{-19}\ \text{As} \cdot 1\ \text{V} = 1{,}602 \cdot 10^{-19}\ \text{J}$$

Damit beim Einsetzen in die komplexe Energieniveauformel keine Einheitenfehler auftreten, müssen Sie die Planck'sche Konstante h in der Einheit Js benutzen (siehe Formelsammlung). Erst danach kann in eV umgerechnet werden. Zudem müssen Sie bei der Berechnung mit Ihrem Taschenrechner ggf. die Reihenfolge der Eingaben geschickt wählen, um nicht die Rechenkapazität des Rechners zu überschreiten.

Für n = 1 erhält man:

$$E_1 = -\frac{9{,}11 \cdot 10^{-31}\ \text{kg} \cdot (1{,}602 \cdot 10^{-19}\ \text{As})^4}{8 \cdot \left(8{,}85 \cdot 10^{-12}\ \frac{\text{As}}{\text{Vm}}\right)^2 \cdot (6{,}626 \cdot 10^{-34}\ \text{Js})^2 \cdot 1^2}$$

$$= -2{,}18 \cdot 10^{-18}\ \text{Js} = -13{,}6\ \text{eV}$$

Mithilfe von E_1 sind die anderen Energiewerte leicht über $E_n = \frac{1}{n^2} \cdot E_1$ zu berechnen:

n	1	2	3	4	5	6
E_n in eV	–13,6	–3,4	–1,51	0,85	0,54	0,38

Energieniveauschema

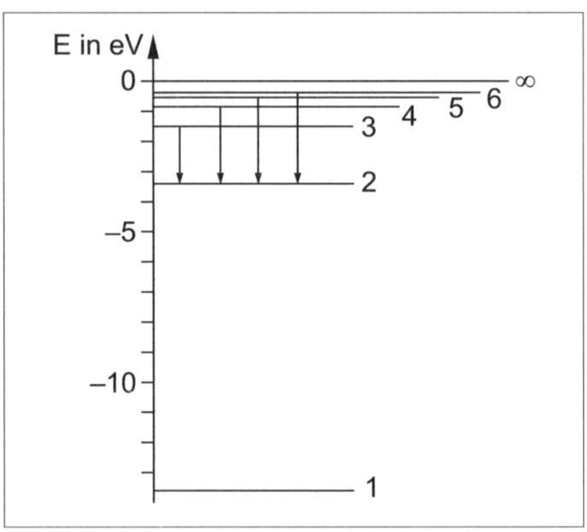

Abb. 2

Das Schema muss nicht zwingend maßstäblich angelegt werden. Das Niveau 0 eV gehört zu n = ∞. In der Skizze der Abb. 2 sind bereits die in Teilaufgabe 3.2 geforderten Übergänge eingezeichnet.

3.2 **Zeichnen der Übergänge**

Energieabgabe des Wasserstoffatoms in Form von Licht wird in dem Energieniveauschema durch Übergänge von höheren auf niedrigere Energieniveaus symbolisiert. Die Linien der so genannten Balmerserie entstehen alle bei Übergängen, die auf dem Niveau $n = 2$ landen. Die in Teilaufgabe 1 angegebenen Wellenlängen gehören zu den Übergängen $E_3 \rightarrow E_2$, $E_4 \rightarrow E_2$, $E_5 \rightarrow E_2$ und $E_6 \rightarrow E_2$, die z. B. als Pfeile markiert werden (siehe Abb. 2).

3.3 **Erklärung**

Jede Linie im Linienspektrum des Wasserstoffatoms entspricht einem Energiebetrag, der in Form von Licht (Photonen) das Wasserstoffatom verlassen kann. Wie in Teilaufgabe 3.2 erläutert entspricht jede mögliche Energieabgabe einem ganz bestimmten Übergang zwischen zwei Energieniveaus. Die dabei entstehende Energiedifferenz ΔE bildet die Photonenenergie

$$\Delta E = E_{Photon} = h \cdot f = h \cdot \frac{c}{\lambda}.$$

Damit entsteht zu jeder möglichen Energiedifferenz eine ganz bestimmte, diskrete Linie im Spektrum.

3.4 **Berechnung der Wellenlänge der Seriengrenze**

Die Wellenlänge der Seriengrenze λ_{Sg} lässt sich auf unterschiedliche Weise berechnen.

Bezieht man sich auf Teilaufgabe 1, bei der die Seriengrenze im Material ganz rechts im Spektrum angedeutet wird, muss man in der Formel für λ_n n gegen Unendlich laufen lassen:

$$\lambda_{Sg} = \lambda_{n \rightarrow \infty} = A \cdot \lim_{n \rightarrow \infty} \left(\frac{n^2}{n^2 - 4} \right) = A$$

Der in Teilaufgabe 1 berechnete Mittelwert ist also die Wellenlänge der Seriengrenze:

$$\lambda_{Sg} = \overline{A} = 364{,}8 \text{ nm} \approx \underline{\underline{365 \text{ nm}}}$$

Alternativ kann folgendermaßen argumentiert werden. Die Grenze der Balmerserie wird durch das Energieniveau 0 eV dargestellt. Physikalisch repräsentiert sie den Übergang zur Ionisation. In der Formel wird das durch $n \rightarrow \infty$ ausgedrückt. Energetisch entspricht das also dem Übergang von E_∞ nach E_2:

$$\Delta E = E_\infty - E_2 = 0 \text{ eV} - (-3{,}4 \text{ eV}) = 3{,}4 \text{ eV}$$

Diese Energie findet sich als Photonenenergie wieder:

$$\Delta E = E_{Photon,\,Sg} = h \cdot f_{Sg} = h \cdot \frac{c}{\lambda_{Sg}}$$

$$\Rightarrow \quad \lambda_{Sg} = \frac{h \cdot c}{\Delta E} = \frac{4{,}14 \cdot 10^{-15} \text{ eVs} \cdot 3{,}0 \cdot 10^8 \frac{\text{m}}{\text{s}}}{3{,}4 \text{ eV}} = \underline{\underline{365 \text{ nm}}}$$

Landesabitur Physik 2012 (Hessen) – Grundkurs
Aufgabe C2: Ablenkung eines Atomstrahls mit Licht

1933 zeigte Otto Robert Frisch in Hamburg an der Ablenkung eines Natrium-Atomstrahls, dass Atomen durch Absorption von Photonen ein Impuls übertragen wird.

Zum Experiment:
Flüssiges Natrium wird im Vakuum erhitzt, sodass es verdampft (siehe Material 1). Zwei Blenden S_1 und S_2 erzeugen einen aus Natriumatomen bestehenden Strahl, der bei x_0 auf den Schirm trifft. Es soll angenommen werden, dass die Natriumatome ($m_{Na} = 3{,}82 \cdot 10^{-26}$ kg) mit der einheitlichen Geschwindigkeit $v_y = 900\ \frac{m}{s}$ die Blenden passieren und sich im Grundzustand befinden.

Der Strahl wird nun senkrecht zu seiner Richtung unmittelbar hinter der Blende S_2 beleuchtet.

1. Verwendet man dazu eine Natriumdampflampe, die nur Licht der Wellenlänge $\lambda = 590$ nm emittiert, so trifft ein Teil der Natriumatome an der Stelle x_1 auf die Platte.

1.1 Berechnen Sie jeweils den Photonenimpuls p_x in x-Richtung und den Impuls p_y der Natriumatome in y-Richtung.
[Zur Kontrolle: $p_{x,\,Photon} = 1{,}123 \cdot 10^{-27}$ Ns und $p_{y,\,Na} = 3{,}438 \cdot 10^{-23}$ Ns] (4 BE)

1.2 Erklären Sie die seitliche Abweichung mancher Natriumatome.
Erläutern Sie die dabei benutzten Vorstellungen vom Licht bzw. von den Natriumatomen. (5 BE)

1.3 Zeigen Sie, dass der aus den Impulsen (Teilaufgabe 1.1) berechnete Ablenkwinkel α der Natriumatome kleiner als 0,002° ist unter der Voraussetzung, dass nur eine Absorption stattfindet. (4 BE)

2. Obwohl Otto Robert Frisch einen Spalt zur Einengung des Natrium-Atomstrahls verwendet (S_1 bzw. S_2), ist in seinen Ausführungen kein Hinweis auf eventuelle Beugungserscheinungen zu finden.

2.1 Betrachten Sie die Blende S_2 als Einzelspalt. Die Lage der Nebenmaxima eines Einzelspaltes n-ter Ordnung berechnet sich nach der Formel

$$(2n+1) \cdot \frac{\lambda}{2} = d \cdot \sin\alpha_n$$

(mit $n = 1, 2, 3, \ldots$ und d: Breite des Spaltes). Die Spaltbreite der Blende S_2 sei 0,01 mm.
Berechnen Sie zunächst die Wellenlänge der Natriumatome und anschießend den Ablenkwinkel der Natriumatome am Einzelspalt für das Maximum 1. Ordnung. (8 BE)

2.2 Vergleichen Sie die Ablenkwinkel aus Teilaufgabe 1.3 und 2.1. Bewerten Sie den Einfluss der Beugungserscheinungen auf das Versuchsergebnis. (4 BE)

3. Erläutern Sie unter Verwendung des Niveauschemas für Natrium (siehe Material 2), wie sich die Ablenkung des Natrium-Atomstrahls ändert, wenn die Natriumatome nicht mit Natriumlicht, sondern mit Licht der Wellenlänge $\lambda = 400$ nm beleuchtet werden. (5 BE)

Material 1: Versuchsaufbau

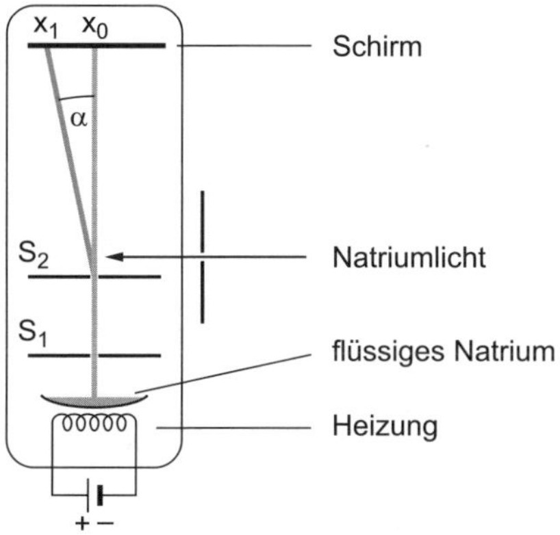

Material 2: Vereinfachtes Niveauschema für Natriumatome

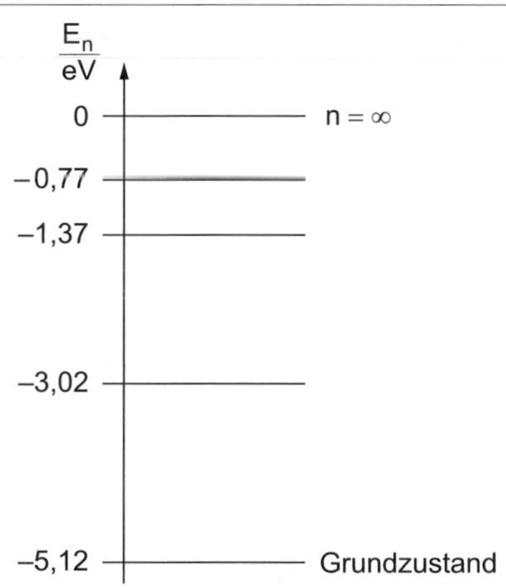

Tipps und Hinweise zur Lösung von Aufgabe C2

Tipp zu Teilaufgabe 1.1

- Entnehmen Sie Ihrer Formelsammlung den Impuls für Photonen und den für Masseteilchen.

Tipp zu Teilaufgabe 1.2

- Benutzen Sie das Photonenmodell. Wie werden solche „Energiepakete" von Atomen aufgenommen?

Tipp zu Teilaufgabe 1.3

- Betrachten Sie in einer Skizze den Impuls als Vektor mit Betrag und Richtung.

Tipp zu Teilaufgabe 2.1

- Entnehmen Sie Ihrer Formelsammlung die Formel für die Materiewellenlänge.

Tipps zu Teilaufgabe 2.2

- Vergleichen Sie die Winkel prozentual.
- Schließen Sie von der Größe der im Experiment auftretenden Winkel auf das Versuchsergebnis.

Tipps zu Teilaufgabe 3

- Benutzen Sie das Energiestufenmodell, in dem Absorption und Emission von Licht durch Übergänge zwischen den Energiestufen erklärt werden.
- Ordnen Sie die Photonenenergie der genannten Wellenlänge in das Energiestufenmodell ein.

Lösungen zu Aufgabe C2

1.1 **Berechnung der Impulse**

Die y-Richtung ist in diesem Experiment die Richtung des unabgelenkten Atomstrahls und die x-Richtung die Richtung des einfallenden Natriumlichts. Der Impuls ist eine vektorielle Größe und besitzt damit eine Richtung und einen Betrag. Für den Betrag des Impulses von Atomen gilt die Formel $p = m \cdot v$, für den Betrag des Photonenimpulses die Formel $p = \frac{h}{\lambda}$; h ist dabei die Planck'sche Konstante.

Photonenimpuls:

$$p_{x,\,\text{Photon}} = \frac{h}{\lambda} = \frac{6{,}626 \cdot 10^{-34}\,\text{Js}}{590 \cdot 10^{-9}\,\text{m}} = \underline{\underline{1{,}123 \cdot 10^{-27}\,\text{Ns}}}$$

Impuls der Atome:

$$p_{y,\,\text{Na}} = m_{\text{Na}} \cdot v_y = 3{,}82 \cdot 10^{-26}\,\text{kg} \cdot 900\,\frac{\text{m}}{\text{s}} = \underline{\underline{3{,}438 \cdot 10^{-23}\,\text{Ns}}}$$

1.2 **Erklärung und Erläuterung des Effektes**

Um diese Ablenkung der Atome durch Licht zu erklären, muss das Photonenmodell benutzt werden. Die Energie des Lichts wird nicht als kontinuierlich verteilt angesehen, sondern in „Energiepaketen", sogenannten Photonen, transportiert. Diesen Photonen wird auch ein Impuls p_{Photon} zugesprochen.

Atome können nur ganz bestimmte Energieportionen aufnehmen, nämlich solche, die einen Übergang innerhalb ihres Energieniveauschemas ermöglichen (quantenhafte Energieabsorption). Natriumatome können also die Photonen des ausgesandten Lichts der Natriumdampflampe – und damit ihre Energie und ihren Impuls – absorbieren und dadurch angeregt werden. Der aufgenommene Querimpuls verändert ihre Flugrichtung.

1.3 **Berechnung des Ablenkwinkels**

Die Skizze in Abb. 1 zeigt (nicht maßstabsgerecht!) die vektorielle Addition des Ausgangsimpulses p_x und des Querimpulses p_y. Für den Ablenkwinkel α des Atoms gilt:

$$\tan\alpha = \frac{p_y}{p_x} = \frac{1{,}123 \cdot 10^{-27}\,\text{Ns}}{3{,}438 \cdot 10^{-23}\,\text{Ns}} = 3{,}266 \cdot 10^{-5}$$

$$\Rightarrow \quad \alpha = \underline{\underline{0{,}0019°}}$$

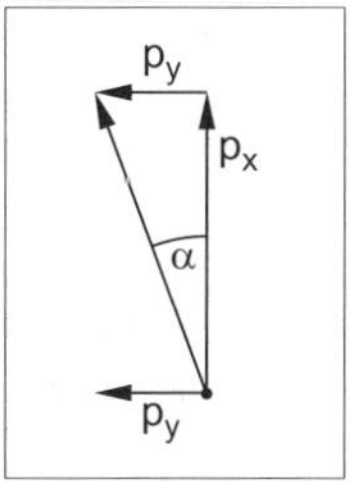

Abb. 1

Damit ist gezeigt, dass der Ablenkwinkel kleiner als 0,002° ist, wenn nur ein Photon und damit nur ein Querimpuls von dem Atom absorbiert wird.

2.1 **Berechnung der Wellenlänge**

Aus der Formelsammlung können Sie die Formel für die Materiewellenlänge entnehmen (vgl. Teilaufgabe 1.1):

$$\lambda_{\text{Na-Atom}} = \frac{h}{p_y} = \frac{6{,}63 \cdot 10^{-34}\ \text{Js}}{3{,}438 \cdot 10^{-23}\ \text{Ns}} = \underline{\underline{1{,}93 \cdot 10^{-11}\ \text{m}}}$$

Berechnung des Ablenkwinkels am Einzelspalt

Der Ablenkwinkel α_1 für das Maximum 1. Ordnung für den Atomstrahl ergibt sich aus der in der Aufgabenstellung genannten Formel durch Umstellen und Einsetzen der gegebenen Größen:

$$(2n+1) \cdot \frac{\lambda}{2} = d \cdot \sin \alpha_n$$

$$\Rightarrow \quad \sin \alpha_1 = \frac{3\lambda}{2d} = \frac{3 \cdot 1{,}93 \cdot 10^{-11}\ \text{m}}{2 \cdot 0{,}01 \cdot 10^{-3}\ \text{m}} = 2{,}89 \cdot 10^{-6} \quad \Rightarrow \quad \alpha_1 = \underline{\underline{0{,}00017^\circ}}$$

2.2 **Vergleich der Winkel**

Der Winkel aus Teilaufgabe 2.1 beträgt nur einen Bruchteil des Winkels aus 1.3:

$$\frac{\alpha_{2.1}}{\alpha_{1.3}} = \frac{0{,}00017^\circ}{0{,}0019^\circ} = 0{,}089 = \underline{\underline{8{,}9\ \%}}$$

Eine Aussage wie „der Winkel ist größer" reicht hier nicht aus.

Bewertung der Ergebnisse

Da der berechnete Beugungswinkel des Atomstrahls nur ca. 9 % des im Experiment gemessenen Ablenkwinkels (siehe Teilaufgabe 1.3) ist, ist diese Ablenkung nicht auf Beugung und Interferenz am Einzelspalt zurückzuführen. Die Ablenkung ist also nur mit der Impulsaufnahme der Natriumatome zu erklären.

3. **Erläuterung**

Die Natrium-Atome des Atomstrahls können ihre Flugrichtung nur ändern, wenn sie Impuls und Energie der Photonen des Lichts absorbieren können. Dazu muss die Photonenenergie aber genau einer Differenz im Energieniveauschema des Natriums entsprechen, denn Absorption und Emission von Licht (Energie) wird in diesem Modell durch einen Übergang des Atoms von einem Energieniveau zu einem anderen gedeutet.

Die Photonenenergie des Lichts der Wellenlänge 400 nm beträgt in eV:

$$E_{\text{Photon}} = h \cdot f = h \cdot \frac{c}{\lambda} = 4{,}14 \cdot 10^{-15}\ \text{eVs} \cdot \frac{3{,}00 \cdot 10^{8}\ \frac{\text{m}}{\text{s}}}{400 \cdot 10^{-9}\ \text{m}} = 3{,}10\ \text{eV}$$

Eine Überprüfung des in Material 2 gegebenen Energieniveauschemas zeigt, dass es keine zwei Energiestufen gibt, die 3,1 eV auseinander liegen. Daher kann das 400-nm-Licht nicht von den Natriumatomen absorbiert werden und diese also auch nicht ablenken.

Landesabitur Physik 2012 (Hessen) – Leistungskurs
Aufgabe A1: Coulomb'sches Gesetz

1. Eine Hohlkugel aus Metall wird isoliert aufgestellt und mit dem positiven Pol einer Gleichspannungsquelle verbunden, sodass sie die Ladung Q_1 trägt.

1.1 Skizzieren Sie die Struktur des elektrischen Feldes der geladenen Hohlkugel nach dem Feldlinienmodell sowie den Verlauf von Äquipotenziallinien in einem Querschnitt durch den Mittelpunkt der Kugel. (4 BE)

Mithilfe einer geeigneten Messanordnung wird die Kraft F auf einer zweiten Ladung Q_2 gemessen. Der Abstand vom Kugelmittelpunkt zur zweiten Ladung wird mit r bezeichnet. Durch Variation der Ladungen und Abstände werden jetzt mögliche Abhängigkeiten untersucht.

1.2 Um die Abhängigkeit der Kraft auf die zweite Ladung vom Abstand r zu bestimmen, wurde folgende Messreihe aufgenommen:

r in cm	20,0	27,0	34,0	38,0
F in 10^{-2} N	14,8	8,4	5,1	4,1

Die beiden Ladungen haben die Werte: $Q_1 = 1 \cdot 10^{-6}$ C, $Q_2 = 0{,}66 \cdot 10^{-6}$ C

Weisen Sie den Zusammenhang $F(r) \sim \frac{1}{r^2}$ nach.

Zeichnen Sie dazu die vier Messwerte für F(r) in ein geeignetes Koordinatensystem ein, sodass die Proportionalität deutlicher wird. (9 BE)

1.3 In einer zweiten Versuchsreihe werden der Radius r = 19 cm und die Ladung der Hohlkugel $Q_1 = 1 \cdot 10^{-6}$ C konstant gelassen. Die Ladung der Probekugel wird verändert und die Kraft gemessen. Es ergibt sich dabei die folgende Messreihe:

Q_2 in 10^{-6} C	0,66	1,3	2,0
F in 10^{-2} N	16,4	32,4	49,8

Bestimmen Sie anhand der gegebenen Messreihe den Zusammenhang zwischen F und Q_2 bei festem Radius r und fester Ladung Q_1.
Stellen Sie eine Formel auf, die die hier erkannte Beziehung und die Beziehung aus Teilaufgabe 1.2 in einer Gleichung unter Verwendung einer Proportionalitätskonstanten k zusammenfasst. (6 BE)

1.4 In der Literatur wird die Formel für die Kraft zwischen zwei Ladungen mit

$$F(r) = \frac{1}{4\pi \cdot \varepsilon_0} \cdot \frac{Q_1 \cdot Q_2}{r^2}$$

angegeben. Bestimmen Sie aus der Tabelle in Teilaufgabe 1.2 einen möglichst genauen Wert für ε_0 (Mittelwertbildung). Geben Sie die prozentuale Abweichung vom Literaturwert an. (5 BE)

2. Neben eine zunächst neutrale metallische Hohlkugel (kurz: MK) wird eine aufladbare Probekugel (kurz: PK) gebracht. Beide Kugeln sind isoliert befestigt. Die Probekugel befindet sich auf einem Wagen, der sich reibungsfrei bewegen kann. Der Wagen ist seitlich mit einer nicht leitenden elastischen Schraubenfeder mit $D = 0{,}1\ \frac{N}{m}$ verbunden. In der Ruhelage von PK sollen die auf einer Horizontalen liegenden Mittelpunkte beider Kugeln den Abstand $r_0 = 1$ m haben (siehe Material 1). Die Schraubenfeder ist bei einem Abstand von $r_0 = 1$ m ungedehnt.
Die MK wird dann positiv mit $Q = 2{,}5\ \mu C$, die PK mit $q = -0{,}4\ \mu C$ negativ geladen, sodass eine Anziehung de PK horizontal in Richtung der Hohlkugel erfolgt.
In Material 2 sind die Graphen für die Beträge der Coulombkraft und der Rückstellkraft der Schraubenfeder auf PK (vertikale Achse) über dem Abstand r vom Mittelpunkt der MK (horizontale Achse) in das gleiche Koordinatensystem eingezeichnet.

2.1 Geben Sie an, welcher der in Material 2 angegebenen Graphen den Betrag der Coulombkraft bzw. den Betrag der Rückstellkraft der Feder darstellt. Begründen Sie ihre Wahl. (6 BE)

2.2 Erläutern Sie die physikalische Bedeutung der Schnittpunkte der beiden Graphen in Material 2 und begründen Sie, dass der Ansatz zur rechnerischen Bestimmung dieser Schnittpunkte für r durch die folgende Gleichung gegeben ist:

$$-\frac{1}{4\pi \cdot \varepsilon_0} \cdot \frac{Q \cdot q}{r^2} = (r_0 - r) \cdot D, \qquad \text{wobei } r_0 = 1 \text{ m ist.}$$ (6 BE)

2.3 Beim Einsetzen der gegebenen Zahlenwerte erhält man als positive Lösungen die folgenden Gleichgewichtslagen der Probekugel PK:

$$r_1 = 0{,}38 \text{ m}, \quad r_2 = 0{,}89 \text{ m}$$

Man bezeichnet die Gleichgewichtslage einer Kugel als stabil, wenn sie nach einer kleinen Auslenkung aufgrund der dann wirkenden Kräfte in diese Gleichgewichtslage zurückkehrt.
Erklären Sie anhand der grafischen Darstellung in Material 2, dass sich die Probekugel PK bei r_2 in einer stabilen Gleichgewichtslage befindet. (4 BE)

Material 1

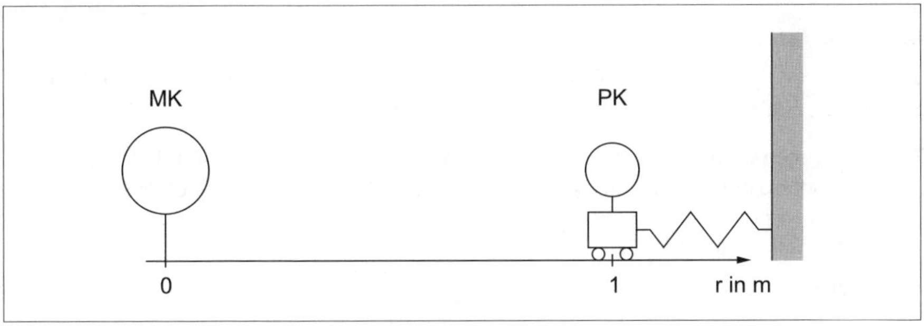

Material 2

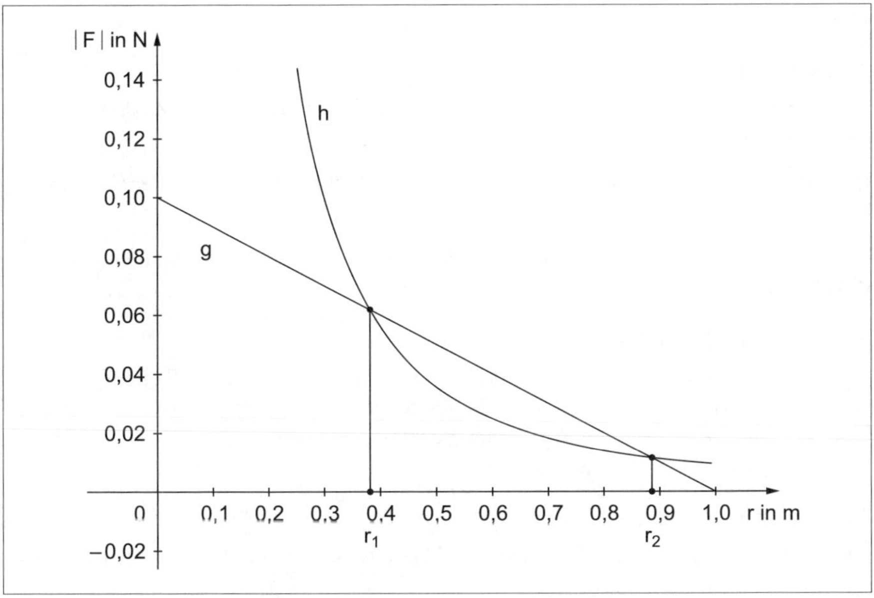

Tipps und Hinweise zur Lösung von Aufgabe A1

Tipps zu Teilaufgabe 1.1

Zeichnen Sie die geladene Hohlkugel im Querschnitt. Überlegen Sie, wie die Feldlinien innerhalb und außerhalb der Kugel verlaufen.

Die Äquipotenziallinien verlaufen immer senkrecht zu den Feldlinien. Der Abstand der Äquipotenziallinien ist ein Maß für die Stärke des elektrischen Feldes.

Tipps zu Teilaufgabe 1.2

Erweitern Sie zunächst die Tabelle der Aufgabenstellung um die Zeile $\frac{1}{r^2}$.

Tragen Sie anschließend in einem Koordinatensystem die Kraft F in Abhängigkeit der neu berechneten Größe $\frac{1}{r^2}$ auf.

Überlegen Sie sich, wie sie grafisch argumentieren können, dass eine direkte Proportionalität zwischen den beiden Größen vorliegt.

Tipps zu Teilaufgabe 1.3

Versuchen Sie aus den Wertepaaren Q_2 und F(r) auf einen einfachen Zusammenhang dieser beiden Größen zu schließen.

Überprüfen Sie diesen Zusammenhang rechnerisch durch Summen- oder Quotientenbildung.

Um von einer Proportionalität auf eine Gleichung zu kommen, fügt man eine multiplikative Konstante k ein.

Tipp zu Teilaufgabe 1.4

Lösen Sie die gegebene Gleichung nach ε_0 auf und setzen Sie die in Teilaufgabe 1.2 angegebenen Wertepaare ein. Dann erhalten Sie vier Lösungen für die elektrische Feldkonstante ε_0. Berechnen Sie daraus die prozentuale Abweichung vom Literaturwert $\varepsilon_{0,\,\text{Lit}} = 8{,}8542 \cdot 10^{-12}\,\frac{\text{As}}{\text{Vm}}$.

Tipp zu Teilaufgabe 2.1

Die Begründung kann über die bekannten Formeln der Coulombkraft bzw. der Rückstellkraft der Feder erfolgen:

- Coulombkraft $F(r) = \frac{Q \cdot q}{4\pi \cdot \varepsilon_0 \cdot r^2}$
- Rückstellkraft der Felder $F_R(r) = -D \cdot r$

Tipps zu Teilaufgabe 2.2

- Begründen Sie, dass an den Schnittpunkten der beiden Graphen ein Kräftegleichgewicht vorliegt.
- Gehen Sie auf die Beträge und die Richtungen der beiden Kräfte ein.
- Erinnern Sie sich daran, wie Sie in der Mathematik Schnittpunkte zweier Graphen rechnerisch bestimmen.
- Gehen Sie zudem auf das Vorzeichen der Terme (Beträge!) sowie auf den Teilterm $(r_0 - r)$ (Verschiebung der Ruhelage) ein.

Tipps zu Teilaufgabe 2.3

- Betrachten Sie für kleine Auslenkungen den Verlauf der beiden Graphen um die Stelle r_2.
- Welcher Graph verläuft oberhalb, welcher unterhalb?
- Welche Bedeutung hat das für die Richtung der resultierenden Kraft auf die Probekugel?
- Auf die labile Gleichgewichtslage an der Stelle r_1 brauchen Sie nicht einzugehen.

Lösungen von Aufgabe A1

1.1 Feldlinien und Äquipotenziallinien

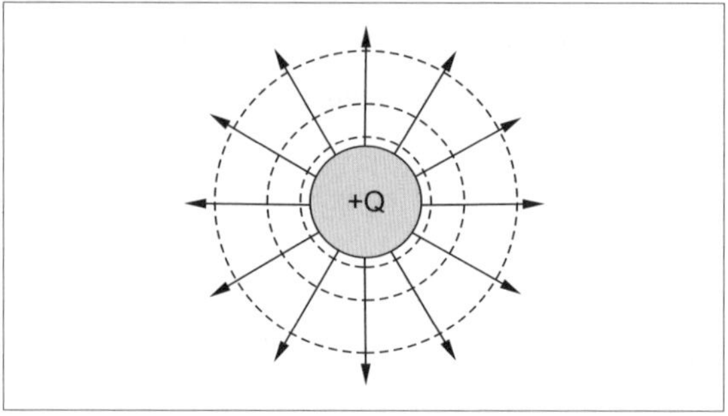

Abb. 1

Zu zeichnen ist hier der Querschnitt einer positiv geladenen Hohlkugel mit radialen Feldlinien in drehsymmetrischer Anordnung. Die Feldlinien verlaufen dabei vom Kugelrand nach außen. Das Kugelinnere ist feldfrei. Die Äquipotenziallinien (zwei bis drei sollten eingezeichnet werden) bilden konzentrische Kreise um den Mittelpunkt mit zunehmendem Abstand.

1.2 Um die **Proportionalität** $F(r) \sim r^{-2}$ nachzuweisen, ergänzt man zunächst die Tabelle um die Zeile in der Einheit $\frac{1}{m^2}$:

r in cm	20,0	27,0	34,0	38,0
F in 10^{-2} N	14,8	8,4	5,1	4,1
$\frac{1}{r^2}$ in $\frac{1}{m^2}$	25,0	13,7	8,7	6,9

Nun trägt man die Werte für die Kraft F (vertikale Achse) gegen die Werte für $\frac{1}{r^2}$ (horizontale Achse) in einem Koordinatensystem auf. Die Proportionalität wird durch Einzeichnen einer Ursprungsgerade deutlich gemacht (Abb. 2).

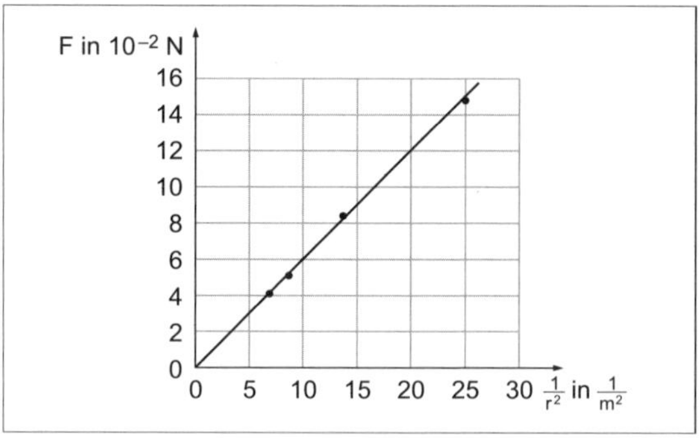

Abb. 2

1.3 Anhand der Tabelle kann man erkennen, dass sich die Werte in beiden Zeilen jeweils verdoppeln, bzw. verdreifachen. Es besteht also eine **Proportionalität** zwischen der Ladung Q_2 der Probekugel und der gemessenen Kraft F zwischen den beiden Kugeln. Die nachzuweisende Bedingung kann entweder grafisch wie in Teilaufgabe 1.2 oder rechnerisch überprüft werden. Die rechnerische Überprüfung sieht wie folgt aus:
Die Vermutung $F(r) = Q_2$ kann man über eine Quotientenbildung nachweisen. Dazu ergänzt man die Tabelle der Aufgabenstellung um die Zeile $\frac{F(r)}{Q_2}$:

Q_2 in 10^{-6} C	0,66	1,3	2,0
F in 10^{-2} N	16,4	32,4	49,8
$\frac{F(r)}{Q_2}$ in $10^4 \frac{N}{C}$	24,85	24,92	24,90

Da die Werte in der letzten Zeile nahezu konstant sind, ergibt sich daraus die gesuchte Proportionalität. Zusammen mit dem Ergebnis aus Teilaufgabe 1.2 lässt sich daraus eine Formel zur Bestimmung von F(r) unter Berücksichtigung eines Proportionalitätsfaktors k aufstellen:

$$\left.\begin{array}{l} F(r) \sim \dfrac{1}{r^2} \\ F(r) \sim Q_2 \end{array}\right\} \Rightarrow \underline{\underline{F(r) = k \cdot \frac{Q_2}{r^2}}}$$

1.4 Zunächst stellt man die in der Aufgabenstellung angegebene Formel nach ε_0 um:

$$F(r) = \frac{1}{4\pi\varepsilon_0} \cdot \frac{Q_1 \cdot Q_2}{r^2} \quad \Leftrightarrow \quad \varepsilon_0 = \frac{1}{4\pi} \cdot \frac{Q_1 \cdot Q_2}{F(r) \cdot r^2}$$

Jetzt setzt man in diese Formel die Angaben aus den Aufgabenstellungen ein und erhält für die **elektrische Feldkonstante** ε_0 folgende Werte (in $10^{-12} \frac{As}{Vm}$):
8,8718; 8,5768; 8,9085; 8,8712

Mittelwertbildung liefert:

$$\overline{\varepsilon}_0 = \frac{8{,}8718 + 8{,}5768 + 8{,}9085 + 8{,}8712}{4} \cdot 10^{-12} \frac{As}{Vm} = \underline{\underline{8{,}81 \cdot 10^{-12} \frac{As}{Vm}}}$$

Der Literaturwert beträgt

$$\varepsilon_{0,\,Lit} = 8{,}8542 \cdot 10^{-12} \frac{A \cdot s}{V \cdot m},$$

sodass sich als **prozentuale Abweichung** Δ ergibt:

$$\Delta = \frac{\varepsilon_{0,\,Lit} - \overline{\varepsilon}_0}{\overline{\varepsilon}_0} = \frac{8{,}8542 \cdot 10^{-12} - 8{,}81 \cdot 10^{-12}}{8{,}8542 \cdot 10^{-12}} = 0{,}005 = \underline{\underline{0{,}5\ \%}}$$

Die Abweichung liegt also deutlich unter einem Prozent.

Auch abweichende Zahlenwerte werden als Lösungen akzeptiert, solange der zugrunde liegende Rechenweg korrekt ist.

2.1 Die Coulombkraft zwischen einer geladenen Kugel mit der Ladungsmenge Q und einer geladenen Probeladung mit der Ladungsmenge q berechnet sich nach folgender Formel (vgl. Teilaufgabe 1.4):

$$F_C(r) = \frac{1}{4\pi \cdot \varepsilon_0} \cdot \frac{Q \cdot q}{r^2}$$

Der Graph dieser Funktion ist eine Hyperbel; demzufolge stellt der **Graph h** die **Coulombkraft** dar. Die Rückstellkraft der Feder nimmt linear mit der Ausdehnung der Feder zu, dabei ist D die Federkonstante:

$$F_R(r) = -D \cdot r$$

Der Graph dieser Funktion ist eine Gerade, also stellt der **Graph g** die **Rückstellkraft** dar.

2.2 An den **Schnittpunkten** der beiden Graphen sind die Beträge der Coulombkraft und der Rückstellkraft der Feder gleich groß. Da ihre Vorzeichen entgegengesetzt sind, heben sich beide Kräfte gegenseitig auf. Der Wagen erfährt eine resultierende Kraft, die null ist, d. h., er befindet sich in diesen Punkten **in Ruhe**.

Zur Berechnung dieser Schnittpunkte setzt man die Beträge von Coulombkraft und Rückstellkraft gleich. Da eine gemeinsame Ortskoordinate r vorliegt und der Ursprung $r = 0$ gemäß Material 1 im Mittelpunkt von MK liegt, muss die Gleichung der Rückstellkraft angepasst werden (Verschiebung in positive r-Richtung um $r_0 = 1$ m):

$$|F_C(r)| = \frac{1}{4\pi \cdot \varepsilon_0} \cdot \left| \frac{Q \cdot q}{r^2} \right| \overset{Q>0,\, q<0}{=} -\frac{1}{4\pi \cdot \varepsilon_0} \cdot \frac{Q \cdot q}{r^2}$$

$$|F_R(r)| = -D \cdot (r - r_0) = D \cdot (r_0 - r)$$

Gleichsetzen der jeweils rechten Terme ergibt die angegebene Gleichung:

$$\underline{\underline{-\frac{1}{4\pi \cdot \varepsilon_0} \cdot \frac{Q \cdot g}{r^2} = (r_0 - r) \cdot D}}$$

2.3 Für kleine Auslenkungen der Probekugel um die Stelle r_2 gilt (vgl. Material 2):

- Bewegt man PK ein kleines Stückchen weiter nach links in Richtung der geladenen Kugel ($r < r_2$), so ist dort F_R betragsmäßig größer als F_C. Der F_R-Graph verläuft oberhalb des F_C-Graphen. D. h., dass die resultierende Kraft nach rechts zeigt, die Probekugel wird nach r_2 zurückgezogen.
- Ähnlich verhält sich PK, wenn man sie ein wenig nach rechts auslenkt ($r > r_2$). Dort verläuft der F_C-Graph oberhalb des F_R-Graphen. Somit zeigt die resultierende Kraft nach links, die Probekugel wird nach r_2 zurückgezogen.

Folgerung: Die Gleichgewichtslage bei r_2 ist **stabil**.

Weitere Erläuterungen, insbesondere zur labilen Gleichgewichtslage an der Stelle r_1, werden nicht verlangt.

Landesabitur Physik 2012 (Hessen) – Leistungskurs
Aufgabe A2: Teilchen in elektrischen und magnetischen Feldern

Ein Zyklotron ist ein Teilchenbeschleuniger einer speziellen Bauform. Es besteht aus zwei metallischen Halbzylindern D_1 und D_2, den so genannten Duanten. Diese sehen aus wie eine in der Mitte zerteilte flache Blechdose. Sie befinden sich in einem homogenen Magnetfeld der Flussdichte[1] B.
Material 1 zeigt den Querschnitt durch die Duanten, das Magnetfeld ist senkrecht zur Zeichenebene gerichtet. S ist die Teilchenquelle, die elektrisch geladene Teilchen mit vernachlässigbarer Geschwindigkeit liefert.
Zwischen den beiden Duanten liegt eine elektrische Spannung U. Im Spalt zwischen den Duanten wird ein elektrisches Feld erzeugt, welches die von der Teilchenquelle erzeugten Teilchen beschleunigt. Durch das vorhandene Magnetfeld bewegen sich die Teilchen anschließend auf einer halbkreisförmigen Bahn und durchqueren sodann erneut den Spalt zwischen den Duanten. Während des Durchlaufs durch den Duanten wird das elektrische Feld umgepolt, sodass die Teilchen bei der erneuten Durchquerung wiederum beschleunigt werden. Material 2 zeigt ein Schrägbild eines Zyklotrons.

1.1 Begründen Sie, wieso die Teilchen durch den Einfluss des Magnetfeldes die Duanten auf halbkreisförmigen Bahnen durchlaufen. (5 BE)

1.2 Leiten Sie die Formel zur Berechnung des Radius der Kreisbahn in Abhängigkeit von der Flussdichte B sowie von Geschwindigkeit v, Ladung q und Masse m der Teilchen her.

[Zur Kontrolle: $r = \frac{m \cdot v}{q \cdot B}$]

Berechnen Sie die Radien der Kreisbahnen eines Elektrons und eines Protons, welche sich mit $v = 1{,}75 \cdot 10^6 \ \frac{m}{s}$ senkrecht zum Magnetfeld der Stärke $B = 12$ mT bewegen. (6 BE)

2.1 Leiten Sie die Beziehung für die Aufenthaltsdauer eines Protons in einem der Duanten her.

[Zur Kontrolle: $t = \frac{\pi \cdot m}{q \cdot B}$] (4 BE)

2.2 Leiten Sie einen Term für die Frequenz her, mit der das elektrische Feld umgepolt werden muss, damit das Proton nach dem Durchlaufen eines jeden Halbkreises erneut beschleunigt wird. Der sehr schmale Spalt zwischen den beiden Duanten kann dabei vernachlässigt werde.
Nennen Sie einen Grund, warum diese Frequenz nicht vom Bahnradius abhängt. (5 BE)

1 In manchen Lehrbüchern wird die Flussdichte B auch als „magnetische Feldstärke" bezeichnet.

2.3 Berechnen Sie die nötige Flussdichte des Magnetfeldes, bei der Protonen mit einer Frequenz von 2,0 MHz im Zyklotron rotieren.
Die Protonen verlassen den Beschleuniger als Protonenstrahl mit einer Energie von 100 keV.
Berechnen Sie die Geschwindigkeit der Protonen. (7 BE)

2.4 Durch die Beschleunigung zwischen den beiden Duanten erhöht sich die kinetische Energie des Protons bei jedem Durchgang um $\Delta E = q \cdot U$.
Leiten Sie einen Ausdruck für die Geschwindigkeit her, die das Teilchen nach n vollen Umläufen besitzt, und zeigen Sie, dass der Bahnradius proportional mit $\sqrt{n}$ zunimmt. (5 BE)

3. Nach der Einstein'schen Relativitätstheorie ist die Masse eines Teilchens nicht konstant, sondern nimmt mit steigender Geschwindigkeit immer mehr zu. Sie wird extrem groß, wenn ein Teilchen nahezu Lichtgeschwindigkeit erreicht.
Erklären Sie, welchen Einfluss diese relativistische Massenzunahme auf die Funktionsfähigkeit eines Zyklotrons hat. (4 BE)

4. Man überlegt, auf dem Gelände einer Schule ein Zyklotron mit der Haushaltswechselspannung (Frequenz: 50 Hz) zu betreiben, um Protonen auf 1 % der Lichtgeschwindigkeit zu beschleunigen.
Beurteilen Sie, ob der Bau eines solchen Zyklotrons sinnvoll ist.
Hinweis: Berechnen Sie dazu eine für die Beurteilung sinnvolle Größe. (4 BE)

Material 1: Querschnitt durch ein Zyklotron

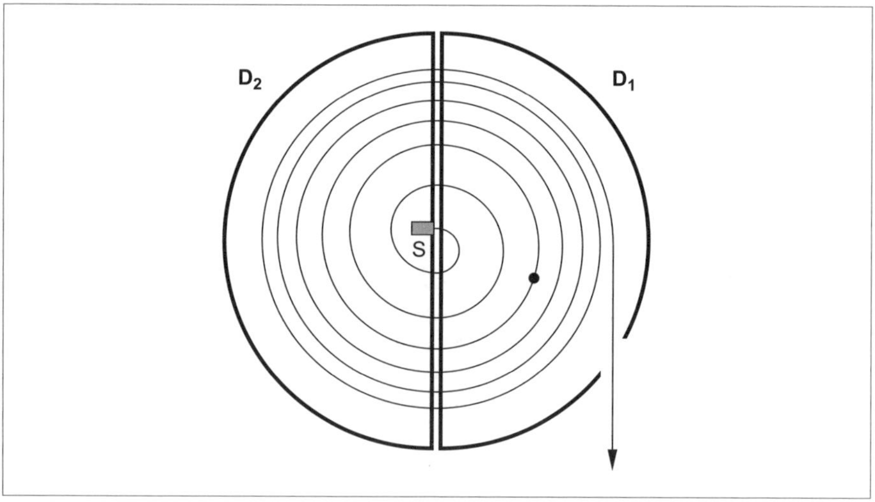

Material 2: Schrägbild eines Zyklotrons

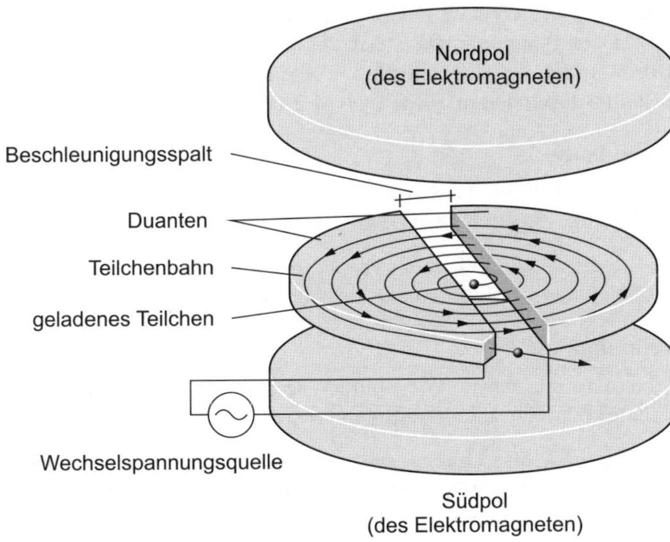

Tipps und Hinweise zur Lösung von Aufgabe A2

Tipp zu Teilaufgabe 1.1

- Überlegen Sie sich, welchen Einfluss die Lorentzkraft auf bewegte Ladungen in einem Magnetfeld besitzt. Erinnern Sie sich an die Drei-Finger-Regel.

Tipps zu Teilaufgabe 1.2

- Die Lorentzkraft auf bewegte Ladungen in einem homogenen Magnetfeld wirkt als Zentripetalkraft.
- Stellen Sie diesen Ansatz als Formel auf und lösen sie diese Gleichung nach dem gesuchten Radius r auf.
- Berechnen Sie die beiden gesuchten Radien durch Einsetzen der benötigten Werte.

Tipp zu Teilaufgabe 2.1

Die Protonen bewegen sich beim Durchlaufen eines Duanten mit konstanter Geschwindigkeit. Daher kann man als Ansatz die Gleichung der Geschwindigkeit für eine gleichförmige Bewegung verwenden. Diese löst man nach der Zeit t auf und ersetzt den Radius durch den in Teilaufgabe 1.2 ermittelten Ausdruck.

Tipps zu Teilaufgabe 2.2

Die Frequenz ist der Kehrwert der Umlaufdauer T. Diese Umlaufdauer ist zweimal so groß, wie die Zeit, die ein Proton benötigt, um einen Duanten zu durchlaufen.

Untersuchen Sie die Abhängigkeit der Frequenz vom Bahnradius, indem Sie sich die aufgestellte Gleichung für die Frequenz ansehen.

Tipps zu Teilaufgabe 2.3

Stellen Sie die in Teilaufgabe 2.2 bestimmte Gleichung für die Frequenz nach der gesuchten magnetischen Flussdichte B um und setzen Sie die entsprechenden Werte ein.

Nach dem Verlassen des Beschleunigers besitzen die Elektronen kinetische Energie. Die in der Aufgabenstellung angegebene Energie von 100 keV wird vollständig in kinetische Energie der Protonen umgewandelt.

Tipps zu Teilaufgabe 2.4

Bei jedem Durchgang durch den Duanten erhält das Proton die Energie ΔE. Diese Energie wird in kinetische Energie der Protonen umgewandelt. Betrachten Sie den Energiezustand des Protons nach n Durchläufen.

Um zu zeigen, dass der Bahnradius proportional zu $\sqrt{n}$ zunimmt, interpretieren Sie die aufgestellte Formel für die Geschwindigkeit der Protonen.

Tipps zu Teilaufgabe 3

Untersuchen Sie den Einfluss der relativistischen Massenzunahme auf die Umlaufzeit der Protonen im Zyklotron.

Welche Bedeutung hat dies auf die Frequenz der Beschleunigungsspannung?

Tipps zu Teilaufgabe 4

Berechnen Sie entweder den Radius der Protonen im Zyklotron bei einer Beschleunigungsfrequenz von 50 Hz oder berechnen Sie die benötigte magnetische Flussdichte B im Zyklotron.

Interpretieren Sie beide Ergebnisse im Anwendungszusammenhang.

Lösungen von Aufgabe A2

1.1 Auf sich bewegende geladene Teilchen im Magnetfeld wirkt die **Lorentzkraft** $\vec{F}_L = q \cdot (\vec{v} \times \vec{B})$. Diese Kraft steht in jedem Punkt der Bahn stets senkrecht zum Geschwindigkeitsvektor des sich bewegenden Teilchens. Deshalb kann die Lorentzkraft nur die Richtung des Teilchens, nicht aber den Betrag der Geschwindigkeit des Teilchens beeinflussen.
Die betragsmäßig konstante Lorentzkraft wirkt als **Zentripetalkraft**. Demnach bewegen sich die geladenen Teilchen innerhalb eines Duanten auf einer halbkreisförmigen Bahn.

1.2 Wie in Teilaufgabe 1.1 beschrieben wirkt die Lorentzkraft als Zentripetalkraft, d. h., es gilt $F_Z = F_L$. Setzt man in diese Gleichung die bekannten Terme für die Zentripetalkraft

$$F_Z = m \cdot \frac{v^2}{r}$$

und die Lorenzkraft

$$F_L = q \cdot v \cdot B$$

ein, so erhält man aus der resultierenden Gleichung durch Umstellen nach r die gesuchte **Radiusformel**:

$$m \cdot \frac{v^2}{r} = q \cdot v \cdot B \quad \Rightarrow \quad \underline{\underline{r = \frac{m \cdot v}{q \cdot B}}} \qquad (*)$$

Zur **Berechnung** der Radien der Kreisbahnen setzt man die angegebenen Werte zusammen mit den Ladungen und Massen für ein Elektron und ein Proton in die Gleichung (*) ein. Für den Radius der Kreisbahn eines **Elektrons** ergibt sich:

$$r_e = \frac{m_e \cdot v}{e \cdot B} = \frac{9{,}109 \cdot 10^{-31}\,\text{kg} \cdot 1{,}75 \cdot 10^6\,\frac{\text{m}}{\text{s}}}{1{,}602 \cdot 10^{-19}\,\text{As} \cdot 0{,}012\,\text{T}} = \underline{\underline{8{,}29 \cdot 10^{-4}\,\text{m} = 0{,}829\,\text{mm}}}$$

Analog ergibt sich für die Kreisbahn des **Protons**:

$$r_p = \frac{m_p \cdot v}{e \cdot B} = \frac{1{,}673 \cdot 10^{-27}\,\text{kg} \cdot 1{,}75 \cdot 10^6\,\frac{\text{m}}{\text{s}}}{1{,}602 \cdot 10^{-19}\,\text{As} \cdot 0{,}012\,\text{T}} \approx \underline{\underline{1{,}52\,\text{m}}}$$

Da bei sonst gleichen Größen $r \sim m$ gilt, können Sie r_p auch aus r_e mittels

$$r_p = \frac{m_p}{m_e} \cdot r_e \approx 1837\, r_e$$

bestimmen.

2.1 Während eines Durchlaufs des Protons durch einen Duanten ändert sich die Geschwindigkeit des Teilchens nicht (vgl. Teilaufgabe 1.1). Daher gilt für dessen Geschwindigkeit die Gleichung der gleichförmigen Bewegung $v = \frac{s}{t}$.

Ersetzt man in dieser Formel die Strecke s durch die Länge einer halben Kreisbahn und stellt diese Gleichung dann nach t um, so ergibt sich:

$$v = \frac{s}{t} = \frac{\pi \cdot r}{t} \quad \Leftrightarrow \quad t = \frac{\pi \cdot r}{v}$$

Für r kann man den in Teilaufgabe 1.2 ermittelten Ausdruck (*) einsetzen und erhält damit die gesuchte Beziehung für die **Aufenthaltsdauer** eines Protons in einem Duanten:

$$t = \frac{\pi \cdot \frac{m \cdot v}{q \cdot B}}{v} = \frac{\pi \cdot m \cdot v}{v \cdot q \cdot B} = \underline{\underline{\frac{\pi \cdot m}{q \cdot B}}} \qquad (**)$$

2.2 Die Zeit t, die ein Proton braucht, um einen Duanten zu durchlaufen, wurde bereits in Gleichung (*) der Teilaufgabe 2.1 berechnet. Die Umlaufzeit T, die ein Proton benötigt, um genau einmal durch beide Duanten zu gelangen, beträgt genau das Doppelte dieser Zeit t. Die Durchlaufzeit durch den Spalt kann laut Aufgabenstellung vernachlässigt werden. Die **Frequenz** berechnet sich aus dem Kehrwert der Umlaufzeit T. Insgesamt gilt:

$$f = \frac{1}{T} = \frac{1}{2t} = \underline{\underline{\frac{q \cdot B}{2\pi \cdot m}}}$$

Die Frequenz hängt ersichtlich nicht vom Bahnradius r ab.

Zur Verdeutlichung: Der Umstand, dass f nicht von r abhängt, liegt physikalisch in der Beziehung (*) begründet, nach der der Quotient aus Teilchengeschwindigkeit v und Bahnradius r konstant ist (bei vorgegebenen Teilchen- und Zyklotrondaten). Gerade durch diesen Quotienten ist die Frequenz (bis auf einen Faktor $\frac{1}{2\pi}$) definiert.

2.3 Man berechnet zunächst die **Flussdichte** B des Magnetfeldes (auch magnetische Feldstärke genannt) mithilfe der Formel für die Frequenz aus Teilaufgabe 2.2:

$$f = \frac{q \cdot B}{2\pi \cdot m}$$

$$\Rightarrow \quad B = \frac{2\pi \cdot m \cdot f}{q} = \frac{2\pi \cdot 1{,}673 \cdot 10^{-27}\,\text{kg} \cdot 2{,}0 \cdot 10^{6}\,\text{Hz}}{1{,}602 \cdot 10^{-19}\,\text{As}} = \underline{\underline{0{,}13\,\text{T}}}$$

Zur Berechnung der **Geschwindigkeit** v des Protons verwendet man die Formel für die kinetische Energie des Protons nach Durchlaufen des Feldes und stellt diese nach der gesuchten Geschwindigkeit v um:

$$E_{kin} = \frac{1}{2} m_p \cdot v^2$$

$$\Rightarrow \quad v = \sqrt{\frac{2E_{kin}}{m_p}} = \sqrt{\frac{2 \cdot 100 \cdot 10^{3}\,\text{V} \cdot 1{,}602 \cdot 10^{-19}\,\text{As}}{1{,}672 \cdot 10^{-27}\,\text{kg}}} = \underline{\underline{4{,}38 \cdot 10^{6}\,\frac{\text{m}}{\text{s}}}}$$

2.4 Laut Aufgabenstellung erhält das Proton bei jedem Durchgang durch den Spalt zwischen den Duanten die Energie $\Delta E = q \cdot U$. Nach n Durchläufen der Spalten besitzt es demnach die kinetische Energie $E_{kin} = 2n \cdot \Delta E$. Daraus ergibt sich:

$$\left.\begin{array}{l} E_{kin} = 2n \cdot \Delta E = 2n \cdot q \cdot U = 2n \cdot e \cdot U \\ E_{kin} = \frac{1}{2} m_p \cdot v_p^2 \end{array}\right\} \Rightarrow 2n \cdot e \cdot U = \frac{1}{2} m_p \cdot v_p^2$$

Durch Auflösen dieser Gleichung nach der Protonengeschwindigkeit erhält man:

$$v_p = \sqrt{\frac{4n \cdot e \cdot U}{m_p}} \Rightarrow \underline{\underline{v_p \sim \sqrt{n}}}$$

Die Geschwindigkeit v_p ist direkt proportional zu $\sqrt{n}$.

3. Die Masse eines Teilchens wird mit zunehmender Geschwindigkeit größer. Betrachtet man die Formel (**) aus Teilaufgabe 2.1 für die Umlaufzeit des Protons beim Durchlaufen des Zyklotrons,

$$t = \frac{\pi \cdot m}{q \cdot B} = \frac{\pi \cdot m_p}{e \cdot B},$$

so stellt man fest, dass t mit zunehmender Masse (also zunehmender Geschwindigkeit und wachsendem Radius) ansteigt. Folglich erreichen die Protonen den Beschleunigungsspalt mit zunehmender Zahl an Umläufen immer später und für die verschiedenen Bahnradien kann nicht mehr die gleiche Frequenz der Beschleunigungsspannung verwendet werden. Das Zyklotron gerät „außer Takt".

4. **Schulzyklotron**

Zur Beurteilung der Situation gibt es mehrere Alternativen. Zwei davon sollen hier vorgestellt werden. Alternative 1 berechnet den Radius der Kreisbahn des Zyklotrons, Alternative 2 beschäftigt sich mit dem benötigten Magnetfeld.

Alternative 1: Die Geschwindigkeit des Protons soll 0,01 c betragen. In einer Periode T des Wechselstroms legt das Proton die Strecke

$$s = v \cdot T = v \cdot \frac{1}{f} = 0{,}01\,c \cdot \frac{1}{50\,\text{Hz}}$$

zurück, das ist gerade der Umfang der zwei Duanten. Für den Kreisradius gilt:

$$U_{Kreis} = 2\pi \cdot r \Leftrightarrow r = \frac{U_{Kreis}}{2\pi} = \frac{\frac{0{,}01\,c}{50\,\text{Hz}}}{2\pi} = 9{,}5\,\text{km}$$

Ein Radius von ca. 9,5 km ist eindeutig zu groß für ein Schulgelände.

Bedenken Sie, dass der gesamte Bereich von einem homogenen Magnetfeld durchzogen sein müsste!

Alternative 2: Zur Berechnung des Magnetfeldes (der magnetischen Flussdichte) B verwendet man die in Teilaufgabe 2.2 hergeleitete Gleichung für die Frequenz und stellt diese nach B um:

$$f = \frac{q \cdot B}{2\pi \cdot m}$$

$$\Rightarrow \quad B = \frac{2\pi \cdot m \cdot f}{q} = \frac{2\pi \cdot 1{,}672 \cdot 10^{-27}\ \text{kg} \cdot 50\ \text{Hz}}{1{,}602 \cdot 10^{-19}\ \text{As}} \approx 3{,}28 \cdot 10^{-6}\ \text{T} = 3{,}28\ \mu\text{T}$$

Vergleicht man dieses sehr schwache Magnetfeld mit dem Magnetfeld der Erde mit Werten zwischen 30 μT bis 60 μT, so wird klar, dass ein solch schwaches Magnetfeld leicht gestört würde und damit das Zyklotron nicht zuverlässig betrieben werden könnte. Der Bau ist also nicht sinnvoll.

Landesabitur Physik 2012 (Hessen) – Leistungskurs
Aufgabe B1: Schwingkreise zur Bestimmung unbekannter Induktivitäten

Die Induktivität einer Spule kann z. B. für den Fall einer langen schlanken Spule sowohl berechnet, als auch experimentell ermittelt werden. Dies ist mithilfe von Schwingkreisen auf verschiedene Arten unter Ausnutzung der Thomson-Gleichung für die Periodendauer T möglich:

$$T = 2\pi \cdot \sqrt{L \cdot C},$$

wobei L die Induktivität der Spule und C die Kapazität des Kondensators bezeichnet.

Bei einem elektromagnetischen Schwingkreis wird ein Kondensator mit der Kapazität 1 µF mittels einer Gleichspannungsquelle aufgeladen und zum Zeitpunkt $t = 0$ s mit einer Spule unbekannter Induktivität und dem ohmschen Widerstand $R = 2\ \Omega$ verbunden. Der zeitliche Verlauf der Spannung am Kondensator wird aufgezeichnet, vergleiche Material 1.

1.1 Zeichnen Sie das Schaltbild einer zur Durchführung des oben beschriebenen Versuches geeigneten Schaltung. (3 BE)

1.2 Zeichnen Sie in Material 1 auch den Verlauf der Stromstärke für zwei Perioden ein, wobei die Amplitude der Stromstärke nur qualitativ berücksichtigt werden soll.
Erläutern Sie die physikalischen Vorgänge im Schwingkreis, die zu dem gezeichneten Strom- und Spannungsverlauf führen; teilen Sie dazu die Schwingungsdauer in vier sinnvolle Phasen auf. (7 BE)

1.3 Erklären Sie, wodurch Energieverluste bei der Schwingung auftreten und zu welchen Zeitpunkten die Energieverluste im Schwingkreis besonders groß sind. (4 BE)

2. Eine Möglichkeit zur Bestimmung der Induktivität stellt die Analyse dieser gedämpften Schwingung dar.

2.1 Bestimmen Sie aus Material 1 die Periodendauer der Schwingung und berechnen Sie hieraus einen Wert für die Induktivität der Spule. (3 BE)

2.2 Allgemein kann die Einhüllende der Spannungsfunktion beschrieben werden durch:

$$\hat{U}(t) = U_0 \cdot e^{-k \cdot t},$$

wobei $k = \frac{R}{2L}$. Bestimmen Sie den Wert für U_0 und k mithilfe von Material 1. Berechnen Sie daraus ebenfalls einen Wert für die Induktivität der Spule.
[Zur Kontrolle: $k \approx 627\ \frac{1}{s}$] (5 BE)

3. Die Spule wird nun nacheinander mit unterschiedlichen Kondensatoren in einen Schwingkreis eingebaut. Es wird jeweils die Schwingungsfrequenz des Kreises bestimmt. Die Tabelle mit den dazugehörigen Messwerten befindet sich in Material 2.

3.1 Begründen Sie, dass allgemein beim Schwingkreis gilt:

$$T^2 = m \cdot C,$$

wobei m eine Konstante ist. (2 BE)

3.2 Zeichnen Sie ein Diagramm, in dem Sie geeignete Werte gegen die Kapazität C auftragen, sodass sich eine Gerade ergibt.
Ermitteln Sie aus deren Steigung einen Wert für L. (10 BE)

4. Der obige Schwingkreis mit $C = 1\ \mu F$ wird nun mithilfe eines Frequenzgenerators angeregt, dieser wird mit einer Wechselspannung U_G fester Amplitude und variabler Frequenz von 0 bis 10 kHz betrieben, siehe Material 3. Die Amplitude der Spannung am Kondensator U_C zeigt je nach eingestelltem Frequenzwert unterschiedliche Werte.
Erklären Sie diese Beobachtung und erläutern Sie, wie mithilfe dieses Versuchs die Induktivität ermittelt werden kann. (6 BE)

Material 1: Spannung am Kondensator

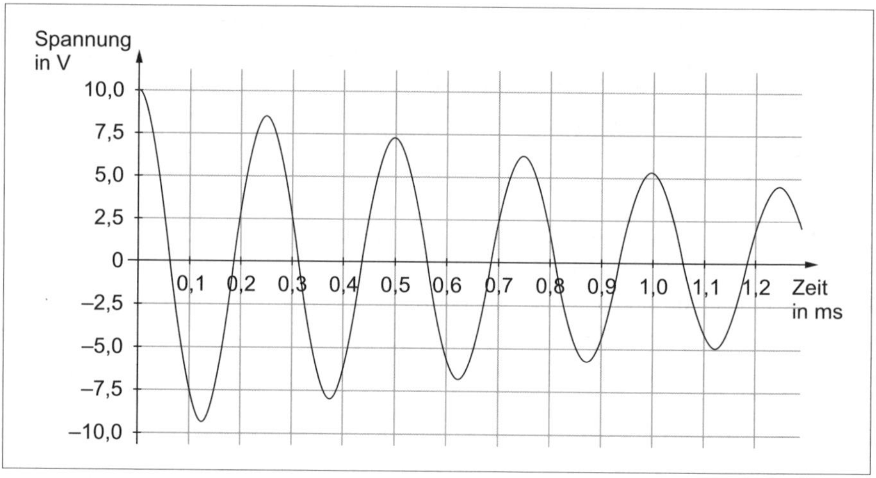

Material 2: Schwingungsfrequenz bei Verwendung verschiedener Kondensatoren

Kapazität C in μF	0,6	1,0	3,0	6,0
Frequenz f_0 in Hz	5 160	4 000	2 310	1 630

Material 3: Schaltbild des Schwingkreises mit Wechselspannungsquelle

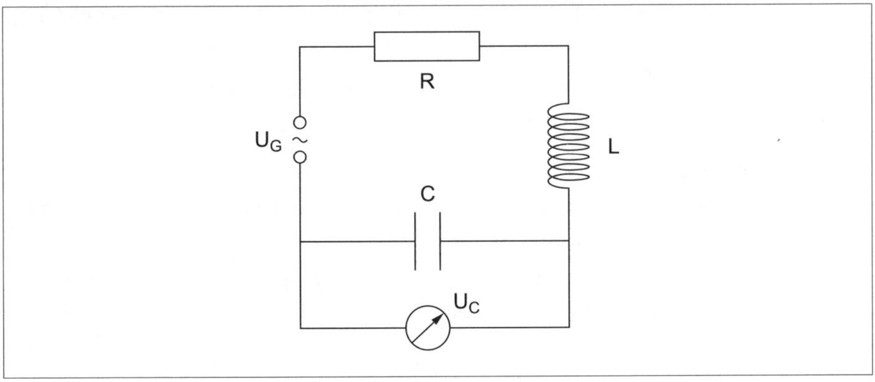

Tipps und Hinweise zur Lösung von Aufgabe B1

Tipps zu Teilaufgabe 1.1

- Zeichnen Sie ein Schaltbild eines Schwingkreises mit einem Kondensator C, einer Spule L und einem ohmschen Widerstand R. Zum Aufladen des Schwingkreises verbinden Sie über einen Schalter eine Spannungsquelle U_0.
- Zeichnen Sie außerdem das Schaltzeichen eines Voltmeters ein, dass die Spannung am Kondensator misst.

Tipps zu Teilaufgabe 1.2

- Beachten Sie beim Einzeichnen der Stromstärke die Phasenverschiebung gegenüber der Spannung und die Dämpfung. Überlegen Sie sich, zu welchen Zeitpunkten die Stromstärke maximal bzw. null ist.
- Teilen Sie sich eine Schwingungsperiode in einzelne Phasen ein. Beginnen Sie mit dem vollständig aufgeladenen Kondensator. Beschreiben Sie dabei jeweils die Spannung U am Kondensator und die Stromstärke I.

Tipp zu Teilaufgabe 1.3

- Das Nennen und Beschreibens eines wichtigen Energieverlustes ist ausreichend. Z. B. treten Energieverluste durch Umwandlung von elektrischer Energie in Wärme auf.

Tipps zu Teilaufgabe 2.1

- Lesen Sie aus dem Graphen die Periodendauer ab, also die Zeit für eine komplette Hin- und Herbewegung.
- Stellen Sie die Thomson-Gleichung nach der gesuchten Induktivität L um und setzen Sie dort die abgelesene Periodendauer T ein.

Tipps zu Teilaufgabe 2.2

- U_0 kann man direkt am Graphen ablesen. Es handelt sich dabei um den Schnittpunkt des Graphen mit der Spannungsachse.
- Zur Berechnung der Dämpfungskonstanten k verwendet man ein zusätzliches Wertepaar des Graphen und setzt dieses in die in der Aufgabenstellung angegebene Gleichung ein.
- Lösen Sie anschließend nach k auf. Mit der in der Aufgabenstellung angegebenen Beziehung $k = \frac{R}{2L}$ kann man die Induktivität L berechnen.

Tipp zu Teilaufgabe 3.1

- Der Zusammenhang folgt direkt aus der Thomson-Gleichung.

Tipps zu Teilaufgabe 3.2

- Bestimmen Sie zunächst die Werte für T^2 und zeichnen Sie diese gegen die Kapazität C des Kondensators in ein geeignetes Koordinatensystem ein.
- Zeichnen Sie nun die Ausgleichsgerade durch den Ursprung ein, bestimmen Sie deren Steigung m und daraus L.

Tipp zu Teilaufgabe 4

- Es handelt sich hierbei um ein Resonanzphänomen. Wird ein Schwingkreis mit seiner Eigenfrequenz angeregt, so kommt es zu einer maximalen Energieübertragung mit einer maximalen Spannungsamplitude. Mithilfe der Thomson-Gleichung kann man die Induktivität berechnen.

Lösungen von Aufgabe B1

1.1 Auf der linken Seite der in Abb. 1 gezeigten **Schaltung** befindet sich die Spannungsquelle U_0, die über einen Schalter S mit dem Schwingkreis verbunden ist. Der Schwingkreis besteht aus einer Spule L, einem Kondensator C und einem Widerstand R. Am Kondensator wird die Spannung U_C abgenommen.

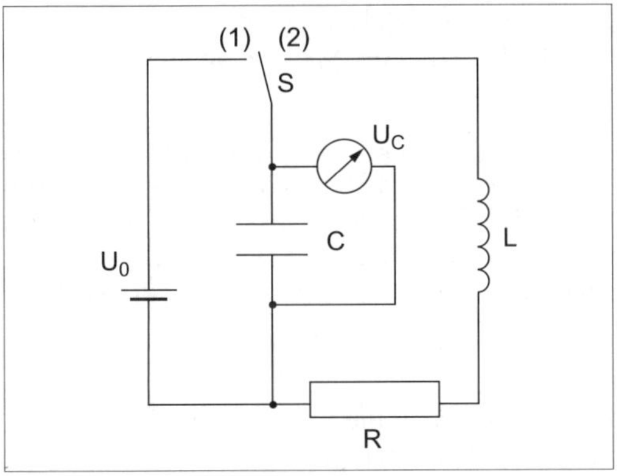

Abb. 1

1.2 Zeitlicher Verlauf der Stromstärke

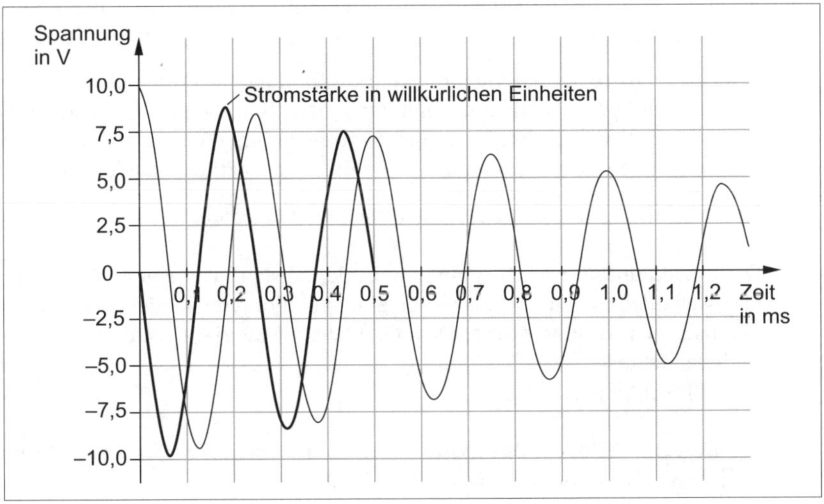

Abb. 2

Bei der Zeichnung ist es wichtig, dass die Phasenverschiebung von Spannung und Strom sowie die Dämpfung des Stromverlaufs genau zu erkennen sind.

Zur **Erläuterung der physikalischen Vorgänge** im Schwingkreis teilt man eine komplette Schwingung (t = T) in vier Phasen auf.

- **Phase 1:** $0\,s \leq t \leq \frac{T}{4}$
  Der Kondensator ist vollständig geladen, da an ihm die maximale Spannung $U_{C,\,max}$ anliegt. Der Stromkreis wird jetzt mit dem Schalter geschlossen. Die Spannung U_C am Kondensator nimmt ab, während die Stromstärke an der Spule bis zum Maximalwert I_{max} ansteigt. Ein schlagartiges Anwachsen des Stroms wird durch die Selbstinduktivität der Spule verhindert.
- **Phase 2:** $\frac{T}{4} \leq t \leq \frac{T}{2}$
  Wenn der Kondensator vollständig entladen ist, bricht der Stromfluss in der Spule zusammen. Dadurch wird ein Magnetfeld induziert, das den Strom weiterfließen lässt (Lenz'sche Regel). Der Kondensator lädt sich entgegengesetzt auf, bis kein Strom mehr fließt; dann liegt am Kondensator die maximale Spannung an. Durch die Verluste im Schwingkreis ist dieser Wert kleiner als U_0.
- **Phase 3:** $\frac{T}{2} \leq t \leq \frac{3}{4}T$
  Der Kondensator entlädt sich erneut über die Spule, bis die Spannung $U_C = 0$ erreicht ist. Die Stromstärke ist jetzt wieder maximal.
- **Phase 4:** $\frac{3}{4}T \leq t \leq T$
  Der Kondensator lädt sich erneut auf mit der ursprünglichen Polung.

Nach dieser Phase beginnt der Vorgang wieder von vorn. Durch die Verluste im Schwingkreis kommt es im Laufe der Zeit zu einer Dämpfung der Schwingung.

1.3 **Energieverluste** im Schwingkreis treten z. B. durch die Umwandlung der elektrischen Energie in Wärme, bedingt durch den ohmschen Widerstand der Leitungen, auf. Die elektrische Energie im Kreis nimmt dadurch ab. Dabei sind die Verluste in den Zeitpunkten mit maximaler Stromstärke besonders groß.

Hier reicht es aus, einen wichtigen Punkt zu benennen.

2.1 Die **Periodendauer** der Schwingung ist der Abstand von einem Maximum zum nächsten oder auch der Abstand von einem Nulldurchgang des Graphen zum übernächsten Nulldurchgang. Dem Graphen in Material 1 entnimmt man die Periodendauer

$$T = \underline{\underline{0,25\text{ ms}}}.$$

Zur Berechnung der **Induktivität** L verwendet man die angegebene Thomson-Gleichung und stellt diese nach L um. Man erhält:

$$T = 2\pi \cdot \sqrt{L \cdot C} \quad \Rightarrow \quad L = \frac{T^2}{4\pi^2 \cdot C}$$

$$= \frac{(0,25 \cdot 10^{-3}\text{ s})^2}{4\pi^2 \cdot 1 \cdot 10^{-6}\text{ F}} = \underline{\underline{1,6 \cdot 10^{-3}\text{ H} = 1,6\text{ mH}}}$$

2.2 U_0 ist die **Spannung** zum Zeitpunkt $t = 0$ s. Am Graphen der Spannungsfunktion kann man das ablesen. Es handelt sich um den Schnittpunkt des Graphen mit der Spannungsachse:

$$U_0 = \underline{\underline{10\text{ V}}}$$

Um die die **Dämpfungskonstante** k zu bestimmen, sucht man sich ein weiteres Wertepaar – neben U(0 s) = 10 V – aus dem Graphen der Spannungsfunktion heraus, z. B. U(0,75 ms) ≈ 6,25 V. Diese Werte setzt man in die in der Aufgabenstellung angegebene Gleichung der Einhüllenden der Spannungsfunktion ein und bestimmt daraus k:

$$6{,}25\text{ V} = 10\text{ V} \cdot e^{-k \cdot 0{,}75\text{ ms}}$$

$$\frac{6{,}25\text{ V}}{10\text{ V}} = e^{-k \cdot 0{,}75\text{ ms}}$$

$$\ln\frac{6{,}25\text{ V}}{10\text{ V}} = -k \cdot 0{,}75\text{ ms}$$

$$k = -\frac{\ln\frac{6{,}25\text{ V}}{10\text{ V}}}{0{,}75 \cdot 10^{-3}\text{ s}} = \underline{\underline{627\,\frac{1}{\text{s}}}}$$

Mit dem angegebenen Zusammenhang bestimmt man die **Induktivität** L der Spule:

$$k = \frac{R}{2L} \quad \Rightarrow \quad L = \frac{R}{2L} = \frac{2\,\Omega}{2 \cdot 627\,\frac{1}{\text{s}}} = \underline{\underline{1{,}6 \cdot 10^{-3}\text{ H} = 1{,}6\text{ mH}}}$$

3.1 Die Bedingung $T^2 = m \cdot C$ lässt sich allgemein mithilfe der Thomson-Gleichung nachweisen:

$$T = 2\pi \cdot \sqrt{L \cdot C} \quad \Rightarrow \quad T^2 = 4\pi^2 \cdot L \cdot C = m \cdot C \quad \text{mit } m = 4\pi^2 \cdot L$$

Der Faktor m ist konstant, weil die Induktivität L der Spule in diesem Versuch konstant gehalten wird.

3.2 Nach Teilaufgabe 3.1 gilt $T^2 \sim C$. Daher fügt man der Tabelle (Material 2) eine neue Zeile mit T^2 hinzu. T^2 lässt sich nach der Formel $T^2 = \frac{1}{f_0^2}$ berechnen:

C in µF	0,6	1,0	3,0	6,0
f_0 in Hz	5 160	4 000	2 310	1 630
T^2 in 10^{-8} s^2	3,76	6,25	18,7	37,6

Diese berechneten Werte für T^2 trägt man in einem geeigneten Koordinatensystem gegen die Kapazität C der Kondensatoren auf (Abb. 3).

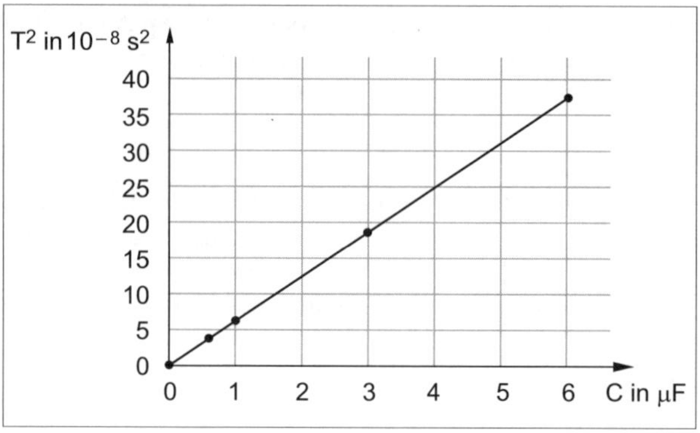

Abb. 3

Man erkennt gut den **linearen Zusammenhang** zwischen T^2 und C, den man durch Einzeichnen einer Ausgleichsgeraden durch den Koordinatenursprung noch deutlicher macht. Die **Steigung** dieser Geraden entspricht der Konstanten m. Zur Berechnung dieser Steigung verwendet man z. B. das letzte Wertepaar aus der Tabelle:

$$m = \frac{\Delta(T^2)}{\Delta C} = \frac{37{,}6 \cdot 10^{-8}\,\mathrm{s}^2}{6 \cdot 10^{-6}\,\mathrm{F}} = 0{,}0627\,\frac{\mathrm{s}^2}{\mathrm{F}}$$

Mit der in Teilaufgabe 3.1 gefundenen Beziehung erhält man die **Induktivität**:

$$m = 4\pi^2 \cdot L \quad \Rightarrow \quad L = \frac{m}{4\pi^2} = \frac{0{,}0627\,\frac{\mathrm{s}^2}{\mathrm{F}}}{4\pi^2} = \underline{\underline{1{,}6 \cdot 10^{-3}\,\mathrm{H} = 1{,}6\,\mathrm{mH}}}$$

Geringe Abweichungen, die durch die grafische Bestimmung der Steigung zustande kommen, sind akzeptabel.

4. Beim Durchlaufen der Anregungsspannung im angegebenen Frequenzbereich tritt im Schwingkreis **Resonanz** auf. Je näher man der Eigenfrequenz des Schwingkreises kommt, desto mehr Energie wird übertragen, die gemessene Spannung U_C wird größer. Sie wird maximal, wenn der Schwingkreis mit seiner Eigenfrequenz angeregt wird. Erhöht man die Frequenz weiter, so nimmt die Spannung U_C wieder ab.

   Die **Induktivität** lässt sich wie folgt beschrieben ermitteln: Man bestimmt die Eigenfrequenz des Schwingkreises durch Veränderung der Anregungsspannung U_G. Die Eigenfrequenz ist diejenige Frequenz, bei der das Maximum der Spannungsamplitude auftritt. (Anmerkung: Dieses liegt bei ca. 4 000 Hz). Mithilfe der Thomson-Gleichung berechnet man dann die Induktivität:

$$\left.\begin{array}{l} T = 2\pi \cdot \sqrt{L \cdot C} \\ f = \frac{1}{T} \end{array}\right\} \Rightarrow f = \frac{1}{2\pi \cdot \sqrt{L \cdot C}} \quad \Rightarrow \quad L = \underline{\underline{\frac{1}{4\pi^2 \cdot f^2 \cdot C}}}$$

Landesabitur Physik 2012 (Hessen) – Leistungskurs
Aufgabe B2: Schwingungen und Wellen – Heulrohr und Gitarre

1. Das „Heulrohr" ist ein biegsames, gewelltes Plastikrohr (Länge 1 m) in der Art eines Staubsaugerschlauches, das an beiden Enden offen ist. Es kann als einfaches Musikinstrument genutzt werden. Dazu wird es an einem Ende angefasst und herumgewirbelt (Material 1). Dabei erzeugt es einen singenden Ton. Ursache dafür sind Luftströmungen im Rohr, die im Innern an den Rohrrippen Luftwirbel erzeugen, die die Luftsäule zu stehenden Schallwellen anregen. Bei zunehmenden Geschwindigkeiten wird der Ton höher. Dabei steigt die Frequenz nicht kontinuierlich an, sondern es kommt zu Frequenzsprüngen.
Verwenden Sie bei Ihren Berechnungen als Schallgeschwindigkeit $c = 340\ \frac{\text{m}}{\text{s}}$.

1.1 Skizzieren Sie die Schallwellen für die vier tiefsten möglichen Töne, indem Sie die maximale Auslenkung der Luftteilchen in Abhängigkeit vom Ort darstellen. Berechnen Sie die Frequenz des tiefsten Tons. (5 BE)

1.2 Zeigen Sie, dass die Frequenzen der sechs tiefsten möglichen Töne der Partialtonreihe entsprechen. Für diese gelten die in Material 2 dargestellten Verhältnisse. (5 BE)

1.3 Steht ein Beobachter weit vom Benutzer dieses Instrumentes entfernt, so wird er leicht schwankende Tonhöhen wahrnehmen, selbst wenn die Drehzahl des Rohres konstant ist. Erklären Sie die Beobachtung. Erläutern Sie dabei auch, an welcher Stelle der Umdrehung vom Beobachter die größte Frequenz wahrgenommen wird, an welcher die kleinste. (6 BE)

1.4 Das Rohr wird mit 80 Umdrehungen pro Minute herumgewirbelt. Seine äußere Öffnung bewegt sich dabei auf einer Bahn mit dem Radius 1,5 m.
Bestimmen Sie die höchste wahrgenommene Frequenz, falls im Rohr die Frequenz $f = 680$ Hz erzeugt wird. (7 BE)

2. Bei einer Gitarre (Material 3) können die Saiten zwischen den festen Enden Sattel und Steg frei schwingen. Die Länge der Saite beträgt 65 cm. Durch Anzupfen bildet sich auf der Saite eine stehende Welle aus.

2.1 Eine Gitarrensaite in der Grundschwingung (1. Harmonische) schwingt mit 150 Hz. Geben Sie die Wellenlänge der 1. Harmonischen an und berechnen Sie die Ausbreitungsgeschwindigkeit der hin- und zurücklaufenden Welle auf der Saite. (4 BE)

2.2 Erfahrungsgemäß verändert sich durch Variation der Spannkraft F die Eigenfrequenz f (Tonhöhe) einer Gitarrensaite. Dieser Effekt wird beim Stimmen der Gitarre ausgenutzt.
Um dies zu untersuchen, wird eine Messreihe aufgenommen. Hierbei wird die Spannkraft F des Drahtes der Länge 65 cm verändert und jeweils die Frequenz f_1 der 1. Harmonischen ermittelt.

Die Messergebnisse sind in Material 4 dargestellt. Untersuchen Sie rechnerisch, ob eine der folgenden beiden Proportionalitäten für die Ausbreitungsgeschwindigkeit c der Welle diese Abhängigkeit beschreibt.

(1) $c \sim F$

(2) $c \sim \sqrt{F}$ (6 BE)

2.3 Die Funktion A(x, t) mit

$$A(x,t) = A_0 \cdot \cos(\omega \cdot t) \cdot \sin\left(\frac{2\pi}{\lambda} \cdot x\right)$$

beschreibt für die 1. Harmonische die Auslenkung der Saite am Ort x zum Zeitpunkt t. Interpretieren Sie die Bedeutung der einzelnen Bestandteile im Sachzusammenhang und leiten Sie Funktionsgleichungen für folgende Funktionen her:

- B(x) gibt die größte Auslenkung am Ort x an.
- v(t) beschreibt die Geschwindigkeit der Saite am Ort $x = \frac{\lambda}{4}$ zum Zeitpunkt t.

(7 BE)

Material 1: Singendes Rohr, Heulrohr

Walker, Jearl: Der fliegende Zirkus der Physik.

Material 2: Partialtonreihe

Frequenzverhältnis	Zahlenverhältnis	Bezeichnung
$f_2 : f_1$	2	Oktave
$f_3 : f_2$	$\frac{3}{2}$	Quint
$f_4 : f_3$	$\frac{4}{3}$	Quart
$f_5 : f_4$	$\frac{5}{4}$	große Terz
$f_6 : f_5$	$\frac{6}{5}$	kleine Terz

Material 3: Gitarre

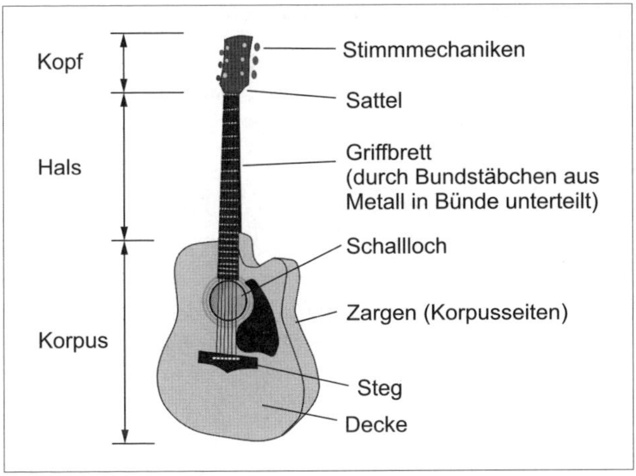

Material 4: Messreihe

F in N	25	50	100	300	500
f_1 in Hz	75	105	150	260	330

Tipps und Hinweise zur Lösung von Aufgabe B2

Tipps zu Teilaufgabe 1.1

Beachten Sie, dass es sich bei dem Heulrohr um ein schwingungsfähiges System mit zwei offenen Enden handelt. An den offenen Enden bilden sich bei einer stehenden Welle Schwingungsbäuche aus.

Gehen Sie von der Grundschwingung aus und erhöhen Sie die Anzahl der Schwingungsbäuche im Rohr. Der Grundton entsteht, wenn sich eine stehende Welle im Rohr bildet, deren halbe Wellenlänge genau der Länge des Rohres entspricht.

Tipps zu Teilaufgabe 1.2

Bedingung für das Auftreten stehender Wellen in einem System mit zwei offenen Enden ist, dass die Systemlänge ein ganzzahliges Vielfaches der halben Wellenlänge ist.

Zusammen mit der Gleichung $c = \lambda \cdot f$ können Sie die Wellenlängen λ_1 bis λ_6 und die zugehörigen Frequenzen f_1 bis f_6 berechnen und die Verhältnisse bilden. Vergleichen Sie die berechneten Verhältnisse mit der Partialtonreihe.

Tipps zu Teilaufgabe 1.3

- In diesem Versuch bewegt sich die Schallquelle relativ zum Beobachter. Damit muss man den Dopplereffekt berücksichtigen.

- Überlegen Sie, wie sich Wellenlänge und Frequenz für den Beobachter verändern, wenn sich die Schallquelle auf den Beobachter zu- oder wegbewegt.

Tipps zu Teilaufgabe 1.4

- Bestimmen Sie zunächst die Schwingungsdauer T und daraus die Frequenz der Schwingung. Mithilfe der Gleichung $v = r \cdot \omega$ können Sie die Tangentialgeschwindigkeit berechnen.

- In der Formelsammlung finden Sie die Gleichung zur Berechnung der tatsächlich wahrgenommenen Frequenz f unter Berücksichtigung des Dopplereffekts bei einer ursprünglichen Frequenz f_0:
  $f = f_0 \cdot \frac{1}{1 - \frac{v}{c}}$

Tipp zu Teilaufgabe 2.1

- Bei einer Gitarrensaite handelt es sich um ein schwingungsfähiges System mit zwei festen Enden. Für die Entstehung der Grundschwingung gilt die Bedingung, dass die Saite genau der halben Wellenlänge der Schwingung entsprechen muss.

Tipps zu Teilaufgabe 2.2

- Mithilfe der Gleichung $c = \lambda \cdot f_1$ berechnen Sie zunächst die entsprechenden Ausbreitungsgeschwindigkeiten der Wellen. Beachten Sie dabei, dass sich die Wellenlänge im Laufe des Versuchs nicht ändert.

- Untersuchen Sie anschließend beide genannten Proportionalitäten durch Quotientenbildung.

Tipps zu Teilaufgabe 2.3

- Interpretieren Sie die Bedeutung der drei Terme A_0, $\cos(\omega \cdot t)$ und $\sin(\frac{2\pi}{\lambda} \cdot x)$ im Sachzusammenhang der Aufgabe.

- Überlegen Sie: Was ist die größte Amplitude (= maximale Auslenkung an einem Ort), die auftreten kann? Welche Bedingung muss der zeitabhängige Teil von A(x, t) erfüllen?

- v(t) ist die zeitliche Ableitung der Auslenkungsfunktion an einem festen Ort.

- Ersetzen Sie den Ort x in der Gleichung für die Auslenkung der Saite am Ort x zur Zeit t durch den angegebenen Wert $x = \frac{\lambda}{4}$. Bilden Sie anschließend die Ableitung nach der Zeit t.

Lösungen von Aufgabe B2

1.1 Beim Anfertigen der **Skizze** ist zu beachten, dass es sich bei dem Heulrohr um ein schwingungsfähiges System mit zwei offenen Enden handelt. Es bildet sich eine stehende Welle aus, die an den beiden Enden Schwingungsbäuche besitzt. Der Grundton bildet zwischen den beiden Schwingungsbäuchen genau einen Schwingungsknoten aus. Alle weiteren tiefen Töne ergeben sich daraus (Abb. 1).

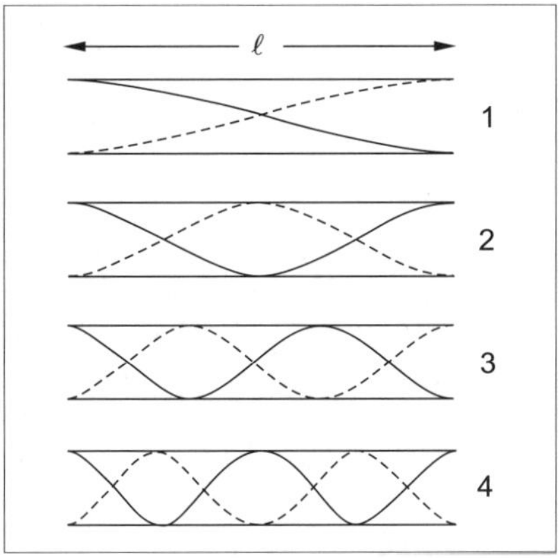

Abb. 1

Beim Grundton einer stehenden Welle entspricht die Länge des schwingungsfähigen Körpers genau der halben Wellenlänge, d. h. es gilt:

$$\ell = \frac{\lambda}{2} \;\Rightarrow\; \lambda = 2\ell = 2 \cdot 1\,\text{m} = 2\,\text{m}$$

Durch Umstellen der Gleichung $c = \lambda \cdot f$ errechnet man die gesuchte **Frequenz**:

$$f_1 = \frac{c}{\lambda} = \frac{340\,\frac{\text{m}}{\text{s}}}{2\,\text{m}} = \underline{\underline{170\,\text{Hz}}}$$

1.2 In einem schwingungsfähigen System mit zwei offenen Enden entstehen immer genau dann stehende Wellen, wenn die Länge des Systems ein ganzzahliges Vielfaches der halben Wellenlänge ist:

$$\ell = n \cdot \frac{\lambda}{2} \;\Rightarrow\; \lambda_n = \frac{2\ell}{n} \quad \text{mit} \quad n = 1, 2, 3, \ldots \qquad (*)$$

Berechnet werden nun mithilfe der Formel $c = \lambda \cdot f$ die Frequenzen f_1 bis f_6. Anschließend werden die **Frequenzverhältnisse** (siehe Material 2) gebildet und mit den Werten der Partialtonreihe verglichen. Für $n = 1$ gilt nach (*):

$$\lambda_1 = \frac{2 \cdot 1\,\text{m}}{1} = 2\,\text{m} \;\Rightarrow\; f_1 = \frac{c}{\lambda_1} = \frac{340\,\frac{\text{m}}{\text{s}}}{2\,\text{m}} = 170\,\text{Hz}$$

Analog ergeben sich die Frequenzen f_2 bis f_6:

$$f_2 = 340\,\text{Hz},\; f_3 = 510\,\text{Hz},\; f_4 = 680\,\text{Hz},\; f_5 = 850\,\text{Hz} \;\text{ und }\; f_6 = 1\,020\,\text{Hz}$$

Die Verhältnisse der Frequenzen sind demnach:

$$\frac{f_2}{f_1} = \underline{\underline{2}},\quad \frac{f_3}{f_2} = \underline{\underline{\frac{3}{2}}} = 1{,}5,\quad \frac{f_4}{f_3} = \underline{\underline{\frac{4}{3}}} \approx 1{,}33,\quad \frac{f_5}{f_4} = \underline{\underline{\frac{5}{4}}} = 1{,}25,\quad \frac{f_6}{f_5} = \underline{\underline{\frac{6}{5}}} = 1{,}2$$

Diese Verhältnisse stimmen mit der angegebenen Partialtonreihe überein.

Alternativ und eleganter können Sie die Frequenzverhältnisse ausgehend von (*) in Abhängigkeit von n bestimmen:

$$\lambda_n = \frac{2\ell}{n} \quad \Leftrightarrow \quad f_n = \frac{c}{2\ell} \cdot n$$

$$\Rightarrow \quad \frac{f_{n+1}}{f_n} = \frac{\frac{c}{2\ell} \cdot (n+1)}{\frac{c}{2\ell} \cdot n} = \underline{\underline{\frac{n+1}{n}}} \quad \text{für} \quad n = 1, 2, 3, \ldots$$

1.3 Bei diesem Versuch handelt es sich um ein Experiment mit einem ruhenden Beobachter und einer sich relativ zum Beobachter bewegenden Schallquelle. Dabei spielt der **Dopplereffekt** eine Rolle:

- Kommt die Rohröffnung auf den Beobachter zu, so werden die Wellen gestaucht, d. h., die Wellenlänge wird kürzer und somit die Frequenz größer.
- Bewegt sich die Schallquelle vom Beobachter weg, so werden die Wellen auseinandergezogen, die Wellenlänge wird also größer und somit die Frequenz kleiner.

Der Effekt ist jeweils am größten, wenn der Betrag der Relativgeschwindigkeit zwischen Rohrende und Beobachter maximal ist. In der Skizze der Abb. 2 sind diese Positionen grau markiert. Je nach Bewegungsrichtung tritt die größte Frequenz (Bewegung auf Beobachter zu, Abb. 2 links) bzw. die kleinste Frequenz (Bewegung von Beobachter weg, Abb. 1 rechts) auf.

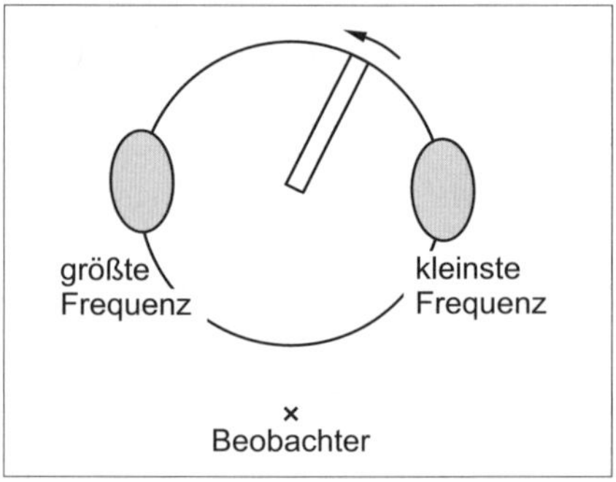

Abb. 2

1.4 Wenn sich das Rohr mit 80 Umdrehungen pro Minute bewegt, dann besitzt es die Frequenz:

$$f_{Rohr} = \frac{n}{t} = \frac{80}{1\,\text{min}} = \frac{80}{60\,\text{s}} = \frac{4}{3}\,\text{Hz}$$

Die Tangentialgeschwindigkeit v errechnet sich als Produkt aus dem Radius r der Kreisbahn und der zugehörigen Winkelgeschwindigkeit ω:

$$v = r \cdot \omega$$

Durch Ersetzen der Winkelgeschwindigkeit $\omega = 2\pi \cdot f$ und Einsetzen der Zahlenwerte ergibt sich hierfür der Wert

$$v = r \cdot 2\pi \cdot f_{Rohr} = 1{,}5\,\text{m} \cdot 2\pi \cdot \frac{4}{3}\,\text{Hz} = 4\pi\,\frac{\text{m}}{\text{s}}$$

Die **vom Beobachter größte wahrgenommene Frequenz f_{max}** ergibt sich nach Teilaufgabe 1.3 aus der Frequenzformel für den Dopplereffekt:

$$f_{max} = f \cdot \frac{1}{1-\frac{v}{c}} = 680\ \text{Hz} \cdot \frac{1}{1-\frac{4\pi\,\frac{m}{s}}{340\,\frac{m}{s}}} = \underline{\underline{706\ \text{Hz}}}$$

2.1 Die Gitarrensaite ist ein schwingungsfähiges System mit zwei festen Enden. Wenn sich eine stehende Welle ausbildet, kommt es an den beiden Enden zu Wellenknoten. Bei der Grundschwingung bildet sich genau ein Schwingungsbauch in der Saitenmitte aus, d. h, die Länge der Saite entspricht genau der halben **Wellenlänge**:

$$\ell = \frac{\lambda}{2} \quad \Rightarrow \quad \lambda = 2\ell = 2 \cdot 0{,}65\ \text{m} = \underline{\underline{1{,}3\ \text{m}}}$$

Die **Ausbreitungsgeschwindigkeit** c folgt dann sofort aus der Grundgleichung der Wellenlehre:

$$c = \lambda \cdot f = 1{,}30\ \text{m} \cdot 150\ \text{Hz} = 195\ \frac{\text{m}}{\text{s}}$$

2.2 Durch Variation der Spannkraft F ändert sich die Wellenlänge $\lambda = 1{,}30$ m nicht. Zunächst werden die Ausbreitungsgeschwindigkeiten $c = \lambda \cdot f_1$ der Welle bestimmt und an entsprechender Stelle in die Tabelle eingetragen. Danach fügt man zwei weitere Zeilen in die Tabelle ein, um die Proportionalitäten zu prüfen.

F in N	25	50	100	300	500
f_1 in Hz	75	105	150	260	330
c in $\frac{m}{s}$	97,5	136,5	195	338	429
$\frac{c}{F}$ in $\frac{m}{s \cdot N}$	3,9	2,7	2,0	1,1	0,9
$\frac{c}{\sqrt{F}}$ in $\frac{m}{s \cdot \sqrt{N}}$	19,5	19,3	19,5	19,5	19,2

Aus der Tabelle kann man ablesen, dass das Verhältnis $\frac{c}{\sqrt{F}}$ nahezu konstant ist, c und $\sqrt{F}$ sind also zueinander direkt proportional.

Wenn Sie mit der Überprüfung von (2) begonnen haben und die Proportionalität bestätigt haben, brauchen Sie die – dann notwendigerweise unzutreffende – Beziehung (1) nicht mehr prüfen.

2.3 **Bestandteile der Funktion A(x, t)**

- A_0 ist die maximale Auslenkung oder **Amplitude** der Schwingung.
- Der Term $\cos(\omega \cdot t)$ ist abhängig von der Zeit t und beschreibt die **zeitliche Periodizität** der Schwingung.
- Der Term $\sin(\frac{2\pi}{\lambda} \cdot x)$ ist abhängig vom Ort x und beschreibt die **räumliche Periodizität** der Schwingung.

Herleitung der Funktionsgleichung von B(x)

Die größte Auslenkung an einem Ort x, also die maximale Amplitude, wird genau für solche Zeiten t erreicht, für die der Betrag des Terms $\cos(\omega \cdot t)$ den Wert 1 besitzt, d. h., es gilt:

$$B(x) = A_0 \cdot 1 \cdot \sin\left(\frac{2\pi}{\lambda} \cdot x\right) = \underline{\underline{A_0 \cdot \sin\left(\frac{2\pi}{\lambda} \cdot x\right)}} \quad \text{für } 0 \le x \le 0{,}65 \text{ m}$$

Die Zeiten, an denen $|\cos(\omega \cdot t)| = 1$ erfüllt ist, sind die ganzzahligen Vielfachen der halben Schwingungsdauer T, $t_n = n \cdot \frac{T}{2}$.

Herleitung der Funktionsgleichung von v(t)

Allgemein ist die Geschwindigkeit die Ableitung der Strecke s nach der Zeit t. In diesem Fall ist:

$$v(x, t) = \frac{dA(x, t)}{dt}$$

Setzt man für x den Ort $\frac{\lambda}{4}$ ein, so erhält man:

$$\begin{aligned} v(t) = \frac{dA\left(\frac{\lambda}{4}, t\right)}{dt} &= \frac{d}{dt}\left(A_0 \cdot \cos(\omega \cdot t) \cdot \sin\left(\frac{2\pi}{\lambda} \cdot \frac{\lambda}{4}\right)\right) \\ &= \frac{d}{dt}\left(A_0 \cdot \cos(\omega \cdot t) \cdot \sin\frac{\pi}{2}\right) \\ &= \frac{d}{dt}(A_0 \cdot \cos(\omega \cdot t) \cdot 1) \\ &= \underline{\underline{-A_0 \cdot \omega \cdot \sin(\omega \cdot t)}} \end{aligned}$$

Landesabitur Physik 2012 (Hessen) – Leistungskurs
Aufgabe C1: Ablenkung eines Atomstrahls mit Licht

1933 zeigte Otto Robert Frisch in Hamburg an der Ablenkung eines Natrium-Atomstrahls, dass Atomen durch Absorption von Photonen ein Impuls übertragen wird.

Zum Experiment:
Flüssiges Natrium wird im Vakuum erhitzt, sodass es verdampft (siehe Material 1). Zwei Blenden S_1 und S_2 erzeugen einen aus Natriumatomen bestehenden Strahl, der bei x_0 auf den Schirm trifft. Es soll angenommen werden, dass die Natriumatome ($m_{Na} = 3{,}82 \cdot 10^{-26}$ kg) mit der einheitlichen Geschwindigkeit $v_y = 900 \frac{m}{s}$ die Blenden passieren und sich im Grundzustand befinden.

Der Strahl wird nun senkrecht zu seiner Richtung unmittelbar hinter der Blende S_2 beleuchtet.

1. Verwendet man dazu eine Natriumdampflampe, die nur Licht der Wellenlänge $\lambda = 590$ nm emittiert, so trifft ein Teil der Natriumatome an der Stelle x_1 auf die Platte.

1.1 Berechnen Sie jeweils den Photonenimpuls p_x in x-Richtung und den Impuls p_y der Natriumatome in y-Richtung.
[Zur Kontrolle: $p_{x,\,Photon} = 1{,}123 \cdot 10^{-27}$ Ns und $p_{y,\,Na} = 3{,}438 \cdot 10^{-23}$ Ns] (6 BE)

1.2 Erklären Sie die seitliche Abweichung mancher Natriumatome.
Erläutern Sie die dabei benutzten Vorstellungen von Licht bzw. von Natriumatomen. Begründen Sie, warum der Impuls p_x der Natriumatome in x-Richtung der gleiche ist wie der Impuls $p_{x,\,Photon}$ des Photons. (6 BE)

1.3 Zeigen Sie durch Berechnung, dass der Ablenkwinkel α der Natriumatome kleiner als 0,002° ist unter der Voraussetzung, dass nur eine Absorption stattfindet. (4 BE)

1.4 Die Spaltbreite der Blende S_2 sei 0,002 mm.
Berechnen Sie die Impulsunschärfe der Natriumatome in x-Richtung beim Durchgang durch den Spalt. Vergleichen Sie das Ergebnis mit dem Impuls p_x der Natriumatome in x-Richtung und beurteilen Sie die Bedeutung der Spaltbreite für den beobachteten Effekt. (7 BE)

2. Erläutern Sie unter Verwendung des Niveauschemas für Natrium (siehe Material 2), wie sich die Ablenkung des Natrium-Atomstrahls ändert, wenn die Natriumatome nicht mit Natriumlicht, sondern mit Licht der Wellenlänge $\lambda = 400$ nm beleuchtet werden. (4 BE)

3. Im Material 3 und 4 sehen Sie eine schematische Darstellung des Original-Versuchsaufbaus von Otto Robert Frisch und die Versuchsergebnisse aus dem Jahre 1933.
Tatsächlich ging Frisch in seinem Versuch wie folgt vor: Mit dem Detektor maß er für jede Position x zunächst die Intensität ohne Beleuchtung und anschließend die Änderung der Intensität am Schirm bei Beleuchtung des Natrium-Atomstrahls.

3.1 Erklären Sie, wie Otto Robert Frisch aus diesen beiden Messwertkurven zur „Kurve mit Beleuchtung“ gekommen ist. (3 BE)

3.2 Nach dem Aufbau aus Material 1 erwartet man eine Ablenkung des Natrium-Atomstrahls nach links. Erklären Sie, wie man diese Information aus dem Diagramm (Material 4) entnehmen kann. Zeichnen Sie die beiden Stellen x_0 und x_1 in Material 4 ein. (4 BE)

3.3 Die Ablenkung x_1 des Natrium-Atomstrahls am Schirm kann aus Material 4 abgelesen werden. Berechnen Sie für diese Ablenkung den Abstand zwischen der Blende S_2 und dem Schirm. (4 BE)

3.4 Die Photonen werden von den Natriumatomen im Prinzip sofort wieder emittiert. Prüfen Sie, ob dies zu einer Veränderung der Lage von x_1 führt. (2 BE)

Material 1: Versuchsaufbau

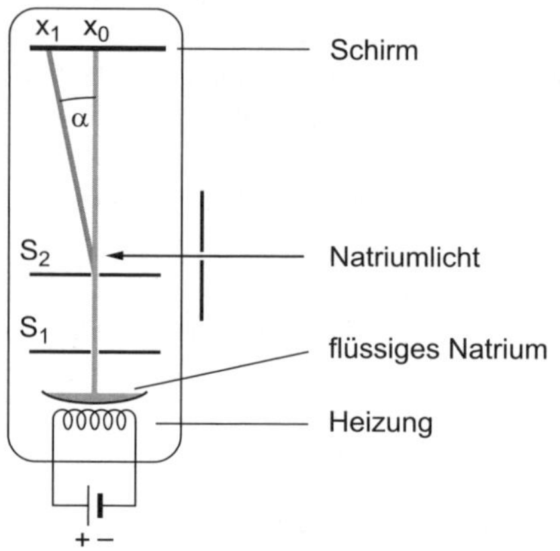

Material 2: Vereinfachtes Niveauschema für Natriumatome

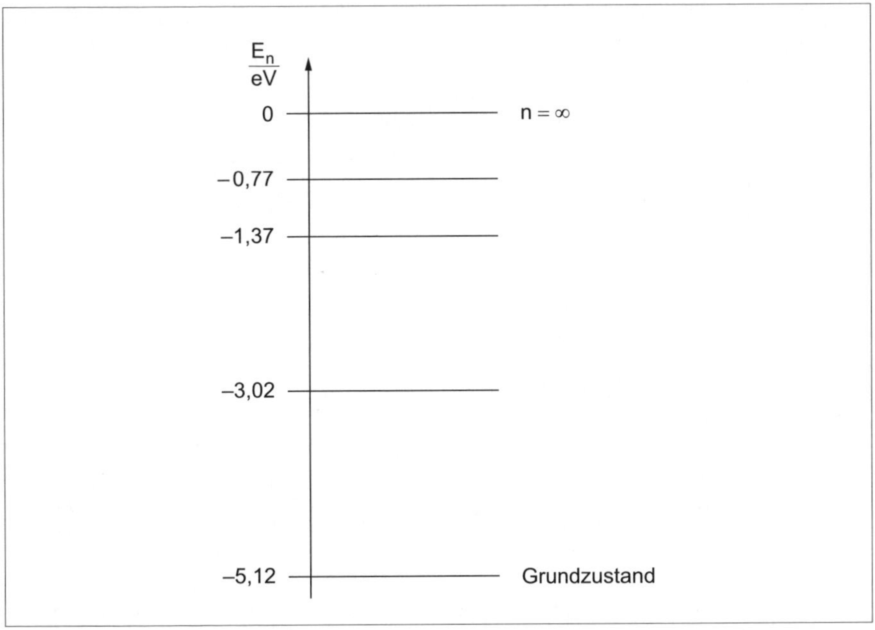

Material 3: Versuchsaufbau

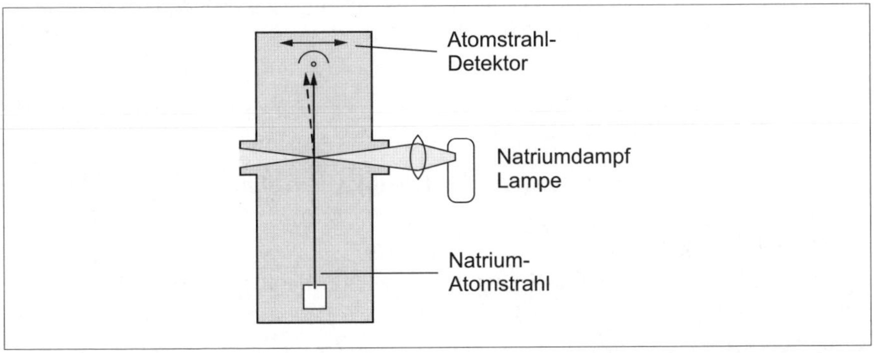

Mit freundlicher Erlaubnis von D. Meschede.

Material 4: Messkurven

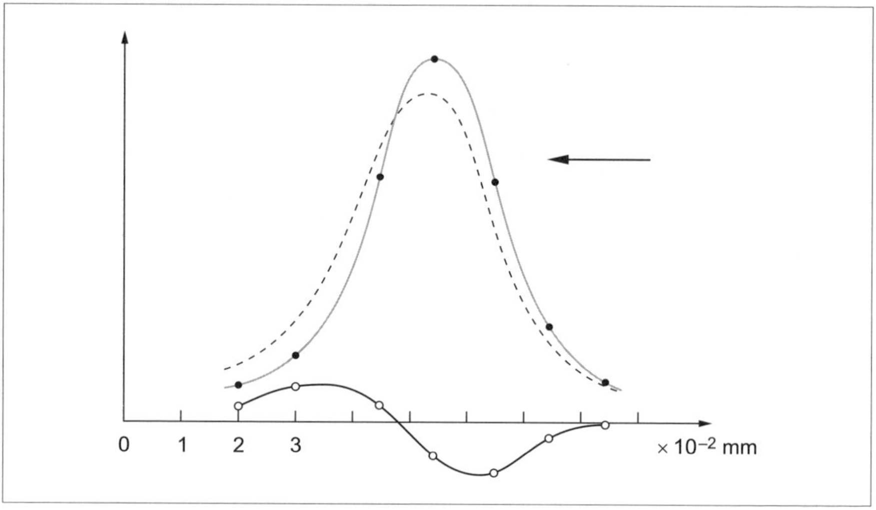

R. Frisch: Z. Phys. Untersuchungen zur Molekularstrahlmethode aus dem Institut für physikalische Chemie der Hamburgischen Universität. 86 42, (1933)

Hinweise: Die durchgezogene Linie zeigt die Intensität des Natrium-Atomstrahls ohne Beleuchtung (Kurve 1), die gestrichelte Linie die mit Beleuchtung (Kurve 2). Die untere Kurve zeigt die Differenz (Kurve 3).
Die x-Achse des Diagramms zeigt die „Atomstrahl-Detektor-Position" in 10^{-2} mm.
Die y-Achse zeigt die Intensität des Natrium-Atomstrahls am Detektor.
Der Pfeil gibt die Richtung des Lichteinfalls an.

Tipps und Hinweise zur Lösung von Aufgabe C1

Tipps zu Teilaufgabe 1.1

- Entnehmen Sie Ihrer Formelsammlung den Impuls für Photonen und den für Masseteilchen.

- Analysieren Sie den Stoßvorgang sowohl klassisch (Impulsübertrag) als auch quantenphysikalisch (Energieübertrag).

Tipps zu Teilaufgabe 1.2

- Erläutern Sie kurz das Photonenmodell des Lichts und die quantenhafte Absorption von Licht durch das Natriumatom.

- Untersuchen Sie die Impulse der Photonen und der Natriumatome in x-Richtung vor und nach dem Zusammenstoß.

Tipp zu Teilaufgabe 1.3

- Fassen Sie die Impulse als Vektoren in einem rechtwinkligen Dreieck auf und verwenden Sie zur Berechnung des Ablenkwinkels α eine passende Winkelfunktion.

Tipps zu Teilaufgabe 1.4

- Zur Berechnung der Impulsunschärfe findet man in der Literatur verschiedene Ansätze. Verwenden Sie eine der folgenden Abschätzungen:

  $\Delta p_x \cdot \Delta x \geq h$ oder $\Delta p_x \cdot \Delta x \geq \frac{h}{2}$ oder $\Delta p_x \cdot \Delta x \geq \frac{h}{2\pi}$

- Vergleichen Sie die beiden Werte Δp_x und p_x z. B. durch Quotientenbildung und beurteilen Sie die durch den schmalen Spalt entstandene Impulsunschärfe.

Tipps zu Teilaufgabe 2

- Berechnen Sie zunächst die Energie der Photonen mit der Wellenlänge $\lambda = 400$ nm.
- Vergleichen Sie diese Energie mit den Differenzen der Energieniveaus im Niveauschema für Natrium.

Tipps zu Teilaufgabe 3.1

- Betrachten Sie zuerst jede einzelne Stelle x. Wie bestimmt man aus den beiden gemessenen Werten den Wert für die Kurve „mit Beleuchtung“?
- Beachten Sie die Hinweise bei Material 4.
- Verallgemeinern Sie anschließend.

Tipp zu Teilaufgabe 3.2

- Betrachten Sie die Lage der Maxima der beiden Kurven 1 und 2 und schließen Sie daraus auf die Lage von x_0 und x_1.

Tipps zu Teilaufgabe 3.3

- Lesen Sie die Differenz der beiden Stellen x_0 und x_1 auf der x-Achse ab.
- Verwenden Sie eine passende Winkelfunktion zur Berechnung des Abstands von S_2 zum Schirm.

Tipp zu Teilaufgabe 3.4

- Betrachten Sie den Emissionsvorgang über viele Prozesse. Bedenken Sie Emissionszeitpunkt und Richtung der emittierten Photonen.

Lösungen von Aufgabe C1

1.1 Zur Berechnung der **Impulse** der Photonen und der Natriumatome in den angegebenen Richtungen vor dem Zusammentreffen greift man auf die entsprechenden Impulsformeln aus der Atomphysik (Photon) bzw. Mechanik (Natriumatom) zurück.

Photonenimpuls:

$$p_{x,\,\text{Photon}} = \frac{h}{\lambda} = \frac{6{,}626 \cdot 10^{-34}\ \text{Js}}{590 \cdot 10^{-9}\ \text{m}} = \underline{\underline{1{,}123 \cdot 10^{-27}\ \text{Ns}}}$$

Impuls der Atome:

$$p_{y,\,\text{Na}} = m_{\text{Na}} \cdot v_y = 3{,}82 \cdot 10^{-26}\ \text{kg} \cdot 900\ \frac{\text{m}}{\text{s}} = \underline{\underline{3{,}438 \cdot 10^{-23}\ \text{Ns}}}$$

1.2 In der Quantenphysik wird Licht nicht mehr als klassische Welle, sondern als Quantenobjekt aufgefasst. Demnach setzt sich das Licht aus einzelnen diskreten Energiequanten, den sogenannten Photonen zusammen. Ein Photon ist ein Elementarteilchen mit einer Ruhemasse von 0. Es bewegt sich stets mit Lichtgeschwindigkeit c und besitzt einen Impuls p.
Die Natriumatome werden bzgl. des Stoßes als klassische Teilchen aufgefasst mit einer Ruhemasse und variabler Geschwindigkeit. Sie nehmen bei der Kollision mit den Photonen diesen Impuls quer zur ursprünglichen Bewegungsrichtung auf und werden abgelenkt. Der Impuls geht dabei entweder vollständig oder gar nicht auf die Natriumatome über; man bezeichnet dieses Phänomen als **quantenhafte Energieabsorption**. Die Natriumatome, die den Impuls (und die Energie) eines Photons aufgenommen haben, erreichen den Schirm an der Stelle x_1, alle anderen an der Stelle x_0.
Die Natriumatome besitzen vor dem Zusammenstoß keinen Impuls in x-Richtung. Weil die Atome den Impuls der Photonen nur vollständig aufnehmen können, ist der neue Atomimpuls in x-Richtung der Atome gleich dem Impuls der Photonen in x-Richtung vor dem Zusammenprall.

1.3 Der Impuls eines Teilchens ist ein Vektor, den man in seine beiden Komponenten p_x und p_y vektoriell zerlegen kann (Abb. 1). Mithilfe der Definition des Tangens lässt sich der **Ablenkwinkel** α bestimmen:

$$\tan\alpha = \frac{p_x}{p_y} = \frac{1{,}123 \cdot 10^{-27}\ \text{Ns}}{3{,}438 \cdot 10^{-23}\ \text{Ns}} = 3{,}266 \cdot 10^{-5}$$

$$\Rightarrow \quad \alpha = 0{,}0019°$$

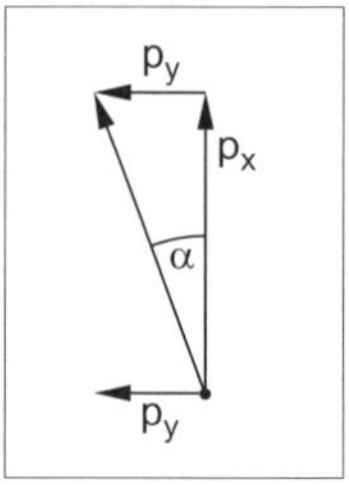

Abb. 1

Damit ist gezeigt, dass der Ablenkwinkel kleiner als 0,002° ist, wenn nur ein Photon und damit nur ein Querimpuls von dem Atom absorbiert wird.

1.4 In der Quantenmechanik wird die Impulsunschärfe unterschiedlich interpretiert. Daraus resultieren verschiedene Ansätze, die aber alle als richtig akzeptiert werden. Mögliche Ansätze sind $\Delta p_x \cdot \Delta x \geq h$ oder $\Delta p_x \cdot \Delta x \geq \frac{h}{2}$ oder der hier verwendeten Ansatz:

$$\Delta p_x \cdot \Delta x \geq \frac{h}{2\pi}$$

$$\Rightarrow \quad \Delta p_x \geq \frac{h}{2\pi \cdot \Delta x} = \frac{6,626 \cdot 10^{-34}\ \text{Js}}{2\pi \cdot 2 \cdot 10^{-6}\ \text{m}} \approx 5,27 \cdot 10^{-29}\ \frac{\text{Js}}{\text{m}}$$

Eine Berechnung der Impulsunschärfe mit halber Spaltbreite ist ebenso als richtig anzusehen.

Um vergleichen und beurteilen zu können, bestimmt man zunächst den prozentualen Anteil der Impulsunschärfe am Gesamtimpuls in x-Richtung:

$$\frac{\Delta p_x}{p_x} = \frac{5,27 \cdot 10^{-29}\ \text{Ns}}{1,123 \cdot 10^{-27}\ \text{Ns}} = 0,047 = 4,7\ \%$$

Man sieht, dass die Impulsunschärfe Δp_x **klein** ist im Vergleich mit der Impulsübertragung p_x ($\Delta p_x \ll p_x$). Der beobachtete Effekt ist also nicht mit der durch den Spalt hervorgerufenen Impulsunschärfe zu erklären.

Sollten Sie mit einer der anderen Formeln für die Unschärfe gerechnet haben, ergeben sich hier veränderte Werte, die aber alle dieselbe Größenordnung besitzen. Nur diese ist für die korrekte Bewertung der Situation entscheidend.

2. Atome können Energie nur in ganz bestimmten Portionen aufnehmen. Die Energien müssen dabei der Energiedifferenz zweier Übergänge im Niveauschema entsprechen. Die Energie der einfallenden 400-nm-Photonen beträgt:

$$E = h \cdot f = h \cdot \frac{c}{\lambda} = 6,626 \cdot 10^{-34}\ \text{Js} \cdot \frac{3,00 \cdot 10^{8}\ \frac{\text{m}}{\text{s}}}{400 \cdot 10^{-9}\ \text{m}} = 4,97 \cdot 10^{-19}\ \text{J} = 3,10\ \text{eV}$$

Die Differenzen der Energieniveaus im Niveauschema (Material 2) entsprechen nicht dieser Energiemenge. Daher kann das Natriumatom diese Energie nicht aufnehmen. Für Licht der Wellenlänge $\lambda = 400$ nm findet **keine Ablenkung** statt.

3.1 Die Kurve 3 beschreibt die Änderung der Intensität des Natrium-Atomstrahls. Rechts von der Stelle $x = 4,8 \cdot 10^{-2}$ mm ist die Änderung negativ, d. h. dort hat die Intensität abgenommen. Links von der Stelle $x = 4,8 \cdot 10^{-2}$ mm ist die Änderung positiv, dort ist die Intensität stärker geworden. Addiert man nun punktweise unter Beachtung des Vorzeichens diese dritte Kurve zur Kurve der ursprünglichen Intensitätsverteilung (Kurve 1) ohne Beleuchtung, so erhält man die **Kurve 2**, die Verteilung der Intensität der Natriumatome auf dem Schirm mit Beleuchtung.

3.2 Vergleicht man die Kurven 1 und 2 miteinander, so stellt man fest, dass die Kurve zwei etwas nach links, in Bewegungsrichtung der Photonen verschoben ist.

x_0 befindet sich an der Extremstelle der Kurve 1 („ohne Beleuchtung“), denn der Natriumstrahl erfährt (von der Impulsunschärfe abgesehen) keine Ablenkung. Die Extremstelle der Kurve 2 („mit Beleuchtung“) befindet sich links von der Stelle x_0, dort befindet sich x_1 (Abb. 2).

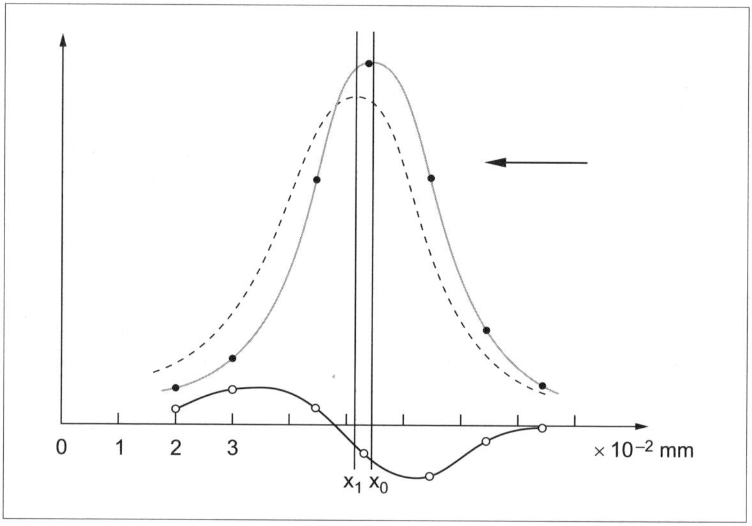

Abb. 2

3.3 Aus dem Diagramm (Material 4) kann man die Differenz der beiden Extremstellen bestimmen (Abb. 2):

$$|x_1 - x_0| \approx 0{,}3 \cdot 10^{-2}\text{ mm}$$

Der Abstand vom zweiten Spalt zum Schirm S_2-Schirm wird mit ℓ bezeichnet. Er lässt sich mithilfe des Tangens des in Teilaufgabe 1.3 berechneten Ablenkwinkels berechnen:

$$\tan\alpha = \frac{\Delta x}{\ell} \quad\Rightarrow\quad \ell = \frac{\Delta x}{\tan\alpha} = \frac{0{,}3 \cdot 10^{-2}\text{ mm}}{\tan(0{,}0019°)} = \underline{\underline{90\text{ mm}}}$$

Kleine Ableseungenauigkeiten führen nicht zu Punktabzügen.

3.4 Die sofortige Emission der Energie in Form von Photonen erfolgt **spontan** und **ungerichtet** in alle Richtungen, wenn man viele Emissionsprozesse betrachtet. Daher ergibt sich durch diese ungerichteten „Rückstoßprozesse“ keine resultierende Kraft in eine bestimmte Richtung.

Landesabitur Physik 2012 (Hessen) – Leistungskurs
Aufgabe C2: Franck-Hertz-Versuch und Fotoeffekt

Der Franck-Hertz-Versuch wurde erstmals vor ca. 100 Jahren von James Franck und Gustav Ludwig Hertz durchgeführt und gehört zu den eindrucksvollen Belegen der Quantenphysik.
So eignet sich zur experimentellen Untersuchung von Neon beispielsweise eine mit verdünntem Neongas gefüllte Franck-Hertz-Röhre; alle Neonatome befinden sich hierbei zunächst im nichtangeregten Zustand. Ein Schaltbild des zugehörigen Versuchsaufbaus zeigt Material 1.

1. Geben Sie die Bedeutung der Spannungen U_H, U_1 und U_2 an. (3 BE)

2. Material 2 zeigt den Zusammenhang zwischen der Spannung U_1 und der Anodenstromstärke I_A. Erklären Sie den Verlauf der Franck-Hertz-Kurve, indem Sie exemplarisch auf die Entstehung eines Maximums und eines Minimums eingehen.
Theoretisch lässt sich bei bestimmten Werten von U_1 ein schlagartiges Absinken der Stromstärke bis auf 0 A erwarten. Begründen Sie, weshalb dies real nicht geschieht. (10 BE)

3. Material 3 zeigt das Energieniveauschema von Neon, das im unmittelbaren Zusammenhang zu den Ergebnissen des Franck-Hertz-Versuchs steht: In einer Messreihe zum Franck-Hertz-Versuch wird die Spannung U_1 kontinuierlich erhöht. Dabei zeigt sich, dass das Neon bei bestimmten Spannungswerten mit stets gleicher Spannungsdifferenz $\Delta U_1 = 18{,}3$ V in unmittelbarer Nähe des Gitters Lichtquanten emittiert.

3.1 Begründen Sie mithilfe des Energieniveauschemas in Material 3, dass die angegebene Spannungsdifferenz zur Lichtemission des Neons führt. (5 BE)

3.2 Das hierbei emittierte Licht setzt sich jeweils aus drei verschiedenen Wellenlängen zusammen: energiereiches UV-Licht der Wellenlänge λ_1, energieärmeres UV-Licht der Wellenlänge λ_2 und (mit bloßem Auge sichtbares) rötliches Licht der Wellenlänge λ_{rot}.
Erklären Sie die Zusammensetzung des emittierten Lichts und berechnen Sie die Wellenlängen λ_1, λ_2 und λ_{rot}. (11 BE)

3.3 U_1 nimmt nun einen festen Wert U* an, der etwas größer ist als der Spannungswert des dritten Maximums der Franck-Hertz-Kurve (siehe Material 2).
Skizzieren Sie in Material 1 die Bereiche innerhalb der Franck-Hertz-Röhre, in denen das rötliche Neonlicht beobachtet werden kann. (3 BE)

4. Zum Nachweis von Lichtemissionen in der Franck-Hertz-Röhre mit Neon wird eine Fotozelle aus Platin mit der Austrittsarbeit $W_A = 5{,}3$ eV verwendet (siehe Material 4). Hierbei wird der Fotostrom I_{Foto} in Abhängigkeit von der Spannung U_1 der Franck-Hertz-Röhre gemessen, eine regelbare Gegenspannung U_G kann den gemessenen Fotostrom beeinflussen.
Die Spannung U_1 wird so eingestellt, dass sie etwas zu gering ist, um das rötliche Neonleuchten in der Franck-Hertz-Röhre zu bewirken.

4.1 Obwohl kein rötliches Neonlicht zu erkennen ist, fließt ohne Gegenspannung ($U_G = 0$ V) ein Fotostrom $I_{Foto} > 0$ A.
Stellt man jetzt die Gegenspannung auf den Wert $U_G = 12$ V ein, fließt kein Fotostrom mehr. Deuten Sie beide Beobachtungen. (4 BE)

4.2 Die Gegenspannung U_G an der Fotozelle bleibt konstant bei 12 V eingestellt, dafür wird nun U_1 etwas erhöht, sodass das rötliche Neonlicht zu erkennen ist. Erklären Sie, weshalb der Fotostrom zu diesem Zeitpunkt abrupt einsetzt. (4 BE)

Material 1: Schaltbild zum Franck-Hertz-Versuch

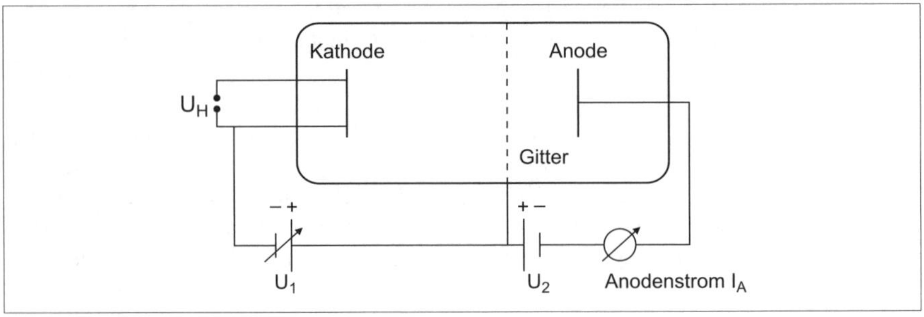

Material 2: Franck-Hertz-Kurve

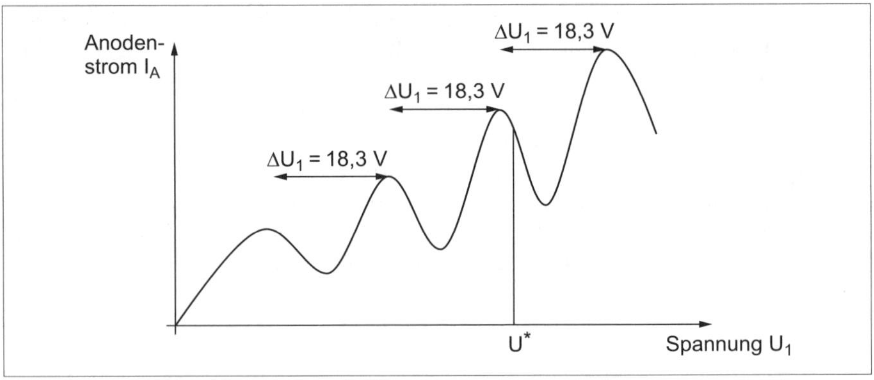

Material 3: Energieniveauschema von Neon (Auszug)

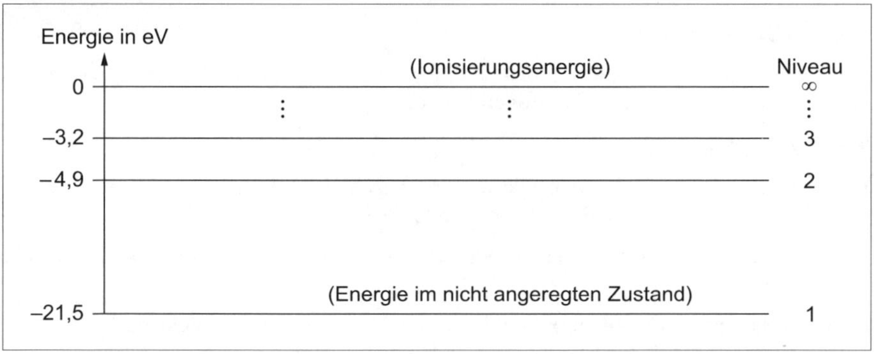

Material 4: Nachweis der Neon-Lichtemissionen

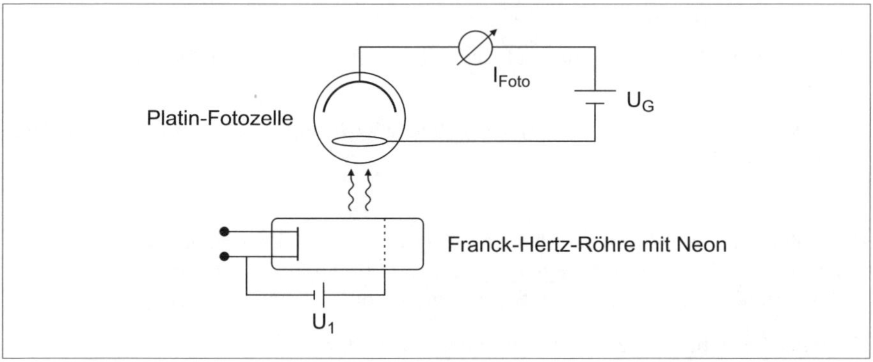

Tipps und Hinweise zur Lösung von Aufgabe C2

Tipp zu Teilaufgabe 1

- Schauen Sie sich die Schaltskizze an und überlegen Sie, welche Bedeutung die einzelnen Spannungen für die Elektronen haben.

Tipps zu Teilaufgabe 2

- Die Anodenstromstärke hängt direkt mit der Anzahl der Elektronen zusammen, die durch das Gitter gelangen und auf die Anode treffen.
- Beschreiben Sie den Anstieg der Anodenstromstärke in Abhängigkeit von der Anzahl der Elektronen.
- Erklären Sie, was – in Abhängigkeit der kinetischen Energie der Elektronen – nach einem Zusammenstoß der Elektronen mit den Neonatomen passiert.
- Der plötzliche Abfall der Anodenstromstärke hängt mit der Anregung der Neonatome zusammen, die Größe des Minimums mit dem Anteil der stoßenden Elektronen.

Tipps zu Teilaufgabe 3.1

- Schauen Sie im Niveauschema, welchem Übergang eine Energie von 18,3 eV entspricht.
- Beschreiben Sie die Energieabsorption (Elektronenstoß) und Energieemission (Photon) der Neonatome.

Tipps zu Teilaufgabe 3.2

- Die angeregten Neonatome können entweder direkt zurück in den Grundzustand fallen oder zunächst vom Anregungsniveau auf ein tieferes Niveau und dann zurück in den Grundzustand. Betrachten Sie die Energien der dabei emittierten Photonen.
- Berechnen Sie diese Energien mithilfe der Formel $E = h \cdot f$.

Tipp zu Teilaufgabe 3.3

- Achten Sie beim Einzeichnen der Anregungsbereiche auf den Abstand der dritten Anregungszone zum Gitter und auf den Abstand der Zonen untereinander.

Tipps zu Teilaufgabe 4.1

- Offenbar wird (nicht sichtbares) Licht ausgesandt. Überlegen Sie, wie die Emission zustande kommt.
- Berechnen Sie die kinetische Energie der Fotoelektronen und vergleichen Sie diese mit der Größe der Gegenspannung.

Tipp zu Teilaufgabe 4.2

- Welche Anregungen des Neonatoms sind nun möglich? Welche der emittierten Photonen können Fotoelektronen auslösen? Bewerten Sie die kinetische Energie dieser Fotoelektronen.

Lösungen von Aufgabe C2

1. **Bedeutung der Spannungen**
   - U_H ist die Heizspannung zur Erzeugung freier Elektronen an der Glühkathode.
   - U_1 ist die Beschleunigungsspannung zwischen Glühkathode und Gitter, die dafür sorgt, dass die freien Elektronen zum Gitter hin beschleunigt werden.
   - U_2 erzeugt ein negatives Potenzial zwischen Anode und Gitter. Sie ist eine Gegenspannung, die die Elektronen, welche durch das Gitter gelangen, abbremst.

2. **Entstehung eines Maximums**
   Zunächst steigt die Kurve steil an, da mit zunehmender Beschleunigungsspannung U_1 immer mehr Elektronen ausreichend Energie bekommen, um zur Anode zu gelangen. Ist U_1 hinreichend groß, stoßen die beschleunigten Elektronen unelastisch mit den Neonatomen in der Nähe des Gitters zusammen. Dabei gibt ein solches Elektron seine kinetische Energie an das gestoßene Neonatom ab und regt dieses an. Ein zunehmender Anteil der Elektronen besitzt daher nicht mehr genügend kinetische Energie, um die Gegenspannung U_2 zwischen Gitter und Anode zu überwinden. Die Stromstärke nimmt ab.

   Entstehung eines Minimums
   Nach dem beschriebenen unelastischen Stoß besitzen die betreffenden Elektronen zunächst keine kinetische Energie mehr. Durch die Beschleunigungsspannung U_1 werden sie aber erneut zum Gitter hin beschleunigt. Ist die Beschleunigungsspannung U_1 hinreichend groß, können sie die Gegenspannung U_2 überwinden und zur Anode gelangen. Die Anodenstromstärke steigt wieder an.

   Größe des Minimums
   Elektronen können die Neonatome nur mit bestimmten, für die Neonatome charakteristischen Energien anregen. Besitzen die Elektronen auf dem Weg von der Glühkathode zum Gitter gerade diese Energien, finden aber keinen Stoßpartner, so werden sie weiter zum Gitter hin beschleunigt. Zudem besitzen die an der Glühkathode frei werdenden Elektronen nicht alle die gleiche Startenergie. Dadurch haben die Elektronen trotz gleicher Beschleunigungsspannung U_1 leicht unterschiedliche Energien. Beide Effekte führen dazu, dass der Anodenstrom nie ganz verschwindet.

3.1 Der Abstand aufeinanderfolgender Anodenstrommaxima beträgt $\Delta U_1 = 18{,}3$ V. Dieser Spannungserhöhung entspricht eine Energiezunahme der Elektronen um 18,3 eV. Im Niveauschema für Neon findet man diese Energiedifferenz zwischen dem Grundzustand (Niveau 1) und dem zweiten angeregten Zustand (Niveau 3). Die Neonatome werden also durch die Elektronen vom Grundzustand auf das Anregungsniveau 3 angehoben. Nach der **Anregung** fallen die Atome wieder vom Anregungsniveau 3 in ein niedrigeres Niveau und **emittieren** dabei **Photonen** mit einer Energie von maximal (Übergang $3 \to 1$):

$$E_{Proton} = E_3 - E_1 = -3{,}2\text{ eV} - (-21{,}5\text{ eV}) = 18{,}3\text{ eV}$$

3.2 Die durch Elektronenstoß mit der Energie 18,3 eV angeregten Neonatome fallen danach wieder in den Grundzustand zurück. Dabei können Sie entweder direkt vom Anregungsniveau 3 in den Grundzustand fallen oder sie fallen erst auf das Anregungsniveau 2 und anschließend in den Grundzustand zurück. Bei jedem dieser Übergänge werden **Photonen unterschiedlicher Wellenlänge** emittiert:

$$E_{3\to 1} = E_3 - E_1 = h \cdot \frac{c}{\lambda_1}$$

$$\Rightarrow \lambda_1 = \frac{h \cdot c}{E_3 - E_1} = \frac{6{,}626 \cdot 10^{-34}\ \text{Js} \cdot 3 \cdot 10^8\ \frac{\text{m}}{\text{s}}}{18{,}3\ \text{eV} \cdot 1{,}602 \cdot 10^{-19}\ \text{As}} = \underline{\underline{6{,}78 \cdot 10^{-8}\ \text{m} = 67{,}8\ \text{nm}}}$$

$$E_{3\to 2} = E_3 - E_2 = h \cdot \frac{c}{\lambda_{rot}}$$

$$\Rightarrow \lambda_{rot} = \frac{h \cdot c}{E_3 - E_2} = \frac{6{,}626 \cdot 10^{-34}\ \text{Js} \cdot 3 \cdot 10^8\ \frac{\text{m}}{\text{s}}}{1{,}7\ \text{eV} \cdot 1{,}602 \cdot 10^{-19}\ \text{As}} = \underline{\underline{7{,}29 \cdot 10^{-7}\ \text{m} = 729\ \text{nm}}}$$

$$E_{2\to 1} = E_2 - E_1 = h \cdot \frac{c}{\lambda_2}$$

$$\Rightarrow \lambda_2 = \frac{h \cdot c}{E_2 - E_1} = \frac{6{,}626 \cdot 10^{-34}\ \text{Js} \cdot 3 \cdot 10^8\ \frac{\text{m}}{\text{s}}}{16{,}6\ \text{eV} \cdot 1{,}602 \cdot 10^{-19}\ \text{As}} = \underline{\underline{7{,}47 \cdot 10^{-8}\ \text{m} = 74{,}7\ \text{nm}}}$$

3.3 **Röhrenbereiche mit rötlichem Neonlicht**

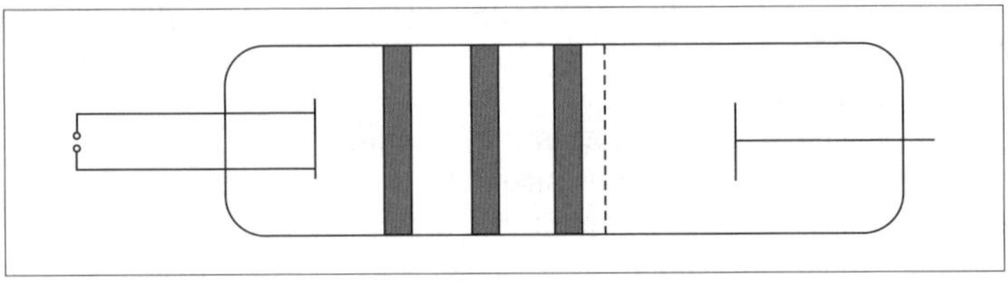

Abb. 1

Aus der Skizze muss deutlich werden, dass sich der rechte der insgesamt drei Bereiche in Gitternähe befindet und dass der Abstand je zweier benachbarter Anregungszonen identisch ist.

4.1 Die Beschleunigungsspannung U_1 ist so eingestellt, dass die Elektronen die Neonatome nicht auf das Anregungsniveau 3 anregen können. Allerdings reicht die kinetische Energie der beschleunigten Elektronen aus, um Neonatome auf das Anregungsniveau 2 anzuheben. Das beim Zurückfallen der Neonatome in den Grundzustand emittierte Licht löst Fotoelektronen mit einer kinetischen Energie aus, die maximal

$$E_{kin,\ max} = (E_2 - E_1) - W_A = (-4{,}9\ \text{eV} - (-21{,}5\ \text{eV})) - 5{,}3\ \text{eV} = 11{,}3\ \text{eV}$$

beträgt. Sie sind als Fotostrom messbar. Bei der Gegenspannung $U_G = 12$ V können die Fotoelektronen wegen $e \cdot U_G > E_{kin,\,max}$ die Anode nicht mehr erreichen.

4.2 Durch Erhöhung der Beschleunigungsspannung U_1 gewinnen die beschleunigten Elektronen mehr kinetische Energie. Diese reicht nun aus, um die Neonatome vom Grundzustand auf das Anregungsniveau 3 zu heben; das beobachtete rötliche Leuchten setzt ein. Die Energie der rötlichen Lichtquanten

$$E_{rot} = E_3 - E_2 = 1{,}7\ \text{eV} < 5{,}3\ \text{V} = W_A$$

selbst reicht nicht aus, um den Fotoeffekt zu bewirken. Da die Neonatome aber vom Anregungsniveau 3 auch direkt in den Grundzustand fallen können, werden weitere Photonen im ultravioletten Bereich mit der Energie

$$E_{UV} = E_3 - E_1 = 18{,}3\ \text{eV}$$

emittiert. Diese Energie reicht aus, Fotoelektronen auszulösen, deren maximale kinetische Energie größer als die potenzielle Energie ist, die durch die die Gegenspannung verursacht wird:

$$E_{kin,\,max} = 18{,}3\ \text{eV} - 5{,}3\ \text{eV} = 13\ \text{eV} > 12\ \text{eV}$$

Daher können die Elektronen zur Anode gelangen, ein Fotostrom ist messbar.

Ihre Meinung ist uns wichtig!

Ihre Anregungen sind uns immer willkommen. Bitte informieren Sie uns mit diesem Schein über Ihre Verbesserungsvorschläge!

Titel-Nr.	Seite	Vorschlag

Bitte hier abtrennen

Lernen • Wissen • Zukunft
STARK

Bitte hier abtrennen

Zutreffendes bitte ankreuzen!

Die Absenderin/der Absender ist:

- ☐ Lehrer/in in den Klassenstufen: ______
- ☐ Fachbetreuer/in
  Fächer: ______
- ☐ Seminarlehrer/in
  Fächer: ______
- ☐ Regierungsfachberater/in
  Fächer: ______
- ☐ Oberstufenbetreuer/in
- ☐ Schulleiter/in
- ☐ Referendar/in, Termin 2. Staatsexamen: ______
- ☐ Leiter/in Lehrerbibliothek
- ☐ Leiter/in Schülerbibliothek
- ☐ Sekretariat
- ☐ Eltern
- ☐ Schüler/in, Klasse: ______
- ☐ Sonstiges: ______

Unterrichtsfächer: (Bei Lehrkräften!)

______

STARK Verlag
Postfach 1852
85318 Freising

Kennen Sie Ihre Kundennummer? Bitte hier eintragen.

Absender (Bitte in Druckbuchstaben!)

Name/Vorname

Straße/Nr.

PLZ/Ort/Ortsteil

Telefon privat

Geburtsjahr

E-Mail

Schule/Schulstempel (Bitte immer angeben!)

22-VM6

Bitte ausfüllen und im frankierten Umschlag an uns einsenden. Für Fensterkuverts geeignet.

(Bitte blättern Sie um)